高价值专利培育指导丛书

高质量专利是如何炼成的

国家知识产权局专利局专利审查协作四川中心◎组织编写

杨　帆◎主编

知识产权出版社
全国百佳图书出版单位
—北京—

图书在版编目（CIP）数据

高质量专利是如何炼成的/国家知识产权局专利局专利审查协作四川中心组织编写；杨帆主编. —北京：知识产权出版社，2021.10（2022.9 重印）

ISBN 978-7-5130-7764-4

Ⅰ.①高… Ⅱ.①国… ②杨… Ⅲ.①专利—研究 Ⅳ.①G306

中国版本图书馆 CIP 数据核字（2021）第 201870 号

内容简介

本书精选近年来涉及专利复审、无效、行政诉讼、侵权诉讼的典型案例，每个案例包括三部分，即案情介绍、焦点归纳、分析借鉴，重点归纳和分析行政决定和司法判决中对专利保护典型问题的主流观点，以创新主体关注的“专利申请流程走向”为时间轴，在专利申请撰写、意见答复和侵权纠纷应对等过程中，为创新主体提供专业性指导，以案说理，让相关领域专家为创新主体“划重点”，帮助其高质量撰写专利，并最终得到有效的专利保护。

本书适合技术创新主体、专利代理师、律师等知识产权从业人员阅读。

责任编辑：程足芬　　**责任校对**：王　岩

封面设计：杨杨工作室·张冀　　**责任印制**：刘译文

高质量专利是如何炼成的

国家知识产权局专利局专利审查协作四川中心　组织编写

杨　帆　主编

出版发行：知识产权出版社有限责任公司　　**网　　址**：http：//www.ipph.cn

社　　址：北京市海淀区气象路 50 号院　　**邮　　编**：100081

责编电话：010-82000860 转 8390　　**责编邮箱**：chengzufen@qq.com

发行电话：010-82000860 转 8101/8102　　**发行传真**：010-82000893/82005070/82000270

印　　刷：北京九州迅驰传媒文化有限公司　　**经　　销**：新华书店、各大网上书店及相关专业书店

开　　本：720mm×1000mm　1/16　　**印　　张**：22

版　　次：2021 年 10 月第 1 版　　**印　　次**：2022 年 9 月第 2 次印刷

字　　数：391 千字　　**定　　价**：98.00 元

ISBN 978-7-5130-7764-4

丛书编委会

主　任：杨　帆

副主任：李秀琴　李志辉　赵向阳

本书编写组

主　编：杨　帆

撰写人：宋　瑞　张晓霞　李　乐　马珊珊
　　　　欧阳琦　肖小义　刘凌云　邱　川

统稿人：宋　瑞

序

2021年9月，中共中央、国务院印发《知识产权强国建设纲要（2021—2035年)》，这是我国知识产权事业发展的重大里程碑，充分体现了以习近平总书记为核心的党中央对知识产权工作的高度重视。党的十八大以来，习总书记围绕知识产权作出了一系列重要指示和深刻论述，尤其是在中共中央政治局第二十五次集体学习时，习总书记再次强调“知识产权保护工作关系国家治理体系和治理能力现代化，关系高质量发展，关系人民生活幸福，关系国家对外开放大局，关系国家安全”，并作出“我国正在从知识产权引进大国向知识产权创造大国转变，知识产权工作正在从追求数量向提高质量转变”的重要判断。国家知识产权局局长申长雨在《求是》杂志发表署名文章时也强调，“要着力推动高质量发展，以知识产权高质量发展支撑经济社会高质量发展”。

进入新时代以来，围绕“贯彻新发展理念，构建新发展格局，推动高质量发展”这个主题，我国的知识产权工作也迈入新的发展阶段。就在将实施知识产权强国战略写进“十四五”规划的同时，首次提出将“每万人口高价值发明专利拥有量”作为“十四五”经济社会发展主要指标。因此，新发展阶段，我们需要更好地发挥知识产权制度激励创新的基本保障作用，为创新主体做好服务，为高质量发展提供源源不断的动力。

国家知识产权局专利局专利审查协作四川中心是国家知识产权局在西部设立的唯一一个专利审查协作中心。自成立8年以来，我们“立足四川、辐射西南、面向西部”依靠高端知识产权服务人才积极融入国家区域协调发展战略，主动参与承担政府部门和企业单位知识产权服务项目，获得良好社会反响。在《中共四川省委关于深入推进创新驱动引领高质量发展的决定》中部署了“建设国家引领型知识产权强省”的重点任务，要“发挥国家知识产权局专利局专利审查协作四川中心作用，培育一批具有核心竞争力的专利和专利组合”“推动知识产权高质量创造运用”，作为知识产权服务“国家队”，我们责无旁贷。

“工欲善其事，必先利其器”。本系列丛书正是为了有力支撑高质量发展和更好满足社会需求而编写的，其紧密围绕“高价值专利培育”展开研究，分别聚焦专利检索、技术交底撰写实务、高质量专利炼成、新业态专利技术特点等系列主题成册。丛书通过大量真实案例的分析解构和实操指导，以案说法明理，让相关领域的审查专家为创新主体“划重点”，阐谈高价值专利培育的全过程。此外，丛书还针对相关领域的特定情形以及当前的热点和难点，例如功能模块检索、算法检索以及区块链的保护、互联网证据的使用等结合大量案例进行了详细阐述，具有良好的实践操作参考和实用价值。

衷心希望本丛书的出版能助力创新主体在高价值专利培育的过程中，防范化解不必要的投入和风险，将科研成果有效形成专利权进行保护。当前，新一轮科技革命和产业变革正在重构全球新格局，机遇与挑战并存，知识产权制度必须及时回应新技术、新经济、新形势对制度自身革新提出的挑战，这事关我国能否成为世界主要科学中心和创新高地，能否在国际竞争中抢占先机。因此，也希望读者能以此丛书为桥，勇于创新，一起为知识产权强国建设贡献力量。

2021 年 10 月

前　言

为了更好发挥知识产权制度激励创新的基本保障作用，为创新主体做好服务，为高质量发展提供源源不断的动力，国家知识产权局专利局专利审查协作四川中心组织相关人员编撰了系列丛书。

本书《高质量专利是如何炼成的》，以创新主体喜闻乐见的“专利申请流程走向”为时间轴，精选近年来涉及专利审查、复审、无效、行政诉讼和/或侵权诉讼的典型案例，通过实际案例将专利撰写与意见答复中的重点法条串联起来，以案说理，重点归纳分析行政决定和司法判决中对专利保护典型问题的主流观点，通过专家的专业性指导，为创新主体“划重点”，阐谈“高质量专利是如何炼成的”。

本书按照“专利申请流程走向”划分为申请前准备、申请文件的撰写、申请文件的修改、意见陈述和专利权的保护五大章节，这是本书特点之一。本书另一特点在于，“小切口，大借鉴”。全书放眼专利申请、审查、复审、无效、行政诉讼、侵权诉讼等多个阶段，聚焦当前热点和难点，例如区块链、互联网证据和使用公开等，精心挑选 23 件（或组）典型案例（或案例合集），每件（组）案例均包括案情介绍、焦点归纳、分析借鉴三部分，其中部分案例在“分析借鉴”中还配有“类似案例扩展”以及相关补充案例，而部分“案例合集”更是包含多达 30 余件各种维度的小案例。“分析借鉴”是本书精华所在，包含相关案例（或案例合集）所涉专利条款、《专利审查指南》相关规定、国家法律法规和政策相关解读、国内外相关借鉴，以及创新主体检索现有技术、高质量专利撰写、答复意见等宝典和相关建议。

本书致力于通过维度众多的典型代表案例作为“小切口”提炼“大焦点”，以“小角度”诠释“大借鉴”，把创新主体真正关心的“大焦点”讲透，把对创新主体有极大帮助的“大借鉴”讲活，进而帮助创新主体“高质量”撰写专利并“高质量”答复意见，将自己的创新科研成果“高质量”呈现形成“高质量专利”，并最终得到有效专利保护，推动知识产权事业高质量发展，进而有力支撑经济社会高质量发展。

需要说明的是，2021 年 6 月，《专利法》第四次修改完成后已实施，《专利审查指南》也将随之进行相应的修订。本书所选取的案例如无特殊说明，其所适用的法律均是指作出相关决定所依据的法律、法规及规章。

本书编撰团队成员均为资深专家，具备丰富的一线专利审查经验、专利审查管理经验、专利复审无效以及法院从业和代理师培训等经历，参与过专利导航和对外服务等工作，对创新主体的实际需求有深切感知。正因如此，本书落脚“小切口”诠释“大借鉴”，力争让创新主体实实在在感受到我们的专业服务保障。本书虽倾尽编者们之心血，仍难免存在疏漏及偏差，敬请各位专家和广大读者不吝批评指正，希望我们的有益尝试在一定程度上能帮助创新主体高效开展科研活动，并高质量获得专利成果，助力知识产权高质量发展，推动提升国家创新体系整体效能。

编者

2021 年 5 月

目录

第一章　申请前准备

保护知识产权就是保护创新，对于创新主体而言，想到拿起专利等知识产权武器来保护自己的智慧成果，是一件值得尊敬的事情。但是在提交一件专利申请之前，还有一些很重要的问题需要提前考虑。我们要先厘清两个概念，即“不授予专利权的申请”与“专利申请没有授权”。前者是指拟申请的专利不属于专利保护的范围，申请了也不可能获得授权保护；后者是指拟申请专利属于专利保护的范畴，但由于不符合《专利法》的其他规定，没能达到授权的标准。

首先，前者是本章“申请前准备”所阐述的其中一个方面。创新包罗万象，其中一部分可以用知识产权来保护，而知识产权的种类有很多，专利只是其中的一种，并且其所能保护的对象类别也是有边界有门槛的。在没有搞清楚该门槛前，就贸然提交申请，很可能白白耗费人力物力，把自己的方案向社会公众公开之后，最终也无法获得专利保护，更重要的是，还很有可能错过选择正确保护途径的宝贵时机。本章第 1. 1 节将重点从“不符合《专利法》第 2 条规定的客体”“根据《专利法》第 5 条不授予专利权的发明创造”和“根据《专利法》第 25 条不授予专利权的客体”三方面入手，结合典型案例介绍前者，即“不授予专利权的申请”。

其次，再说后者，即使拟申请专利满足前者的要求，要想最终获得授权还须符合《专利法》的其他规定，例如，所要保护的技术方案，相对于现有技术，必须具备新颖性和创造性，也就是说，拟申请专利前，我们还须充分了解现有技术的情况，尤其是现有技术中的“互联网证据”和“使用公开”这两个容易被忽视的方面，这样才能至少保证我们拟申请的专利满足新颖性和创造性要求，而这对于评估确定自身方案如何撰写非常重要。本章第 1. 2 节将重点从以上两个难点入手，结合典型案例介绍“现有技术”。

1.1 不授予专利权的申请

从《专利法》的规定及其实施情况来看，不是由人创造出来的任何东西都可以获得专利保护和可以获得专利权，《专利法》中存在排除的情形。

《专利法》第2条规定：“本法所称的发明创造是指发明、实用新型和外观设计。发明，是指对产品、方法或者其改进所提出的新的技术方案。实用新型，是指对产品的形状、构造或者其结合所提出的适于实用的新的技术方案。外观设计，是指对产品的形状、图案或者其结合以及色彩与形状、图案的结合所作出的富有美感并适于工业应用的新设计。”

《专利法》第5条规定：“对违反法律、社会公德或者妨害公共利益的发明创造，不授予专利权。对违反法律、行政法规的规定获取或者利用遗传资源，并依赖该遗传资源完成的发明创造，不授予专利权。”

《专利法》第25条规定：“对下列各项，不授予专利权：

（一）科学发现；

（二）智力活动的规则和方法；

（三）疾病的诊断和治疗方法；

（四）动物和植物品种；

（五）原子核变换方法以及用原子核变换方法获得的物质[1]；

（六）对平面印刷品的图案、色彩或者二者的结合作出的主要起标识作用的设计。

对前款第（四）项所列产品的生产方法，可以依照本法规定授予专利权。”

总结起来，不授予专利权的主题可以分为三种类型，第一种类型是主题本身从概念上就不属于《专利法》所规定的发明创造的范畴，例如科学发现、智力活动的规则方法等，这种情况主要由《专利法》第2条和《专利法》第25条第1款第（一）项、第（二）项予以排除；第二种类型是主题虽然属于发明创造的范畴，却因为某种原因或者政策考虑不宜给予保护或者不宜以专利方式给予保护，例如疾病的诊断和治疗方法、动物和植物品种、用原子核变换

---

[1] 《专利法》第四次修订将第25条第1款第（五）项由“用原子核变换方法获得的物质”修改为“原子核变换方法以及用原子核变换方法获得的物质”。

方法获得的物质等，这种情况主要由《专利法》第25条第1款第（三）至（六）项予以排除；第三种类型是有关的一些主题的实施会违反社会道德、妨害公共利益或国家利益，因而不能授予专利权，例如用于吸毒的产品等，这类情况由《专利法》第5条予以排除[1]。

1.1.1 不符合《专利法》第2条规定的客体

【案例1】身份证替代票证服务系统［（2014）高行终字第470号］

如果一项解决方案仅使用公知设备和公知技术来达到一种非技术目的，所能够解决的不是技术问题、采用的不是技术手段以及获得的不是技术效果，则该解决方案不属于《专利法》第2条第2款规定的技术方案，不属于专利保护的客体。

【案情介绍】

张某民系专利申请号为200710177235.8、名称为“身份证替代票证服务系统”的发明专利申请（以下简称涉案专利申请）的申请人。涉案专利申请的申请日为2007年11月13日，公开日为2008年3月26日。经实质审查，国家知识产权局原审查部门于2011年11月28日以本申请不符合《专利法》第2条第2款规定为由驳回本申请。

涉案专利申请驳回决定所针对的权利要求书内容如下：

1. 身份证替代票证服务系统，该系统包括：收费方，作为身份证替代票证服务系统中的收费方，所述收费方必须是商品或服务提供者，可以是手机付费服务系统的参与者；付费方，作为身份证替代票证服务系统中商品或服务的购买者，所述付费方必须是持有身份证或护照的公民、已开通与身份证绑定的手机付费业务的移动电话用户；中间支付商，作为身份证替代票证服务系统中的中间支付商，所述中间支付商必须是已开办与公民身份证绑定的手机付费服务系统的移动运营商。所述收费方是各类特殊商品或服务行业，可以是机场、车站、码头、特殊化学品和药品经销商及大型文化、体育活动组办单位等收费机构，可以将所提供的商品、服务信息按名称、规格、标准、时间、地点、班次、场次等进行编码公开销售；

[1] 尹新天．中国专利法详解［M］．北京：知识产权出版社，2011.

所述中间支付商直接管理移动电话用户手机卡账户和身份证信息。收费方与付费方、中间支付商合作，付费方在需要购买收费方提供的商品、服务或大型活动参与权时，可以选择现场现金支付和中间支付商划转支付两种方式，选择现场现金支付方式的，可以向收费方提供现金并出具个人身份证或护照，收费方通过身份证验证系统验证付费方身份证或护照后在销售信息综合数据库中存储付费方缴费购买的商品、服务或大型活动参与权及对应的数字识别编码和身份证或护照号码、对应的顺序号或座位号码，打印凭单交与付费方。付费方取得与其缴费项目对应的含有己方身份证或护照号码、已购项目数字识别编码及顺序号或座位号码的打印凭单后持身份证或护照到收费方验票处验证后入场享有己方购买的商品、服务或参与收费方组办的集体性活动；选择通过中间支付商进行现场或非现场预购收费方出售的商品、服务或大型活动参与权的付费方可以通过移动电话向中间支付商发送与收费方出售的商品、服务或大型活动参与权对应的数字识别编码及需交费金额，委托中间支付商通过银行划转支付需交费用。中间支付商收到付费方发送的委托代交拟购收费方销售项目对应的数字识别编码和需交费金额后，由付费方手机预存款账户中扣收付费方需交金额，并通过银行自动转账服务器将所扣金额划转到收费方指定银行账户，同时通过无线通讯网络或专线连接的计算机网络向收费方发送已实施划转支付的付费方所购商品、服务或大型活动参与权的金额及数字识别编码和付费方身份证号码。收费方收到中间支付商发送的已实施划转支付的信息（含中间支付商信息接发服务台号码或与收费方专线连接的计算机网络中代表其身份信息独有的数字编码、划转支付时间、金额、销售项目对应的数字识别编码和付费方身份证号码），自动验证和产生对应的商品、服务或大型活动参与权的顺序号或座位号码，存储并将商品、服务或大型活动参与权的数字识别编码及顺序号或座位号码与对应的身份证号码通过无线通讯网络或专线连接的计算机网络发送给中间支付商，中间支付商收到收费方发送的确认信息（含收费方无线通讯网络接发设施号码或与中间支付商专线连接的计算机网络中代表其身份信息独有的数字编码、付费方所购商品、服务或大型活动参与权的数字识别编码、顺序号或座位号码及付费方身份证号码），自动存储并以手机短信息的方式传递给付费方，付费方收到中间支付商转发的收费方出具的购买确认信息，保存后按预购的商品、服务或大型活动参与权的数字识别编码所对应的时间、地点、班次及顺序号或座位号，持身份证到收费方验票处验证后取得已购项目对应的数字识别编码、己方身份证号码及顺序号或座位号的打印凭单（凭单上的号码与中间支付商转发收费方预购确认信息中的号码完全一致）入场享有预购的商品、服务或参与大型活动。

1. 复审阶段案情简介（第57576号复审决定）

申请人（下称复审请求人）对实审部门驳回决定不服，于2012年2月13日向专利复审委员会提出了复审请求，未修改申请文件。复审请求人认为：(1) 本申请采用了技术手段，主要特征为：采用了无线和有线电子数据传输、存储设备、身份证验证自动打印出号设备等技术型设备。本申请产生的系统技术效果与当时存在的技术设备和方法构成的任何一个整体技术系统相比，都具有显著的先进性，具体特征主要表现为三部分：一是构成系统的新设备产生的先进技术效果；二是创造了使具有实用新功能和技术效果的系统化技术设备与方法及其他基础技术设备相衔接产生整体技术效果的新方法；三是创造了由设备和方法共同构成的一个整体系统技术方案。此外，本申请现场现金支付与交割方法的技术效果及其先进性在于其验证交割设备及作为系统中的方法产生的便捷、安全交割效果，即在上述收费单位验票处增加的一验证身份证即可打印出对应的与已预订电子凭单内容相同的设备中，增加一验证身份证即可以当时能够实现的任何提示技术（含自动语音提示等）发出核准提示的技术功能，产生无须打印凭单，只扫描验证一下身份证即可立即入场或享有已购商品或服务的技术效果。(2) 只要新产品、新方法及使其衔接产生更大的整体功能的整体新方法，采用了技术型设备，能产生显著实用新功能，并且该实用新功能能够创造显著社会价值，就证明该新产品或新方法采用了新的技术手段，达到了显著先进的技术效果和解决了某一领域对应技术缺失的问题，就属于《专利法》规定的技术方案。且根据“专利行政部门在驳回发明专利申请时，应当列举理由，并引证材料”的规定，如果没有将该解释内容涉及的技术手段、技术效果和解决的技术问题与本申请整体技术方案及其中各项主要构成设备和方法的具体实例进行整体对比认定，则不能否定本申请的技术方案。(3) 本申请符合中国众所周知的发明成果保护标准，其整体技术方案与众所周知的活字印刷技术方案发明创造模型相同。(4) 应当以与本申请同属方法类发明成果的众所周知的实例，即由专利审查机关推荐并被评为2007年中国发明专利金奖的一种枸杞酒的酿造方法作为参考，来认定本申请。

经形式审查合格，专利复审委员会于2012年2月24日依法受理了该复审请求，并将其转送至实质审查部门进行前置审查。

实质审查部门在前置审查意见书中认为：权利要求1利用了公知的硬件设备、网络系统，利用它们的已有功能或已有功能的简单叠加，其没有给所使用的公知硬件与网络系统的结构带来技术上的改变，也没有给其内部性能带来技术上的改进，权利要求1的方案仅仅是利用它们来实施人为规定的商务规则。权利要求1的方案实际所解决的问题是：如何减少票证购买方所花费的时间和经济成本；如何通过身份认证减少安全隐患，以利于社会治安管理。这些问题不属于技术问题。权利要求1的方案通过制订商务规则来解决这些非技术问题，其所获得的也不是技术效果，因而坚持驳回决定。

随后，专利复审委员会成立合议组对本案进行审理。并于2013年3月6日向复审请求人发出复审通知书，该复审通知书所依据的审查文本与驳回决定所针对的文本相同，指出：权利要求1不符合《专利法》第2条第2款的规定，并针对复审请求人的意见陈述进行了答复。复审请求人于2013年3月18日提交了意见陈述书，未修改申请文件，再次陈述涉案专利申请属于《专利法》第2条第2款规定的技术方案的理由。2013年9月23日，专利复审委员会作出第57576号复审决定，决定维持国家知识产权局对本申请作出的驳回决定。具体理由如下：

《专利法》第2条第2款规定：发明，是指对产品、方法或者其改进所提出的新的技术方案。

如果一项权利要求的解决方案仅是使用公知设备和公知技术来达到一种非技术目的，达到该非技术目的所能够解决的不是技术问题、采用的不是技术手段以及获得的不是技术效果，则该权利要求的解决方案不属于《专利法》第2条第2款规定的技术方案，不属于专利保护的客体。

权利要求1请求保护一种身份证替代票证服务系统，该系统包括收费方、付费方以及中间支付商，上述三方之间合作实现如下操作：付费方在经中间支付商划转支付的方式向收费方购买例如票证的商品或服务等时，付费方通过移动电话向中间支付商发送预购买票证的数字识别编码及需交费金额，中间支付商由付费方手机预存款账户中扣收需交金额，并通过银行自动转账服务器转到收费方指定银行账户，并通过无线通信网络或专线连接的计算机网络向收费方发送上述数字识别编码和付费方身份信息，收费方通过身份证验证系统自动验证付费方身份等信息，并产生对应的商品、服务的确认信息（含票证信息、数字识别编码和付费方身份信息）给中间支付商，中间支付商自动存储并转发上述确认信息给付费方；付费方在通过现金支付方式向收费方购买例如票证的商品或服务等时，收费方验证付费方身份等信息，并产生对应的商品、服务的确认信息（含票证信息、数字识别编码和付费方身份信息）以交与付费方。最后付费方持身份证和上述确认信息进行消费。该权利要求的解决方案中，虽然收费方、付费方、中间支付商使用移动电话、银行自动转账服务器、无线通信网络或专线连接的计算机网络、身份证验证系统、存储设备等计算机、网络设备进行数据传输、信息存储、身份验证、转账、付费等相应操作以帮助系统自动实现提供身份证替代票证的服务，然而上述所使用的仅为公知的计算机/网络设备和公知的计算机/网络数据处理和传输技术，在帮助系统实现提供身份证替代票证服务的过程中并未由于使用了上述公知设备和技术而对现有的计算机/网络的数据处理和传输能力等带来任何技术上的改进，也没有给计算机/网络设备的构成和功能带来任何技术上的改变。而该方案所要解决的问题是如何提供身份证替代票证的服务，其不构成技术问题；采用的手段是利用将票证信息与付费方的身份信息相关联的方式，以身份证代替票证来实现票证购买中的付费和身份验证，上述手段是对提供票证服务的票证购买和验证环节的流程的改进，并不属于技术手段；且其获得的效果也仅是减少票证购买方所花费的时间和经济成本，并减少提供票证所存在的安全隐患的商业效果而非技术效果。因此，权利要求 1 不属于《专利法》第 2 条第 2 款规定的技术方案，不属于专利保护的客体。

2. 北京市第一中级人民法院一审案情简介［（2013）一中知行初字第 3733 号］

申请人不服国家知识产权局专利复审委员会于 2013 年 9 月 23 日作出的第 57576 号复审决定，于 2013 年 10 月 21 日向北京市第一中级人民法院提起行政诉讼，申请人诉称：

（1）在判定《专利法》第 2 条第 2 款时，专利复审委员会没有给出清楚、准确的判定标准，本申请方案采用公知设备和技术，在整体结构、方法、流程方面作出改进（创造了新的系统方案）并产生了显著进步的实用效果，属于法定技术方案。如果专利复审委员会有已授权的发明专利的技术手段、效果的判定实例，未采用公知设备和技术对结构、方法、流程作出改进，请列举实例证明。此外，专利复审委员会需要列举已授权的发明专利所采用的技术手段、产生的技术效果及解决技术问题的实例来证明其判定标准的真实性、准确性及其复审决定的合法性。(2) 本申请各项权利要求属于技术方案，具体为：①本申请采用了技术手段，主要特征为采用了无线和有线电子数据传输、存储设备、身份证验证自动打印出号设备等技术型设备，在整体结构、产生效果的方法方面都作出了显著进步的改进。②本申请产生的系统效果与当时存在的技术设备和方法构成的任何一个整体技术系统相比，都具有显著的先进性，具体特征主要表现为三部分：一是构成系统的新设备（含各新设备中所采用的新方法）产生的先进技术效果；二是创造了使具有实用新功能和技术效果的系统化技术设备与方法及其他基础技术设备相衔接产生整体技术效果的新方法；三是创造了由上述两部分设备和方法共同构成的一个整体系统技术方案。本申请的实用新功能和技术效果还能够显著促进经济和社会发展，为数亿人带来巨大便利。因此本申请属于《专利法》第2条第2款规定的技术方案。本申请背景技术部分中提及的当时“手机付费服务系统”“身份证验证系统”等属于技术结构和实用功能残缺的低功能技术系统，无法产生本申请融合手机付费系统类技术和三类身份证验证系统技术并增加了上文所述各项新设备和新方法特征所产生的社会实践应用新功能和技术效果。综上，请求人民法院判决撤销第57576号决定，并判令专利复审委员会重新作出决定。

专利复审委员会辩称：(1)《专利法》第2条第2款规定“发明，是指对产品、方法或者其改进所提出的新的技术方案”，第57576号决定正是依据《专利法》的上述规定作为标准进而对本申请是否属于《专利法》规定的技术方案进行的判断，具体为：要想使本申请符合发明的定义，其必须是对产品、方法或者其改进所提出的新的技术方案，其中判断是否为新的技术方案的标准包括了权利要求的方案作为一个整体是否对现有计算机设备和/或技术带来了任何技术上的改进/改变，同时判断本申请的解决方案是否属于技术方案，还要从三要素的角度，看本申请权利要求的解决方案，其是否要解决技术问题，是否采用了技术手段，以及是否获得了技术效果。可见，第57576号决定以《专利法》第2条第2款为依据，采用了上述明确的判断标准。并根据上述判断标准而给出了本申请权利要求不属于《专利法》第2条第2款规定的技术方案的结论。(2) 关于本申请是否属于技术方案。首先，参见第57576号决定中对于权利要求的具体评述可知，本申请虽然使用了无线和有线电子数据传输、存储设备、身份证验证设备等，然而，上述所使用的仅为公知的计算机/网络设备和公知的计算机/网络数据处理和传输技术，在帮助系统实现提供身份证替代票证服务的过程中并未由于使用了上述公知设备和技术而对现有的计算机/网络的数据处理和传输能力等带来任何技术上的改进，也没有给计算机/网络设备的构成和功能带来任何技术上的改变。本申请仅是利用上述公知设备和技术来实现一种身份证替代票证的服务，即从该权利要求的解决方案的整体出发可以确定，该解决方案作为一个整体并未对现有计算机设备和/或技术带来任何技术上的改进/改变。其次，本申请要解决的是如何提供身份证替代票证服务的商业问题而非技术问题，为了解决该非技术问题所采用的是利用将票证信息与付费方的身份信息相关联的方式，以此以身份证代替票证来实现票证购买中的付费和身份验证的非技术手段，也就是说在解决该非技术问题时并未采用技术手段，同时其取得的也仅是减少票证购买方所花费的时间和经济成本、减少提供票证所存在的安全隐患的商业效果而非技术效果。因此本申请不符合发明的定义。原告认为本申请构成了系统的新设备、新方法和新的技术方案，且"本申请背景技术部分中提及的当时'手机付费服务系统''身份证验证系统等属于技术结构和实用功能残缺的低功能技术系统"，对此被告认为：本申请仅是将公知的计算机/网络平台应用到了提供票证购买服务的领域，而实际上上述"新的"设备、方法和方案并不能等同于《专利法》意义上对现有技术所作出的任何技术上的改变，例如，本申请的硬件设备所具有的数据传输、数据验证以及数据存储等功能并未发生实质的改变，而所谓的"新的"（尤其是本申请的手机付费和身份证验证系统的使用）也仅是赋予了公知计算机和网络设备一种新的应用，该应用属于提供票证购买服务的商业行为。换句话说，本申请仅是使用公知计算机网络设备和技术来实现一种提供票证购买服务的商业方法，其中为了服务于上述方法而对现有技术进行了简单叠加和拼凑，并没有由于执行了该票证服务而对现有技术作出任何技术上的改进，而该商业方法所要解决的问题、为解决该问题所采用的手段以及获得的效果都是非技术性的，即本申请权利要求不是对产品、方法或者其改进所提出的新的技术方案。即使本申请能够促进社会的发展和进步，其也是促进的商业发展和进步。本申请全部权利要求仍然不符合《专利法》第2条第2款关于发明的定义，其不属于专利保护的客体。综上，被告认为第57576号决定认定事实清楚，适用法律法规正确，审理程序合法、审查结论正确，原告的诉讼理由不能成立，综上，请求人民法院维持第57576号决定。

北京市第一中级人民法院于2013年12月13日作出（2013）一中知行初字第3733号行政判决，认为：

鉴于本申请属于申请日在2009年10月1日之前提出的专利申请，根据国家知识产权局《施行修改后的专利法的过渡办法》和《施行修改后的专利法实施细则的过渡办法》，本案应适用2001年《专利法》和2003年《专利法实施细则》。被告适用2009年10月1日施行的《专利法》第2条第2款的规定，属于适用法律错误，本院予以纠正。

综合各方当事人的诉辩主张，本案焦点问题是被告认定本申请不属于对产品、方法或者其改进所提出的新的技术方案的结论是否正确。虽然被告所适用的是2009年10月1日施行的《专利法》第2条第2款的规定，但该规定与2003年《专利法实施细则》第2条第1款一致，也就是说，在《专利法》修改前后，相关法律对发明专利保护客体的规定是一致的，无论适用2003年《专利法实施细则》第2条第1款还是适用2009年10月1日施行的《专利法》第2条第2款，均不会影响被告的审查结论。

《专利法实施细则》第2条第1款规定："专利法所称发明，是指对产品、方法或者其改进所提出的新的技术方案。"技术方案是对要解决的技术问题所采取的利用了自然规律的技术手段的集合。技术手段通常是由技术特征来体现的。未采用技术手段解决技术问题，以获得符合自然规律的技术效果的方案，不属于《专利法实施细则》第2条第1款规定的客体。

本申请的独立权利要求1的解决方案仅是使用公知的计算机/网络设备和公知的计算机/网络数据处理和传输技术来帮助系统实现提供身份证替代票证服务的过程，在实现提供身份证替代票证服务的过程中并未由于使用了上述公知设备和技术而对现有的计算机/网络的数据处理和传输能力等带来任何技术上的改进，也没有给计算机/网络设备的构成和功能带来任何技术上的改变。而该方案所要解决的问题是如何提供身份证替代票证的服务，其不构成技术问题；采用的手段是利用将票证信息与付费方的身份信息相关联的方式，以身份证代替票证来实现票证购买中的付费和身份验证，上述手段是对提供票证服务的票证购买和验证环节的流程的改进，并不属于技术手段；且其获得的效果也仅是减少票证购买方所花费的时间和经济成本，并减少提供票证所存在的安全隐患的商业效果而非技术效果。因此，被告认定本申请权利要求1的方案并非《专利法》意义上的技术方案，不符合专利授权的条件，结论正确，依法应予支持。

综上，原告要求撤销第57576号决定的诉讼请求不能成立，本院不予支持。

3. 北京市高级人民法院二审案情简介［（2014）高行终字第470号］

申请人不服北京市第一中级人民法院（2013）一中知行初字第3733号行政判决，于2014年2月7日向北京市高级人民法院提起上诉。申请人诉称：

原审判决及第57576号决定没有提出任何清楚、准确的事实，来支持其决定和判决结果，没有证明我国所有已经获得发明专利授权的任何一项专利技术方案的技术手段、技术效果和解决的技术问题与本申请的差别。因此，本申请符合《专利法实施细则》相关授权条件。

北京市高级人民法院于2014年7月21日作出（2014）高行终字第470号行政判决，认为：

本案焦点问题是本申请是否属于对产品、方法或者其改进所提出的新的技术方案，是否符合《专利法实施细则》第2条第1款[1]的规定。《专利法实施细则》第2条第1款规定："专利法所称发明，是指对产品、方法或者其改进所提出的新的技术方案。"技术方案是对要解决的技术问题所采取的利用了自然规律的技术手段的集合。技术手段通常是由技术特征来体现的。未采用技术手段解决技术问题，以获得符合自然规律的技术效果的方案，不属于《专利法实施细则》第2条第1款规定的客体。

本申请独立权利要求1的解决方案是使用公知的计算机/网络设备和公知的计算机/网络数据处理和传输技术来帮助系统实现提供身份证替代票证服务的过程。在实现提供身份证替代票证服务的过程中，并没有因为使用了上述公知设备和技术而对现有的计算机/网络的数据处理和传输能力等带来任何技术上的改进，也没有给计算机/网络设备的构成和功能带来任何技术上的改变。本申请技术方案所要解决的问题是如何提供身份证替代票证的服务，并不构成技术问题；采用的手段是利用将票证信息与付费方的身份信息相关联的方式，以身份证代替票证来实现票证购买中的付费和身份验证，上述手段是对提供票证服务的票证购买和验证环节的流程的改进，并不属于技术手段；且其获得的技术效果也仅是减少票证购买方所花费的时间和经济成本，并减少提供票证所存在的安全隐患的商业效果而非技术效果。因此，原审判决及第57576号决定关于本申请权利要求1的方案并非《专利法》意义上的技术方案，不符合专利授权的条件的认定正确，依法应予支持。申请人关于原审判决及第57576号决定认定本申请不符合《专利法实施细则》第2条第1款规定属于错误认定的

[1] 对应2009年10月1日起施行的《专利法》第2条第2款。

上诉主张不能成立，本院不予支持。

综上，原审判决认定事实清楚，适用法律正确，应予维持。申请人的上诉理由不能成立，对其上诉请求本院不予支持。

【焦点归纳】

本案的争议焦点为：涉案申请是否属于对产品、方法或者其改进所提出的新的技术方案。2003 年《专利法实施细则》第 2 条第 1 款[1]规定："专利法所称发明，是指对产品、方法或者其改进所提出的新的技术方案。"

申请人认为：本申请方案采用公知设备和技术，在整体结构、方法、流程方面作出改进（创造了新的系统方案）并产生了显著进步的实用效果，属于法定技术方案。本申请采用的技术手段为：采用了无线和有线电子数据传输、存储设备、身份证验证自动打印出号设备等技术型设备。本申请产生的系统技术效果与当时存在的技术设备和方法构成的任何一个整体技术系统相比，都具有显著的先进性（即本申请解决了其所属领域缺少能产生该系统显著先进技术效果的技术问题）。只要新产品、新方法及使其衔接产生更大的整体功能的整体新方法，采用了技术型设备（具有实用技术工具的特征），能产生显著实用新功能（即显著先进的技术效果），并且该实用新功能能够创造显著社会价值（即有效促进了经济和社会发展），就可以证明该新产品或新方法采用了新的技术手段，达到了显著先进的技术效果和解决了某一领域对应技术缺失的问题，就属于《专利法》规定的技术方案。

复审、法院一审和二审均认为：本申请技术方案所要解决的问题是如何提供身份证替代票证的服务，并不构成技术问题；采用的手段是利用将票证信息与付费方的身份信息相关联的方式，以身份证代替票证来实现票证购买中的付费和身份验证，上述手段是对提供票证服务的票证购买和验证环节的流程的改进，并不属于技术手段；且其获得的技术效果也仅是减少票证购买方所花费的时间和经济成本，并减少提供票证所存在的安全隐患的商业效果而非技术效果。

【分析借鉴】

对发明创造授予专利权必须有利于推动其应用，促进科学技术进步和社会经济发展，为此，《专利法》第 2 条对可授予专利权的客体作出了规定。在我国专利法体系中，对于可专利性的客体判断主要涉及《专利法》第 2 条、第 5

[1] 对应 2009 年 10 月 1 日起施行的《专利法》第 2 条第 2 款。

条以及第25条。《专利法》第2条第2款规定："发明，是指对产品、方法或者其改进所提出的新的技术方案。"这一定义强调了专利权保护客体的基本属性，即不论是发明还是实用新型，要想获得授权，其必须属于"技术方案"，这是对申请专利最基本的要求。提出的专利申请只有构成技术方案，才有获得专利保护的可能。因此，如何理解专利法意义上的技术方案，是决定发明创造是否属于保护客体的关键所在。

1. 技术方案的判断

《专利审查指南2010》第二部分第一章第2节规定："技术方案是对要解决的技术问题所采取的利用了自然规律的技术手段的集合。技术手段通常是由技术特征来体现的。未采用技术手段解决技术问题，以获得符合自然规律的技术效果的方案，不属于专利法第二条第二款规定的客体。"虽然《专利审查指南2010》中给出了技术方案的定义，但当我们面对一个实际方案，在判断其是否属于技术方案时具体该如何操作还是存在很多困惑，比如应当从哪些点切入进行判断？什么是自然规律？什么样的情况是未采用技术手段解决技术问题，又获得了符合自然规律的技术效果？

（1）技术方案三要素

通常，我们在判断一个方案是否属于技术方案时，需要从方案整体上判断其是否包含了三要素，即技术手段、技术问题、技术效果，简称技术三要素。从技术手段、技术问题、技术效果三个维度进行分析是否属于技术方案，即如果权利要求保护的方案采用了技术手段，解决了技术问题，并获得了相应的技术效果，则该权利要求整体上构成技术方案；当这三个要素中任意一个不满足相关规定时，该方案都不构成技术方案。

技术手段通常是由技术特征来体现的，通常我们可以通过分析是否具有技术特征来判断是否具备技术手段。《专利审查指南2010》第二部分第二章第3节规定："技术特征可以是构成发明或者实用新型技术方案的组成要素，也可以是要素之间的相互关系。"北京市高级人民法院《专利侵权判定指南（2017）》中规定："技术特征是指在权利要求所限定的技术方案中，能够相对独立地执行一定的技术功能、并能产生相对独立的技术效果的最小技术单元。在产品技术方案中，该技术单元一般是产品的部件和/或部件之间的连接关系。在方法技术方案中，该技术单元一般是方法步骤或者步骤之间的关系。"《最高人民法院关于审理侵犯专利权纠纷案件应用法律若干问题的解释（二）》（公开征求意见稿）第7条第2款提到："技术特征，是指技术方案中能够相对独立地实现一定的技术功能，并产生相对独立的技术效果的最小技术单元。”因此，我们可以通过是否具有技术特征来判断其是否具备技术手段。

技术问题是使用上述技术手段能够解决的问题，技术效果是解决技术问题后达到的必然结果。其实技术问题和技术效果是相互对应的，从发明创造的产生角度出发，发现了问题，才产生了解决该问题的方案，从而实现解决该问题的对应效果。

就本案而言，本申请技术方案所要解决的问题是如何提供身份证替代票证的服务，并不构成技术问题；采用的手段是利用将票证信息与付费方的身份信息相关联的方式，以身份证代替票证来实现票证购买中的付费和身份验证，上述手段是对提供票证服务的票证购买和验证环节的流程的改进，并不属于技术手段；且其获得的效果也仅是减少票证购买方所花费的时间和经济成本，并减少提供票证所存在的安全隐患的商业效果而非技术效果。

（2）自然规律

自然规律，是指存在于自然界的客观事物内部的规律，不以人的意志为转移，不能被人改变、创造或消灭。表现为在某些条件下具有不变性的一种客观规律，给定条件就必然会得到既定的结果。比如数学、物理学中用于描述事物间相互联系的规律都可以称为自然规律。判断是否为技术方案时，首先要确定解决的技术问题所采用的是否是利用自然规律的技术手段，限定“利用自然规律”是为了排除仅仅利用人为规定或经济规律等完成的发明，具体应用了什么自然规律并不需要在说明书中明确，这是本领域技术人员可以根据方案进行判断的。

（3）未采用技术手段解决技术问题，又获得了符合自然规律的技术效果

该种情况是指使用的手段并非技术手段，但客观上又解决了技术问题，什么样的情况属于该情况？举一个形象的例子，如节省汽油。

为了解决节省汽油的技术问题，可以有多种方式来实现，比如可以通过步行、多骑自行车和少开汽车来实现，也可以通过改进汽车发动机系统、传动系统等来实现，但是前者就不是通过采用技术手段来实现的，而“改进发动机系统、传动系统”就是采用了技术手段。该案例获得的技术效果都是符合自然规律的技术效果，“通过步行、多骑自行车和少开汽车来实现省油”的方案就是未采用技术手段解决技术问题，同时又获得了符合自然规律的技术效果的方案。

2. 判断权利要求所要求保护的方案是否构成技术方案时，应当将所述方案作为一个整体考虑

判断权利要求所要求保护的方案是否构成技术方案时，应当将所述方案作为一个整体，分析其是否实质上采用了技术手段，并解决了技术问题、产生了技术效果。“将方案作为一个整体”的含义是：一方面不能仅关注方案中的某些特征，从而认为具有技术参数、技术术语就简单地断言其构成技术手段；另一方面不能忽略方案中包含的技术性内容，仅凭方案中具有某些非技术性内容就否定整个方案的技术性❶。在判断权利要求所保护的方案是否为技术方案时，应该准确站位本领域技术人员，将权利要求的方案作为一个整体考虑，避免割裂三要素单独从某一个要素进行判断。判断权利要求请求保护的方案是否解决了技术问题，也应从所采用的技术手段入手进行整体判断，不应仅局限于权利要求涉及的主题或申请人声称的问题。

通常，对技术方案的判断无须借助现有技术，但是，在判断过程中通过说明书尚不能作出判断时，也可以通过与现有技术的比较来确定其是否属于技术方案。

3. 计算机领域的客体判断

随着计算机技术的发展，越来越多的发明创造需要依赖计算机来实现。由于计算机处理器工作的原理本质就是人为制定的逻辑规则，因此计算机存在着大量人为制定的处理逻辑，使得在判断是否属于“自然规律”的问题上存在许多争议。因此，计算机领域的发明创造的客体问题一直是一个难点。计算机领域的专利申请类型通常可以分为两类：计算机程序本身和涉及计算机程序的发明。

对于涉及计算机程序的发明，《专利审查指南 2010》第二部分第九章第 2 节规定：“根据专利法第二条第二款的规定，专利法所称的发明是指对产品、方法或者其改进所提出的新的技术方案。涉及计算机程序的发明专利申请只有构成技术方案才是专利保护的客体。如果涉及计算机程序的发明专利申请的解决方案执行计算机程序的目的是解决技术问题，在计算机上运行计算机程序从而对外部或内部对象进行控制或处理所反映的是遵循自然规律的技术手段，并且由此获得符合自然规律的技术效果，则这种解决方案属于专利法第二条第二

❶ 国家知识产权局专利复审委员会. 以案说法——专利复审、无效典型案例指引［M］. 北京：知识产权出版社，2018.

款所说的技术方案，属于专利保护的客体。如果涉及计算机程序的发明专利申请的解决方案执行计算机程序的目的不是解决技术问题，或者在计算机上运行计算机程序从而对外部或内部对象进行控制或处理所反映的不是利用自然规律的技术手段，或者获得的不是受自然规律约束的效果，则这种解决方案不属于专利法第二条第二款所说的技术方案，不属于专利保护的客体。”

对于涉及计算机程序的发明也应当满足技术方案三要素的要求。未解决技术问题或者未利用技术手段，或者未获得技术效果的涉及计算机程序的发明不属于《专利法》第2条第2款规定的技术方案。对于涉及计算机程序的发明是否属于技术方案，一个重要的判断基准是该方案是否利用自然规律的技术手段对计算机外部对象或者内部对象进行了控制或处理，并获得了符合自然规律的技术效果。

4. 对权利要求是否构成技术方案撰写的建议

《专利审查指南 2010》第二部分第一章第 2 节规定：“气味或者声、光、电、磁、波等信号或者能量也不属于专利法第二条第二款规定的客体。但利用其性质解决技术问题的，则不属于此列。”在撰写专利时，应避免将发明专利主题确定为不属于专利法意义上的产品。例如，发明专利的主题不能是气味或者声、光、电、磁、波等信号或者能量本身。因为，如果权利要求请求保护的主题属于上述明显不符合保护客体的产品，则无论权利要求的特征部分采用何种撰写方式，审查员都可以只依据对该权利要求主题直接认定该权利要求不符合《专利法》第2条第2款的规定。

如果权利要求的主题名称属于专利法意义上的产品，但除主题名称是技术特征外，其余全部特征都是人为定义的规则，若该规则仅仅依赖人类的思维活动，则不属于利用自然规律的技术手段，该方案没有解决技术问题，并没有产生技术效果，因而不构成专利法意义上的技术方案。这种情况也应当注意避免。

对于涉及计算机程序和算法类的方案，可以通过增加应用场景来使其满足保护客体的要求。增加具体应用场景后，程序和算法中的物理量就有了实际的物理含义，也就具备了技术特征。并且，如果是首次将算法应用到某个领域时，通常具有较高的创新程度，但是如果此前已有类似的算法被应用在该领域，则创新程度会大打折扣。

1.1.2　根据《专利法》第5条不授予专利权的发明创造

【案例2】通过探查基站策略性管制用户通信权限的方法及系统（第229319号复审决定）

如果发明创造的实施或使用会给公众或社会造成危害，使国家和社会秩序受到影响，那么其属于妨害公共利益的发明创造，不能被授予专利权。

【案情介绍】

沈阳讯网网络科技有限公司系专利申请号为201310230754.1、名称为“通过探查基站策略性管制用户通信权限的方法及系统”的发明专利（以下简称涉案专利申请）的申请人。涉案专利申请的申请日为2013年6月13日，公开日为2014年12月24日。经实质审查，国家知识产权局原审查部门于2019年7月1日发出驳回决定。

涉案专利申请驳回决定所针对的权利要求书内容如下：

1. 一种通过探查基站搜集用户信息并对用户通信权限进行策略性管制的方法及系统，其特征在于，所述方法及系统由探查基站系统、信息处理平台、运营商核心网组成，包括以下步骤：

A. 向需要进行通信管制的区域中（或区域附近）部署以搜集用户信息为目的的探查基站系统，探查基站是以搜索覆盖区域用户为目的，由信号放大设备、基站控制设备、传输设备、信号覆盖设备组成的通信基站体系；

B. 探查基站系统的覆盖区域可以是需要进行通信权限限制的特殊区域，也可以是通信权限限制的特殊区域的子区域，根据探查地点的区域范围不同，为基站安装能够满足区域范围信号覆盖的传输设备和天线设备，增强探查基站系统在其所覆盖探查区域的通信信号强度；

C. 通过探查基站系统将其覆盖区域的用户手机在网状态默认切换并锁定到探查基站系统的服务下，使探查基站系统覆盖区域的用户手机，切断与其他基站的通信数据交换（不会选择接受其他基站的服务）；

D. 探查基站系统通过数据交换和基站控制器的后台分析得到用户手机信息，如IMSI号码、IMEI号码、手机号码；

E. 探查基站系统将得到服务区域内的用户手机信息（如：IMSI号

码、IMEI 号码、手机号码）上报给信息处理平台；

F. 信息处理平台通过预置在数据系统中用户身份与手机识别信息（如：IMSI 号码、IMEI 号码、手机号码）之间的关系判断用户的身份，得出用户存在于某探查基站系统覆盖区域内的结论；

G. 信息处理平台确定用户身份后，结合所在的时间和预置的通信权限策略，决定用户手机的通讯权限组合；

H. 信息管理平台将对应用户的手机相关识别信息（如手机号码、IMSI 号码、IMEI 号码、ICCID 号码、KI 密钥号码）其中的一项或多项组合信息，与相应的通信权限组合发送给运营商的核心网，信息管理平台指定用户的通信权限组合，通过运营商核心网控制用户相应通信权限；

I. 运营商的核心网根据信息处理平台发送的通信权限组合信息，完成对特定用户、在某个时段、在某个区域范围的通信权限发放，使用户只能按照这样的规则进行通信；

J. 探查基站系统对于覆盖区域中，发现不具备通信权限的用户，可以根据预制通讯策略，将用户的通信数据截留在探查基站中不向外转发，使其无法进行任何通信。

1. 实审阶段案情简介

实审阶段，审查员对涉案专利申请进行了实质审查，并于 2018 年 5 月 22 日发出了第一次审查意见通知书，指出权利要求 1 不具备《专利法》第 22 条第 3 款规定的创造性。

申请人于 2018 年 9 月 21 日针对第一次审查意见通知书提交了意见陈述书以及经修改的申请文件，并认为：

（1）本专利申请方案为建立一个非运营商的基站，将覆盖区域内的手机全部接入进来实现屏蔽，对比文件 1 是基于运营商网络对用户手机进行权限控制，与本专利不同。

（2）本申请方法以手机通信软件通过非运营商无线网络实现在管制区域内的智能通信，降低了管制区域内通信权限发放对运营商的依赖，降低了运营成本，提高了效率，在递交申请之后的几年中，已经在全国诸多监狱、军队等需要实施通信控制的区域进行了广泛的应用（如司法部燕城监狱、航天科工系统、军队靶场等），是事实证明最严密、最安全、最稳定的手机通信权限控制系统；本专利申请为通信安全行业、为国家安全稳定、为信息保密工作作出了极为突出的贡献，多次受到科技部、司法部、军队领导表彰；而这种成功正是由于本申请方法所带来的，也就表明了本申请技术方案是非显而易见的，具有突出的实质性特点和显著的进步；本专利申请以后，在本专利申请所设计系统的实施过程中，境外有企业对本技术进行了模仿，并意图大范围推广使用；因此极为有必要对本专利技术实施知识产权保护。

审查员继续审查，并于2018年12月3日发出第二次审查意见通知书，指出本申请涉及伪基站，属于妨害公共利益的发明创造，属于《专利法》第5条第1款规定的不授予专利权的情形。具体理由如下：

2014年12月23日国家工商行政管理总局、中华人民共和国公安部和国家质量监督检验检疫总局联合颁布第72号令《禁止非法生产销售使用窃听窃照专用器材和“伪基站”设备的规定》，该规定是为了制止和打击非法生产、销售、使用窃听窃照专用器材和“伪基站”设备的违法犯罪行为，维护国家安全、公共安全和社会秩序，保障公民人身财产安全而制定的。本规定所称“伪基站”设备，是指未取得电信设备进网许可和无线电发射设备型号核准，具有搜取手机用户信息，强行向不特定用户手机发送短信息等功能，使用过程中会非法占用公众移动通信频率，局部阻断公众移动通信网络信号，经公安机关依法认定的非法无线电通信设备。

根据上述规定，本申请要求保护的一种通过探查基站策略性管制用户通信权限的方法及系统，探查基站将覆盖范围内手机在网状态默认切换并锁定到探查基站，切断与其他基站的数据交换，并收集用户手机号码，上报给信息处理平台。信息处理平台数据库中预置有用户的通信权限策略，信息处理平台确定用户身份后将预置用户通信权限策略，将具备通信权限的用户发送给运营商核心网，运营商核心网对用户发放相应的权限。探查基站系统对不具备通信权限的用户，可以根据预制通信策略将用户的通信数据截留在探查基站中。方案中步骤A～G、J表明，探查基站会屏蔽用户与其他基站的通信，默认锁定到本探查基站，收集用户手机号码上报信息处理平台（信息处理平台可设置在基站内），信息处理平台存储着用户的权限列表，用户权限列表决定了用户具有哪些权限。根据预制通信策略，具有权限的用户通信被探查基站转发，不具有权限的用户通信被探查基站截留。可见，上述装置已具备“伪基站”的功能，上述装置属于“伪基站”。该伪基站的使用必然整体上会对公众和社会的私人信息和通信安全等造成危害，影响国家和社会的正常秩序。因此，本申请属于妨害公共利益的发明创造，根据《专利法》第5条第1款不能被授予专利权。

针对上述审查意见通知书，申请人于 2019 年 2 月 16 日递交了意见陈述书，概述如下：

（1）本方案采用的基站全部为正规基站，均有三大运营商的认证与许可，本方案中的天柜系统拥有三大运营商全部认证与入网许可。当 USIM 卡进行认证时，认定天柜系统为合法基站，再配合讯网自主研发的系统功能，将会强制接管手机所有通信，达到管控目的，其效果是伪基站无法比拟的。伪基站生产企业没有信令开发能力（2G、3G、4G 基站研发）、没有与运营商网络对接的能力、没有软硬件整合开发能力、没有手机研发能力、没有多路射频信号同路传输能力、没有全频信号放大能力、没有无线信号精确覆盖能力、没有综合一卡通研发能力、没有视频图像识别能力、没有物联网大规模联动协调能力等，所以该类企业所提出的解决方案并不适用于新时期移动终端的应用的关闭及管理；

（2）本申请涉及的基站具备特定的应用场景和范围，本申请方法以手机通信软件通过非运营商无线网络实现在管制区域内的智能通信，降低了运营成本，提高了运营效率。在递交申请之后的几年中，已经在全国诸多监狱、军队等需要实施通信控制的区域进行了广泛的应用。

之后审查员作出驳回决定。驳回决定的主要理由是本申请中的探查基站具备“伪基站”的功能，属于“伪基站”，该伪基站的使用必然整体上会对公众和社会的私人信息和通信安全等造成危害，影响国家和社会的正常秩序。因此，本申请属于妨害公共利益的发明创造，根据《专利法》第 5 条第 1 款不能被授予专利权。

2. 复审阶段案情简介（第 229319 号复审决定）

申请人（下称复审请求人）对上述驳回决定不服，于 2019 年 10 月 15 日向国家知识产权局提出了复审请求，未修改申请文件。复审请求人认为：本申请符合国家相关法律法规要求；本申请是移动通信技术的重要补充，适用于不能全面开放通信的区域和人群；本申请内容是一种合法技术，受到运营商赞赏和支持；本申请是一种有利于国家稳定和通信安全的技术，曾应用于很多监狱。

经形式审查合格，国家知识产权局于 2019 年 12 月 5 日依法受理了该复审请求，并将其转送至原审查部门进行前置审查。

原审查部门在前置审查意见书中认为：复审请求人的陈述意见不成立。因而坚持驳回决定。

随后，国家知识产权局成立合议组对本案进行审理。

合议组于2020年7月6日发出复审通知书，复审通知书指出本申请属于妨害公共利益的发明创造，属于《专利法》第5条第1款规定的情形，不能被授予专利权；并针对复审请求人的意见进行了答复。

复审请求人于2020年8月5日提交了意见陈述书，未修改申请文件。复审请求人认为：本申请符合国家相关法律法规要求；本申请是移动通信技术的重要补充，适用于不能全面开放通信的区域和人群；本申请内容是一种合法技术，受到运营商赞赏和支持；本申请是一种有利于国家稳定的通信安全的技术，应用于好多监狱。

在上述程序的基础上，合议组作出审查决定认为：

本申请要求保护一种通过探查基站策略性管制用户通信权限的方法及系统，通过探查基站系统将其覆盖区域的用户手机在网状态默认切换并锁定到探查基站系统的服务下，使探查基站系统覆盖区域的用户手机切断与其他基站的通信数据交换（不会选择接受其他基站的服务），通过数据交换和基站控制器的后台分析得到用户手机信息，如IMSI号码、IMEI号码、手机号码，并将得到的手机信息上报信息处理平台以进一步确定用户的通信权限。由此可见，探查基站以收集用户信息为目的，其收集并使用信号覆盖范围内的移动通信用户的手机号码、IMSI、IMEI等个人信息，并且在未经用户同意的情况下，使用收集的个人信息来限制用户的通信权利，这种收集和限制行为，会侵害大量非特定用户的个人隐私和通信安全，影响国家和社会的整体安全和正常秩序。因此，本申请属于妨害公共利益的发明创造，属于《专利法》第5条第1款规定的情形，不能被授予专利权。

针对复审请求人陈述意见的答复，合议组认为：

本申请是否符合国家相关法律法规要求、是否是移动通信技术的重要补充、是否受到运营商赞赏和支持等均不能使得本申请符合《专利法》第5条第1款的规定。本申请的探查基站以收集用户信息为目的，其收集信号覆盖范围内的移动通信用户的手机号码、IMSI、IMEI等个人信息，并且在未经用户同意的情况下，使用收集的个人信息来限制用户的通信权利，因此这种收集和限制行为，会侵害大量非特定用户的个人隐私和通信安全，影响国家和社会的整体安全和正常秩序。因此，本申请属于妨害公共利益的发明创造，属于《专利法》第5条第1款规定的情形，不能被授予专利权。

【焦点归纳】

本案的争议焦点为：涉案专利申请中的探查基站是否属于“伪基站”，以及探查基站获取个人信息是否属于妨害公共利益的情形。《专利法》第 5 条第 1 款规定，对违反法律、社会公德或者妨害公共利益的发明创造，不授予专利权。因此需要确定本案中的探查基站是否是“伪基站”，如果是“伪基站”，其使用必然整体上会对公众的私人信息和通信安全等造成危害，影响国家和社会的正常秩序，属于《专利法》第 5 条第 1 款规定的情形，不能被授予专利权。另外，同时也需确定探查基站获取个人信息是否属于妨害公共利益的情形，如果妨害了公共利益同样属于《专利法》第 5 条第 1 款规定的情形，不能被授予专利权。

申请人认为：本申请符合国家相关法律法规要求；本申请是移动通信技术的重要补充，适用于不能全面开放通信的区域和人群；本申请内容是一种合法技术，受到运营商赞赏和支持；本申请是一种有利于国家稳定的通信安全的技术，应用于好多监狱。

实审认为：本申请中的探查基站具备“伪基站”的功能，属于“伪基站”。该伪基站的使用必然整体上会对公众和社会的私人信息和通信安全等造成危害，影响国家和社会的正常秩序。因此，本申请属于妨害公共利益的发明创造，根据《专利法》第 5 条第 1 款不能被授予专利权。

复审认为：探查基站以收集用户信息为目的，其收集并使用信号覆盖范围内的移动通信用户的手机号码、IMSI、IMEI 等个人信息，并且在未经用户同意的情况下，使用收集的个人信息来限制用户的通信权利，这种收集和限制行为，会侵害大量非特定用户的个人隐私和通信安全，影响国家和社会的整体安全和正常秩序。因此，本申请属于妨害公共利益的发明创造，属于《专利法》第 5 条第 1 款规定的情形，不能被授予专利权。

【分析借鉴】

《专利法》的立法宗旨是“鼓励发明创造，提高创新能力”，对发明授予专利权必须有利于推动发明创造的应用，提高创新能力，促进科学技术进步和经济社会发展。为此，如果一项发明要获得授权，其必须具备“三性”，也就是我们常说的实用性、新颖性、创造性。从正面规定了想要获得专利权应当满足的条件，《专利法》还从反面对可以获得专利权的发明的范围作了限制，也就是规定了不授予专利权的客体。《专利法》第 5 条规定：“对违反法律、社会公德或者妨害公共利益的发明创造，不授予专利权。对违反法律、行政法规的规定获取或者利用遗传资源，并依赖该遗传资源完成的发明创造，不授予专利权。”法律、行政法规、社会公德和公共利益的含义较为广泛，常常因为时期、地区的不同而有所差异，并且有时由于新法律、行政法规的颁布实施或原法律、行政法规的废止或修改，都可能会增设或解除某些限制，在专利撰写和审查过程中都要特别注意。

关于“违反法律”的含义，《专利审查指南 2010》规定：法律，是指由全国人民代表大会或者全国人民代表大会常务委员会依照立法程序制定和颁布的法律，不包括行政法规和规章。《专利法实施细则》第 10 条规定：“专利法第五条所称违反法律的发明创造，不包括仅其实施为法律所禁止的发明创造。”其含义是，如果仅仅是发明创造的产品的生产、销售或使用受到法律的限制或约束，则该产品本身及其制造方法并不属于违反法律的发明创造。例如，用于国防的各种武器的生产、销售及使用虽然受到法律的限制，但这些武器本身及其制造方法仍然属于可授予专利权的客体。

关于“违反社会公德”的含义，《专利审查指南 2010》规定：社会公德，是指公众普遍认为是正当的、并被接受的伦理道德观念和行为准则。它的内涵基于一定的文化背景，随着时间的推移和社会的进步不断地发生变化，而且因地域不同而各异。中国专利法中所称的社会公德限于中国境内。发明创造与社会公德相违背的，不能被授予专利权。例如，带有凶杀或者淫秽内容的图片或者照片的外观设计，非医疗目的的人造性器官或者其替代物，人与动物交配的方法，改变人生殖系遗传同一性的方法或改变了生殖系遗传同一性的人，克隆的人或克隆人的方法，人胚胎的工业或商业目的的应用，可能导致动物痛苦而对人或动物的医疗没有实质性益处的改变动物遗传同一性的方法等，上述发明创造违反社会公德，不能被授予专利权。

关于“妨害公共利益”的含义，《专利审查指南 2010》规定：妨害公共利益，是指发明创造的实施或使用会给公众或社会造成危害，或者会使国家和社会的正常秩序受到影响。

总之，《专利法》第 5 条规定对违反国家法律、社会公德或者妨害公共利益的发明创造不授予专利权，目的在于防止对可能扰乱正常社会秩序、导致犯罪或者造成其他不安定因素的发明创造被授予专利权，其出发点是维护国家和人民的根本利益[1]。因此不论是在专利撰写还是在审查中都需要注意发明是否

[1] 尹新天. 中国专利法详解［M］. 北京：知识产权出版社，2011.

被排除在专利保护之外，对于这类专利申请需要注意以下几方面：

1. 是否属于“伪基站”的判断

2014 年 12 月 23 日国家工商行政管理总局、中华人民共和国公安部和国家质量监督检验检疫总局联合颁布的第 72 号令《禁止非法生产销售使用窃听窃照专用器材和“伪基站”设备的规定》中规定的“伪基站”的情形是指“未取得电信设备进网许可和无线电发射设备型号批准，具有搜取手机用户信息，强行向不特定用户手机发送短信息等功能，使用过程中会非法占用公众移动通信频率，局部阻断公众移动通信网络信号，经公安机关依法认定的非法无线电通信设备”。上述规定多次强调其非法性，并且未获得电信设备进网许可。

对于本案而言，本申请的探查基站是自定义术语，根据说明书其主要功能为“将其覆盖区域的用户手机在网状态默认切换并锁定到探查基站系统的服务下，使探查基站系统覆盖区域的用户手机，切断与其他基站的通信数据交换（不会选择接受其他基站的服务）；探查基站系统通过数据交换和基站控制器的后台分析得到用户手机信息，如 IMSI 号码、IMEI 号码、手机号码；探查基站系统将得到服务区域内的用户手机信息（如：IMSI 号码、IMEI 号码、手机号码）上报给信息处理平台”。该探查基站并不完全满足《禁止非法生产销售使用窃听窃照专用器材和“伪基站”设备的规定》对伪基站的定义要件。

本申请想要解决的技术问题是如何对特定区域内用户进行灵活的通信管制。本领域技术人员熟知监狱、部队驻地、涉密机关、考试考场等特定区域存在通信管制的合法需求，本申请的探查基站可用于合法管制，能够起到对需要合法管制的特定区域进行更灵活更丰富的管制的技术效果，且因为这些特定区域需要通信管制的公开性，在本区域内用户通信会受阻应当是用户明知的，这种管制作用不属于在用户不知情的情况下实施违背用户意愿的强行阻断行为。尽管其阻断了用户与其他基站的数据交换且收集了用户手机信息，但这种阻断与信息收集并非出于非法目的，不应被判定为《禁止非法生产销售使用窃听窃照专用器材和“伪基站”设备的规定》所称的“非法占用、搜取、阻断”。同时，说明书还明确记载了探查基站系统收集到的用户手机信息会发送给运营商网络，由运营商来实施通信授权管理，明确表明该探查基站是与运营商网络配合使用的，其意图不是对运营商网络进行攻击与破坏等非法目的，其存在与运行是运营商知道且允许的，并未脱离通信监管。

总的来说，从技术方案来看，探查基站需要与运营商核心网络进行交互，其可以接入运营商网络表明其需要取得电信网络设备进网许可。探查基站在通信信号覆盖范围内根据不同用户身份、时间等控制手机通信权限，解决了限制区域内用户通信权限的管理。由于本申请说明书强调了探查基站需要将通信权限转交给运营商交换基站，实现探查基站的完整功能需要与运营商核心网进行交互，因此探查基站在管制区域内对移动通信信号进行管制的方法的技术方案本身并不违反国家法律规定，并且探查基站也不属于《禁止非法生产销售使用窃听窃照专用器材和“伪基站”设备的规定》所定义的“伪基站”。

2. 探查基站获取个人信息是否妨害公共利益

《专利法》第5条第1款规定，对违反法律、社会公德或者妨害公共利益的发明创造，不授予专利权。妨害公共利益，是指发明创造的实施或使用会给公众或社会造成危害，或者会使国家和社会的正常秩序受到影响[1]。该条规定本质是为了维护社会公众的利益，且和公众的切身利益相关，也是社会公众最容易感知和辨别的一项对专利授权的实质性要求，在审查中应当尤为注意。

申请方案是否属于妨害公共利益的情形，应当从发明创造的实施或使用行为是否整体上有危害性，并且这种危害是否针对的是公共利益两方面来判断。具体到本申请，探查基站以收集用户信息为目的，其收集并使用信号覆盖范围内的移动通信用户的手机号码、IMSI、IMEI等个人信息，并且在未经用户同意的情况下，使用收集的个人信息来限制用户的通信权利，而这一切信息收集均是在用户不知情的情况下进行的，也不是用户自愿的，用户更无法自己取消该功能，因此这种收集和限制行为，会侵害大量不特定用户的个人隐私和通信安全，影响国家和社会的整体安全和正常秩序。综上，本申请的探查基站以收集用户个人信息、限制用户通信权利为目的，妨害了公共利益，不应授权专利权。

特别需要注意的是，已于2021年1月1日施行的《民法典》第111条规定：“自然人的个人信息受法律保护。任何组织或者个人需要获取他人个人信息的，应当依法取得并确保信息安全，不得非法收集、使用、加工、传输他人个人信息，不得非法买卖、提供或者公开他人个人信息。”第1034条规定：“个人信息是以电子或者其他方式记录的能够单独或者与其他信息结合识别特定自然人的各种信息，包括自然人的姓名、出生日期、身份证号码、生物识别信息、住址、电话号码、电子邮箱、健康信息、行踪信息等。”因此，如果专利申请涉及对个人信息进行非法、不正当、不必要的收集、获取和使用的，应

---

[1] 国家知识产权局．专利审查指南2010（2019年修订）[M]．北京：知识产权出版社，2020.

当对其严格依法审查，避免出现违反法律、妨害公共利益的授权专利。

3. 专利权的授予应当充分考虑公序良俗和社会影响

专利审查本身作为一种行政行为，其必然会产生相应的法律效果和社会效果。所谓法律效果，就是立法所期待的法律应有的功能与作用，符合立法者的预期目标，体现法律本身的价值。所谓社会效果，就是社会和民众意见、观点、情绪、满意度的集中体现。通俗来讲，专利审查工作不但要严格依法开展，还要考虑社会和民众的满意度，要追求法律效果和社会效果的统一。事实上，对于普通民众而言，一般很难理解和认知法律效果，但社会效果是所有人都能够直观体会与感知的，因而民众会更多地关注专利审查工作所带来的社会效果❶。近年来，部分专利申请如“氯化钠抗癌注射液”“毒明胶”等案件在社会上引起了广泛关注，造成了严重不良影响。可见在专利审查过程中只关注了技术问题和法律问题，而忽视了公序良俗和社会影响可能会造成严重的不良影响。追求法律效果和社会效果的统一，对专利审查和撰写都提出了更高的要求。审查过程中，除了技术上理解方案外，还应关注申请方案的发明目的、实施方式、应用场景等是否违背公序良俗、是否侵害公共利益、是否存在侵犯伦理道德等问题，对此类申请的审查应保持高度敏感性。如果授权专利存在《专利法》第 5 条第 1 款规定的情形，极容易引发社会公众的不满和批评，从而对专利制度和专利行政机关产生不理解和不信任，造成不良的社会影响，这种情况应当尽可能地避免。

4. 类似案例扩展

为进一步解释说明何种发明属于妨害公共利益的发明创造，这里再举一个案例进行说明。此案例涉及申请号为 201110288341. X，名称为“通讯监听方法、装置及其系统”的发明专利申请。申请人为中兴通讯股份有限公司。本申请的申请日为 2011 年 9 月 26 日，公开日为 2012 年 1 月 11 日。

涉案专利申请驳回决定所针对的权利要求书的内容如下：

1. 一种通讯监听方法，其特征在于包括：

多模移动终端通过所述多模移动终端的第一通信模块与第一通话方建立链接；

❶ 孟伟. 浅析《专利法》第 5 条之妨害公共利益 [J]. 中国发明与专利，2018，15 (S2)：25 - 28.

所述多模移动终端通过所述多模移动终端的第二通信模块与第二通话方建立链接；

所述多模移动终端将来自所述第一通话方的下行数据和发送给所述第一通话方的上行数据进行混合，将混合后的数据作为所述第二通信模块的上行数据发送给所述第二通话方且所述第二通信模块的下行数据没有接入所述第一通信模块，由所述第二通话方对所述多模移动终端与所述第一通话方之间的通讯进行监听。

复审认为：本申请请求保护的一种通信监听方法，其发明构思在于，多模移动终端中的第二通信模块能够接收第一通信模块的上下行数据，而多模移动终端中的第一通信模块不能接收第二通信模块的下行数据，从而使得与第二通信模块通信的第二终端能够监听多模移动终端与第一终端的通信，而与第一通信模块通信的第一终端无法感知到第二终端的存在。本申请是在一方不知情的情况下泄露其隐私的监听方案，无需网络运营商的支持而实现监听功能，属于妨害公共利益的发明创造，属于《专利法》第5条第1款规定的不授予专利权的范围。具体理由如下：

国家工商行政管理总局、中华人民共和国公安部和国家质量监督检验检疫总局于2014年12月23日联合颁布了第72号令《禁止非法生产销售使用窃听窃照专用器材和“伪基站”设备的规定》。该规定是为了制止和打击非法生产、销售、使用窃听窃照专用器材的违法犯罪行为，维护国家安全、公共安全和社会秩序，保障公民人身财产安全而制定的。本规定所称窃听专用器材，是指以伪装或者隐蔽方式使用，经公安机关进行技术检测后作出认定性结论，有以下情形之一的：具有无线发射、接收语音信号功能的发射、接收器材；能够获取无线通信信息的电子接收器材……其他具有窃听功能的器材。

本申请中的通讯监听设备是多模移动终端，是具有无线发射、接收语音信号功能的发射、接收器材；通过该多模移动终端，在无需网络运营商支持以及在被监听方无法感知的情况下，实现了第三方监听的功能，即通过隐蔽方式使用。根据上述规定，本申请中的多模移动终端属于窃听专用器材。该方案的实施必然整体上会对公众私人信息和社会的通信安全等造成危害，进而影响国家和社会的正常秩序。

因此，本申请属于妨害公共利益的发明创造，属于《专利法》第5条第1款规定的不授予专利权的范围。

【案例 3】多层区块链的清算方法（第 196167 号复审决定）

如果一项发明属于未经批准的非法公开融资行为，存在金融风险，使国家正常的金融秩序受到影响，则认为该发明妨害了公共利益，属于《专利法》第 5 条第 1 款规定的不能授予专利权的范围。

【案情介绍】

杭州复杂美科技有限公司系专利申请号为 201610129603.0、名称为“多层区块链的清算方法”的发明专利申请（以下简称涉案专利申请）的申请人。涉案专利申请的申请日为 2016 年 3 月 8 日，公开日为 2016 年 7 月 27 日。经实质审查，国家知识产权局原审查部门于 2018 年 10 月 15 日以本申请属于《专利法》第 5 条第 1 款规定的不授予专利权的范围为由驳回本申请。

涉案专利申请驳回决定所针对的权利要求书内容如下：

1. 多层区块链的清算方法，其特征在于，O 父链发行虚拟货币（类似比特币），发币地址产生虚拟币，转移到收支地址后再发给清算地址，清算地址上币的数量和该清算地址对应的子链上币的总量相等，子链之间转币，都需要通过父链记录和校验后生效，孙链和子链的关系同理；

步骤 S1：O 父链在发币地址发行虚拟币，转给收支公钥地址，O 父链可以设定多个收支公钥地址，收支公钥地址之间可以相互转移虚拟货币；

步骤 S2：设定子链的清算公钥地址，父链往某子链（与某清算公钥地址对应）上转移虚拟币时，清算公钥地址上记录着子链上的虚拟币总额；

步骤 S3：A 子链向 B 子链转移虚拟币时，区块打包结束时，将 A 子链上公钥地址的余额进行扣减，将汇总的扣减金额总数、笔数、所有相关交易排序串联后哈希后的哈希值（或建立梅克尔树）及签名（用 A 子链清算私钥签名，不同子链的服务器有不同的私钥），同时发送到父链服务器对应的清算链公钥地址和 B 子链服务器，发给 B 子链服务器的信息还包括相关交易内容的压缩包；

步骤 S4：O 父链服务器验证 A 子链发来的信息，验证通过（如 50% 以上的子链服务器发来的信息一致），A 子链对应清算地址扣减转出金额，并用私钥签名后将扣减的金额转给 B 子链对应的清算地址，验证通过（如 50% 以上的父链服务器发来的信息一致），B 子链对应的清算地址加上从 A 子链转来的金额，再用私钥签名发送给对应的 B 子链服务器；

步骤S5：B子链服务器收到O父链和A子链发送过来的转账或清算信息，将验证通过部分的交易写入区块链，并增加相应公钥地址的余额，若有部分入账公钥地址是无效或非法，导致入账失败，汇总失败笔数和金额等信息后原路退回，同时也都由经手的服务器签名及验证；

步骤S6：对应B子链清算地址扣减退回的金额，对应A子链清算地址加上退回的金额，对于退回的交易，相应A子链上的公钥地址加上退回的金额，并将交易标记失败，而那些支付成功的交易标记成功；

步骤S7：同理可以在A子链上建立a1和a2等孙链，用上述S1至S6的同样方法转移虚拟币。

1. 实审阶段案情简介

审查员在实审中指出权利要求1属于《专利法》第5条第1款规定的妨害公共利益的发明创造，因而不授予专利权。

申请人于2018年5月31日针对上述审查意见通知书提交了意见陈述书，认为：本申请“类似比特币”的表述并非是指在不受监管的流通方式上相似，而是指该虚拟货币是采用类似于比特币所使用的加密技术所生成的加密货币；本申请中的虚拟货币并不具有“不能被监管”的特征，虚拟货币可以以不受监管的方式应用成为比特币等不受监管的加密货币，也可以以接受监管的方式应用成为央行数字货币等接受监管的加密货币；本发明提供的多层区块链的清算方法同样是一种可能因被滥用而导致妨害公共利益的工具，根据《专利审查指南2010》第二部分第一章第3.1.4节的规定，如果发明创造因滥用而可能造成妨害公共利益的，或者发明创造在产生积极效果的同时存在某种缺点的，则不能以“妨害公共利益”为理由拒绝授予专利权。

审查员于2018年10月15日发出驳回决定，以本申请属于《专利法》第5条第1款规定的不授予专利权的范围为由驳回了本申请。决定的具体理由为：本申请涉及类似比特币的虚拟货币的清算方法，类似比特币的虚拟货币并非由一国政府发行，属于一种国际货币，其发行不由央行掌管，央行无法控制类似比特币的虚拟货币的发行，央行无法调节类似比特币的虚拟货币流通，无法保持类似比特币的虚拟货币稳定，央行传统的货币政策手段如再贴现、存款准备金和公开市场业务都会受到影响；类似比特币的虚拟货币并不受央行的控制；央行无法控制虚拟货币在经济中的流动性，类似比特币的虚拟货币采用去中心化的方式进行清算，虚拟货币的交易不通过银行等金融系统，只是记录在区块链中，且交易具有高度的匿名性，造成了监管真空，因而无法监管资金流向，导致无法监控洗钱行为，类似比特币的虚拟货币在一国的流通必然会影响该国的货币税收政策，从而会造成偷税漏税，使国家的正常的金融秩序受到影响，从而妨害了公共利益，属于《专利法》第5条第1款中“对妨害公共利益的发明创造，不授予专利权”规定的情形，所以不能被授予专利权。

2. 复审阶段案情简介（第196167号复审决定）

申请人（下称复审请求人）对上述驳回决定不服，于2018年11月29日向国家知识产权局提出了复审请求，同时修改了权利要求书，删除了权利要求1中的“类似比特币”这一特征。复审请求人认为：虚拟货币可以以不受监管的方式应用成为比特币等不受监管的加密货币，也可以以接受监管的方式应用成为央行数字货币等接受监管的加密货币；本申请提供的清算方法可以广泛应用在不同场景中，例如央行与招行、工行进行清算的场景中，显而易见地，在此类场景下，央行清算链、招行链、工行链所使用的虚拟货币是可以且必然接受监管的，并不会导致妨害公共利益。

经形式审查合格，国家知识产权局于2019年1月14日依法受理了该复审请求，并将其转送至原审查部门进行前置审查。

原审查部门在前置审查意见书中认为：本申请所要求保护的技术方案涉及基于区块链技术的去中心化的数字代币的发行、清算和流通，由于去中心化的区块链技术的数字货币如比特币等本身具有的去中心化、匿名的性质，其实施必然导致国家监管困难，从而使国家的正常的金融秩序受到影响，从而妨害公共利益，而不是滥用才导致国家的正常的金融秩序受到影响，从而妨害公共利益，属于《专利法》第5条第1款中“对妨害公共利益的发明创造，不授予专利权”规定的情形。因而坚持原驳回决定。

随后，国家知识产权局成立合议组对本案进行审理。

合议组于2019年6月28日向复审请求人发出复审通知书，指出：基于去中心化的区块链技术的虚拟货币如比特币等，由于去中心化、匿名、监管困难等原因，使得基于区块链技术的虚拟货币的发行融资存在金融风险。本申请明确要求保护涉及基于区块链技术的虚拟货币的发行的技术方案，涉及代币的发行融资，属于未经批准的非法公开融资行为，存在金融风险，使国家正常的金融秩序受到影响，妨害公共利益，属于《专利法》第5条第1款规定的不授权专利权的范围。此外，基于去中心化的区块链技术的数字代币的发行、清算和流通的实施也会违反《中华人民共和国中国人民银行法》的相关规定。

复审请求人于2019年8月12日提交了意见陈述书，但未修改申请文件。复审请求人认为：（1）接受虚拟货币或以虚拟货币作为支付结算工具，无法推导出涉及代币的发行融资活动。最简单的反例，腾讯发行的Q币同样属于虚拟货币，腾讯的商城、软件服务等接受Q币、以Q币作为支付结算工具，但腾讯没有涉及Q币的发行融资活动。（2）本申请没有公开“以虚拟货币代替人民币在市场上流通”的内容，因此本申请没有违反《中华人民共和国人民银行法》（以下简称《中国人民银行法》）的规定。本申请所公开的是发行虚拟货币，而非数字化人民币，因此不违反央行是数字化人民币的唯一合法主体的规定。因此不属于《专利法》第5条第1款规定的不授予专利权的范围。

在上述程序的基础上，合议组作出审查决定认为：

本申请涉及一种多层区块链的清算方法，本申请所采用的方案涉及：父链发行虚拟货币，类似比特币，发币地址产生虚拟币，父链往某子链上转移虚拟币时，清算公钥地址上记录着子链上的虚拟币总额；A子链向B子链转移虚拟币时，将汇总的扣减金额总数、笔数、所有相关交易排序串联后哈希后的哈希值及签名，同时发送到父链服务器对应的清算链公钥地址和B子链服务器，父链服务器验证A子链发来的信息，验证通过，A子链对应清算地址扣减转出金额，并用私钥签名后将扣减的金额转给B子链对应的清算地址，B子链对应的清算地址加上从A子链转来的金额，从而完成从A子链向B子链的虚拟货币的转移。由此可知，本申请的方案是金融机构介入的虚拟数字货币的清算方法，其中的虚拟货币是基于去中心化的区块链技术的数字货币，如比特币等，基于去中心化的区块链技术的数字货币由于去中心化、匿名、监管困难等特征而易造成金融不稳定问题，且本申请明确要求保护基于区块链技术的去中心化的代币（虚拟货币）的发行的技术方案，涉及代币的发行融资活动，而代币发行融资是指融资主体通过代币的违规发售、流通，向投资者筹集比特币、以太币等所谓“虚拟货币”，本质上是一种未经批准的非法公开融资的行为，涉嫌非法发售代币票券等违法犯罪活动；而央行曾叫停包括ICO在内的代币发行融资，指出各种代币发行融资活动应当立即停止；任何所谓的代币融资交易平台不得从事法定货币与代币以及虚拟货币之间的兑换业务，因此本申请属于未经批准的非法公开融资行为，存在金融风险，使国家正常的金融秩序受到影响，妨害了公共利益。

此外，《中国人民银行法》第2条规定：“中国人民银行在国务院领导下，制定和执行货币政策，防范和化解金融风险，维护金融稳定。”第20条规定

“任何单位和个人不得印制、发售代币票券，以代替人民币在市场上流通。”虽然央行也在着手研究数字货币技术，但鉴于基于区块链的数字代币的去中心化属性，难以实现有效监管，目前央行也未采取基于区块链的去中心化的央行数字货币技术。央行是发行数字化人民币的唯一合法主体。本申请所要求保护的技术方案涉及基于区块链技术的去中心化的数字代币的发行、清算和流通，其实施必然将违反上述国家法律，而不是滥用才会违反国家法律。综上所述，该申请属于《专利法》第5条第1款规定的不授予专利权的范围。

针对复审请求人陈述意见的答复，合议组认为：

（1）腾讯Q币也是虚拟货币，腾讯商城、腾讯的软件服务也接受Q币作为支付结算工具，但Q币并没有涉及非法发行融资是因为：①Q币的流通领域有限制，Q币只在腾讯旗下的相关应用和服务产品中流通，且其位于一个可信的平台上，便于监管并能够监管；②Q币通过充值获得，但不是代币，不能兑换现金，不能进行转账交易，不能兑换腾讯公司体系外的产品和服务，不能在其他领域作为支付结算工具直接用于购买商品。因此，其实质上属于网络游戏虚拟货币，属于执法部门的许可和监管范围。然而本申请的基于区块链技术的虚拟货币，如比特币等，则可以在世界范围内流通，某些地域可以作为直接用于生活中的支付结算工具，具有货币属性，流通领域扩张较广，但基于去中心化的区块链技术由于去中心化、匿名、监管困难等特征，使得基于区块链技术的虚拟货币的发行融资存在金融风险。本申请明确要求保护涉及基于区块链技术的虚拟货币的发行的技术方案，因此属于未经批准的非法公开融资行为。

（2）基于区块链技术的虚拟货币本质上是数字货币的一种，本申请请求保护的技术方案涉及基于区块链技术的去中心化的数字代币的发行、清算和流通，其实施势必违反《中国人民银行法》关于“任何单位和个人不得印制、发售代币票券，以代替人民币在市场上流通”的相关规定。

【焦点归纳】

本案的争议焦点为：涉案专利申请中的虚拟数字货币的清算方法是否属于妨害公共利益的情形，其实施是否违反国家法律。《专利法》第5条第1款规定，对违反法律、社会公德或者妨害公共利益的发明创造，不授予专利权。因此涉案专利申请中的虚拟数字货币的清算方法是否属于妨害公共利益的情形，其实施是否违反国家法律是本申请是否存在被授予专利权的可能性的关键。

申请人认为：本申请虚拟货币可以以接受监管的方式应用成为央行数字货币等接受监管的加密货币，本申请提供的清算方法可以广泛应用于央行与招行、工行进行清算的场景中，在此类场景下，央行清算链、招行链、工行链所使用的虚拟货币是可以且必然接受监管的，并不会导致妨害公共利益；本申请没有公开“以虚拟货币代替人民币在市场上流通”的内容，因此本申请没有违反《中国人民银行法》的规定。

实审认为：虚拟货币发行不由央行掌管，央行无法控制类似比特币的虚拟货币的发行，无法调节类似比特币的虚拟货币流通，无法保持类似比特币的虚拟货币稳定，虚拟货币的交易不通过银行等金融系统，只是记录在区块链中，且交易具有高度的匿名性，造成监管真空，因而无法监管资金流向，导致无法监控洗钱行为，类似比特币的虚拟货币在一国的流通必然会影响该国的货币税收政策，从而会造成偷税漏税，使国家正常的金融秩序受到影响，从而妨害公共利益。

复审认为：本申请的虚拟货币是基于去中心化的区块链技术的数字货币，基于去中心化的区块链技术的数字货币由于去中心化、匿名、监管困难等特征而易造成金融不稳定问题，且本申请明确要求保护基于区块链技术的去中心化的代币（虚拟货币）的发行的技术方案，涉及代币的发行融资活动，而代币发行融资是指融资主体通过代币的违规发售、流通，向投资者筹集比特币、以太币等所谓“虚拟货币”，本质上是一种未经批准非法公开融资的行为，涉嫌非法发售代币票券等违法犯罪活动。因此本申请属于未经批准的非法公开融资行为，存在金融风险，使国家正常的金融秩序受到影响，妨害公共利益。

2019 年 10 月 24 日，中共中央政治局就区块链技术发展现状和趋势进行第十八次集体学习。习近平总书记在主持学习时强调“区块链技术的集成应用在新的技术革新和产业变革中起着重要作用，我们要把区块链作为核心技术自主创新的重要突破口，明确主攻方向，加大投入力度，着力攻克一批关键核心技术，加快推动区块链技术和产业创新发展”。习总书记还以“四要”擘画了区块链与民生之间的关联，可以预见，习总书记的讲话必将给区块链产业带来重大影响，并进一步加速区块链行业的变革，加速区块链的应用推广，加速区块链行业的创新发展。

中央政治局这次集体学习，专门强调“区块链”，为区块链的发展和应用打开了想象空间。那么，到底什么是区块链？下面笔者简单介绍区块链的基本概念以及技术特点。

1. 区块链的基本概念

从技术层面来看，区块链涉及数学、密码学、互联网和计算机编程等很多技术问题。从学术角度来解释，区块链是分布式数据存储、点对点传输、共识机制、加密算法等计算机技术的新型应用模式。传统的记账本由一方“集中记账”，记账权掌握在中心服务器手中，然而，这种记账模式每个系统都要维护各自的账本，记账的成本比较高，并且账目被篡改无法正确追溯。比特币诞生后，其所有交易记录也需要被记下来，区块链就成了比特币的账本。这个账本会公开地广播给所有人，在一定时间段内，系统中如果有任何数据变化，每个人都可以来进行记账，系统会评判这段时间内记账最快最好的人，把他记录的内容写到账本中，并将这段时间内账本内容发给系统内所有人进行备份，这就是去中心化的电子记账系统，这种记账方式无法被篡改和伪造。因此区块链本质上是一个去中心化的数据库。

2. 区块链的技术特点

①异常安全：不同于公司或政府机构拥有的集中化数据库，区块链没有中心，不受任何人或实体的控制，数据在多节点上完整地复制。与集中式数据库不同，攻击者没有一个单一的入口点，数据的安全性更有保障。

②信息不可篡改：区块链系统的信息一旦经过验证并添加至区块链后，就会得到永久存储，无法更改。除非能够同时控制系统中超过51%的节点，否则单个节点上对数据库的修改是无效的，因此区块链的数据稳定性和可靠性极高。另外，哈希算法的单向性是保证区块链网络实现不可篡改性的基础技术之一。

③容错性强：每一个节点都会维护一个完整的数据副本，如果某个节点遇到网络问题、硬件故障、软件错误或者被黑客控制，均不会影响系统以及其他参与节点。

【分析借鉴】

区块链在2018年后，不仅引起了投资者的关注，也涌现出各种各样的创新应用。比如，通过区块链技术开展的全新模式的金融业务、物联网服务、健康医疗以及信用监管等。当前，区块链正在快速发展并逐渐渗透到我国经济发展的各个领域，成为助力数字经济发展的重要手段。这种情况下，区块链的专利保护也越来越重要，但由于区块链技术广泛涉及数据算法和商业模式，对于包含算法特征或商业规则和方法特征的发明专利授权确权规则一直是各国关注的难点问题。难点在于区块链专利申请经常会遇到客体问题。如何使区块链领域的创新主体免于遭受第三方发起的专利侵权诉讼，打造有利于区块链技术健康繁荣发展的科技创新与营商环境，是区块链领域的创新主体与相关行政管理部门都亟待解决的问题。

为全面贯彻党中央、国务院关于加强知识产权保护的决策部署，回应创新主体对进一步明确涉及人工智能、区块链、商业规则和方法等新领域新业态专利审查规则的需求，国家知识产权局开展了新业态新领域知识产权保护制度的专题研究，在梳理之前的问题和总结审查实践经验的基础上，国家知识产权局起草形成《专利审查指南第二部分第九章修改草案（征求意见稿）》，向社会各界广泛征求意见。修改后的《专利审查指南》已于2020年2月1日起施行。本次修改涉及人工智能、“互联网+”、大数据以及区块链等的发明专利申请，一般包含算法或商业规则和方法等智力活动的规则和方法特征，旨在根据《专利法》及其实施细则，对这类申请的审查特殊性作出规定。此次指南修改顺应区块链等新产业发展的需求，体现了国家强化知识产权保护的战略方向，对新兴领域的专利申请人更为友好，使得此类专利申请更易获得授权，从而加强了专利保护力度。虽然此次修改对区块链相关专利审查作了进一步明确的规定，修改后相关专利也更容易获得授权，但涉及区块链的专利申请，仍然需要注意核实申请是否属于可授予专利权的客体。在我国专利法体系中，判断客体的审查基准包括三个方面：《专利法》第2条第2款、第5条第1款、第25条第1款第（二）项。

1. 国家法律和政策有关比特币的规定

《中国人民银行法》第2条规定，“中国人民银行在国务院领导下，制定和执行货币政策，防范和化解金融风险，维护金融稳定”；第20条规定，“任何单位和个人不得印制、发售代币票券，以代替人民币在市场上流通”。现行《中国人民银行法》于1995年由全国人民代表大会通过，并于2003年由全国人大常委会修订，属于法律的范畴。

2013年12月5日，央行等五部委联合发布《关于防范比特币风险的通知》。该《通知》明确了比特币的属性：“虽然比特币被称为‘货币’，但由于其不是由货币当局发行，不具有法偿性与强制性等货币属性，并不是真正意义的货币。从性质上看，比特币应当是一种特定的虚拟商品，不具有与货币等同的法律地位，不能且不应作为货币在市场上流通使用。”通知也明确规定各金融机构和支付机构不得开展与比特币相关的业务。但同时认为，比特币交易作为一种互联网上的商品买卖行为，普通民众在自担风险的前提下拥有参与的自由。

2017年9月4日，央行等七部门联合发布《关于防范代币发行融资风险的公告》，正式叫停包括ICO（虚拟货币融资）在内的代币发行融资。代币发行融资是指融资主体通过代币的违规发售、流通，向投资者筹集比特币、以太币等所谓“虚拟货币”，本质上是一种未经批准的非法公开融资的行为，涉嫌非法发售代币票券等违法犯罪活动；各种代币发行融资活动应当立即停止；任何所谓的代币融资交易平台不得从事法定货币与代币以及虚拟货币之间的兑换业务。2017 年 9 月 30 日关闭了比特币的交易场所。我国现已全面关闭算法数字货币市场。

2. 比特币等算法数字货币对经济及社会的影响

基于去中心化的区块链技术的数字货币如比特币等，由于去中心化、匿名、监管困难等原因，对我国经济及社会负面影响极大：①可能造成金融稳定问题，并产生非法融资，虚拟货币每一次暴涨，都与投机炒作有关，严重冲击我国金融市场；②可能造成财富向其他国家流失，也为非法资金外逃创造了条件，极易成为洗钱的工具，扰乱我国外汇管理秩序；③冲击法定货币体系；④不能服务于实体经济，引诱服务于实体经济的资金涌入炒作。因此，虽然央行对于区块链技术本身的研究是采取鼓励态度的，但是，比特币等算法数字货币对我国经济及社会有着极大的负面影响。

但同时也需要注意，如果“数字货币”由特定的数字货币发行机构（中央银行）发行，这与没有集中的发行方或发行机构且采用去中心化的支付系统的比特币、以太币等虚拟货币或“代币发行融资”中的使用代币的情况根本不同，因而不能根据“数字”表面含义而简单地将其与比特币、以太币等形式的虚拟代币或代币混同起来。如果某申请未涉及代币非法公开融资行为，相应技术方案主要解决资金监管和数字货币验证的可靠性和便利性的问题，并未扰乱金融秩序，也未给公众或社会造成伤害和使国家和社会的正常秩序受到影响，则不宜以“妨害公共利益”为由拒绝授予专利权。这种情况下，根据《专利审查指南 2010》的规定，可以在专利审查过程中要求申请人在权利要求中对数字货币的发行方等内容进行明确限定或在意见陈述书中予以释明。

3. 区块链专利申请是否符合《专利法》第 5 条的判断

《专利法》第 5 条规定：对违反法律、社会公德或者妨害公共利益的发明创造，不授予专利权。《专利审查指南 2010》第二部分第一章第 3.1.3 节规定：“妨害公共利益，是指发明创造的实施或使用会给公众或社会造成危害，或者会使国家和社会的正常秩序受到影响。”就本案而言，本案的权利要求的方案是一种金融机构介入的虚拟数字货币的清算方法，违反了 2013 年 12 月 5

日央行等五部委联合发布的《关于防范比特币风险的通知》关于“各金融机构和支付机构不得开展与比特币相关的业务。虽然《关于防范比特币风险的通知》并不属于《专利法》第5条中法律的范畴，但是本案属于《专利法》第5条所规定的妨害公共利益的情形，这种多层区块链的清算方法对我国经济及社会有着不利影响，可能造成金融稳定问题，并产生非法融资，影响我国金融市场；可能造成财富向其他国家流失，也可能成为洗钱的工具，扰乱我国外汇管理秩序；影响我国现有的法定货币体系；同时，也不能服务于实体经济。由此可见，该发明会危害到国家和社会的正常经济和金融秩序，妨害了公共利益。综上所述，该发明属于《专利法》第5条规定的不授予专利权的范围。

此外，虽然央行也在着手研究数字货币技术，但是鉴于基于区块链的数字代币的去中心化属性，难以实现有效监管，从目前的情况来看，央行不会采取基于区块链的去中心化的央行数字货币技术。同时，央行是发行数字化人民币的唯一合法主体。本申请所要求保护的技术方案涉及基于区块链技术的去中心化的数字代币的发行、清算和流通，其实施必然将违反上述国家法律，而不是滥用才会违反国家法律。

4.《专利审查指南2010》第二部分第九章修改对区块链等新兴领域专利的影响❶

修改后的《专利审查指南2010》第二部分第九章的“审查基准”部分，确立了审查的一般原则和要求：

（1）强调对权利要求的整体考虑原则

《专利审查指南2010》规定：审查应当针对要求保护的解决方案，即权利要求所限定的解决方案进行。在审查中，不应当简单割裂技术特征与算法特征或商业规则和方法特征等，而应将权利要求记载的所有内容作为一个整体，对其中涉及的技术手段、解决的技术问题和获得的技术效果进行分析。

涉及人工智能、“互联网+”、大数据以及区块链等的发明专利申请，权利要求中往往包含算法、商业规则和方法等智力活动的规则和方法特征。本次修改明确了在审查中，不应当简单割裂技术特征与算法特征或商业规则和方法特征，而应将权利要求记载的所有内容作为一个整体考虑。如果直接忽略这些特征或者将其与技术特征机械割裂，则无法客观评价发明的实质贡献，不利于

❶ 国家知识产权局. 2020年《专利审查指南》第二部分第九章修改解读［EB/OL］.（2020-01-21）［2021-05-19］. https://www.cnipa.gov.cn/art/2020/1/21/art_66_11475.html.

保护真正的发明创造。

进一步，此次修改还明确了权利要求是否属于智力活动的规则和方法的审查标准，权利要求是否属于技术方案的审查标准，在创造性判断中的关联考虑原则等内容。

（2）对说明书和权利要求书的撰写要求进行了明确

《专利审查指南 2010》第二部分第九章的修改，还对包含算法特征或商业规则和方法特征的发明专利申请的说明书和权利要求书的撰写要求进行了明确，给出了如何更好地撰写这类申请的明确指导，促进了专业申请质量的提升。

①明确说明书撰写的基本要求

对于包含算法特征或商业规则和方法特征的发明专利申请，首先应当注意的是此类申请的特殊性在于算法特征或商业规则和方法特征，所以在说明书中应当写明这些特征。其次，要写明技术特征是如何与这些特征在“功能上彼此相互支持、存在相互作用关系”共同解决技术问题的。例如，对人工智能发明专利申请而言，由于其内部运行的特殊性，在发明包含算法特征时，应当将抽象的算法与具体的技术领域结合，至少输入参数及其相关输出结果的定义应当与技术领域中的具体数据对应关联起来，此处的“与具体的技术领域结合”并非简单提及应用于哪个技术领域，而是应描述其结合过程，使得本领域技术人员能够确认。然后，在说明书中应当写明技术的有益效果，例如质量、精度或效率的提高、系统内部性能的改善，必要的时候应予以细化解释或证明。最后，如果从用户角度而言，发明客观上提升了用户体验，即用户体验的提升是客观的，并非因人而异的主观喜好，也可以在说明书中进行说明，同时写明这种用户体验的提升是如何由构成发明的技术特征，以及与其功能上彼此相互支持、存在相互作用关系的算法特征或商业规则和方法特征共同带来或者产生的。

②明确权利要求书撰写的基本要求

对于包含算法特征或商业规则和方法特征的发明专利申请，权利要求应当记载技术特征以及与技术特征功能上彼此相互支持、存在相互作用关系的算法特征或商业规则和方法特征。

5. 区块链专利申请撰写注意事项

区块链专利申请广泛涉及数据算法和商业模式，在撰写的时候要尤为注意，除了要符合《专利审查指南 2010》中关于权利要求和说明书撰写的基本要求，还要注意以下几个方面：

（1）避免与比特币等虚拟货币的发行、流通相关联

类似比特币的虚拟货币的发行不由央行掌管，央行无法控制类似比特币的虚拟货币的发行，且流通不受央行的控制。由于比特币的交易不通过银行等金融系统，只是记录在区块链中，且交易具有高度的匿名性，造成监管真空，政府无法监管资金流向，存在一定的金融风险，使国家正常的金融秩序受到影响，妨害公共利益。企业作为经营主体不具备发行或者影响具有流通性质法币的能力和资格。专利申请撰写中应避免与比特币等虚拟货币发行、交易相关联，不仅是权利要求书，还应当在说明书、附图中避免出现比特币、以太币、代币、数字货币等表述，特别是涉及虚拟货币的发行和流通，方案中也尽量避免仅描述区块链中的激励机制。

（2）避免写出纯粹算法、纯商业方法的权利要求

区块链专利申请过程中，如涉及奖励机制、智能合约等规则，撰写方式不得当很容易被以《专利法》第25条或第2条第2款非专利保护客体条款驳回。区块链技术及其应用与算法、商业方法等是密不可分的，然而，单纯的算法或商业方法并不属于专利法保护的客体。那么，在撰写这类技术方案时，就要注意避免写成纯算法或商业方法。通常，在撰写这类专利申请时，是需要将区块链技术融合到商业方法或具体算法中，比如算法中的参数与应用领域的具体物理含义相关联，从而使得权利要求中的特征能够跳出单纯算法或商业方法的范畴。在撰写既包含技术特征又包含算法特征或商业规则和方法特征的区块链申请时，可以尽量规避对规则本身进行创新，因为对规则本身创新本质上还是规则，而应更多地从对区块链系统的技术改进去挖掘创新点，将与技术特征功能上彼此相互支持、存在相互作用关系的算法特征或商业规则和方法特征与技术特征作为整体考量。

（3）从单侧进行撰写

单侧撰写是撰写软件类专利申请首先需要考虑的问题。而很多区块链的专利申请的核心还是算法，而软件类专利通常也是将软件的算法写成方法流程，因此有必要从单侧进行撰写。单侧撰写是指对于涉及多端交互的技术方案，从其中一端进行撰写，以形成将“一端”作为执行主体的权利要求。单侧撰写相对于包含多侧交互的撰写方式，其更容易抓住侵权主体，在侵权判定中所呈现出的作用越来越重要。由于区块链技术本身去中心化的特点，往往没有一个很明确的中心，涉及区块链的专利技术方案中，往往会有多个端之间的交互。多个端之间交互，需要考虑相对于现有技术，主要的改进点在哪一侧。容易抓

住侵权的技术特征的是在哪一侧，那么就从那一侧进行撰写。

6. 类似案例扩展

为进一步说明何种区块链申请不能获得授权，这里再举一个案例进行说明。此案例涉及申请号为201710313100.3、名称为“一种虚拟币存储交易系统及其使用方法”的发明专利申请。申请人为北京库神信息技术有限公司。本申请的申请日为2017年5月5日，公开日为2017年9月22日。

涉案专利申请驳回决定所针对的权利要求书的内容如下：

> 1. 一种虚拟币存储交易系统，其特征在于，包括第一终端和第二终端，其中：
>
> 所述第一终端处于绝网状态，用于根据存储所述虚拟币钱包的种子密码或根据所述种子密码和自定义密码生成用于加密所述虚拟币钱包的私钥；并生成与所述私钥对应的带有标识码的存储地址，以接收向所述存储地址支付的所述虚拟币；
>
> 还用于根据输入的支付地址，向所述支付地址对应的第三方支付所述虚拟币；
>
> 所述第二终端处于联网状态，用于向所述第三方发布支付所述虚拟币的交易信息；
>
> 所述第一终端与所述第二终端互相扫描显示界面上的标识码，以进行信息交互。

复审认为：本申请涉及一种虚拟币存储系统，其中，第一终端处于绝网状态，用于生成与所述私钥对应的带有标识码的存储地址，以接收向所述存储地址支付的所述虚拟币。第二终端处于联网状态，用于向第三方发布支付所述虚拟币的交易信息。2013年12月5日央行等五部委联合发布的《关于防范比特币风险的通知》规定“各金融机构和支付机构不得开展与比特币相关的业务。本申请的第一终端用于生成与所述私钥对应的带有标识码的存储地址，以接收向所述存储地址支付的所述虚拟币，第二终端用于向第三方发布支付所述虚拟币的交易信息，生成的存储地址用于虚拟币支付，第二终端发布的信息为支付虚拟币的交易信息，也就是本申请是用于为虚拟币的交易提供服务的，属于虚拟币交易流通清算环节。并且，根据说明书的记载，本申请的虚拟币为比特币、莱特币等非实体货币。由此可见，本申请的虚拟币存储系统是用于为比特币等虚拟币的交易提供服务的，属于虚拟币交易流通中的环节，这种使用为比特币、莱特币等虚拟币提供交易流通清算的系统和方法对我国经济及社会存在不利影响，可能造成金融稳定问题，并产生非法融资，影响我国金融市场；可能造成财富向其他国家流失，也可能成为洗钱的工具，扰乱我国外汇管理秩序；影响我国现有的法定货币体系；由此可见，本申请的方案会危害到国家和社会的正常经济和金融秩序，属于《专利法》第5条第1款规定的妨害公共利益的发明创造。

1.1.3　根据《专利法》第25条不授予专利权的客体

【案例4】混数进制、进位行数字工程方法的计算机技术方案［(2015)知行字第45号］

> 如果一项权利要求的全部内容仅仅涉及数学理论和换算方法，则该项权利要求属于《专利法》第25条第1款第（二）项规定的智力活动的规则和方法，不属于专利保护的客体。

【案情介绍】

李某中系专利申请号为200510119817.1、名称为“混数进制、进位行数字工程方法的计算机技术方案”的发明专利申请（以下简称涉案专利申请）的申请人。涉案专利申请的申请日为2005年11月7日，优先权日为2004年11月8日，公开日为2006年6月7日。经实质审查，国家知识产权局原审查部门于2009年9月25日以本申请属于《专利法》第25条第1款第（二）项所述的智力活动的规则和方法的范围为由驳回本申请。

涉案专利申请驳回决定所针对的权利要求书内容如下：

> 1. 一种混数进制、进位行数字工程方法，采用Q进制数，以Q进制运算；Q为自然数；其特征在于，采用“混数进制”数，以“混数进制、进位行方法”运算。

1. 复审阶段案情简介（第25606号复审决定）

申请人（下称复审请求人）对上述驳回决定不服，于2010年1月7日向专利复审委员会提出了复审请求，未对本申请进行修改。复审请求人认为：当数学理论应用到“数字工程”领域中，具体应用到“数字工程”本身的总体设计时，根本就不再是“数学理论”，而是融合在整个“工程技术、工程设备、工程元器件”中。本申请是新型计算机的总体设计，其中第一部分是方法发明“混数进制数字工程方法”，就是指该“数字工程”中的元器件、部件、设备等均以混数进制、混数进制数及其相应法则为准，所有这些都充分体现工程结构特征。

经形式审查合格，专利复审委员会于2010年4月15日依法受理了该复审请求，并将其转送至实质审查部门进行前置审查。

原审查部门在前置审查意见书中认为：仅仅是“数字工程方法”这一表述并未能在权利要求1～5中体现出其融合在各种工程元器件中，比如“普通二进制存储器”“混数进制存储器”“普通二进制元器件”“混数进制元器件”等，也不能体现出“数字工程”中的元器件、部件、设备，其中更无法体现出操作控制流程等技术特征。权利要求1请求保护一种混Q进制、进位行数字工程方法，其方案是利用混Q进制数进行“混数进制、进位行方法运算”，而该方案仅仅涉及按照规定的数制和运算方法进行的纯数学运算方法或者规则，属于《专利审查指南2010》第二部分第一章规定的“数学理论和换算方法”，本质属于人的抽象思维方式，属于《专利法》第25条第1款第（二）项规定的不授予专利权的情形，不能被授予专利权。

随后，专利复审委员会成立合议组对本案进行审理，并于2010年6月23日向复审请求人发出复审通知书，指出：权利要求1属于《专利法》第25条第1款第（二）项规定的智力活动的规则和方法，不属于专利保护的客体。并针对复审请求人的意见陈述进行了答复。复审请求人于2010年7月1日提交了意见陈述书，未修改申请文件，再次陈述涉案申请属于专利保护客体的理由。2010年8月5日，专利复审委员会作出第25606号复审决定，决定维持国家知识产权局对本申请作出的驳回决定。具体理由如下：

《专利法》第25条第1款第（二）项规定：智力活动的规则和方法不授予专利权。

《专利审查指南2010》第二部分第一章“不授予专利权的申请”第4.2节中规定：“智力活动，是指人的思维运动，它源于人的思维，经过推理、分析和判断产生出抽象的结果，或者必须经过人的思维运动作为媒介，间接地作用于自然产生的结果。智力活动的规则和方法是指导人们进行思维、表述、判断和记忆的规则和方法。”它属于《专利法》第25条第1款第（二）项规定的情形。因此，指导人们进行这类活动的规则和方法不能被授予专利权。

权利要求1请求保护一种混数进制、进位行数字工程方法，其采用“混数进制”数，以“混数进制、进位行方法”进行运算。然而，在数学运算中，进制数是一种按照人的主观意愿规定的具有特定格式的数字，进位行是一种按照人的主观意愿规定的具有特定进位方法的数字进位运算法则。权利要求 1 请求保护的解决方案仅仅涉及利用特定的数字按照特定的进位运算法则进行数学运算，实质上是一种单纯的数学运算规则和方法，属于《专利审查指南 2010》第二部分第一章规定的“数学理论和换算方法”，本质属于人的抽象思维方式，因此，权利要求 1 属于《专利法》第 25 条第 1 款第（二）项规定的智力活动的规则和方法，不属于专利保护的客体。

2. 北京市第一中级人民法院一审案情简介［（2010）一中知行初字第 3411 号］

申请人不服国家知识产权局专利复审委员会于 2010 年 8 月 5 日作出的第 25606 号复审决定，于 2010 年 9 月 25 日向北京市第一中级人民法院提起行政诉讼，申请人诉称：

（1）本申请为“开拓性发明”，是人类数学史上的一座新的里程碑，是全人类二三千年才出现的飞跃，是向诺贝尔奖冲刺的项目，称之为“中国第五大发明”亦不为过。（2）第 25606 号决定认定事实不清，适用法律不当。本申请将进制上的革命应用在了“计算机技术”中，“计算机技术”虽然有数学基础，但它属于“工程”。本申请并未描述运算规则，而是描述了数字如何输入、输出、传递以及在数字工程中如何运载、存储、工程加减处理等。总之，是在工程中如何实施的办法。

被告专利复审委员会辩称：坚持第 25606 号决定中的意见。另外，本申请并不涉及对所述实体结构和功能结构的改变，而是仅仅涉及数字进制运算本身。关于本申请中记载的能够“显著提高运算速度，加强运算正确性的保障，大大降低笔算的出错率”，首先，这仅是原告所声称的效果；其次，这种运算速度的提高是由于本申请的数学理论及其计算规则本身带来的，属于人的抽象思维的池畴，这种效果并不是基于对物理实体的改进或者功能模块架构的改善而带来的，因此不属于技术效果。

北京市第一中级人民法院于 2010 年 11 月 18 日作出（2010）一中知行初字第 3411 号行政判决，认为：

本申请权利要求 1 请求保护一种混数进制、进位行数字工程方法，其采用“混数进制”数，以“混数进制、进位行方法”进行运算。

可见，本申请权利要求 1 请求保护的解决方案仅仅是一种计算方法。按照某种规定的进制执行运算以及运算过程中的进位、退位等都是一种数字进位运算法则。权利要求 1 请求保护的解决方案是按照规定的数制的一组定义明确的数学进位运算规则，其本质是按照特定步骤求解数学问题的一种数学算法，是指导人们进行数学计算活动的规则和方法，当属《专利审查指南 2010》第二部分第一章规定的"数学理论和换算方法"，即属于《专利法》第 25 第 1 款第（二）项规定的智力活动的规则和方法，不应被授予专利权。

3. 北京市高级人民法院二审案情简介［（2011）高行终字第 139 号］

申请人不服北京市第一中级人民法院（2010）一中知行初字第 3411 号行政判决，于 2011 年 1 月 11 日向北京市高级人民法院提起上诉。申请人诉称：

本申请权利要求 1 不属于"数学"，是一项"数字工程"的总体设计方法，其中的"混数进制"是"功能架构结构的集合"和"物理实体结构的集合"，这些构成一个解决技术问题的完整的发明技术方案。本申请的其他权利要求以相应操作条件、步骤或者流程来描述。本申请不属于《专利法》第 25 条第 1 款第（二）项规定的智力活动的规则和方法。

北京市高级人民法院于 2015 年 5 月 19 日作出（2011）高行终字第 139 号行政判决，认为：

本申请权利要求 1 要求保护一种混数进制、进位行数字工程方法，其采用"混数进制"数，以"混数进制、进位行方法"进行运算。

由此可见，本申请权利要求 1 请求保护的解决方案仅仅是一种计算方法。按照某种规定的进制执行运算以及运算过程中的进位、退位等都是一种数字进位运算法则。本申请权利要求 1 请求保护的解决方案是按照规定的数制的一组定义明确的数学进位运算规则，其本质是按照特定步骤求解数学问题的一种数学算法，是指导人们进行数学计算活动的规则和方法，属于《专利审查指南 2010》第二部分第一章规定的"数学理论和换算方法"，即属于《专利法》规定的智力活动的规则和方法，不应被授予专利权。

4. 最高人民法院再审案情简介［（2015）知行字第 45 号］

申请人不服北京市高级人民法院（2011）高行终字第 139 号行政判决，向最高人民法院申请再审。申请人诉称：

涉案专利申请属于数学科学第三个层次，即可以直接应用的工程技术。"混数进制、进位行数字工程方法"中关于数的输入、输出、存储、运算和控制规则及其具体工程实施方式，是关于数字工程的一种功能架构，属于具有完整工程方法的技术方案。其中"混数进制"是"功能架构结构的集合"和

“物理实体结构的集合”，构成解决技术问题的技术方案属于方法发明，而非智力活动规则范畴的数学理论或换算方法。按照该技术方案进行总体设计的新一代数字工程，包括新一代计算机、算盘及笔算工程，在物理实体结构和功能架构上都会出现重大革新，可以带来天翻地覆的变化。原审判决未能准确领悟涉案申请的本质特点，对《专利法》相关规定理解有误，依法应予再审纠正。

最高人民法院于2015年11月23日作出（2015）知行字第45号行政判决，认为：

根据《专利审查指南2010》第二部分第一章的相关规定，智力活动的规则和方法是指导人们进行思维、表述、判断和记忆的规则和方法。由于智力活动的规则和方法没有采用技术手段或者利用自然规律，也未解决技术问题和产生技术效果，因而既不符合《专利法》第2条第2款的规定，不构成专利法意义上的技术方案，又属于《专利法》第25条第1款第（二）项规定的情形，不能被授予专利权。

涉案专利申请权利要求1要求保护一种混数进制、进位行数字工程方法，采用Q进制数，以Q进制运算；Q为自然数；其特征在于，采用“混数进制”数，以“混数进制、进位行方法”运算。涉案专利申请请求保护的解决方案是按照规定数制进行运算的一种数学算法，是指导人们进行数学计算活动的抽象规则和方法，其未采用技术手段或者利用自然规律以解决技术问题并产生相应技术效果，因而属于《专利法》第25条第1款第（二）项规定的智力活动规则和方法的范畴。申请人所称涉案申请描述了数的输入、输出、存储、运算和控制规则及其具体实施方式，是关于数字工程的一种功能架构，属于具有完整工程方法的技术方案，而非数学意义上的运算规则，与事实不符。由此，原审法院认定涉案申请属于《专利法》第25条第1款第（二）项规定的情形，依法不应授予专利权，具有充分的事实和法律依据。至于“混数进制、进位行数字工程方法”是否具有其他重大科学价值，能否对相关领域技术革新产生重大影响，均不改变涉案申请不符合专利授权条件的基本事实。

【焦点归纳】

本案的争议焦点为：涉案申请是否属于《专利法》第25条第1款第（二）项规定的情形。《专利法》第25条第1款第（二）项规定，智力活动的规则和方法不授予专利权。

申请人认为：本申请将进制上的革命应用在了“计算机技术”中，“计算机技术”虽然有数学基础，但它属于“工程”不属于“数学”，是一项“数字工程”的总体设计方法，其中的“混数进制”是“功能架构结构的集合”和“物理实体结构的集合”，这些构成一个解决技术问题的完整的发明技术方案。本申请不属于《专利法》第25条第1款第（二）项规定的智力活动的规则和方法。

复审认为：本申请采用“混数进制”数，以“混数进制、进位行方法”进行运算。然而，在数学运算中，进制数是一种按照人的主观意愿规定的具有特定格式的数字，进位行是一种按照人的主观意愿规定的具有特定进位方法的数字进位运算法则。其仅仅涉及利用特定的数字按照特定的进位运算法则进行数学运算，实质上是一种单纯的数学运算规则和方法，属于《专利审查指南2010》第二部分第一章规定的“数学理论和换算方法”，本质属于人的抽象思维方式，因此，权利要求1属于《专利法》第25条第1款第（二）项规定的智力活动的规则和方法，不属于专利保护的客体。

法院一审、二审均认为：本申请仅仅是一种计算方法。按照某种规定的进制执行运算以及运算过程中的进位、退位等都是一种数字进位运算法则，是按照规定的数制的一组定义明确的数学进位运算规则，其本质是按照特定步骤求解数学问题的一种数学算法，是指导人们进行数学计算活动的规则和方法，属于《专利审查指南2010》第二部分第一章规定的“数学理论和换算方法”，即属于《专利法》规定的智力活动的规则和方法，不应被授予专利权。

最高人民法院再审认为：涉案申请请求保护的解决方案是按照规定数制进行运算的一种数学算法，是指导人们进行数学计算活动的抽象规则和方法，其未采用技术手段或者利用自然规律以解决技术问题并产生相应技术效果，因而属于《专利法》第25条第1款第（二）项规定的智力活动规则和方法的范畴。此外，由于智力活动的规则和方法没有采用技术手段或者利用自然规律，也未解决技术问题和产生技术效果，因而既不符合《专利法》第2条第2款的规定，不构成专利法意义上的技术方案，又属于《专利法》第25条第1款第（二）项规定的情形，不能被授予专利权。

【分析借鉴】

目前，人工智能、云计算、大数据、区块链等技术迅速发展，这些新技术越来越深入地融入各行各业中。这类新技术的相关专利申请通常会包含算法或商业规则等特征，而单纯的算法或商业方法属于智力活动的规则和方法，并不能获得专利保护，因此，上述新兴领域专利申请的可专利性，成为专利业务领域的一个热点问题。

《专利法》第25条第1款第（二）项规定，对智力活动的规则和方法不授予专利权。该条规定将智力活动的规则和方法这一内容排除在专利保护客体之外。专利法为何要如此规定?其实也不难理解，专利制度的出现就是为了保护技术，是专门保护技术方案的法律。几百年来，智力活动的规则和方法属于抽象的思维，不具有技术性，显然不受专利法保护。此外，专利保护是为了推动科技进步，鼓励人们创新。要推动科技进步，专利保护的方案必须是能在产业上切实应用的方案，这样才能推动科技进步，对于不涉及产业应用的一些智力活动的规则和方法必然就不是专利保护的范围。进一步，如果对智力活动的规则和方法加以保护，专利权人就拥有对应智力活动的独占权，其他人就不能使用该规则思考，这样会限制人们的思维活动，禁锢人的思想，而人类的思维活动是科学技术进步和发展的源泉和动力，如果对人类的思维加以限制，必然不利于科学技术的发展，给正常的思维活动和科学进步带来不利影响，从而妨碍创新，有悖于建立专利制度的初衷，因此，智力活动的规则和方法不能授予专利权。

1. 何谓智力活动的规则和方法

进行智力活动的规则和方法的判断，首先要搞清楚什么是智力活动的规则和方法。《专利审查指南2010》第二部分第一章第4.2节中就智力活动的规则和方法进行了说明，其指出：“智力活动，是指人的思维运动，它源于人的思维，经过推理、分析和判断产生出抽象的结果，或者必须经过人的思维运动作为媒介，间接地作用于自然产生结果。智力活动的规则和方法是指导人们进行思维、表述、判断和记忆的规则和方法。”

从上述定义可以看出，智力活动是指人的思维上的活动，具有主观性或抽象性，主观性主要体现在智力活动直接源于人的思维活动，而思维活动是由人这一主体主观思考来实现的，显然不同的人其主观思维也不同；而抽象性在于其结果是由思维活动所产生的，结果可能是抽象的。但需要注意的是，抽象性并不是智力活动的规则和方法唯一的结果表现形式，智力活动当经过人的思维运动作为媒介间接地作用于自然时，其产生的结果可能并非是抽象的，但该过程同样属于智力活动，指导这一过程的方法和规则同样属于智力活动的规则和方法。

在完成发明创造的过程中，人的智力活动必不可少。一项发明创造当然是人进行智力活动后的成果。专利法中作为不授予专利权主题的智力活动的规则和方法，是指申请专利的发明创造本身就是一种用于指导人们进行智力活动的方法，不是不认可发明人在完成发明创造过程中的智力劳动，而是不能对指导人们进行智力活动的方法加以保护。

2. 智力活动的规则和方法的判断原则

《专利审查指南2010》第二部分第一章第4.2节中就判断智力活动的规则和方法应当遵循的原则作了说明：

（1）如果一项权利要求仅仅涉及智力活动的规则和方法，则不应当被授予专利权。如果一项权利要求，除其主题名称以外，对其进行限定的全部内容均为智力活动的规则和方法，则该权利要求实质上仅仅涉及智力活动的规则和方法，也不应当被授予专利权。

（2）如果一项权利要求在对其进行限定的全部内容中既包含智力活动的规则和方法的内容，又包含技术特征，则该权利要求就整体而言并不是一种智力活动的规则和方法，不应当依据《专利法》第25条排除其获得专利权的可能性。

如果一项权利要求所保护的方案在实施过程中必然要借助于人理解能力、分析能力、感知能力或者完全依赖于个人经验、喜好等主观意识，不受自然规律的约束，则属于单纯的智力活动的规则和方法。对于一项权利要求是否属于智力活动的规则和方法应当考虑其本质上是否仅仅涉及智力活动的规则和方法，如果仅仅只有主题名称不是智力活动的规则和方法，这类权利要求就不应当授予专利权。另外，判断一项权利要求是否属于智力活动的规则和方法，还应当根据权利要求的全部内容判断，不能够单从权利要求的主题名称来认定该权利要求属于智力活动的规则和方法，而不授予专利权。最后，在审查中，不应当简单割裂技术特征与智力活动规则和方法特征，而应将权利要求记载的所有内容作为一个整体考虑。如果直接忽略这些特征或者将其与技术特征机械割裂，则无法客观评价发明的实质贡献，不利于保护真正的发明创造。

就本案而言，本申请按照某种规定的进制执行运算以及运算过程中的进位、退位等都是一种数字进位运算法则，是按照规定的数制的一组定义明确的数学进位运算规则，其本质是按照特定步骤求解数学问题的一种数学算法，是指导人们进行数学计算活动的规则和方法，属于《专利法》第25条第1款第（二）项规定的智力活动的规则和方法，不属于专利保护的客体。

3. 智力活动的规则和方法与发明创造的关系

根据《专利审查指南2010》第二部分第一章第4.2节的规定，由于智力活动的规则和方法没有采用技术手段或者利用自然规律，也未解决技术问题和产生技术效果，因而不构成专利法意义上的技术方案。它既不符合《专利法》第2条第2款的规定，又属于《专利法》第25条第1款第（二）项规定的情形，不能被授予专利权。依据上述规定，如果一个方案属于智力活动的规则和方法，那么该方案肯定不是一个发明。

智力活动的规则和方法的概念与发明的概念有着密切的联系。发明的定义为："发明，是指对产品、方法或其改进所提出的新的技术方法。"而技术方案是对要解决的技术问题所采取的利用了自然规律的技术手段的集合。人们通过思维活动推理以及其他靠智力活动所思考并遵循的规律、人为的规定，都不属于自然规律。利用这样的规律、规定来指导人们进行思维活动的智力活动的规则和方法必然没有利用自然规律，因此，智力活动的规则和方法不是技术方案，必然也不属于发明创造。

对于智力活动的规则和方法与发明创造的审查先后顺序也存在一定的关系。《专利审查指南2010》第二部分第九章第6.1.2节明确规定："如果要求保护的权利要求作为一个整体不属于专利法第二十五条第一款第（二）项排除获得专利权的情形，则需要就其是否属于专利法第二条第二款所述的技术方案进行审查。"对于一个涉及智力活动规则和方法的方案，在保护客体的判断上，要依次利用《专利法》第25条以及第2条第2款进行判断，通过智力活动的规则和方法的审查，只能说明方案中具备了技术性的要素，但这还不够，因为发明创造需要同时满足"技术方案三要素"，因此还需要进行《专利法》第2条第2款的审查。

4. 针对涉及智力活动规则和方法专利申请的撰写建议

修改后的《专利审查指南2010》第二部分第九章对包含算法特征或商业规则和方法特征的专利申请的说明书和权利要求书的撰写提出了明确的要求，本书第二章会作详细解读，这里不再赘述。包含算法特征或商业规则和方法是涉及智力活动的规则和方法的具体形式之一，其撰写要求同样适用于涉及智力活动规则和方法的其他专利申请。此外，针对涉及智力活动的规则和方法专利申请的撰写还有如下几方面的建议。

（1）将规则和方法与具体的应用领域相结合。对于单纯的智力活动规则和方法必然是不授予专利权的客体。但将其应用到具体的应用领域，将规则和方法与实际应用领域结合起来就有被授予专利权的可能性。比如对于算法特征，其实很多申请人并不是想保护算法本身，而是想保护该算法在具体某一领域的应用。我们可以将算法处理对象、处理过程、处理结果和具体应用领域相结合，并且用于解决该领域内的技术问题，这就形成了使用技术手段的技术方案。另外，还需要重点介绍算法和解决该领域技术问题之间的关系，具体是如何解决上述技术问题的。

（2）说明书的技术问题技术上定义要清楚，描述要全面。技术问题首先得具有技术性的属性，对于说明书给出的本申请所要解决的技术问题，不能是抽象的技术问题，也不能是具有人文属性的经济问题或社会问题等，而不具有技术属性的问题。另外，在说明书实施例部分也应该尽可能多地描述不同的特征所能解决的技术问题和达到的技术效果，以便将技术特征与智力活动规则和方法特征联系在一起构成整体的技术方案，上述描述的技术问题就是这些特征作为整体所能解决的技术问题。

1.2 现有技术

《专利法》第 22 条规定：“授予专利权的发明和实用新型，应当具备新颖性、创造性和实用性。新颖性，是指该发明或者实用新型不属于现有技术；也没有任何单位或者个人就同样的发明或者实用新型在申请日以前向国务院专利行政部门提出过申请，并记载在申请日以后公布的专利申请文件或者公告的专利文件中。创造性，是指与现有技术相比，该发明具有突出的实质性特点和显著的进步，该实用新型具有实质性特点和进步。实用性，是指该发明或者实用新型能够制造或者使用，并且能够产生积极效果。本法所称现有技术，是指申请日以前在国内外为公众所知的技术。”

现有技术所包含的信息主要包括公开的时间和所公开的内容。现有技术的表现形式，除了最为常见的出版物公开方式外，还有使用公开和互联网公开。

由于要求专利必须具备新颖性和创造性，其专利技术方案必须有别于现有技术。因此，在某些专利行政及民事纠纷中，围绕现有技术的有关问题，常常成为争议焦点。这其中，最常见的争议往往在于现有技术证据本身的真实性、现有技术的公开时间等，尤其是在以互联网形式出现的现有技术中，由于网络信息的可修改特性，上述争议的解决更具挑战。

1.2.1　互联网证据

【案例 5】互联网证据案例合集

【案情简介】

1. 知名网站

互联网证据的真实性，需要考虑该证据来源网站的情况，信誉度较高的网站数据管理规范，一般而言，对于无利害关系、资质好、信誉高的网站发布的信息，在专利权人未对其真实性提出质疑理由及反证的情况下，可以确认其真实性。

（1）将胶片影像转换为数字资料的装置［北京市高级人民法院（2011）高行终字第 322 号行政判决］

在该专利权无效行政纠纷（200720306577.0）中，附件 2.1 为威虎公司（下称无效宣告请求人）声称电子产品与配件的流行博客网站 www.ubergizmo.com 于 2007 年 6 月 11 日公开的网页及翻译件，共 6 页，其中包括通过 www.archive.org 调取 www.ubergizmo.com 相关网页的操作步骤记录及相关网页打印页。附件 2.11 为无效宣告请求人提供的公证书，该公证书系对通过 www.archive.org 调取 www.ubergizmo.com 相关网页的操作步骤与网页内容予以保全。

专利复审委员会作出第 14295 号无效宣告请求审查决定认为，对于互联网证据的真实性认定，需要考虑该证据来源网站的资质，对网站资质的要求确保网站信息发布及监管的能力，从而便于确认网站信息的真实性。信誉度较高的网站，例如政府类网站、知名非政府组织网站、大型科研院所网站、正规大专院校网站、知名商业网站等，以自己名义发布的信息而不是通过广域网搜索所获得的信息，在通过公证、当庭上网演示等方式确认其来源可靠的情形下，一般可以确认其真实性。

在附件 2.1 的公证书中通过检索知名档案网站 www.archive.org 档案保存的网页并实时打印检索到的附件 2.1 所示的网页，该档案保存网站是知名非政府组织网站，一般情况下认定其信誉度较高，因此该网站上以电子档案保存的网页可以被认定是真实的。而电子产品与配件流行博客网站 www.ubergizmo.com 也是全世界介绍新潮电子产品的知名博客网站，该网站由于专门撰写最新款电子产品的评论因此其知名度和信誉度也较高。通过将第三方网站

www. archive. org 的档案保存的网页内容与电子产品和配件流行博客网站 www. ubergizmo. com 本身档案保存的网页内容对照可以得知，上述两个网站档案保存的网页发布的时间以及网页内容均是相同的即 2007 年 6 月 11 日，因此 www. archive. org 网站实际上已经作为第三方对所述网页的真实性进行了佐证和相互印证，而豪佳公司（专利权人）未能提供相应的反证支持其主张。

附件 2. 1 的公证书所公证的网页上的时间信息没有 AM PDT 字样，AM PDT 表明的是网页发布时的太平洋夏令时即美国西部时间，在档案网站 www. archive. org 对其归档处理时由于网站各自档案格式的差异以及不考虑时区的原因会造成信息格式略有不同，但是这并不影响所述网页发布的时间和内容的真实性，因此，对附件 2. 1 网页的公开日期和内容予以认可，由于附件 2. 1 的公开日期早于本专利的申请日，附件 2. 1 可以作为评价本专利创造性的现有技术。

法院判决认为，在行政程序中，无效宣告请求人提交了附件 2. 1 及公证书作为证据，二者有关通过 www. archive. org 调取 www. ubergizmo. com 相关网页的操作步骤及公开的内容与附图均一致。专利权人虽然对附件 2. 1 的真实性提出异议，但未提交任何反证。附件 2. 1 证明，相关网页上载有公开的内容与附图，发布时间为 2007 年 6 月 11 日。故附件 2. 1 中公开的内容与附图最迟在 2007 年 6 月 11 日已被公开，该日期早于本专利的申请日，可以作为评价本专利创造性的现有技术。

（2）耳机（第 22545 号无效决定）

在第 22545 号无效决定涉及的案件（201230533290. 8）中，证据 2 是无效宣告请求人提供的一份公证书，公证了 4 个网页：网页 1 为互联网档案馆（http：//archive. org）于 2012 年 3 月 2 日收录的网页（http：//www. urbanears-china. cn/plattan. php）的截图；网页 2 为互联网档案馆（http：//archive. org）于 2012 年 9 月 2 日收录的网页（http：//headphone. zol. com. cn/317/3175438. html）的截图；网页 3 是公证时 http：//www. urbanears-china. cn/plattan. php 的网页截图；网页 4 是公证时 http：//headphone. zol. com. cn/317/3175438. html 的网页截图；无效宣告请求人指出，证据 2 的 4 个网页相互印证了至少在 2012 年 9 月 2 日公开了对比设计，其可以作为评价涉案专利的现有设计。针对证据 2 中互联网网页的获取过程，合议组在口头审理当庭进行了演示。

无效决定认为，关于证据 2 所公证的互联网证据的真实性，需要考虑该证据来源网站的情况，一般而言，对于无利害关系、资质好、信誉高的网站发布的信息，在无充分相反证据证明情况下，可以确认其真实性。证据 2 中网址 http：//headphone. zol. com. cn/317/3175438. html 的互联网网页，网页显示发布时间为 2012 年 8 月 31 日，该发布时间在涉案专利的申请日之前；同时，由“互联网档案馆”（archive. org）于 2012 年 9 月 2 日网页截屏内容可知，其中的显示信息和发布时间均与前述网页相同。通过公证书和口头审理当庭演示，上述网页可以通过如上两种方式分别获得。其中，“互联网档案馆”（archive. org）是非政府组织网站，为知名网页档案保存网站，信誉度高，“中关村在线”（zol）是知名商业网站，信誉度高，目前也无证据证明“互联网档案馆”（archive. org）、“中关村在线”（zol）网站与请求人或专利权人有利害关系。而且，上述两个网站公布的互联网网页的信息内容相同，发布时间也可以相互印证，在无相反证据足以推翻的情况下，合议组对证据 2 的上述网页内容的真实性和发布时间予以确认。虽然专利权人对该网站发布相关信息的真实性提出异议，认为其内容可更新、发布时间可更改，但未提供相应的证据予以证明，因此，合议组对专利权人的意见不予支持。此外，合议组注意到，由于维基百科网站更新的客观原因，证据 2 所公证的“维基百科”网页显示内容与当庭演示时显示内容略有不同，但仍然可以通过“互联网档案馆”的链接入口进入“互联网档案馆”（archive. org）主页。综上，可以认定上述产品图片在涉案专利申请日之前已经被上传至互联网、并能够被公众通过互联网查询得到，即证据 2 所公证的网页在涉案专利申请日之前公开，其上的图片所示外观设计可以作为现有设计，以评价涉案专利是否符合《专利法》第 23 条第 2 款的规定。

（3）立体袋泡茶专用茶杯（第 24037 号无效决定）

在第 24037 号无效决定涉及的案件（200720074044. 4）中，证据 1 是无效宣告请求人提供的一份公证书，该公证书系对通过互联网档案馆（www. archive. org）调取 www. teaforte. com 相关网页的操作步骤与网页内容予以保全。其中，检索到了互联网档案馆网站分别于 2004 年 3 月 22 日和 2005 年 12 月 20 日所保存的帝芙特公司的网页。

合议组认为，对互联网证据的真实性认定，需要考虑该证据来源网站的资质，对网站资质的要求才能确保网站信息发布及监管的能力，从而便于确认网站信息的真实性。信誉度较高的网站，例如政府类网站、知名非政府组织网址、大型科研院所网站、正规大专院校网站、知名商业网站等，以自己名义发布的信息而不是通过广域网搜索所获得的信息，在通过公证确认其来源可靠的情形下，一般可以确认其真实性。

专利权人质疑该证据的真实性，其理由主要有三点：第一，认为该档案馆网站的经营管理人和请求人为同一国籍；第二，该网站已被中国互联网管理部门实际限制；第三，中国法院也无据此作出裁判根据的判例。

针对上述观点，合议组认为：首先，不能仅仅因为互联网档案馆网站的经营管理人与请求人都为美国人就武断地认为，该档案馆网站的经营管理人一定会提供虚假信息以帮助其本国人。虽然不排除在实际社会生活中有这样的情形出现，但这毕竟是极少数；从整个社会来看，应当善意地认为社会中的大多数人都是善良诚信、讲究原则和公平的。其次，虽然对该网站的浏览近期受到了中国互联网管理部门的限制，但只是在中国境内近期不能浏览，但不能否定其为真实存在的主要提供互联网数字图书馆访问信道以及其他数字形式文化产品的网站的事实。最后，（2011）高行终字第 322 号行政判决书实际上有对该网站真实性的认定，“该档案保存网站是知名非政府组织，因此一般情况下认定其信誉度较高，因此该网站上以电子档案馆保存的网页可以认定是真实的”。

综上，合议组认为专利权人质疑该证据真实性的理由既不合理也不充分，因此合议组对于专利权人的上述意见不予支持。此外，合议组也未发现影响其真实性的其他明显瑕疵，因此对证据 1 予以认可。

（4）自行车挡泥板（第 24268 号无效决定）

在第 24268 号无效决定涉及的案件（201330209598.1）中，证据 3 是 700bike 网上关于沃荷单车折叠挡泥板的新闻报道的打印件，在口审当庭，由请求人口述，主审员在专利复审委电脑上操作，通过在百度搜索栏中直接输入证据 3 的标题找到了证据 3 的网页。

无效决定认为，www.700bike.come 网站是中国第一单车分享平台，是骑行爱好者分享潮流单车和装备的网站，在业界具有较高的知名度，从形式上看证据 3 为新闻报道。一般而言，新闻报道一经发布应无法任意修改，因此，在没有证据表明该网站与本案双方当事人存在利害关系，且没有证据显示其上内容存在修改，同时专利权人未针对证据 3 的真实性、公开性提出异议的情况下，合议组对证据 3 的真实性和公开性予以确认。证据 3 标题下方显示网页的发布时间为 2012 年 8 月 1 日，早于涉案专利的申请日（2013 年 5 月 27 日），因此其中第 1、第 4 幅图所示的外观设计可以用于评价涉案专利是否符合《专利法》第 23 条第 1 款的规定。

（5）泡茶器（第 30743 号无效决定）

在第 30743 号无效决定涉及的案件（201010550290.9）中，证据 5 是无效宣告请求人提交的一份公证书，公正事项为“京东东菱煮茶器”的网页资料保全。请求人用该证据来证明型号为 XB—6991 的东菱煮茶器在本专利申请日前已经公开销售。对于证据 5 所公开内容的真实性以及公开时间的确定，专利权人提出异议，其认为证据 5 的网页在口头审理时不能从京东网进入，并且请求人提交的网页上显示出 2016 年（口头审理当年）的授权证书，这与该产品已经下架的信息矛盾，并且口头审理当庭进入的销售东菱煮茶器的京东网网页上出现了请求人提交的网页上所没有的两张不同的图片，证据 5 不具有可信度和证明力。

合议组经审查认为：互联网证据是否采信要根据高度盖然性原则，从网络来源主体的信誉度、知名度、规范程度、当事人与网络来源主体的关系、互联网证据的形成、删改规则等因素进行综合考量并加以确定。首先，京东网是国内信誉度、知名度高的交易平台网站，具有规范的经营规则，内部管理较为严格，安全技术也较为先进，因此其自身以及他人对网页上内容篡改的可能性很低，也即网页内容被篡改缺乏客观因素。其次，京东网也不是请求人自身经营的网站，也没有证据证明京东网与请求人存在利害关系，因此网页内容被篡改缺乏主观因素。再次，京东网对用户评价等内容的形成、存储、删改等设置了一定的规则，在正常情况下，京东网本身、商家以及用户都不能对用户评价进行删改，用户评价行为及内容真实的可能性很高；另外，用户评价的作出是与确定的时间联系在一起的，用户评价的时间能够体现交易完成的大致时间，尤其是在多条用户评价均指向同一事实的情况下。证据 5 京东网的网页中，有多条针对 XB—6991 东菱煮茶器的用户评价的时间在本专利的申请日之前，还有一条来自河南的用户的评价的晒图中显示出型号为 XB—6991，该用户评价的时间是 2010 年 4 月 2 日，也在本专利的申请日之前，它们均指向该型号产品在本专利申请日之前已经完成交易这一事实。因此，根据高度盖然性原则，综合考虑上述因素，合议组认为，上述所有评价均不真实并且均不是针对该型号产品作出且均是在本专利申请日之后形成的可能性很低，在没有充分证据证伪的情况下，可以认定证据 5 的内容真实性以及型号为 XB—6991 的东菱煮茶器在本专利申请日之前发生过交易行为的事实。

对于专利权人的意见，合议组认为：（1）由于证据 5 公证书显示的 XB—6991 型号的东菱煮茶器已经处于下架状态，因此从京东网官网通过搜索的常规途径不能搜索到该煮茶器下柜状态的网页实属正常；然而，一方面，公证书具有保全证据的作用，该公证书表明在公证时间能够进入该煮茶器下柜状态的网页，也即该状态的网页在彼时客观存在，另一方面，通过请求人在其意见陈述书中给出的网址也可以容易地获得该煮茶器下柜状态的页面，从而获知关于该煮茶器包括用户评价等在内的相关信息。(2）所述授权书是东菱电器授权京东商城在2016年内销售东菱电器的系列产品，也即是针对系列产品作出的整体授权，不是仅针对XB—6991这一型号的产品作出的授权，这一做法符合互联网销售平台的商业习惯；在授权的系列产品中存在某一种或者某几种产品下架与系列产品的整体授权并不矛盾。(3）公证书中网页内容与口头审理当庭进入网页所示内容有所不同也属正常，这些不同为京东网作出的具有推销性质的内容推介，或者商家在其权限内作出的展示内容的增减（两者均不能对用户评价删改），这不能证明证据5网页的不真实。

证据6和证据7是无效宣告请求人提交的另外两份公证书，公证事项为在天猫网上“晋江大典电器专营店”购买XB—6991煮茶器的网页资料保全，以及签收所购东菱煮茶器的证据保全。该两份证据公证了在天猫网上晋江大典电器专营店购买XB—6991煮茶器及其实物的情况。专利权人对其真实性未提出异议。合议组经审查未发现存在影响其真实性的缺陷，因此对这两份证据内容的真实性予以认可。

(6）宠物碗（第28572号无效决定）

在第28572号无效决定涉及的案件（200730318933.6）中，证据2是陆某云（无效宣告请求人）提交的一份公证书，其中记载了如下的证据保全过程：登录网站www.amazon.com，在搜索栏中输入“Petmate Stainless Style Pet Bowl”进行搜索，点击第一个搜索结果进入产品页面，该页面记载有产品的图片和文字描述，以及用户对交易产品的评论。

无效决定认为，亚马逊网站属于信誉度较高的国际知名的网络电子商务公司，其网站数据管理规范，买卖双方或是第三人均无法自行修改商品信息，在专利权人未对其真实性提出质疑理由及反证的情况下，可以认定用户的评论及产品上架的图片未被修改，用户评论是针对该上架产品的评论，故在用户评论的时间之前，相关产品已经在互联网公开并进行销售。由于用户评论时间在涉案专利的申请日之前，所以证据2中所示的外观设计的网上公开发表时间必然早于涉案专利的申请日，其可以作为涉案专利的现有设计，用于评价涉案专利是否符合《专利法》第23条的规定。

2. 数字图书馆

CNKI 的一项功能是通过互联网方式二次出版传统出版方式已经出版过的内容从而为知识资源提供互联网共享平台，从这个意义上来说，来自 CNKI 的证据与互联网上形成或以互联网作为首次公开出版方式的互联网证据并不相同，它实际上是传统出版物的另一种公开出版形式，其打印件可以视为与之相应的传统出版物的复印件，其公开时间以该传统出版物的公开出版时间为准。

（1）一种向应用程序输入艺术字/图形的方法及系统（第 30192 号无效决定）

在第 30192 号无效决定涉及的案件（200610127154.2）中，证据 2、3、5、12、13、18 是来自 CNKI 的文献打印件，当庭提交的原件是国家图书馆科技查新中心出具的关于上述证据的文献复制证明。

无效决定指出，CNKI（China National Knowledge Internet）的一项功能是通过互联网方式二次出版传统出版方式已经出版过的内容从而为知识资源提供互联网共享平台，例如其中收录了期刊、报纸、博士硕士论文、会议论文、图书、专利等；从这个意义上来说，上述来自于 CNKI 的证据与互联网上形成或以互联网作为首次公开出版方式的互联网证据并不相同，它实际上是传统出版物的另一种公开出版形式，其打印件可以视为与之相应的传统出版物的复印件；而国家图书馆科技查新中心出具的文献复制证明则进一步证明了上述传统出版物的真实性。因此合议组对证据 2、3、5、12、13、18 的真实性予以认可，其公开时间以该证据本身所显示的公开出版时间为准。上述证据的公开时间均在本专利的申请日前，因此可以作为本专利的现有技术用于评价本专利权利要求的新颖性和创造性。

另外，专利权人提交反证 1、2 证明 CNKI 检索列表所显示的文献发表时间可能与该文献实际公开时间不符，合议组对此予以认可，但证据 2、3、5、12、13、17、18 的公开时间是以其本身所记载的出版时间为准，而非 CNKI 检索列表所显示的文献发表时间，因此，反证 1、2 不影响上述证据公开时间的确定。

（2）一种组织培养装置及光皮桦微型扦插快繁方法（第 134493 号复审决定）

在第 134493 号复审决定涉及的案件（201410372236.8）中，驳回决定引用的对比文件 2 为“亮叶桦微扦插快繁技术研究”，孙琳等，浙江林业科技，第 34 卷第 4 期，第 79 – 82 页，驳回决定中认定其公开日为 2014 年 7 月 15 日，早于本申请的申请日 2014 年 7 月 31 日。

复审决定认为，《专利审查指南 2010》第二部分第三章第 2.1.2.1 节规定，出版物的印刷日视为公开日，有其他证据证明其公开日的除外。印刷日只写明年月或者年份的，以所写月份的最后一日或者所写年份的 12 月 31 日为公开日。

CNKI 是通过互联网方式二次出版传统出版方式已经出版过的内容从而为知识资源提供互联网共享的平台，例如其中收录了期刊、报纸、博士硕士论文、会议论文、图书等，从这个意义上来说，上述来自于 CNKI 的证据与互联网上形成或以互联网作为首次公开出版方式的互联网证据并不相同，它实际上是传统出版物的另一种公开出版形式，其打印件可以视为与之相应的传统出版物的复印件。因此，不能简单地以 CNKI 中显示的发表时间作为否定其传统出版物印刷日的证据。在没有其他证据证明对比文件 2 存在其他公开时间时，通常应当根据《专利审查指南 2010》中的规定，刊载对比文件 2 的印刷日为 2014 年 7 月的《浙江林业科技》第 34 卷第 4 期的期刊，其印刷日应以 2014 年 7 月的最后一日，即 2014 年 7 月 31 日为准。而且，《浙江林业科技》编辑部已经出具证明，也进一步证明了该期刊纸质出版物的实际刊出时间为 2014 年 7 月 31 日。由于该日期与本申请申请日相同，即该传统出版物的公开出版时间不早于本申请的申请日，因此，对比文件 2 不构成现有技术，不能用于评判本申请是否具有创造性。

3. 社交平台

对于 QQ 空间相册内容是否构成现有技术或现有设计的问题，不能一概而论，而应综合考虑 QQ 空间的主要用途、图片的上传时间、图片的公开情况等要素，以此判断公众是否能够获得该信息，以及该信息何时处于为公众所知的状态。对于以商业用途为主的 QQ 空间，可以推定其对所有人公开，除非有相反证据表明该空间存在未公开或仅对特定人公开的情况。

（1）电源支架［最高人民法院（2020）最高法知行终 422 号］

在该专利权无效行政纠纷（201530515149.9）中，附件 1 以公证的形式记载了在浏览器中输入网址“http：//user. qzone. qq. com/1523476925”，点击回车键弹出网页，在弹出网页用户名栏输入“2830166735”，在密码栏输入密码，点击登录，进入“周顺兴五金的空间”，点击“相册”后弹出网页，点击《ZSX－708》，弹出相片列表网页，在相片列表中点击其中的五张图片，分别弹出大图，图片左侧文字显示图片上传时间为2015年1月3日。

判决认为，根据本专利无效程序中所使用的证据1的公证书，“周顺兴五金的空间”中《ZSX－708》相册展示的全部内容均为商品展示，相册的上传时间为2015年1月3日，权限显示为对“所有人可见”，虽然涉案QQ空间需要添加为好友才能查看，但公众完全可以通过添加好友等方式获知商品照片，没有证据显示该用户会对添加好友的请求进行特定筛选，也没有证据显示其所添加的好友需要遵守保密义务。

涉案QQ空间的好友并非特定人，而是属于专利法意义上的公众。涉案QQ空间中相关商品照片处于为公众所知的状态，在没有相反证据的情况下，系统显示的照片上传时间即为公开时间。相册在2015年1月3日创建并更新，该相册下有两条询问商品信息的评论，评论时间为2015年1月3日。因此，本院认为涉案QQ空间相册的上传时间在本专利申请日前，相册中相关商品照片处于为公众所知的状态，且涉案QQ空间主要用作公开推销产品的商业用途，而非个人秘密性的使用。对于以商业用途为主的QQ空间，可以推定其对所有人公开，除非有相反证据表明该空间存在未公开或仅对特定人公开的情况。涉案QQ空间相册的内容在上传后即处于对不特定公众公开的状态，具备公开性，因此，涉案相册所示的外观设计应该作为评价本专利是否符合《专利法》第23条第2款规定的现有设计。

（2）二级吊顶结构件［北京市高级人民法院（2017）京行终3962号行政判决］

在该专利权无效行政纠纷（201210571322.2）中，附件9、附件11是两份公证书，附件9以公证的形式记载了通过有关微博账号得到“锦绣明天－002”QQ账号中QQ空间相册的多个产品图片的过程，附件9的内容来源于锦绣明天公司（下称专利权人）职工的QQ空间，该公证书所附网页打印资料的上传时间（2012年11月15日、2012年11月2日）早于申请日。附件11的内容来源于专利权人公司网站http：//www.zgjxmt.com，其中记载了“企业新闻锦绣明天客厅、餐厅二级吊顶”，该网站于2012年12月14日发布的新闻中公开的产品与该专利的相同。该发布时间早于本专利申请日。

判决认为，专利权人没有相关证据证明附件11的新闻页中的内容曾经进行过修改或者存在被修改的可能的合理理由，附件 11 所载内容应当认定为已公开。附件 9 以公证的形式记载了通过有关微博账号得到“锦绣明天－002”QQ 账号中 QQ 空间相册的多个产品图片的过程。QQ 空间是一种社交网络平台，作为公司销售人员的 QQ 空间中所附公司产品照片通常应当认为是一种对外推销行为，公证书记载了该公司产品均处于“所有人可见”状态，可证明对所有人公开是一种常态。在通常情况下，图片上传时间代表了图片进入服务器的时间，记载时间的表达字符由互联网的系统自动生成，在无相反证据推翻的情况下，上传时间即是发布时间。虽然专利权人主张的“上传的目的是为发布做准备，只是在选定公开后才公开，准备好后才针对特定客户或经销商公开”的说法也有存在的可能，但其并未提供相应证据予以证明。由于 QQ 空间图片上传时间无法修改，在附件 11 的产品与附件 9 所示的产品极其相似并被公开的情况下，附件 9 在申请日之前公开的可能性也被进一步增强。因此，附件 11 和附件 9 可以作为评价本专利是否符合《专利法》第 22 条第 3 款规定的现有技术。

（3）塑料舞台［北京知识产权法院（2017）京 73 行初 3062 号行政判决］

在该专利权无效行政纠纷（201330377674. X）中，附件 1 是号码为×××、昵称为“林氏舞台”的 QQ 用户的 QQ 空间截图打印件，系林某明（下称专利权人）的 QQ 账号。附件 2 是一份公证书复印件，其公开了潍坊远大婚礼用品有限公司（下称无效宣告请求人）的法定代表人于 2016 年 8 月 26 日赴公证处，将其所持手机与公证处的电脑相连，并进行了如下操作：（1）点击手机上的 QQ 图标，登录相关 QQ 账号后，在该 QQ 用户的好友中搜索到 QQ 号码为×××的用户，并进入其 QQ 空间，点击 QQ 相册，得到包括附件 1 在内的 QQ 相册相关截图。（2）点击手机上的微信图标，登录相关微信账号，点击该微信用户的“我的收藏”，将菜单内容截屏并保存，在截屏中可以找到标有“远大婚礼用品 153××××××××2016－5－8 林氏塑料舞台 PLASTICSTAGE. ppt22. 1MB”的文件，下载后选择部分页面截屏并打印。使用微信自带搜索功能查找该微信号联系人中的“张某盛”，保存搜索到的结果，点击其中的“个人相册”，截屏并打开相应图片，各图片中分别显示有“2015 年 02 月 19 日 23：19 聘书兹聘请张某盛为我公司……”“2013 年 06 月 11 日 09：50T 型舞台方型舞台”等字样。（3）使用该手机登录“百度网”，搜索“2013 华南幼教展”，点击结果中的“2013 第四届华南国际幼教产业展览会”，在百度网搜索“2013 北京国际幼教展”，点击结果中的“2013 年第 15 届北京国际玩具及幼教用品展览会—百度百科”，在百度网搜索“深圳鼓之经典文化传播有限公司”，点击结果中“联系我们”字样，将上述所有显示结果截屏、保存。

无效决定认为，（1）由附件2公证书所述的取证过程可见，昵称为“林氏舞台”的QQ用户的相册内容在公证日可为其好友所查看。鉴于QQ相册可以设置私密或是公开范围，故上述取证过程无法证明一般公众亦可以查看昵称为“林氏舞台”的QQ用户的相册内容，亦无法证明该相册中的照片在本专利申请日前已处于一般公众想得知即可得知的状态。因此，上述QQ相册中的照片的公开性及公开时间均无法确定。（2）附件2亦记载有无效宣告请求人通过进入自己的微信账号，然后进入收藏，所获取的该微信账号好友转发的ppt文件。但在案证据尚不足以证明该微信账号所收藏的内容，以及该微信账号中的微信联系人所转发的微信所示的内容在本专利申请日前已经处于社会公众可以获取的状态。因此，上述内容的公开性及公开时间均无法确定。（3）根据附件2的记载，无效宣告请求人使用手机登录百度网，搜索到相关展会。无效宣告请求人认为，该证据结合前述通过微信获取的展会照片，可以证明专利权人的相关产品在本专利申请日前的展会上已经被公开。但是，百度搜索结果中并无任何涉及产品图片的内容，且专利权人亦否认参加过所述展会，故在案证据未形成完整的证据链，不能证明专利权人在相关展会上公开展出了相应的产品。

法院判决认为，由附件2的记载，无效宣告请求人的QQ用户与“林氏舞台”系QQ好友关系，通过该QQ用户进入“林氏舞台”的QQ空间，可见其相册内的活动舞台图片及照片。虽然上述活动舞台图片及照片的上传时间在本专利的申请日之前，且“林氏舞台”QQ相册内容在公证之日可为其好友所查看，但考虑到添加QQ好友是否需要验证或经由该用户同意、QQ空间和QQ相册的内容是否公开以及公开的范围均可由QQ用户自行设定，故在无效宣告请求人仅简单地质疑专利权人申请并使用上述QQ账号的目的是向公众推广、宣传其产品，进而主张无效宣告请求人QQ空间的访问权限系对任何人可见的状态，而未提供任何能够证明添加“林氏舞台”为QQ好友无需验证或经其同意的证据，以及能够证明“林氏舞台”QQ相册内容在公证之日可为一般公众所查看的证据的情况下，无效宣告请求人提交的证据不足以证明上述图片或照片在本专利申请日之前已处于公众想得知即可得知的状态。因此，无效宣告请求人关于上述图片或照片在本专利申请日之前已为公众所知，并可以作为现有设计以评价本专利是否符合《专利法》第23条第1款、第2款规定的主张不能成立。

4. 标准协议

在没有其他反证的情况下，一般来说作为互联网证据使用的3GPP提案的公开日以3GPP FTP文件最终修改上传时间“last modified”为准，且该上传时间可以视为其公开时间。

（1）基站和接收方法（第114511号复审决定）

在第114511号复审决定涉及的案件（201110206783.5）中，驳回决定引用的对比文件1为3GPP TSG RAN WG1 Meeting #40bis，R1－050248，NTT DoCoMo，Uplink Multiple Access Scheme for Evolved UTRAN，在3GPP服务器（http：//www.3gpp.com/ftp/tsg_ran/WG1_RL1/TSGR1_40bis/Docs）上的上传时间为2005年3月30日，审查员将其认定为对比文件1的公开时间。复审请求人认为，在对比文件1中记载了“Beijing China 4－8 April，2005”的内容，这表示会议是在“4－8 April，2005”进行的，在开始会议的日期“4 April，2005”之前，对比文件1未被公开。而本申请的优先权日是2005年3月31日，早于对比文件1的公开日。因此，对比文件1不适用于评价本申请的创造性。

复审决定认为，对比文件1为3GPP会议草案，是以Zip压缩文件的形式存于3GPP ftp网站的，最后修订日期为2005年3月30日。由于3GPP网站是通信领域的权威网站，其可信度较高，且鉴于该网站的性质，对比文件1的压缩文件一经上传即已经公开，公众均可以下载，因此在没有其他反证的情况下，其最后修订日可以作为专利法意义上的该对比文件的公开日，因此，对比文件1的公开日2005年3月30日，在本申请的优先权日2005年3月31日之前，可以作为现有技术评价本申请的创造性。

5. 新闻报道

对于来源可信的新闻视频截图，其发布时间由服务器自动生成，自发布时起即公开于网络，修改的可能性小。在专利权人没有提交足以推翻的相反证据的情况下，能够对该证据的真实性和公开时间予以认可。

（1）打蛋器（第28536号无效决定）

在第28536号无效决定涉及的案件（201430212736.6）中，证据8是一份公证书。公证央视网经济频道“第一时间看天下：鸡蛋混合器”相关视频。其具体过程为进入百度，搜索栏输入鸡蛋混合器，点击“第一时间看天下：

鸡蛋混合器经济频道央视网（cctv. com）”的链接，进入相关页面，播放该视频并截取若干相关页面，将上述页面制作 word 文档复制打印作为公证书附件并将该文档刻录光盘封存。

专利权人对公证书本身真实性没有提出异议，但认为公证的网页属于时时更新的网页，仅能证明公证当时的情况，应提供网页发布时间及内容无修改的证据。

有关央视网视频的真实性和公开时间，合议组认为：互联网信息证据的证明力一般应当考虑信息发布来源的可信度，信息产生、存储、交流的方法或方式的可靠性。央视网作为中央电视台发布节目信息和内容的网站，其可信度较高；而本案涉及的具体视频是中央电视台经济频道播出的面向全国观众的新闻类节目，发布时间通常是由服务器自动生成，自发布时起即公开于网络。对于新闻来说，内容真实性是其基本要求，从其发布目的和机制上来说，修改的可能性非常小。尽管专利权人由网页时时更新的参数质疑网页存在修改的可能性，但网页调整版面或侧栏广告更新等常见现象会使得网页参数发生变化，这并不意味着该网页播出的新闻节目有所修改，在没有得到足够的相反证据证明上述新闻视频被修改过的情况下，专利权人的异议不能得到支持。

基于上述理由，合议组对证据 8 所公证的“第一时间看天下：鸡蛋混合器”视频截图的真实性予以确认，其上载明的发布时间 2014 年 5 月 2 日即为该视频的公开时间，此时间在涉案专利的申请日之前，其中所示的外观设计可以作为涉案专利的现有设计，评价涉案专利是否符合《专利法》第 23 条第 2 款的规定。

（2）机动车辆（第 29147 号无效决定）

在第 29147 号无效决定涉及的案件（201130436459. 3）中，证据 1 是经过公证保全的互联网证据，涉及搜狐网关于路虎公司携路虎极光车型参加 2010 广州车展的图片及图文报道打印件，图文报道（1）的发布时间为 2010 年 12 月 19 日，图文报道（2）的发布时间为 2010 年 12 月 20 日，网络地址为 http：//auto. sohu. com/2010gzcz；证据 3 - 1、3 - 2、3 - 5 分别是《汽车杂志》《汽车之友》《羊城晚报》刊物的新闻报道，报道了 2010 广州车展于 2010 年 12 月 21 日至 12 月 27 日举行。

无效决定认为，综合证据 1、证据 3 - 1、证据 3 - 2、证据 3 - 5 可知，在广州车展期间以及前后，网络媒体和纸质媒体均对 2010 年年底举行的广州国际车展进行了报道，报道的文字和图片内容相一致。由此可以确认“路虎揽胜 Evoque”（中文“极光”）在 2010 年 12 月 21 日至 12 月 27 日举行的广州国际车展上公开展览的事实。在此基础上，车展上展出的“路虎揽胜 Evoque”汽车外观设计成为本案涉案专利申请日之前的现有设计。

（3）箱型桥梁的桥式盾构施工方法（第 19287 号无效决定）

在第 19287 号无效决定涉及的案件（200510100795.4）中，证据 11 是来源于中国中铁四局集团第五工程有限公司官方网站、左下角标识有 www.ctcefive.com/news/6/1/? 2005－05－22－376.html 字样的网页打印件。展示了郑州项目顶进施工过程的照片的同时，还附有“业主多次组织各市政施工单位进行现场参观”的说明。

无效决定认为，本专利要求保护的是一种箱型桥梁的桥式盾构施工方法，该施工方法在实际工程的应用中具有阶段性和一定的难度，其所采用的设备——盾构本身也属于大型设备，因此与结构相对简单的产品或者较为简单的方法的相比，即使在该方法的实施过程中，相关人员进行了参观，也不能说明参观人员必定能够知晓所述的“桥式盾构”施工法施工的全过程，同时请求人也未提供证据证明参观者对工程的介入程度，就证据 11 本身而言，无论其文字还是图片均未公开具体的桥式盾构方法，并且根据其中所述的“目前左孔箱涵已预制完毕，预计 7 月份可以顶进到位”可知，在发布该新闻之前，该项目的顶进工程并未实际完成，因此证据 11 不足以认定郑州项目中所采用的“桥式盾构顶进法”在本专利申请日前处于为公众所知的状态。

6. 网页嵌入文件

网页中嵌入的 Word、PDF 文件信息中包含的时间是指该 Word、PDF 文件的撰稿时间，不能作为互联网证据构成专利法意义上的公开的起始时间。

（1）一种简易访问网络运营商门户网站的方法（第 48824 号无效决定）

在第 48824 号无效决定涉及的案件（02123502.3）中，证据 6、证据 8、证据 9 分别来自于思科公司的官方网站和“docstore.mik.ua”网站。

合议组认为，思科公司是业界知名的网络解决方案供应商，特别在路由器、交换机、互联网操作系统（IOS）软件等方面具有一定的知名度，其官方网站属于规模较大、信誉度较高的商业网站，同时，思科公司并不是本次无效宣告请求的当事人，虽然其曾经对本专利提起过无效宣告请求，但该事项并不足以影响其官方网站的独立性。网站“docstore.mik.ua”属于发布产品信息的一般性网站，针对该网站，专利权人并未提交证据证明其与当事人存在利害关系，因此应当认为其属于独立的第三方网站。综上，证据6、证据8、证据9均来源于规模较大、信誉度较高的商业网站或独立的第三方网站，合议组对其真实性予以认可。

关于证据6的网页1，其标题为“思科6400－思科IOS 12.2（2）B2版”，在标题下记载有“更新日期：2001年12月10日”，进一步，在译文第二页记载有“适用于思科IOS 12.2B版的思科6400版本说明2001年12月10日思科IOS 12.2（2）B2版”，两者相互佐证，合议组认可网页1标题下记载的“更新日期：2001年12月10日”为该网页的公开时间。

关于证据6的网页2，其为思科用户手册，在其首页记载有“2002年3月”字样，然而，对于用户手册而言，封面上记载的日期通常并没有严格规定的明确含义，开发人员可以基于实际需求进行设定，该日期可以表示项目开始时间，也可以表示完成时间，抑或其他时间，因此，仅凭封面上记载的该日期并不能确定该用户手册的公开时间即为“2002年3月”。

综上所述，合议组认可证据6网页1的真实性及2001年12月10日为公开时间，且其公开时间早于本专利的申请日，可以作为现有技术评价本专利的新颖性或创造性，其公开的内容以其中文译文为准。而证据6网页2由于无法确定其公开时间，因此其不能作为现有技术评价本专利的新颖性或创造性。

（2）开关电池充电系统和方法（第37242号无效决定）

在第37242号无效决定涉及的案件（201210390832.X）中，请求人提交的对比文件6是美信半导体官方网站下载的“Charging Batteries from USB”及其中文译文。

无效决定认为，首先，对比文件6属于互联网证据，就对比文件6的下载网站美信半导体而言，其由美信达拉斯（上海）半导体贸易有限公司运营，该网站是经过工信部ICP备案和公安系统互联网备案的合法运营网站；且该网站和双方当事人之间不存在利害关系，在专利权人未提交合理反证的情况下，应当认可该互联网证据对比文件6具备真实性。就其公开性而言，由于美信半导体网能够通过搜索引擎进行搜索，且美信半导体网的存在和URL位置为公众所知，因此美信半导体网上的内容具有公开性。关于网站的ICP备案和公安系统互联网备案时间，经核实，网站的ICP备案是“非经营性互联网信息服务”，其未履行备案手续不得从事互联网信息服务，而备案信息的任何修改都将导致审核时间更新，因此，查询到的美信半导体网的审核时间为最近一次其修改备案信息的时间，并不是其首次备案能够从事互联网信息服务的时间，因此 ICP 备案的审核时间与网站内容首次公开的具体日期并无关联。公安系统互联网备案是在 ICP 备案后进行的备案手续，因此该时间也与网站内容首次公开的具体日期并无关联。

就其公开时间而言，网页的发布时间是互联网证据构成专利法意义上的公开的起始时间。服务器上记载的时间代表了网页的发布时间，可以作为互联网证据构成专利法意义上的公开的起始时间。网页上记载的时间代表了网页的发布时间，可以作为互联网证据构成专利法意义上的公开的起始时间，除非当事人能够提供证据证明网页经过修改。网页中嵌入的 Word、PDF 文件信息中包含的时间是指该 Word、PDF 文件的撰稿时间，不能作为互联网证据构成专利法意义上的公开的起始时间。

请求人提交的对比文件 6 为网站英文版提供下载的 PDF 文件，其发布的网页下方有“©2005 年 9 月 23 日”字样。“©”为通用的版权声明标记，代表首次出版年份，一般可认定为其公开日，可见，网页下方的“©2005 年 9 月 23 日”具有表明网页发布时间的作用。而对比文件 6 本身为 PDF 文档，一般而言，PDF 文件信息中包含的时间是指该 PDF 文件的撰稿时间，对比文件 6 的正文有 2005 年 9 月 23 日的字样，结尾处有“这篇文章的类似版本出现在 2006 年 1 月的《电池功率产品技术》杂志上”以及“©2013 美信集成产品公司”字样。若 2005 年 9 月 23 日为其撰稿日期，结尾处却出现“©2013 美信集成产品公司”，可见该 PDF 文件存在被再次编辑过的可能性，否则对于 2005 年 9 月 23 日即编辑上传的 PDF 文档，通常不会声明其首次出版年份为 2013 年；而请求人认为该“©2013 美信集成产品公司”代表的是公司版权声明，定期更新，不代表文档的公开时间，合议组认为，一般而言，对于公司网页内容的版权声明会出现在网页下方，例如发布对比文件 6 的网页下方还存在“©2016”的字样，该定期更新出现在已被上传的 PDF 文档上，只能说明该 PDF 文档曾被编辑过；而且，对比文件 6 还存在“类似版本出现在 2006 年 1 月的《电池功率产品技术》杂志上”字样，英文表述采用的是过去式“appeared”，这表示是在 2006 年 1 月后撰写的该表述。虽然，对于发表文章而言，存在撰写时已获知文章预期发表时间的可能性，但该表述表明该文档存在被再次编辑过的可能性。

综上，尽管“©2005 年 9 月 23 日”表明网页首次发布时间为 2005 年 9 月 23 日，但是作为对比文件 6 的 PDF 文档存在被再次编辑的可能，因此，其网页上记载的时间不能认定为对比文件 6 的 PDF 文档的公布时间，也不构成专利法意义上的公开的起始时间。由于 PDF 文档自身包含的时间不能作为专利法意义上的公开的起始时间，且对比文件 6 的网页发布时间亦不能认定为实际公开时间。鉴于其公开日期无法确定，因此，对比文件 6 无法作为本专利的现有技术。

7. 证据灭失

当作为最接近的现有技术的对比文件为互联网证据时，如有证据证明该互联网证据的真实性，证明其出处、公开日期和公开内容，即使该互联网证据灭失，也不影响通知书或决定作出时该证据本身的内容和公开日期的真实性。如果作为现有技术的互联网证据无法从网址中获得，且无法核实该互联网证据的真实有效性，则该互联网证据不能够作为现有技术使用。

（1）一种基于 CSV 文件确定对象属性值的方法和装置（第 172272 号复审决定）

在第 172272 号复审决定涉及的案件（201410041343.2，申请日为 2014 年 1 月 28 日）中，驳回决定引用的对比文件 3 为 CSVeed easy-to-use csv to java Bean utility［在线］，URL：< http：//csveed. org/annotations. html >，审查员认定的公开日为：2013 年 3 月 11 日。复审请求人指出，采用审查员提供的网址 http：//csveed. org/annotations. html 进入到对比文件 3 后，采用网页的公开日期获取 Javascript 语句，得到的上传日期为 2014 年 6 月 5 日，是申请文件的申请日之后，无法认定对比文件 3 的公开日期是否在本申请的申请日之前。

复审决定认为，对比文件 3 为互联网证据，其网页本身及其源代码中没有记录网页的上传时间，国家知识产权局原审查部门发送第二次审查意见通知书时随附件发送了该证据的 Google 快照和网页页面本身，Google 快照显示其网页快照时间为 2013 年 3 月 11 日，因而国家知识产权局原审查部门认定其公开日期为 2013 年 3 月 11 日。虽然在该案复审时 2013 年 3 月 11 日公开的互联网证据对比文件 3 已经灭失，但不影响其快照时间和公开内容的真实性。具体理由如下：

Google 快照的产生和灭失均存在一定机制。快照通过搜索引擎抓取产生，也可以由管理员删除或者通过网络工具删除。一般而言，快照会保存一段时间，在下次抓取时前次保存的快照可能会灭失，并且在快照所涉及的网页修改后，原来的快照也会保存一段时间，直至搜索引擎再次获取网页快照。但是，如果再次抓取时的关键词与前次不同，也会导致出现两个不同时间的快照同时存在。虽然网页的更新与快照不存在确定的对应关系，但是快照反映的的确是当时网页的相应内容，原则上不会被更改，也不能被轻易造假。基于这些情况，可以推定Google快照的真实性并推定对比文件3的公开时间为该快照记录的时间2013年3月11日，早于本申请的申请日。国家知识产权局原审查部门审查员是执行专利行政审批的公职人员，其本身不代表任何利益诉求，也没有任何动机修改或篡改任何信息，审查员已经将快照保存并随通知书发送，已经完成了基本的举证义务，即使后来快照灭失，也不影响通知书或决定作出时该证据本身的内容和公开日期的真实性。

（2）车缝作业时间的分析方法（第101207号复审决定）

在第101207号复审决定涉及的案件（201010227549.6）中，驳回决定引用的对比文件1来源于百度文库中的“GSD手册”，链接为：http：//wenku.baidu.com/view/dbbd7bbfc77da26925c5b07f.html。

复审决定认为，首先，对于互联网证据而言，如果公众能够从网站获得互联网证据中的内容，即构成专利法意义上的“公开”状态。合议组通过对本申请对比文件1的来源网址进行访问获知，目前该网址已不能访问，即公众不能从网站获得该互联网证据中的内容。虽然百度文库作为国内知名网站，具有一定的公信度；但是百度文库文档的上传、修改或删除均是百度文库用户的个人行为，不需要网站管理员的许可，因而公开的内容不具有稳定性。因为本申请第一次审查意见通知书及驳回决定中所给的上述网址已经无法访问，所以，合议组无法对对比文件1的公开内容以及公开日期进行核实，也无法确定作为对比文件1的“GSD手册”是否在申请日之前处于能够为公众获得的状态。其次，虽然第一次审查意见通知书及驳回决定中给出了截图作为证明对比文件1公开时间的证据，但是根据截图显示的内容，仅能证明文件名为“GSD手册”的文档在2010年5月7日由用户“xucy2000”上传到百度文库，但无法证明该命名为“GSD手册”的文档即为对比文件1，也无法确定该命名为“GSD手册”的文档的内容是否与对比文件1的内容一致。因此，合议组无法将截图中显示的命名为“GSD手册”的文档与第一次审查意见通知书及驳回决定中所引用的对比文件1关联起来，因而对比文件1的真实性无从考证。再次，“GSD手册”本身没有出版日期或印刷日期，因此不能确定其公开日是否在本申请的申请日之前。

综上所述，驳回决定中所引用的对比文件1按照相应的网址无法访问，合议组无法核实该证据的客观真实性、公开时间以及具体公开的内容，因此，该对比文件 1 不能构成本申请的现有技术。

（3）一种标准作业和标准时间制定的方法和装置（第 156654 号复审决定）

在第 156654 号复审决定涉及的案件（201210337196. 4）中，驳回决定引用的对比文件 1 为“GST 系统演示”，来源为互联网在线文档分享平台道客巴巴，网址为 www. doc88. com/p - 895572488749. html，由用户“yf7879157”于 2012 年 6 月 13 日上传。复审请求人指出，该链接无法访问，虽然原审查部门给出了对比文件 1 的具体内容截图，但是该截图并未给出对比文件 1 的出版日期，因此公众无法得知对比文件 1 的具体公开日。

复审决定认为，首先，对于网络证据而言，如果公众能够从网站获得网络证据中的内容，即构成专利法意义上的“公开”状态。驳回决定给出的对比文件 1 的链接为：www. doc88. com/p - 895572488749. html，合议组通过对上述对比文件 1 的来源网址进行访问获知，目前该网址已不能访问。由于该网址无法访问，因此合议组无法从该网址获得对比文件 1 的具体公开内容，也无法核实该对比文件 1 的真实性和公开时间。其次，虽然原审查部门上传了对比文件 1 的部分内容截图，但是该上传的内容截图中并没有明确记载对比文件 1 的出版日期或印刷日期，因此合议组无法确定该对比文件 1 的公开时间。再次，由于对比文件 1 的来源网站“道客巴巴”中文档的上传、修改或删除均是用户的个人行为，不需要网站管理员的许可，因此合议组认为从该“道客巴巴”网站中获得的互联网证据本身即存在真实性、公开时间及具体公开内容的不稳定性。

综上，由于合议组无法核实对比文件 1 的真实性、公开时间以及具体公开内容，因此，该对比文件 1 不能够作为本申请的现有技术使用。

（4）一种组合物在辅助治疗婴儿湿疹中的用途（第 244356 号复审决定）

在第 244356 号复审决定涉及的案件（201610469628. 5）中，驳回决定引用的对比文件 2 为“贝亲婴儿奶癣膏有用吗_贝亲婴儿奶癣膏作用揭秘!”，网友投稿，https：//www. baidu. com/link？ url = w3K7KtSpdRTRt9Nso7KvfHYGiLQL8EnwQjAeQpDfk00AcfhRRJ4PV0nqwPeIb9S3rNUZ6N4Gv _ 9Hvpoz _ F71AK&wd = &eqid = 8c4d07f30000045b000000025d760019，公开日为 2015 年 3 月 10 日。

合议组查明：驳回决定所采用的对比文件 2 为网页截图文件，该文件涉及“美乐乐”网站中记载的题目为“贝亲婴儿奶癣膏有用吗_贝亲婴儿奶癣膏作用揭秘!”的文章，其中记载了贝亲婴儿奶癣膏的主要成分。该文章题目下显示文章来源为网友投稿，时间为2015年3月10日，实质审查阶段以上述日期作为对比文件2的公开日期。合议组经检索后发现，驳回决定中提供的对比文件2的相关网址以及“美乐乐”网站目前均无法打开，采用百度快照也并未获得该网页的相关快照信息，而对比文件2的网页截屏文件中仅有相关文章的文字信息，并未显示相关网址信息，根据目前合议组所能掌握的证据，无法确认对比文件2相关网址与网页公开内容的对应性。其次，百度百科显示“美乐乐”网站是一家由从事家具电子商务销售的公司——美乐乐开发的家具电子商务平台，但其中并未有涉及网站的管理机制、网页发布规则等信息的记载。经核实对比文件2网页截屏文件在文章后的免责声明中记载：美乐乐家居网部分文章信息来源于网络以及网友投稿，本网站只负责对文章进行整理、排版、编辑，是出于传递更多信息之目的，并不意味着赞同其观点或证实其内容的真实性。根据该免责声明可以看出，“美乐乐”网站在网友投稿后会对网友投稿进行整理编辑。综合所述信息，上述网友投稿文章中所记载的技术内容在网友投稿之后大概率存在被修改编辑的可能，在该网站信息已经灭失，网站管理运行机制、网页发布规则等均没有充分证据证实，且也没有其他相关证据能够印证该文章公开时间的情况下，该网页所显示时间是否会随编辑修改发生变化、网页所示时间是网友投稿时间还是经编辑后文章的实际公开时间等都难以确认。因此，目前从形式和内容上尚无法确认对比文件2网页所示时间2015年3月10日为该网络证据的公开发布时间，进而无法确认对比文件2可作为本申请的现有技术证据使用。

8. 其他

(1) 使用可变长度数据包的单点对多点无源光网络（第28516号无效决定）

> 若认为证据为出版物，则应证明证据载于何种出版物，当仅能证明能够从个人网站获取所述证据时，则该证据为互联网证据，互联网证据的公开时间一般被认定为公众能够浏览互联网信息或者从互联网上下载信息的最早时间。

在第28516号无效决定涉及的案件（01821736.2）中，证据1是标题为《Ethernet PON（ePON）：Design and Analysis of an Optical Access Network》的英文文章复印件，其上记载有“2000年8月”字样；证据4是标题为《Design and Analysis of an Access Network based on PON Technology》的英文文章复印件及其部分中文译文，其上记载有“2000 年 8 月”字样；证据 5 是一份公证书，用于证明证据 1 和证据 4 的获取和保全过程，以及证据 1 和证据 4 的公开日期。

无效决定认为，首先，证据 5 中仅记载有从个人网站获取证据 1 和证据 4 的过程，请求人没有提交能够证明证据 1 刊登于何种出版物以及证据 4 所属会议的正式公布的会议记录的证据，因此不能证明证据 1、证据 4 属于公开出版物，根据证据 5 中记载的内容仅能证明能够从互联网上获取到证据 1、证据 4，因此这两份证据属于互联网证据。其次，互联网证据的公开时间一般被认定为公众能够浏览互联网信息或者从互联网上下载信息的最早时间，互联网证据中包含的时间信息并不必然表示为该证据的公开时间，证据 1 和证据 4 的文档中包含的时间信息一般也仅能表明该证据所涉及信息被创作或修改的时间，并不能表明从该时间信息起公众可以获取这两份证据，而请求人提交的证据 5 仅能证明从公证日起可以从互联网下载证据 1 和证据 4 的这两篇文章，该公证日晚于本专利的优先权日，证据 5 并不能证明这两份证据上所记载的时间为公众可以下载所述证据的时间。综上所述，从目前请求人提交的证据来看，无法证明证据 1 和证据 4 的公开日期，因此合议组对这两份证据不予采信。

（2）一种电力线载波通信发送电路（第 31696 号无效决定）

> 确定互联网证据的公开时间，需要考虑包括网站类型、网站信息公开机制等在内的多种因素，对于用于收集资源、发布资源的资源提供类网站，在无法确定其发布机制的情况下，通过现场演示获取资源类附件文件时，出现了在网站所标注的“上传时间”之后仍然无法查看和下载所述附件文件的情况，也无法确认从何时起可以下载该附件文件，则无法认定该“上传时间”和附件文件的公开时间存在直接、毫无疑义的关系，不能将“上传时间”作为附件文件的公开时间。

在第 31696 号无效决定涉及的案件（201110166801.1）中，证据 1 是浙江方大智控科技有限公司（无效宣告请求人）提交的一份公证书；证据 1.1 是证据 1 中“RISE3301（原理图）．DDB”部分内容打印件；证据 1.2 是证据 1 中“RISE3301 用户手册 V1.0.pdf”部分内容打印件。请求人认为：证据 1 中记载了“rise3301 全套文件”在 2008 年 10 月 16 日上传至“PUDN 程序员联合开发网”上公开，因此包括证据 1.1 和证据 1.2 在内的“rise3301 全套文件”

中的内容可以用于评判本专利的新颖性和创造性。

在口头审理中，双方当事人以及合议组对“PUDN程序员联合开发网（www. pudn. com）”进行访问，使用请求人的注册账号登录了“PUDN程序员联合开发网（www. pudn. com）”后，在2017年2月27日15:00－16:00时间段内分别点击进入合议组随机确定的三个不同附件文件的下载页面：点击标注“上传时间”为“2017－02－27”的附件文件《Excavatenkvwk165203 Engine27331930》（下称文件1）的下载按钮后，无法打开查看或下载所述附件文件；点击标注“上传时间”为“2017－02－26”的附件文件《GamGrabl》（下称文件2）的下载按钮后，能够打开查看或下载所述附件文件；点击标注“上传时间”为“2017－02－25”的附件文件《00819》（下称文件3）的下载按钮后，无法打开查看或下载所述附件文件。

合议组认为：“PUDN程序员联合开发网（www. pudn. com）”是主要用于收集资源、发布资源的资源提供类网站，用户登录注册账号后，可以搜索需要下载的附件文件名称，链接到其下载页面后，通过下载页面来下载所述附件文件。通过演示得知，该网站在每个附件文件的下载页面中标注该附件文件的“所述分类”“开发工具”“文件大小”“上传时间”等信息，并在该下载页面的“文件名称”旁提供“下载”按钮供用户点击以查看并下载该附件文件。口头审理过程中，访问了标注的“上传时间”分别为口审当日、前一日、前两日的3个附件文件的下载网页，并通过点击该下载网页的下载按钮试图查看并下载所述附件文件，在上述查看的附件文件中，文件3的下载页面所标注的“上传时间”为2017年2月25日，在口头审理之时，也即“上传时间”之后仍无法打开查看或下载文件，即虽然标注了“上传时间”，但在该时间附件文件仍然处于公众不能得知的状态，因而通过上述演示可知，“PUDN程序员联合开发网（www. pudn. com）”上附件文件的下载页面所标注的“上传时间”并非附件文件本身的公开时间，也无法确认从何时起可以下载该附件文件，因此网页标注的“上传时间”和附件文件本身的公开时间没有直接、毫无疑义的关系。

本案中证据1.1以及证据1.2虽然能够从网站上进行下载，但是如上分析的该附件文件网页标注的“上传时间”和附件文件的公开时间没有直接、毫无疑义的关系，因此亦不能确认其“上传时间”为公开时间。此外，请求人没有提交其他足以证明证据1.1、证据1.2的“上传时间”为附件文件的公开时间或者能够证明何时能够对其查看和下载的相关证据，因而合议组不能确定证据1.1和证据1.2的公开时间。

（3）摩托车全封闭式护罩及整车侧翻防护结构（第33555号无效决定）

> 互联网证据作为现有技术证据使用时，应综合考虑互联网证据的表现形式、网站的内在管理运行机制、网站的权威性、资质与管理运行机制、网站与当事人的利害关系等方面来判断该互联网证据的真实性。

在第33555号无效决定涉及的案件（201410394372.7）中，证据1是请求人声称的来自“http://www.mtchome.com/brand/Ducati/videos/75.shtml”互联网公开视频资料部分截图的复印件，均显示了“杜卡迪 Ducati Monster 怪兽795摩托车视频”“2014-08-07”“来源：摩托车之家”。请求人主张，将证据1中网页上显示的时间“2014-08-07”作为证据1的公开时间。

合议组认为：互联网证据的真实性是判断其是否具有证据资格的基本问题，其形式真实性可以通过公证程序或当庭验证予以确认，但由于互联网证据具有“容易被修改且不易留下修改痕迹”的特点，因此在需要使用互联网证据公开的信息尤其是网页上记载的时间时，本领域技术人员应当在网页记载内容的基础上，综合考虑互联网证据的表现形式、网站的权威性、网站的资质与管理运行机制、网站与当事人的利害关系、证据之间的相互印证关系等方面，以判断互联网证据记载公开信息的证明力是否能达到“高度盖然性”证明标准。本案中，首先，请求人举出了证据1的单一的互联网证据，并且仅仅说明了证据1中的图像对应的视频是由“摩托车之家”网站公开，该网站属于有主办方的产品推广网站，但是对于该网站的权威性、资质与管理运行机制、网页发布规则等方面均没有举证或者提供充分的理由进行证明。因此，该网页所显示的时间是否为网页实际的公开时间，以及对于在其上传时间后是否可以更改，更改是否会导致所显示的时间变化、是否能随意修改发布时间等信息都难以确认。其次，证据1上公开的产品信息包含位于上部的“杜卡迪 Ducati Monster 怪兽795摩托车视频”和“2014-08-07”的文字信息以及位于文字信息下方的视频截图的图像信息。由于该视频信息与“2014-08-07”的文字信息属于两个可独立编辑的模块，在无法确定载有该网络电子证据的网站的文件上传规则和文件修改规则的情况下，不能确认视频与文字具有唯一对应的关系，也就是说，不能确认该视频是否与文字同时被上传而处于公开状态，综上，合议组不能确认证据1中显示的“2014-08-07”为互联网公开视频资料部分截图的公开时间，证据1不能作为现有技术证据使用。

（4）音频信号合成（第 34715 号无效决定）

> 对于互联网证据，请求人未提供能够证明其真实来源的有效证据，也没有提供对于其公开日期的有效信息，因而真实性和公开日期均无法验证，合议组对请求人提交的该互联网证据不予采信。

在第 34715 号无效决定涉及的案件（200480009976. X）中，请求人提交的对比文件 6 是《Advances in Parametric Coding for High-Quality Audio》的文章复印件及其部分中文译文共 9 页，页眉显示有“IEEE Benelux Workshop on Model based Processing and Coding of Audio（MPCA－2002），Leuven，Belgium，November 15，2002”字样，请求人声称其公开日期为 2002 年 11 月 15 日。专利权人对其真实性和公开日期有异议。

无效决定认为，请求人未提供能够证明其真实来源的有效证据，仅凭该文章首页的信息，不足以证明该文章在互联网发布的日期早于本专利的申请日。所以对比文件 6 的真实性和公开日期均无法验证，合议组对请求人使用对比文件 6 不予采信。

（5）一种坐标系生成方法（第 156101 号复审决定）

> 现有技术应当是在申请日以前处于能够为公众获得的状态，并包含有能够使公众从中得知实质性技术知识的内容，如果作为现有技术的互联网证据无法确定其公开日期，则该互联网证据不能够作为现有技术使用。

在第 156101 号复审决定涉及的案件（201410112043. 9）中，驳回决定引用的对比文件 1 为“如何画有多个 Y 轴的 excel 图形”，来源为“360doc 个人图书馆”，网络地址：http：//www. 360doc. com/content/10/0619/16/77317_3400 6569. shtml，驳回决定给出的对比文件公开日为 2010 年 6 月 19 日。

复审决定认为，对比文件 1 作为存在于互联网的资料，按照《专利审查指南 2010》第二部分第三章第 2. 1. 2. 1 节的规定，属于出版物公开的范畴，但针对具体互联网资料是否能够作为本案的对比文件用于评价权利要求的创造性，还需考虑该证据的客观真实性、公开时间以及具体公开的内容等因素。

从证据的时间性考虑，由于“360doc 个人图书馆”对于上传的文章只显示首次上传的时间，即使文章的内容经过数次编辑，其显示的公开时间也不会改变，仍然显示其首次上传时间；在没有有力证据的支持下，难以确定对比文件1的首次上传时间为其公开日期。所以，不能确定对比文件1公开内容满足《专利法》第22条第5款规定的在“申请日以前在国内外为公众所知”。因此，对比文件1不能构成本申请的现有技术。

（6）电脑保护套（第26113号无效决定）

> 当网页上的图片可以随意更改而上架时间不发生改变时，其用于与涉案专利进行对比的图片的公开时间无法确认，则所述图片不能用于评价涉案专利是否符合《专利法》第23条第1款和第2款的规定。

在第26113号无效决定涉及的案件（201230258028.7）中，证据2是无效宣告请求人提交的一份公证书，公证的内容为请求人在公证处中对亚马逊网站中的相关产品网页的获取过程为：打开浏览器，在地址栏输入 http://www.amazon.com，打开对应页面，采用复制屏幕的方法打印该页面；在该页面搜索栏中输入“E-stand kidcase”后点击 Go 按钮，打开页面，采用复制屏幕的方法打印该页面；在该页面中点击“E-Stand SCFT-KIDCASE-BLUE-NEW-Protect-O Protective Foam Shell Case for iPad”链接，打开了一个页面，采用复制屏幕的方法打印该页面；在该页面上按照从上到下的次序，依次点击位于上部最左侧图片栏中的图片，打印该页面。请求人主张证据2中显示的亚马逊网站的商品“E-Stand SCFT-KIDCASE- BLUE-NEW-Protect-O Protective Foam Shell Case for iPad”的上市时间为2012年6月4日，在涉案专利申请日之前，因此可以作为涉案专利的现有设计。

口头审理中，专利权人当场演示了在亚马逊网站上，相同的链接地址上的产品上架时间不变的情况下，图片是可以更改的具体操作步骤。合议组与双方当事人共同上网验证了上述操作过程，请求人对此操作过程没有异议。

合议组认为：通过专利权人当场演示，显示了对于“Kindle Fire HDX 7 Inch Tablet 2013［Not Compatible with Kindle Fire HD 7］Light Weight Super Protection Convertiable Stand Cover Case Kids Friendly（Blue）”这一产品，在上架时间不变的情况下（网页显示均为2015年3月18日），对于相同链接地址的网页上的图片是可以更改的。尽管专利权人当庭演示进行修改的网页并不是证据2中涉及的产品网页，但是可以由此证明亚马逊的商品网页上显示的时间与网页上图片实际的公开时间并不一定是一致的，在网页上显示时间不变的情况下，是可以对该网页上图片等内容进行编辑的。因此，尽管上述操作不可直接证实证据2中的网站是经过篡改的，但是由此可以证明，由于亚马逊产品网页上的时间与图片的公开时间并不是唯一对应的关系，据此，对于证据 2 而言，仅从公证书亚马逊产品网页上显示的“Date First Available June 4，2012”，在无其他证据佐证的情况下，并不能证明该时间即为所显示产品外观图片的公开时间。综上，由于证据 2 中的图片发布信息的公开时间并不是证据 2 亚马逊产品网页上显示的时间，在无其他证据佐证其公开性的情况下，合议组对证据 2 中涉及图片已在涉案专利申请日公开的主张不予支持，证据 2 公开的图片不能作为涉案专利申请日之前的现有设计，用于评价涉案专利是否符合《专利法》第 23 条第 1 款和第 2 款的规定。

【焦点归纳】

《专利法》第 22 条或第 23 条规定的现有技术或现有设计，至少应满足如下要件：第一，申请日以前在国内外为公众所知，如申请日以前在国内外出版物上公开发表过、公开使用过或者以其他方式为公众所知；第二，“为公众所知”是指公众能够得知，即处于公众想得知即可得知的状态，而不要求公众已经得知。

《专利审查指南 2010》第二部分第三章第 2. 1. 2. 1 节指出，出版物还可以是以其他形式存在的资料，例如存在于互联网或其他在线数据库中的资料等。作为互联网资料的对比文件是否能构成现有技术中的公开出版物，需要核实该对比文件的真实性、公开性、公开时间以及具体公开的内容等因素。

《专利审查指南 2010》第四部分第八章第 5. 1 节指出，公众能够浏览互联网信息的最早时间为该互联网信息的公开时间，一般以互联网信息的发布时间为准。

虽然《专利审查指南 2010》中已经明确将互联网公开归为出版物公开的一种，并将互联网信息的最早发布时间作为互联网信息的公开时间，但由于互联网比传统出版物准入门槛低，证据公开形式日新月异，发布机制多样化，修改可无痕迹，证据容易灭失等，互联网证据的公开时间难以确定。

本部分列出 8 大类共计 27 件涉及不同类型的互联网证据案例，其争议的主要焦点在于无效请求人或审查员给出的互联网证据是否构成相关专利的现有技术或现有设计，包括：对网站发布信息的真实性存疑、以互联网方式二次出版传统出版方式已经出版过的内容的公开时间认定、电子商务及社交平台发布信息的公开性及公开时间认定、对标准协议的公开时间认定、对新闻报道的真实性及公开时间认定、对网页嵌入文件的公开时间认定以及对互联网证据灭失后或不同发布机制下如何认定互联网证据等。

【分析借鉴】

1. 国内外互联网证据的效力认定

随着互联网技术的发展，人们通过互联网上传下载/浏览、查阅文字、图片、影视资料、购物等行为逐渐普及；到2013年，世界上存储的数据达到约1.2泽字节（1泽字节大约等于1万亿GB），其中非数字数据只占不到2%[1]。互联网公开的信息在确定相关现有技术中发挥着越来越大的作用，由此引发的关注和争论也越来越多，并已经成为全球化的热点问题。首先比较欧洲、美国和日本三大全球创新主体对这一问题的相关规定。

欧洲专利局在EPO审查指南（Guidelines for Examination in the EPO）中定义现有技术的同时，对互联网证据的公开时间作了一些原则性规定。欧洲专利局提出了“高度盖然性”作为衡量证据的标准；依据该标准，对于互联网证据，如果没有任何理由和依据否定证据的公开日，那么有理由认为该证据是可靠的、可信的。

美国《专利法》中对于互联网证据没有特殊规定。在美国颁布的《专利审查程序手册》（下文简称美国MPEP）中，规定了电子出版物作为现有技术的法律地位；美国商标专利局还发布了《互联网使用政策》，其内容规定了审查员在专利审查中如何在互联网检索与引证对比文件。根据美国MPEP的规定，互联网证据的公开属于《美国专利法》第102条规定的印刷出版物公开。除了对互联网证据公开内容的规定外，还涉及互联网证据的公开日，如果互联网证据的公开不包含公开日，即使其内容完全和现有技术吻合，也不能认定为现有技术。

日本发布有《将互联网公开的技术信息作为现有技术的操作指南》，根据该操作指南的解释，如果技术信息出现在互联网上，不管公众进入该网站是否受限，例如付费、密码等，均认为为公众所知，均构成现有技术。对于其公开时间的认定，上述操作指南认定技术信息公布的时间就是现有技术公开的时间；对于网站上未载明时间的信息，专利审查员可以不予采纳。对于不同网站，上述操作指南做了分类处理，规定了“极少的怀疑成分”的网站信息，对于“极少的怀疑成分”的网站，其公布的时间可以直接认定为现有技术的

[1] 维克托·迈尔-舍恩伯格，等. 大数据时代［M］. 杭州：浙江人民出版社，2013.

公开时间[1]。

目前在我国，对于民事案件，要求占优势的盖然性（优势证明标准）或高度盖然性的标准较为宽松；对于行政诉讼案件，要求有明显优势证明标准，标准较民事案件稍严。《最高人民法院关于民事诉讼证据的若干规定》第 73 条规定：双方当事人对同一事实分别举出相反的证据，但都没有足够的依据否定对方的证据的，人民法院应当结合案件情况，判断一方提供证据的证明力是否明显大于另一方提供证据的证明力，并对证明力较大的证据予以确认。因证据的证明力无法判断导致争议事实难以认定的，人民法院应当依据举证责任分配的规则作出裁判。最高人民法院以司法解释的形式明确了我国民事诉讼采用“高度盖然性”的证明标准，而不是“占优势的盖然性”，即法官依据其日常经验，对于某待判定的事实，内心达到相当确信的程度，而仅凭微弱的证据优势认定案件事实。[2]

从我国现行立法看，《民事诉讼法》第 64 条规定：当事人对自己提出的主张，有责任提供证据。根据《最高人民法院关于适用〈中华人民共和国民事诉讼法〉的解释》第 90 条规定：当事人对自己提出的诉讼请求所依据的事实或者反驳对方诉讼请求所依据的事实，应当提供证据加以证明，但法律另有规定的除外。在作出判决前，当事人未能提供证据或者证据不足以证明其事实主张的，由负有举证证明责任的当事人承担不利的后果。

《专利审查指南 2010》第四部分第八章第 2. 1 节（举证责任的分配）规定：当事人对自己提出的无效宣告请求所依据的事实或者反驳对方无效宣告请求所依据的事实有责任提供证据加以证明。在依据前述规定无法确定举证责任承担时，专利复审委员会可以根据公平原则和诚实信用原则，综合当事人的举证能力以及待证事实发生的盖然性等因素确定举证责任的承担。没有证据或者证据不足以证明当事人的事实主张的，由负有举证责任的当事人承担不利后果。

《专利审查指南 2010》第四部分第八章第 4. 3 节规定：“对于一方当事人提出的证据，另一方当事人认可或者提出的相反证据不足以反驳的，专利复审委员会可以确认其证明力。对于一方当事人提出的证据，另一方当事人有异议

---

[1] 祁建伟. 如何利用因特网上公开的技术信息作为现有技术——日本专利局的有关规定［J］. 电子知识产权，2001（6）：55－58.

[2] 王思睿. 专利无效宣告程序举证责任分配的探讨［J］. 中国发明与专利，2018（10）：84－88.

并提出反驳证据，对方当事人对反驳证据认可的，可以确认反驳证据的证明力。双方当事人对同一事实分别举出相反的证据，但都没有足够的依据否定对方证据的，专利复审委员会应当结合案件情况，判断一方提供证据的证明力是否明显大于另一方提供证据的证明力，并对证明力较大的证据予以确认。因证据的证明力无法判断导致争议事实难以认定的，专利复审委员会应当依据举证责任分配的规则作出判定。”

2. 对创新主体的建议

由于互联网数据的大量积累，不管是专利申请人、专利代理人、审查员，还是复审、法院等知识产权的参与者均无法回避其越来越普遍的作为证据的事实；由于互联网证据的特殊性，其作为证据的有效性在专利的授权、确权、维权阶段一直是争论的焦点，在没有特殊规定，申请人一般负有否定其真实性、公开性及公开时间的举证责任，因此，申请人作为专利申请阶段的主体，在权衡互联网证据认定和申请前检索基础上，建议在互联网证据面前占据主动，有效避免后期对专利权稳定性的影响❶。

首先，在专利申请阶段主动进行查新检索。在常规的专利申请过程中，一般要做到对现有技术作出充分的检索，然后将最接近的现有技术记载在专利申请文件的背景技术中，一方面用于实质审查参考，另一方面基于最接近的现有技术，确定本申请所要解决的技术问题，选择所有必要技术特征，构成一个完整的技术方案，撰写为独立权利要求，使其保护范围区别于现有技术；同理，在对待互联网证据这个问题上，同样要做到充分检索，只是互联网证据的形式多样，不再是单一的专利文件，可能出现在某些专业的技术论坛、博客，甚至QQ或微信朋友圈，可能是电子商务网站售卖的具体商品的图片或说明，还可能是一些网站上的新闻报道、视频资料等。这要求申请人在申请专利的过程中注意对其研发方案相关信息的积累，更重要的是全方位的信息积累。有了这些积累之后，能够对现有技术有更加准确的认识，从而确定能够对现有技术作出贡献的技术特征。

其次，需客观理解互联网证据公开的技术内容。互联网证据在专利授权、确权、维权各阶段中的出现越来越普遍，由于互联网证据的公开性和公开时间判断存在一定难度，作为创新主体，应尽可能首先考虑其公开的具体内容是否

❶ 宋静娜，朱虹．在专利申请阶段如何规避网络证据的影响［J］．科技创新与应用，2018（26）：27－29，32.

可以作为现有技术对专利或专利申请的新颖性或创造性产生影响。如果该互联网证据公开的技术内容无法破坏专利或专利申请的新颖性或创造性，则无需花费人力、物力查证其公开性及公开时间。

再次，合理验证互联网证据的真实性、公开性及公开时间。由于互联网信息数量庞大，即使在申请阶段尽可能地全面检索，在授权及维权阶段，也可能出现一些新的之前没有发现的互联网证据。如果经判断这类证据公开的具体内容能够破坏专利的新颖性或创造性，那么就要考虑该互联网证据的真实性、公开性及公开时间，即是否在申请日前处于“为公众所知”的状态。

最后，建议优选以公证方式获取互联网证据。互联网证据具有“即时存在，即时损失”的特征，其稳定性难以保证。因此，就需要在获取互联网证据时采取一定的方法对其进行固定，以此在最大程度上来确保互联网证据在第一时间的真实性，保证其所传递信息的准确性。而在众多的互联网证据获取方式中，建议以公证方式作为获取互联网证据的最优先选择。以当事人的申请为依据，公证机关作出的证据保全形式为公证保全，逐个截屏保存网络中的有关信息。在公证员的监督下进行，详细记录互联网证据获取的过程，最终形成完整客观的公证书，其特点是时间快、易申请，申请人容易掌握证据的范围。所以公证保全是互联网证据保全中最好的取证方式。互联网证据以公证的方式得到，在证明力方面具有相当大的优势，因为它的获取过程是在公证员的监督下进行的，并没有任何机会可以对该互联网证据进行任意修改，改变证据原状❶。

3. 对于互联网证据真实性认定考虑因素

对于互联网证据的真实性，主要是考虑互联网证据来源主体的信誉、知名度及经营规范程度。通常来讲，信誉度、知名度高且经营规范的网络经营者，其内部管理较为严格，对外载明的网络运营、管理规则能够得到贯彻，网络内容的编辑、修改记录较为全面，安全技术较为先进，其自身通常缺乏篡改互联网证据的动机，他人未经许可从技术上对其网络内容进行篡改的可能性也极低。因此，此类网络系统在互联网证据的生成、运行、保存等环节具有较高的可靠性，在没有相反证据证明通过该系统生成、存储的互联网证据系人为篡改或者存在较大篡改可能性的情况下，可以直接推定来源于该网络系统的互联网

❶ 刘晓敏．网络证据认定研究——以专利无效宣告为视角［J］．河南科技，2020，39（33）：68－73.

证据的真实性[1]。

根据我国目前的互联网环境，互联网证据来源主要包括以下几类：①政府网站、国际组织网站及公共组织网站类；②公立学校网站、科研机构网站、非营利性事业单位网站、公益性财团法人网站类；③知名的专业在线期刊网站、知名的在线数据库类网站类；④具有一定知名度的门户网站类；⑤具有一定知名度的在线交易网站类；⑥公司门户网站、私立学校门户网站类；⑦BBS、个人讨论区、聊天室类；⑧个人博客、个人网站类[2]。一般情况下，可以认为上述八类来源的互联网证据真实性是依次递减的。

另一个需要考虑的因素是无效请求人与互联网证据的来源主体之间是否存在利害关系。有无利害关系与认定互联网证据被篡改可能性的大小密切相关。如果互联网证据直接来源于无效请求人经营的网站，或者该网站与其存在投资管理、合作经营、关联公司等利害关系，则应认定该证据被篡改的可能性较大；如果互联网证据直接来源于独立第三方运营的网站，与双方当事人均不存在利害关系，则该网站经营者缺乏篡改互联网证据的动机，该证据被篡改的可能性较小。

4. 对于互联网证据公开性认定考虑因素

互联网证据的公开性认定主要考虑互联网证据自身的形成、存储、删改机制。就网页证据而言，该问题涉及网站的技术属性、内部管理机制、用户权限等方面。从网站的技术属性来看，可分为提供内容服务的非交互式网站和提供技术服务的交互式网站两种基本类型。前者的网页内容通常由网站经营者自行编辑、修改，后者的网页内容则可能由网络用户上传、编辑，由此决定了两种不同类型网站的网页形成机制存在极大的差别。当然，现实中的网站类型及所采取的管理机制、赋予用户权限的大小千差万别，即便是同一网站亦可能同时采用两种运营形式，因此，需要综合具体情况予以甄别、认定。此外，即便是用户拥有较大编辑权限的交互式网站，也不能一概予以否定，还应根据涉案的互联网证据是否属于用户可以编辑的部分、网站是否设置网络用户编辑记录查询机制等情节，对互联网证据的证明效力予以区分[3]。

---

[1] 苏志甫. 网络环境下现有设计证据的审查与认定 [J]. 人民司法（案例），2017（2）：87－91.

[2] 宋静娜. 互联网证据在专利无效宣告中的效力认定研究 [D]. 广州：华南理工大学，2019.

[3] 苏志甫. 网络环境下现有设计证据的审查与认定 [J]. 人民司法（案例），2017（2）：87－91.

5. 互联网证据公开时间的确定方式

(1) 从互联网存档服务获得网页的有关信息

目前应用最广的互联网档案服务是互联网档案馆“Wayback Machine”(www. archive. org)。互联网档案馆 Internet Archive 是设立于美国旧金山的非营利机构，建立于1996年，定期收录并永久保存全球网站上可以抓取的信息。对于不同的网站，其收录的网页数量和收集周期各不相同，大型网站可能每天都会被“备份”一次，每次可能收录数十个以上的网页，而一些小型网站可能每年收录几次，每次只有几个网页。用户在互联网档案馆网站的“Take Me Back”输入网站域名，可以查看该网站的收录历史。目前我国的司法实践和复审案例中多采用互联网档案馆来验证互联网证据的公开时间和公开内容。

但值得注意的是，从互联网档案馆（Internet Archive）检索到的文档包含链接时，不能保证链接指向在同一日期归档的文档。甚至可能发生链接不指向归档页面而是指向网页的当前版本。这对于通常不被归档的链接图像来说可能性更大。

(2) 自动生成的时间戳

时间戳的字面含义是指对时间进行盖戳，从而实现对时间的记录及确认。广义上的网络时间戳技术包括在互联网上对日期时间进行记录的一切方式，例如网络平台中关于版本信息所记载的时间信息，论坛或博客等网站上由计算机自动产生的信息发布时间，由互联网搜索引擎生成的索引日期，等等。广义方式生成的网络时间戳信息可以对互联网证据的公开时间起到初步确定的作用。考虑到实践中不同网络平台运行机制的差异，对于可信度存疑的网络平台来说，并不能直接将其网络平台上记录的公开时间信息认定为网络公开时间，此时可以进一步结合广义上的网络时间戳技术，对该可信度存疑的网络平台所记录的公开时间作进一步可信性方面的判断。然而广义上的网络时间戳技术也存在一定的局限性，比如对于互联网搜索引擎生成的索引日期，该日期往往在网页上公开内容之后才由互联网搜索引擎创建的索引生成，因此该索引日期往往晚于互联网证据的实际公开时间。并且，由于互联网搜索引擎会定期更新其生成的索引内容，存在更新后的索引时间晚于专利申请或授权专利的相关日的情况，此时基于互联网搜索引擎的索引信息确定互联网证据的公开日期就已经失去了意义。然而总体而言，广义方式生成的网络时间戳信息对解决互联网证据公开时间的确定仍具有积极的正面意义。

狭义上的网络时间戳技术是基于特定的网络协议，由用户将待盖时间戳的网络文档传送给时间戳服务机构的服务器，并由时间戳服务机构对接收到的网络文件给出对应的时间戳证书。之后，在需要对时间进行核实时，只需要对时间戳证书进行验证，即可确认该网络文档的公开时间。上述技术的实施依赖时间戳服务中心作为第三方机构确认网站文档的公开日期，并由时间戳服务中心作为第三方机构为网站提供证明签发时间的电子凭证，从而证明电子文件的完整性，目前主要用于电子商务领域，构成了互联网电子商务安全服务内容。由该时间戳服务中心作为第三方机构的网络时间戳技术可以对互联网上证据文件的公开时间提供可靠的参考依据，但考虑到互联网中海量的文件信息，对所有网络文件信息不加区别地提供时间戳信息，从而为将来可能构成互联网证据的文档提前固化时间信息，目前从技术角度和经济成本角度考虑，距离普遍性地推广应用还有一定差距。但随着网络时间戳技术的发展，如能在未来简化该时间戳技术的实施流程并维持或进一步提高技术的安全性，那么将会为解决互联网证据的公开时间确认问题，提供极大的助力[❶]。

（3）搜索引擎的网页快照

搜索引擎的网页快照，可以对其引用的互联网证据的公开内容和公开时间进行验证，以确定其是否被网站技术人员修改过。搜索引擎在收录网页时，对网页进行备份，储存在自己的服务器缓存中。当用户在搜索引擎中点击“网页快照”链接时，搜索引擎将爬虫系统当时所抓取并保存的网页内容展现出来[❷]。

（4）嵌入信息和镜像站点公开的信息

日期信息有时会隐藏在用于创建网站的编程中，但在浏览器中显示的网页中不可见。因此，可以考虑使用计算机取证工具来检索这些日期。此外，在镜像站点或网页若干版本中公开的信息也可以作为证据使用。

除了上述方法，还可以向网站的经营者或作者查询，以便有足够的确定性来确定出版日期。通过该途径获得的信息的证明价值必须单独评估[❸]。

---

❶ 杨永．专利审查中互联网证据的使用［D］．广州：华南理工大学，2019.

❷ 王伟．浅谈专利审查实践中网络证据真实性的验证方式［J］．法制博览，2019（25）：212－213.

❸ 刘悦．论欧洲专利局网络证据规则的演变及审查标准——从“超越合理怀疑”到“概率平衡”［J］．电子知识产权，2017（8）：40－47.

1.2.2 使用公开

【案例 6】使用公开案例合集

【案情介绍】

1. 销售

如果综合考虑当事人所提供的证据，可以认定某产品在涉案专利申请日之前公开销售的事实，并且该产品的技术方案与涉案专利的权利要求的技术方案相同，则涉案专利的权利要求的技术方案被该产品以使用公开的方式为公众所知，从而不具备新颖性。

（1）一种伺服电机的风冷装置（第 35484 号无效决定）

在第 35484 号无效决定涉及的案件（201110284136.6）中，宁波兴泰科技有限公司（下称无效宣告请求人）提交了如下附件作为证据：

附件 1：声称为请求人库存的专利产品照片、发票及工商信息，共 19 页；其中，第一组证据：第 1—2 页为请求人库存的电机产品规模照片，复印件；第二组证据：第 3—5 页为请求人库存的涉案电机的结构照片，复印件；第三组证据：第 6—12 页为请求人库存的涉案五台电机的信息照片，复印件；第四组证据：第 13—14 页为请求人库存的涉案电机上的铭牌信息照片，复印件；第五组证据：第 15—16 页分别为第 04844372 和 03639505 号宁波增值税专用发票，复印件；第六组证据：第 17—18 页为第 15—16 页发票中购货单位及销货单位的工商信息，打印件；第七组证据：第 19 页为专利权人宁波菲仕电机技术有限公司申请注册的商标，打印件。

附件 6：（2017）浙甬天正民字第 8348 号公证书，证明型号为 U1007F20.3HKYR4b—T13、序列号为 68058 的伺服电机，放置在无效宣告请求人的车间。型号为 U1013F.17.3R4HK1Mb1—T15D、序列号为 205969 的伺服电机因曾经涉及专利侵权诉讼，存放在宁波市中级人民法院，两种型号的伺服电机由公证员拆卸测量拍照取证。

决定认为，对于附件 1 的第 15—16 页，其系第 04844372 和 03639505 号宁波增值税专用发票的复印件，请求人当庭出示附件 1 的第 04844372 和 03639505 号宁波增值税专用发票的原件，该发票的原件与复印件一致，是国家税务总局监制的全国统一发票，并盖有销货单位宁波菲仕运动控制技术有限公司的发票专用章，因此，合议组对附件 1 第 15—16 页的发票的真实性予以认可。上述发票的购货单位为宁波润壹贸易有限公司，销货单位为宁波菲仕运动控制技术有限公司，货物名称为伺服电机；其中，附件 1 第 15 页的第 04844372 号发票的规格型号为 U1007F20. 3HKYR4b—T13、U1005F. 20. 3HKYR4b—T13，数量分别为 10 台和 1 台，开票日期为 2010 年 8 月 14 日；附件 1 第 16 页的第 03639505 号发票的规格型号为 U1007F. 20. 3R4HK1Yb1—T13D、U1010F. 20. 3R4HK1Yb1—S15D、U1013F. 17. 3R4HK1Mb1—T15D，数量分别为 30 台、21 台、3 台，开票日期为 2011 年 7 月 29 日。根据增值税发票的相关规定，增值税发票应该在确认营业收入时开具，表明销售行为已完成。由此可见，上述发票能够证明宁波菲仕运动控制技术有限公司于 2010 年 8 月 14 日即本专利申请日前向宁波润壹贸易有限公司销售 10 台规格型号为 U1007F20. 3HKYR4b—T13 的伺服电机并开具发票，并于 2011 年 7 月 29 日即本专利申请日前向宁波润壹贸易有限公司销售 3 台规格型号为 U1007F. 20. 3R4HK1Mb1—T15D 的伺服电机并开具发票。

请求人口审当庭提交了由公证处密封的型号为 U1013F. 17. 3R4HK1Mb1—T15D、序列号为 205969 的伺服电机的实物证据。经查，（2016）浙 02 民初第 1054 号案的调查取证笔录中记载，在法院及双方当事人的见证下，在无效宣告请求人的仓库里，拆封一台型号为 U1013F. 17. 3R4HK1Mb1—T15D 序列号为 205969 的电机一台，原告现场查看确认该电机尚未拆封，包装完整，当场拆封该电机包装木架，发现里面有电机检测报告一张、电机一台，电机上面有铭牌，铭牌上面有型号和 DATA2011/28，机身上面有序列号，跟包装木架上面的序列号是一致的，法院将这台电机进行了扣押。由此可见，法院扣押的型号为 U1013F. 17. 3R4HK1Mb1—T15D、序列号为 205969 的电机与第 03639505 号发票所开具的 3 台规格型号为 U1007F. 20. 3R4HK1Mb1—T15D 的伺服电机的型号一致。

对于附件 6，即（2017）浙甬天正民字第 8348 号公证书，在公证员的见证下，从浙江省宁波市中级人民法院承办的（2016）浙 02 民初第 1054 号案的法官手中取走一台伺服电机，该电机外观显示序列号为 205969，并贴有一张便签，写有“兴泰提供现有技术抗辩实物”字样，将该伺服电机运往无效宣告请求人的车间内，对该伺服电机进行拆解，并对该伺服电机的有关部分进行测量，对于该拆解、测量过程均拍摄有照片，然后将该伺服电机重新组装完好，由公证员用公证处的封条对该伺服电机进行密封并盖章签名。

请求人口审当庭提交序列号为 68058 的伺服电机的实物证据，根据附件 6

的公证书的记载，序列号为 68058 的伺服电机的型号为 U1007F20.3HKYR4b—T13，放置在该伺服电机运往宁波兴泰科技有限公司的车间，在公证员的见证下，拆开序列号为 68058 的伺服电机的外包装，内为伺服电机一台（序列号为 68058，附有一张产品装箱单、一张电机检测报告），公证员对其进行拆解并对该伺服电机的有关部分进行测量，对于该拆解、测量过程均拍摄有照片，然后将该伺服电机重新组装完好，由公证员用公证处的封条对该伺服电机进行密封并盖章签名。

因此，上述证据已经构成完整的证据链，可以证明型号为 U1013F.17.3R4HK1Mb1—T15D、序列号为 205969 的伺服电机以及型号为 U1007F20.3HKYR4b—T13、序列号为 68058 的伺服电机在本专利申请日前已经公开销售，可以作为现有技术用于评价本专利的新颖性。

2. 展出

对于专利申请日之前公开举办的展览会，当展会的承办方、参展商、观众、评委均出具证人证言并提供相应的证据时，应当考察这些证据是否能够形成完整的证据链，是否能够相互印证得到待证事实。

(1) 一种直捻机［北京市高级人民法院（2017）京行终 3850 号行政判决］

在该专利权无效行政纠纷（201110155811.5）中，证据 2－1 至证据 2－11 为多国出具的公证书及我国驻该国大使馆出具的认证书，以证明 2011 年 2 月 15 日至 17 日在德国科隆举办了 2011 年轮胎科技展览会，欧瑞康苏拉公司参加了该展览会，并展出了 Allma CC4 产品，该公司的代表 Wolfgang（证据 2－5）通过公开演讲向公众播放了 Allma CC4 产品的宣传视频，该视频由证据 2－6 的证人拍摄制作，并且包含该演讲视频的 DVD 光盘也在演讲前交给过展览会承办方。证据 2－8 中的照片为证人现场参观 Allma CC4 产品时拍摄，该照片显示参观现场也在播放 Allma CC4 产品的宣传视频。该产品在展会期间获了奖，评审团的两位评委（证据 2－4、证据 2－11 的证人）也出具了证言证明此事。

专利权人对 2011 年 2 月 15 日至 17 日在德国科隆举办了 2011 年轮胎科技展览会以及欧瑞康苏拉公司参加了该展览会这些事实没有异议，但是，不能确定展会上欧瑞康苏拉公司向公众演讲时播放的视频就是证据 2－1 至证据 2－11 中的 DVD 光盘的内容。证据 2－5 是演讲者自己的证言，由于证人没有出庭作证，不能证明其证言内容的真实性。证据 2 －1 至证据 2 －3 中的证人是展览会的承办方，不能确定其是否当天在现场听过演讲内容。证据 2 －6 的证人是基于委托关系进行的拍摄，该证人没有参加展会，没有见证视频播放。证据 2 －4、证据 2 －11 的证人是展会的评委，属于特定人群，不能代表公众。

无效决定认为，证据 2 －1 至证据 2 －11 均是涉及 Allma CC4 产品及宣传视频在 2011 年德国科隆轮胎科技展览会上向公众展出和播放的域外形成的证据，均经过所在国的公证和我国驻该国使领馆的认证。证据 2 －1 至证据 2 －11 涉及展览会的承办方、欧瑞康苏拉公司的代表、宣传视频的制作方和展览会的评委、观众等各方证人，他们的证言以及承办方提供的展览会指南、现场视频和观众提供的照片，能够证明欧瑞康苏拉公司的确参加了上述展览会，展出了 Allma CC4 产品，且该产品获得展览会的创新奖。证据 2 －1、证据 2 －3、证据2 －5 能够相互印证，证明欧瑞康苏拉公司的代表 Wolfgang 于 2011 年 2 月 15 日下午在展览会上进行公开演讲。证据 2 －1、证据 2 －5、证据 2 －6 包含相同内容的 Allma CC4 产品的宣传视频，证据 2 －1、证据 2 －5、证据 2 －6 的三位证人对 Allma CC4 产品的特点描述一致，与上述证据中 Allma CC4 产品的宣传视频的内容相对应。因此，证据 2 －1、证据 2 －5、证据 2 －6 也能够相互印证，证明欧瑞康苏拉公司在参加 2011 年轮胎科技展览会之前找第三方公司录制了 Allma CC4 产品的宣传视频，并在展览会召开之前将包含该宣传视频的演讲资料交付展览会承办方备份，并由欧瑞康苏拉公司代表 Wolfgang 在展览会上演讲，演讲的幻灯片内附 Allma CC4 产品的宣传视频，因此确信在演讲过程中播放了该视频。除此之外，展览会的评委（证据 2 －4、证据 2 －11）和参观欧瑞康苏拉公司展位的观众（证据 2 －7 至证据 2 －10）均称 AllmaCC4 产品已参展，并能够描述该产品的工作原理。展会的评委、观众对现场展示的 Allma CC4 产品的特点与证据 2 －1、证据 2 －5、证据 2 －6 中的 Allma CC4 产品的宣传视频内容一致，进一步佐证了欧瑞康苏拉公司代表 Wolfgang 在展会上演讲关于 Allma CC4 产品的内容时播放的视频应当是证据 2 －1、证据 2 －5、证据 2 －6 中的 Allma CC4 产品的宣传视频。因此，证据 2 －1 至证据 2 －11 能够证明 Allma CC4 产品的宣传视频在本专利申请日前已被公开，已构成本专利的现有技术。

法院判决认为，证据 2 －1 至证据 2 －11 均属于域外形成证据，其对上述证据进行公证认证系解决证据合法性，而非证明证言内容的真实性，故上述证据所证明事实是否属实尚需结合案情综合判断。凡是知道案件事实的人都有出庭作证的义务，但证人出庭义务也存在例外情形，如证人在因年迈体弱或者行动不便，或因路途遥远、交通不便，或因自然灾害等不可抗力或者其他意外事件等特殊原因，确实无法出庭时，可以通过提交书面证言的方式对待证事实予以证明。本案中，证据2－1至证据2－11涉及来自多个国家的证人。上述证人同时出庭作证确有困难，故专利复审委员会根据本案实际情形对上述证人出具的书面证言予以认定并无不当。此外，专利权人提出的欧瑞康苏拉公司与无效宣告请求人存在长期合作关系，而证据2－7至证据2－10的证人都是欧瑞康苏拉公司大客户的负责人，故上述证人证言的真实性有存疑的主张。经审查，专利权人的上述主张属于独立的抗辩理由，专利权人应当对此承担举证责任。尽管无效宣告请求人并未否认证据2－7至证据2－10的证人是欧瑞康苏拉公司大客户负责人，但在无相反证据的情况下，在案证据尚不足以说明上述证人证言的内容不真实。综上，专利权人的上诉主张均缺乏事实及法律依据，其上诉请求法院不予支持。

【焦点归纳】

《专利审查指南2010》第二部分第三章第2.1.2.2节规定，由于使用而导致技术方案的公开，或者导致技术方案处于公众可以得知的状态，这种公开方式称为使用公开。使用公开的方式包括能够使公众得知其技术内容的制造、使用、销售、进口、交换、馈赠、演示、展出等方式。

是否构成使用公开的判断一直以来都是专利无效宣告案件审查和司法实践的一个难点，一方面是因为需要证明的公开时间发生在取证行为之前，距离无效案件的发生和审查往往已经过了若干月甚至若干年，双方当事人的取证和举证都会受到影响；另一方面是使用公开的证据纷繁复杂，其真实性以及是否能够形成完整的证据链很难有经验可借鉴；第三方面是各种使用行为的法律属性难以界定，以致其公开性无法确定。

在实践中，用于使用公开的证据包括产品销售发票、保修单、技术图纸、宣传广告画册等产品说明类证据、产品照片、产品实物、证人证言等。一般而言，使用较多的为产品说明类证据，该类证据的共同特点是：制作、公布及保存较为随意，往往由一方当事人制作并保存，通常被用于证明某个产品公开销售的时间及其技术信息，但是由于其一般不属于公开出版物，所以其真实性和关联性常常不能得到对方当事人的认可。

【分析借鉴】

1. 国内外使用公开相关规定

《欧洲专利公约》第54条第2款规定，现有技术应当认为包括在欧洲专利申请日以前，依书面或者口头描述的方法，依使用或者依任何其他方法，公众可以得到的一切东西。即《欧洲专利公约》规定的“现有技术”中对公开内容所在的地理位置、语言或者相关信息的公开方式没有任何限制，同时，对于包含该内容的文献或其他资源的年限也无限制。

《美国专利法》第102条（a）定义了两类现有技术，其中涉使用公开的第102条（a）定义了在本发明的有效申请日之前，记载在专利、公开出版物形式中，或公开使用、销售或其他方式为公众所知。

《日本专利法》第29条第1款规定，凡提出在工业上可利用之发明的人，除下述发明外，其发明可获得专利：申请专利之前在日本国内或者外国已公知的发明；申请专利之前在日本国内或者外国已被公开实施的发明；申请专利前在日本国内或者外国所发行的刊物上已有记载的发明或者公众通过电信线路可获知的发明。《日本专利法》中关于现有技术的规定与中国类似，其有效日期为申请日（优先权日），出版物公开和使用公开以及专利申请在地域上均无限制。

此外，美国的宽限期规定与其他国家也不相同。我国和欧洲规定的宽限期均为6个月，其仅限于申请人在特定的展览会或学术会议上的公开行为以及未经申请人同意的公开行为。美国为12个月的宽限期，被限定为发明人公开及源于发明人的公开行为。日本、韩国的宽限期也为6个月，在日本和韩国，进行试验或在刊物、网络上发表等行为都属于不丧失新颖性的宽限[1]。

我国《专利审查指南2010》第二部分第三章第2.1.2节规定，现有技术的公开方式还包括使用公开。《专利审查指南2010》第二部分第三章第2.1.2.2节规定，由于使用而导致技术方案的公开，或者导致技术方案处于公众可以得知的状态，这种公开方式称为使用公开。使用公开的方式包括能够使公众得知其技术内容的制造、使用、销售、进口、交换、馈赠、演示、展出等方式。只要通过上述方式使有关技术内容处于公众想得知就能够得知的状态，就构成使用公开，而不取决于是否有公众得知。但是，未给出任何有关技术内容的说明，以致所属技术领域的技术人员无法得知其结构和功能或材料成分的产品展示，不属于使用公开。如果使用公开的是一种产品，即使所使用的产品或者装置需要经过破坏才能够得知其结构和功能，也仍然属于使用公开。此

[1] 蒋金燕．五国专利法关于现有技术定义的比较研究［J］．中国发明与专利，2012，（S1期）：12－15．

外，使用公开还包括放置在展台上、橱窗内，公众可以阅读的信息资料及直观资料，例如招贴画、图纸、照片、样本、样品等。使用公开是以公众能够得知该产品或者方法之日为公开日。

2. 使用公开的应用场景

目前我国的专利制度对发明专利申请使用的是实质审查制，对实用新型和外观设计使用的是形式审查制。对于发明专利，虽然其经过了实质审查，但是审查员在进行现有技术的检索时，一般只进行书面或互联网出版物公开的检索，且由于这些资源体量巨大，出于提高审查效率的要求，审查员不可能穷尽这些资源再作出判断。所以在专利审查阶段，一般较少涉及对现有技术使用公开的讨论。所以现有技术的使用公开一般应用于专利无效宣告程序、侵权判定中的现有技术抗辩等，此时对于请求人提出的使用公开证据的审查，实际上可看作是对前期授权审查的补充。

实践中结论认为，要证明某专利的技术方案由于使用公开而不具备新颖性或创造性，须证明如下三方面的内容：一是在专利申请日前相关技术在国内外被使用的事实；二是该使用行为可以导致某一技术方案处于法律上规定的公开状态；三是被公开的技术方案公开了涉案专利权利要求的全部技术特征。否则即可认为权利要求相对于使用公开不具备新颖性或创造性的主张不成立。

关于公开时间的证明。要证明一项技术已经被使用公开，其前提是要证明在申请日以前已经有使用的事实。在实践中，常见的使用方式是制造、销售、使用、进口和展示。因为要证明某一事实在某个时间点以前发生，往往需要多个证据组成完整证据链来证明，其中时间证据最为关键。使用公开与出版物公开有明显差异，最关键的就是出版物公开时在出版物上有时间标志，容易得到认可。而在使用公开中，使用者在使用过程中往往没有证据保存意识，且证据往往由请求人一方制作、提供，因而缺乏可靠证明力。

关于公开性的确定。某项技术如果在专利申请日前因为使用行为而被公众所知悉，在这种情况下，知悉的人是否仅限于特定人群，知悉的人需要对技术内容知晓到何种程度才达到能够破坏专利新颖性或创造性的程度，上述都是公开性需要回答的问题。

关于具体公开内容的证明。在实践中，往往时间、公开状态已经能够证明，但是却无法将反映技术内容的证据与证明使用事实的证据连接起来。一种情况是技术内容由实物来体现，此时，一方面需要证明该实物是申请日以前制造、使用、销售等行为中所使用的；另一方面还要证明该实物从申请日以前到现在没有经过改造、维护等行为，使得其承载的技术信息没有被改变。另一种情况是技术内容记载于技术手册或者图纸等资料上，一般来说，此类资料属于企业内部资料，不能直接作为技术公开的证据，只能与其他证据形成证据链来佐证技术内容。但是，实践中尤其在大型设备制造领域，厂家往往可以根据买家的需要对技术图纸的参数进行更改，此时，此类资料上的技术信息就不能对应地反映实际使用时大众所得知的技术方案内容。

3. 使用公开证据的来源

虽然在《专利审查指南2010》中列举了制造、使用、销售、进口、交换、馈赠、演示、展出等方式的使用公开，但是相对最容易取得的使用公开的证据是以“销售”方式公开的证据。

(1) 以“销售”方式公开

在使用公开的认定中，销售行为应当被理解为“将存在的产品置于向公众出售的状态”。这一定义强调两个条件：①销售指的是产品处于向公众出售的状态，而不是指产品经过有关具体交易从卖方转让或交付给了买方。因为使用公开要确认的是产品处于公众可以获得的状态，而不是公众真的获得了产品。也正因为这一点，在以下情形下均可以认定使用公开意义上的销售行为的存在：买方支付了货款但卖方还没有交货、买卖双方签署了买卖合同但还未履行、买卖双方进行了合同的磋商、出卖方许诺销售及推广销售广告等。即便在许多案例中是请求人提供的证据能够证明产品已经过有关具体交易而交付给买方，那也是为了证明该产品确实处于向公众销售的状态，即证明具体交易中除买方之外的人也可以购买该产品，而不是为了证明具体交易中的买方作为公众获得了产品。②被置于向公众出售状态的产品已经制造完成。前述可以认定使用公开意义上的销售行为的情形，必须满足这一条件才能成立。在产品尚未制造完成的情况下，即便已经从事许诺销售或广告宣传、发出要约、磋商交易条件、签署合同、支付货款，产品仍没有处于公众可以获得的状态。因为使用公开指的是通过将技术付诸实施的应用来将其置于公众可以获得的状态。如果将“公开”解释为公众有获得有关技术的可能性，那么这种可能性仅指公众去获得有关技术的意愿和条件存在不确定性，而不是指有关产品的存在与否存在不确定性。产品已制造完成的条件不仅适用于先制造后销售的产品，而且适用于先“销售”后制造的产品。就先制造后销售的产品而言，产品制造完成后，有关销售活动开始的日期即是使用公开成立的日期；就先“销售”后生产的产品而言，产品根据定购而制造完成的日期即是使用公开成立的日期。可见，这一条件还决定着销售行为发生的时间，也即产品处于公众可以获得状态的时间。从实务操作的角度而言，对产品的销售状态开始的时间进行举证往往存在一定难度，而对于有关具体交易的日期进行举证要容易很多，这也是实际案件中对于后者的举证较多的原因和合理性所在❶。

销售的证据来源于以下几方面：

①产品制造者：该产品制造者也是产品的最初销售者，可能是专利权人，也可能是第三方产品制造者。如果是专利权人在申请日前已使用公开了其专利技术方案，则最直接的证据应来源于专利权人，无效请求人或被诉侵权者从专利权人处获得该销售的直接证据的可能性很小。

②产品销售者：产品销售者包括产品的中间销售者或终端销售者。要想取得销售使用公开的证据，至少需要从销售者处取得其与厂家（可能是专利权人）或经销商之间的购销合同、发票以及产品实物。购销合同是对该产品进行买卖的双方的契约；而发票用于证明相关产品的销售事实和公开时间；而产品实物用于证明所使用公开的具体技术方案。

③产品购买者：产品购买者也就是广大消费者，要求无效请求人或被诉侵权人找到相关产品的购买者，并且至少还要需要收集以下证据：a. 销售发票，证明产品的公开时间；b. 产品物证，证明产品技术特征；c. 证明销售发票与产品相对应的证据❷。

（2）以“展出”方式公开

展览会是用固定或巡回的方式，公开展出各种展品，并通过各种方式对展品予以说明、宣传，以供他人欣赏、购买的某个临时性组织。展会往往会吸引众多的参展商参加，如果有一个或者一个以上的参展商不具有展会举办国的国籍，则该展会即为国际展会。

参展商在国际展会上会呈现各种不同行为，例如，参展商会在展台上展出产品，或者向参观者演示该产品如何进行应用；有些参展商会向参观者发出要约邀请，希望获取对方的订单；有些参展商则直接在展会上许诺销售甚至销售产品。

还需注意的是，《专利法》第 24 条规定了“不丧失新颖性的宽限期”的

---

❶ 冯术杰，崔国振．试论专利法上构成“使用公开”的销售［J］．知识产权，2012（2）：59－63.

❷ 丁文蕴．由专利纠纷中证明使用公开的案例而引发的思考［J］．专利代理，2016（1）：52－55.

情形，其中包括：在中国政府主办或者承认的国际展览会上首次展出的。也就是说，如果申请人在申请专利前六个月内，其技术方案在中国政府主办或者承认的国际展览会上首次展出了，该展出将无法破坏该申请人所申请专利的新颖性。

4. 对创新主体的建议

我们应该思考，如何才能最大限度地保护自身的专利技术。对自主研发的技术成果采取专利保护固然重要，但在申请专利前，对国内外相关技术进行充分调研，或者对研发的技术成果进行充分保护，防止信息在专利申请前被泄露或提前“使用公开”则更为重要，这样不仅可以保护自主知识产权不丧失新颖性，而且在面临知识产权侵权时，能够及时有效维权，及时弥补可能造成的损失❶。

通过案例分析可以看出，作出使用行为导致专利被提前公开的往往就是专利权人自己或利害关系人，而且一项专利权是否有效，影响最大的除了专利权人就是利用相关技术的生产经营者。所以对于技术使用人而言，要树立专利意识和证据意识。一方面，对自己正在使用的相关技术，若认为是公共技术的，要进行相关证据的存档，尽可能保留完整的证据链，必要时，还可委托有关机构进行查新检索，以备在后续可能发生的侵权纠纷中主动防御；另一方面，在进行新技术研发时，在研发阶段须注意技术秘密的保护，防止研发方案泄露，对各阶段的研发成果以正式材料或其他证据形式固定。研发完成后，应尽快申请专利，申请专利前应尽量避免试验、展出、销售等行为。

❶ 从一起专利无效案例浅析专利“使用公开”[J]. 汽车维修与保养，2018 (3)：102-103.

第二章 申请文件的撰写

专利申请文件的撰写质量直接影响一项发明创造是否能够得到授权，同时也对专利权的稳定性具有决定性的作用。只有高质量的专利申请文件才能让专利充分发挥其内在价值，使创新主体能够获取最大化的经济利益。

《专利法》第26条规定了发明和实用新型专利申请文件的组成部分以及对申请文件各组成部分的基本要求，具体包括："申请发明或者实用新型专利的，应当提交请求书、说明书及其摘要和权利要求书等文件。请求书应当写明发明或者实用新型的名称，发明人的姓名，申请人姓名或者名称、地址，以及其他事项。说明书应当对发明或者实用新型作出清楚、完整的说明，以所属技术领域的技术人员能够实现为准；必要的时候，应当有附图。摘要应当简要说明发明或者实用新型的技术要点。权利要求书应当以说明书为依据，清楚、简要地限定要求专利保护的范围。依赖遗传资源完成的发明创造，申请人应当在专利申请文件中说明该遗传资源的直接来源和原始来源；申请人无法说明原始来源的，应当陈述理由。"由此可见专利申请文件的质量主要取决于说明书和权利要求的撰写。

首先，说明书需要将一项发明创造的技术方案清楚、完整地公开出来，以便使得所属领域的技术人员能够理解并实施。技术方案的公开必须要达到所属技术领域的技术人员能够实现才有意义；如果所属技术领域的技术人员根据公开的技术方案不能实施该发明，就等于发明人没有向社会贡献或者是所贡献的东西不充分，但是却从社会中获得权利，这就会导致专利制度不能发挥其应有的作用。本章第2.1节将对此进行介绍。

其次，权利要求书应当以说明书为依据，是指权利要求的技术方案应当是本领域技术人员能够从说明书充分公开的内容中得到或概括得出的技术方案，并且不得超出说明书公开的范围。其目的在于使权利要求限定的保护范围与其说明书公开的内容相适应，也就是申请人要求得到的法律保护权益与其对社会实际所作出的技术贡献相适应，即权利要求保护范围不应当放宽到超出说明书的记载范围，也不应当缩小到由于申请人因公开其发明而损害其应当获得的权益。如果权利要求保护范围过宽，把现有技术中属于公知的技术，或者是把将来可能会有人完成的发明囊括到专利权的保护范围，会损害社会公众的利益；相反，如果权利要求保护范围过窄，申请人本应当受到保护的一部分发明得不到保护，这又对申请人不公平。本章第2.2节将对此进行介绍。

最后，权利要求书内容清楚才能准确地限定所要保护的技术方案，才能使得专利权人对专利权的保护范围有合理主张，也能避免专利权人对权利的过度解释，防止他获得与自己的方案不相适配的权利；同时也可以使公众能够准确地确定权利要求的保护范围，从而规范自己的市场行为或生产行为，避免侵犯他人的专利权。无论是在专利的授权审查过程中还是在专利的侵权判定中，权利要求不清楚都会对申请人（专利权人）造成较大的损失。本章第2.3节将对此进行介绍。

2.1 说明书应当公开充分

【案例7】一种聊天机器人系统［（2017）最高法行再34号］

《专利法》第26条第3款中“所属技术领域的技术人员能够实现”，是指所属技术领域的技术人员按照说明书记载的内容，就能够实现该发明或者实用新型的技术方案，解决其技术问题，并且产生预期的技术效果，即能够实现技术方案、解决技术问题、产生预期效果三者需要同时满足。

【案情介绍】

智臻公司（以下简称专利权人）系专利号为200410053749.9、名称为“一种聊天机器人系统”的发明专利（以下简称涉案专利）的权利人。该专利申请日为2004年8月13日，授权公告日为2009年7月22日。

涉案专利的授权权利要求1如下：

1. 一种聊天机器人系统，至少包括：一个用户；和一个聊天机器人，该聊天机器人拥有一个具有人工智能和信息服务功能的人工智能服务器及其对应的数据库，该聊天机器人还拥有通信模块，所述的用户通过即时通信平台或短信平台与聊天机器人进行各种对话，其特征在于，该聊天机器人还拥有查询服务器及其对应的数据库和游戏服务器，并且该聊天机器人设置有一个过滤器，以用来区分所述通信模块接收到的用户语句是否为格式化语句或自然语句，并根据区分结果将该用户语句转发至相应的服务器，该相应的服务器包括人工智能服务器、查询服务器或游戏服务器。

1. 无效阶段案情简介（第21307号无效决定）

苹果公司（以下简称无效请求人）于2012年11月19日向国家知识产权局专利复审委员会（以下简称专利复审委员会）提出无效宣告请求，其理由是：权利要求1、3至8、9、11不符合《专利法》第22条第2款的规定；权利要求1至11不符合《专利法》第22条第3款的规定；本专利说明书不符合《专利法》第26条第3款的规定；权利要求1至11不符合《专利法》第26条第4款的规定，权利要求1至11不符合《专利法实施细则》第20条第1款、第21条第2款的规定，请求宣告本专利权利要求全部无效。

无效请求人认为涉案专利不符合《专利法》第26条第3款的规定，未充分公开以下五点：①如何利用游戏服务器来实现游戏功能；②如何区分格式化语句或自然语句；③如何通过网络学习来扩充对话数据库；④如何实现精确搜索功能；⑤如何检索对话数据库以获得拟人化聊天信息。其中第一点如何利用游戏服务器来实现游戏功能是后续法院审理争议的焦点，以下仅对该部分进行详细介绍。

无效请求人认为：本专利实施例没有给出采用什么样的技术手段使得用户能够与聊天机器人系统做游戏，特别是没有记载如何利用游戏服务器5来实现所述的游戏功能，导致本领域技术人员根据本专利说明书记载的内容无法实现其所声称的游戏功能。

专利复审委员会于2013年9月3日作出第21307号无效宣告请求审查决定（以下简称被诉决定），维持涉案专利权有效。专利复审委员会认为：本专利说明书第3页第11—14行记载了“聊天机器人9本质上是一个或若干个机器人服务器2，其中设置有通信模块21、过滤器22、对话模块23、查询模块24，其一端连接用户1，另一端连接人工智能服务器3和/或查询服务器4和/或游戏服务器5”，如本专利附图1所示，即实施例中公开了用户通过机器人服务器2连接到游戏服务器5。另外，本专利说明书第5页第7—9行记载了“在机器人中我们特别倡导互动性，机器人可以实现以下互动游戏（智力闯关、智力问答、24点、猜数字等）”。本领域技术人员由上述记载内容能够实现用户通过即时通信平台与聊天机器人进行对话，该聊天机器人的另一端连接游戏服务器，根据聊天机器人识别的对话内容，用户就可以利用游戏服务器实现以文字互动为基础的游戏功能，因此本领域技术人员根据说明书的上述记载能够实现本发明利用聊天机器人系统的游戏服务器互动游戏的功能。

综上所述，专利复审委员会认为，判断说明书是否对发明作出清楚、完整的说明，应当基于本领域技术人员的技术水平和认知能力，结合说明书整体公开的内容来理解。如果本领域技术人员基于说明书中的全部内容能够理解、实现发明的技术方案，则说明书的公开是充分的，在权利要求书中要求保护的技术方案也是能够实现的。因此，无效请求人提出的上述说明书公开不充分的无效理由不能成立。

2. 北京市第一中级人民法院一审案情简介［（2014）一中知行初字第184号］

无效请求人不服被诉决定，向北京市第一中级人民法院起诉，请求撤销被诉决定，并责令国家知识产权局专利复审委员会重新作出无效宣告请求审查决定。

北京市第一中级人民法院一审认为：本案涉及网络交互式对话系统，尤其是用户与聊天机器人进行对话的聊天系统，该领域的普通技术人员应当掌握人工智能、模式识别、自然语言处理、数据分析、机器学习、信息检索等相关的普通技术知识，能够获知有关的现有技术，具有本专利申请日之前的常规实验能力，并且在理解和分析专利文献内容方面具有通情达理的推理能力。

《专利法》第26条第3款规定所称的所属技术领域的技术人员能够实现，是指所属技术领域的技术人员按照说明书记载的内容，就能够实现该发明或者实用新型的技术方案，解决其技术问题，并产生预期的技术效果。说明书应当清楚地记载发明或者实用新型的技术方案，详细地描述实现发明或者实用新型的具体实施方式，完整地公开对于理解和实现发明或者实用新型必不可少的技术内容，达到所属技术领域的技术人员能够实现该发明或者实用新型的程度。本领域技术人员是否能够实现发明技术方案是判断说明书公开是否充分的根本落脚点。对最接近的现有技术或者发明与最接近的现有技术共有的技术特征，一般来说可以不作详细描述，但对发明区别于现有技术的技术特征一般应当足够详细地描述。

首先，根据说明书记载的发明目的可知，本专利首先要实现拟人化的对话，而游戏功能是在拟人化对话的基础上的附加功能，并不是实现本发明必不可少的技术内容。

其次，为实现拟人化对话，本专利说明书第 3 页第 15—18 行记载了“用户 1 输入一句子在即时通信平台并通过网络传送给聊天机器人 9，经通信模块 21 接收后送到过滤器 22，进行是否为格式化命令语句的判断；如果是格式化命令语句，即送到查询模块 24 处理，如果是一个自然语句，则送到对话模块 23 处理”，即过滤器将用户语句按照其形式划分为格式化语句和自然语句，并对其分类处理，从而加快处理速度，实现拟人化对话，但过滤器本身并不对用户语句所需执行的内容予以区分。对于权利要求 1 中限定的游戏服务器，本领域技术人员运用其普通技术知识可以明了游戏服务器主要涉及提供服务的内容，需要对用户语句进行语言分析才能判断其是否与游戏功能相关，因此聊天机器人系统必然对用户语句进行语言分析，将语言分析后与游戏相关的内容一起发送至游戏服务器，这也是本领域技术人员根据其普通技术知识能够实现的。

此外，本专利说明书第 5 页第 7—9 行记载了“在机器人中我们特别倡导互动性，机器人可以实现以下互动游戏（智力闯关、智力问答、24 点、猜数字等）”，其游戏主要是问答形式的文字互动游戏，本领域技术人员可以基于用户语句的分析和处理得以实现。综上，苹果公司关于本专利未充分公开如何实现游戏功能的主张不能成立，不予支持。

3. 北京市高级人民法院二审案情简介［（2014）高行（知）终字第 2935 号］

无效请求人不服一审判决，向北京市高级人民法院提起上诉，请求撤销一审判决及被诉决定。

北京市高级人民法院二审认为：根据本专利说明书关于发明目的的记载可知，实现游戏功能是本专利实现拟人化的一种表现形式，并非拟人化的附加功能。相应的，游戏功能也应当是本专利权利要求 1 所记载的必要技术特征。独立权利要求应当表述一个针对发明所要解决的技术问题的完整的技术方案。根据本专利说明书的记载，实现游戏功能也是本专利权利要求 1 的技术方案所要实现的功能。此外，需要指出的是，在专利授权阶段的审查中专利权人也认为游戏功能是使本专利具备创造性的技术特征。根据本专利审查文档的记载，专利权人认为，因为游戏服务器的存在使得权利要求 1 相对于对比文件 1 具有实质性特点，从而导致本专利具备创造性。由此可见，国家知识产权局也是基于专利权人的上述陈述才对本专利进行了授权。因此，如何实现游戏功能是实现本专利必不可少的技术特征。

然而，说明书仅仅记载了具有一个游戏服务器以及提到实现互动游戏的设想，而对于游戏服务器与聊天机器人的其他部件如何连接，例如，对什么样的用户输入的什么内容传送到游戏服务器以及如何将用户的指令传送到游戏服务器中，完全没有记载。此外，根据说明书的记载和教导，过滤器对用户输入语句进行判断，判断为格式化语句的则通过查询模块 24 输出到查询服务器 4，而判断为自然语句的则通过对话模块 23 输出到人工智能服务器 3。因此，根据本专利说明书的记载，本专利的聊天机器人系统中，如果用户输入的是和游戏相关的语句，即使其能够由过滤器分析处理，其也只是被过滤器判断为自然语句或格式化语句，而送到人工智能服务器 3 或查询服务器 4 中，而根本不可能送到游戏服务器 5 中。由此可见，本专利说明书未充分公开如何实现本专利权利要求 1 所限定的游戏功能，违反了《专利法》第 26 条第 3 款的内容，本专利权应当被宣告无效。

4. 最高人民法院再审案情简介［（2017）最高法行再 34 号］

专利权人向最高人民法院申请再审，在再审请求中诉称：二审判决认为，实现游戏功能是本专利实现拟人化的一种表现形式，游戏功能是使本专利具备创造性的技术特征，本专利未充分公开游戏功能，该认定存在错误。专利中游戏功能和拟人化没有直接关系，本领域技术人员理解的计算机拟人化，其标准是图灵测试，而非实现游戏功能。本专利游戏功能为现有技术，与游戏有关的格式化命令语句通过机器人的过滤器传送给游戏服务器。本领域技术人员理解，在当时条件下，只有人工智能服务器能处理自然语句，查询服务器和游戏服务器只能接收命令，即使用格式化命令语句；本专利权利要求 1 限定的查询服务器与游戏服务器之间是“或”的关系，将格式化命令语句发送至查询服务器与将用户语句发送至游戏服务器并无实质区别。本专利发明目的指出，用户和机器人聊天，可以进行交互式对话，更可以命令机器人为用户查找信息、做游戏，与本专利的权利要求相互对应，本领域技术人员能够理解实施。二审判决关于充分公开的判断存在法律适用错误。《专利法》第 26 条第 3 款及《专利审查指南 2010》明确规定公开是否充分以所属技术领域的技术人员能够实现为准，二审判决在所属技术领域的技术人员能够实现的标准之上，又增加了“在说明书中被教导、记载或指引”的要求，这些要求并无明确的标准，自行拔高了《专利法》第 26 条第 3 款的标准，属适用法律错误。

无效请求人辩称：（1）二审判决充分考虑了专利权人在专利授权审查阶段的自认，认定游戏功能是实现本专利必不可少的技术特征。（2）对于专利权人自认的区别于现有技术的游戏服务器的技术特征，应当进行足够详细的描述，使得本领域技术人员能够实现。因此，二审判决针对“区别于现有技术的特征”采用“教导、记载或指引”作为《专利法》第26条第3款的充分公开的判断标准是恰当的。（3）根据本专利说明书及附图的相关记载，本专利的游戏服务器并没有与聊天机器人系统中的任何部件连接，它在整个系统中是一个孤立部件，不存在访问游戏服务器的数据通路；如果用户输入语句和游戏相关，即使能够由过滤器分析处理，也只能被分别传送到查询模块及其连接的查询服务器，或者对话模块及其连接的人工智能服务器，根本不可能发送到游戏服务器。根据本专利说明书4—5页、附图1的记载，游戏服务器5、查询服务器4是两个不同的服务器，分别实现游戏互动和信息查询，解决不同的技术问题。因此，本专利说明书仅仅记载了具有一个游戏服务器以及提到实现互动游戏的设想，而没有公开游戏服务器与聊天机器人的其他部件是如何连接的，游戏服务器与其他部件之间如何进行信息传送、处理、反馈的过程和方法，或者用户输入语句如何被传送到游戏服务器。本专利没有充分公开如何实现游戏功能。

国家知识产权局述称：（1）本专利的游戏功能得到了充分公开。本专利发明目的是，首先要实现拟人化的对话，其次可实现查询信息和做游戏的功能。本专利提出了一种通过过滤器区分用户输入的格式化语句和自然语句，并对区分的结果分别处理的方案来实现拟人化对话，而游戏功能只是一个附加功能，绝非实现拟人化的必要技术特征。根据本专利说明书附图1和本专利说明书第3页第11—14行的记载可见，用户通过机器人服务器能够连接到游戏服务器，从而利用游戏服务器提供与用户之间互动的游戏功能。根据本专利说明书第5页第7—9行、第3页第15—18行、第20行、第25行记载的内容，本领域技术人员能够明确过滤器区分的结果，若为格式化语句则可发送至查询服务器或游戏服务器，若为自然语句则发送至人工智能服务器，因为用户可以采用输入“命令”语句即格式化语句与游戏服务器进行游戏，而且只有人工智能服务器可以处理自然语句。（2）二审判决关于充分公开的判断标准存在法律适用错误。首先，《专利法》第26条第3款的标准应基于现有技术的水平予以判断，即根据说明书是否清楚、完整，本领域技术人员是否能够实现来作为判断的标准。二审判决明确的对于本领域技术人员能够实现的内容“还要有明确的指引和教导”的标准忽略了本领域技术人员的技术水平，属于对申请文件撰写的过度要求，不符合《专利法》第26条第3款的立法宗旨，不应当作为充分公开的基本要求。同时，要求当事人在撰写申请文件时将所有涉及的技术方案实现的细节都面面俱到地进行记载，是不切实际的，当事人会将更多的精力纠结于边缘方案而不是其所作出的贡献本身，这种做法偏离了《专利法》的立法本意，不利于审查效率和科技进步。申请文件的撰写应当更重视对于技术构思的陈述是否充分，以及结合本领域技术人员的水平能否实现。其次，本专利说明书中对于如何区分到达游戏服务器的输入语句客观上给出了足够的指引。根据本专利关于发明目的的记载，用户可以采用输入格式化命令语句的形式与游戏服务器进行交互，过滤器在区分出格式化语句后，本领域技术人员可以合理地得到聊天机器人系统中该格式化语句并进行语言分析，将语言分析后与游戏相关的内容一起发送至游戏服务器，这也是本领域技术人员根据其普通技术知识能够实现的。

最高人民法院于 2020 年 3 月 27 日作出（2017）最高法行再 34 号行政判决书，认为：

《专利法》第 26 条第 3 款规定，说明书应当对发明或者实用新型作出清楚、完整的说明，以所属技术领域的技术人员能够实现为准。本领域技术人员是否能够实现发明技术方案是判断说明书公开是否充分的根本落脚点。根据《专利审查指南 2010》第二部分第二章第 2.2.6 节规定，“在具体实施方式部分，对最接近的现有技术或者与最接近的现有技术共有的技术特征，一般来说可以不作详细描述，但对发明或者实用新型区别于现有技术的技术特征以及从属权利要求中的附加技术特征应当足够详细地描述，以所属技术领域的技术人员能够实现该技术方案为准”。上述规定对于本专利与现有技术的共有技术特征和区别技术特征的公开提出不同的要求，是因为公开是以本领域技术人员能够实现为准，对于本领域技术人员知识和能力范围以内的技术特征要求较低，而对于本领域技术人员知识和能力范围以外的、区别于现有技术的技术特征要求较高。按照上述规定，首先结合本专利文件和审查档案来理解涉及游戏服务器的技术方案，并判断游戏服务器是否属于本专利区别于现有技术的技术特征，在此基础上进一步判断其是否符合《专利法》第 26 条第 3 款的规定。

（1）如何理解本专利涉及游戏服务器的技术方案

首先，根据本专利说明书的完整内容并结合本案证据，应当认定本专利限定的游戏服务器的功能是通过本专利中描述的格式化语句调用现有的成熟的游戏模块来实现的。其次，使用格式化语句调用游戏模块来实现游戏功能，属于本专利申请日之前的现有技术。再次，根据本领域普通技术人员的理解，本专利虽然基于功能的不同分别列举了游戏服务器与查询服务器，但并没有限定游戏服务器与查询服务器是物理上分离的两个服务器，同一个服务器可以同时具备查询和游戏功能。

(2) 游戏服务器是否属于本专利区别于现有技术的技术特征

本专利与对比文件相比具有游戏服务器并非是本专利获得授权的原因，游戏服务器并非本专利区别于现有技术的特征。首先，审查员在第一次审查意见通知书中已经明确表示游戏服务器属于本领域惯用手段，该观点也符合信息技术领域所属技术人员的认知，在此情况下，本专利申请不可能因其与对比文件的区别特征在于具有游戏服务器而获得授权。其次，本专利申请人在答复第三次审查意见通知书时将本专利权利要求 1 补充了许多与“过滤器”相关的技术特征，基于本专利申请人的上述较大实质性修改，审查员对修改后的权利要求书进行了授权。再次，该认定符合原始权利要求 1、4、5 的表述。从本专利申请公开的原始权利要求 1、4、5 可以看出，原始权利要求 1 强调本专利申请与现有技术的区别特征是通过人工智能服务器实现用户与聊天机器人的各种对话，游戏服务器并不是其区别特征，也没有限定游戏服务器的连接关系。

无效请求人主张，专利权人自认游戏服务器是本专利区别于现有技术的技术特征。在判断本专利是否符合《专利法》第 26 条第 3 款规定并需要判断相关技术特征是否属于区别于现有技术的技术特征时，应当结合本专利的记载和现有技术的状况确定。申请人或者专利权人自认的区别技术特征有时并不客观，与本领域普通技术人员对此的判断结果可能存在差异。结合本专利的记载和现有技术的状况确定本专利区别于现有技术的区别特征，并在此基础上判断本专利是否具备授权条件，符合以公开换保护的《专利法》立法宗旨，也有助于保证判断结果的客观性和适用不同法条的判断结果的一致性和协同性。

综上，应当认定游戏服务器并不是本专利与现有技术的区别技术特征。

(3) 本专利涉及游戏服务器的技术方案是否符合《专利法》第 26 条第 3 款的规定

在游戏服务器不是本专利与现有技术的区别技术特征的情况下，根据前述《专利审查指南 2010》的相关规定，对于涉及游戏服务器的技术方案可以不作详细描述。本案中，本领域普通技术人员根据本专利说明书的相关记载内容可以实现，聊天机器人的一端连接用户，另一端连接游戏服务器，用户通过即时通信平台或短信平台与聊天机器人进行对话，可以使用格式化的命令语句与机器人做互动游戏。因此，本专利涉及游戏服务器的技术方案符合《专利法》第 26 条第 3 款的规定。

综上，最高人民法院判决撤销二审判决，维持一审和被诉决定。

【焦点归纳】

本案是涉及《专利法》第26条第3款的一个典型案例，从提出无效宣告请求到最高人民法院最终判决总计持续了八年之久。无效请求人提出了多条无效理由，但在行政诉讼过程中，最重要的争议点是说明书是否充分公开了权利要求1记载的“游戏功能”。

无效请求人认为：专利权人在专利授权审查阶段自认游戏功能是实现本专利必不可少的技术特征。对于区别于现有技术的游戏服务器的技术特征，应当进行足够详细的描述，使得本领域技术人员能够实现。本专利说明书仅仅记载了具有一个游戏服务器以及提到实现互动游戏的设想，而没有公开游戏服务器与聊天机器人的其他部件是如何连接的，游戏服务器与其他部件之间如何进行信息传送、处理、反馈的过程和方法，或者用户输入语句如何被传送到游戏服务器，本专利没有充分公开如何实现游戏功能。

专利权人认为：本专利中游戏功能和拟人化没有直接关系。本专利游戏功能为现有技术，与游戏有关的格式化命令语句通过机器人的过滤器传送给游戏服务器。本专利发明目的指出，用户和机器人聊天，可以进行交互式对话，更可以命令机器人为用户查找信息、做游戏，与本专利的权利要求相互对应，本领域技术人员能够理解并实施。

专利复审委员会与一审法院均认为：本专利首先要实现拟人化的对话，而游戏功能是在拟人化对话的基础上的附加功能，并不是实现本发明必不可少的技术内容。对于权利要求1中限定的游戏服务器，本领域技术人员运用其普通技术知识可以明了游戏服务器主要涉及提供服务的内容，需要对用户语句进行语言分析才能判断其是否与游戏功能相关，因此聊天机器人系统必然对用户语句进行语言分析，将语言分析后与游戏相关的内容一起发送至游戏服务器，这也是本领域技术人员根据其普通技术知识能够实现的。

二审法院审理认为：实现游戏功能是本专利实现拟人化的一种表现形式，并非拟人化的附加功能。相应的，游戏功能也应当是本专利权利要求1所记载的必要技术特征。同时实现游戏功能也是在专利实质审查过程中专利权人认为使本专利具备创造性的技术特征。然而，说明书仅仅记载了具有一个游戏服务器以及提到实现互动游戏的设想，而对于游戏服务器与聊天机器人的其他部件如何连接，例如，对什么样的用户输入的什么内容传送到游戏服务器以及如何将用户的指令传送到游戏服务器中，完全没有记载。由此认定，涉案专利说明书未充分公开如何实现涉案专利权利要求 1 所限定的游戏功能。

最高人民法院在判决中认为：本专利限定的游戏服务器的功能是通过本专利中描述的格式化语句调用现有的成熟的游戏模块来实现的。首先，使用格式化语句调用游戏模块来实现游戏功能，属于本专利申请日之前的现有技术。其次，游戏服务器并非本专利获得授权的原因，并非本专利区别于现有技术的特征。在游戏服务器不是本专利与现有技术的区别技术特征的情况下，根据《专利审查指南 2010》的相关规定，对于涉及游戏服务器的技术方案可以不作详细描述。

【分析借鉴】

《专利法》第 26 条第 3 款规定："说明书应当对发明或者实用新型作出清楚、完整的说明，以所属技术领域的技术人员能够实现为准。"该法条的立法本意是公开换取保护，同时，也通过公开促进了科学技术知识的传播。要求发明充分公开的法理依据是发明人获得发明的专利权是以向社会公开其发明为代价的，专利权与发明的公开互为对价。技术方案的公开必须要达到所属技术领域的技术人员能够实现才有意义，如果所属技术领域的技术人员根据公开的技术方案不能实施该发明，就等于发明人没有向社会贡献或者是所贡献的东西不充分，但却从社会中获得权利，这是不对等的。

1. 充分公开的判断原则

在《专利法》第 26 条第 3 款中"所属技术领域的技术人员"是判断的主体，所有判断均应站位于该主体的认知水平。然而在实际审查和案件审理过程中，各方当事人往往很难在站位上保持一致。比较而言，申请人/专利权人由于对相关方案了解得更为深入，因此在撰写申请文件时常常会不经意间高于"所属技术领域的技术人员"水准。同时申请人/专利权人出于维护自己利益的考虑，撰写申请时，可能会对技术内容有一定程度的保留。而案件审理人员则反之。由于以上站位基准的不同，容易导致公开不充分认定时的分歧。无论是申请人/专利权人，还是案件的审理人员，都应当进行充分的检索，了解现有的技术状况，使自己尽量接近"所属技术领域的技术人员"的认知水平，才能最终减小分歧。

《专利法》第 26 条第 3 款中"清楚""完整"和"能够实现"之间并非完全并列关系，"能够实现"是对"清楚""完整"程度上的要求，只有说明书清楚完整到足以使所属技术领域的技术人员能够实现发明或实现实用新型的程度，该说明书的公开才是充分的。

《专利审查指南2010》第二部分第二章第2.1.3节对什么是“能够实现”进行了说明：“所属技术领域的技术人员能够实现，是指所属技术领域的技术人员按照说明书记载的内容，就能够实现该发明或者实用新型的技术方案，解决其技术问题，并且产生预期的技术效果。”即必须是能够实现技术方案、解决技术问题、产生预期效果三者同时满足，才符合《专利法》第26条第3款的规定。

判断说明书是否充分公开的一般步骤为：第一，确认本领域技术人员根据说明书公开的内容是否能够实现该技术方案；第二，确定该技术方案是否解决了技术问题、产生了技术效果。

技术问题包括以下几种：说明书中明确记载的技术问题；通过阅读说明书能够直接确定的技术问题。例如，从申请人在背景技术部分提到的现有技术存在的缺陷，可以判断出发明所要解决的技术问题是克服该现有技术存在的缺陷；根据说明书记载的技术效果或技术方案能够反向确定的技术问题。当说明书中记载了某个请求保护的技术方案要解决多个技术问题时，只要该技术方案能够解决其中的至少一个技术问题，就可以认为满足了“解决其技术问题”的要求。技术效果是由技术方案中技术特征以及技术特征之间的关系之总和产生的，通常，产生了预期的技术效果即证明发明解决了技术问题。

最高人民法院在（2014）行提字第8号判决书中即采用了以上判断方法，认为，在判断是否符合《专利法》第26条第3款的规定时，需要考虑发明解决的技术问题，如果说明书给出了技术手段，但本领域技术人员采用该手段不能解决发明所要解决的技术问题，同样不符合《专利法》第26条第3款的规定。但需要考虑发明解决的技术问题不意味着首先且必须考虑发明解决的技术问题，如果一个发明的技术方案本身都无法实现，显然已经不符合《专利法》第26条第3款的规定，这时候再考虑发明要解决的技术问题已经没有实际意义。因此，技术方案的再现和是否解决了技术问题、产生了技术效果的评价之间，存在着先后顺序上的逻辑关系，应首先确认本领域技术人员根据说明书公开的内容是否能够实现该技术方案，然后再确认是否解决了技术问题、产生了技术效果，在不对技术方案本身是否可以实现作出确认的前提下，其与现有技术相比是否能够解决相应的技术问题，并实现有益的技术效果均无从谈起。

同时，在《专利审查指南2010》第二部分第二章第2.2.6节对于具体实施方式的规定中记载了：“在具体实施方式部分，对最接近的现有技术或者发明或实用新型与最接近的现有技术共有的技术特征，一般来说可以不作详细的描述，但对发明或者实用新型区别于现有技术的技术特征以及从属权利要求中的附加技术特征应当足够详细地描述，以所属技术领域的技术人员能够实现该技术方案为准。”

在本案中，最高人民法院即是根据《专利审查指南2010》关于具体实施方式的规定，认为上述规定对于本专利与现有技术的共有技术特征和区别技术特征的公开提出不同的要求，是因为公开是以本领域技术人员能够实现为准，对于本领域技术人员知识和能力范围以内的技术特征要求较低，而对于本领域技术人员知识和能力范围以外的、区别于现有技术的技术特征要求较高。按照上述规定，首先结合本专利文件和审查档案来理解涉及游戏服务器的技术方案，并判断游戏服务器是否属于本专利区别于现有技术的技术特征，在此基础上进一步判断其是否符合《专利法》第26条第3款的规定。

由此可见，判断相关特征是属于本专利与现有技术的共有技术特征，还是属于本专利与现有技术的区别技术特征，是至关重要的。在本案中，最高人民法院对于如何判断相关特征是否属于本专利区别于现有技术的技术特征也给出了明确指引。首先思考，在判断相关技术特征是否属于区别于现有技术的技术特征时，应当以本专利申请人或者专利权人自认的区别技术特征为判断标准，还是应当结合本专利的记载和现有技术的状况确定标准？

无效请求人主张：在涉案专利实质审查程序中，专利权人通过意见陈述曾自认“游戏服务器”是本专利区别于现有技术的技术特征，所以应当充分公开。

根据最高人民法院对本案的判决，应当结合本专利的记载和现有技术的状况来确定本专利区别于现有技术的特征。主要理由在于：第一，申请人或者专利权人自认的区别技术特征有时并不客观，与本领域普通技术人员对此的判断结果可能存在差异。如在本案中，虽然申请人在本专利授权审查阶段曾经表示，游戏服务器和查询服务器是本专利申请区别于现有技术的技术特征，但审查员在第一次审查意见通知书中已经明确指出，在聊天服务系统中设置游戏服务器是本领域常规设置。第二，结合本专利的记载和现有技术的状况确定本专利区别于现有技术的区别特征，并在此基础上判断本专利是否具备授权条件，符合以公开换保护的《专利法》立法宗旨，也有助于保证判断结果的客观性和适用不同法条的判断结果的一致性和协同性。

2. *法条适用*

《专利审查指南2010》第二部分第二章第2.1.3节对于缺乏解决技术问题

的技术手段而被认为无法实现的五种情况进行了列举式说明：

（1）说明书中只给出任务和/或设想，或者只表明一种愿望和/或结果，而未给出任何使所属技术领域的技术人员能够实施的技术手段；

（2）说明书中给出了技术手段，但对所属技术领域的技术人员来说，该手段是含糊不清的，根据说明书记载的内容无法具体实施；

（3）说明书中给出了技术手段，但所属技术领域的技术人员采用该手段并不能解决发明或者实用新型所要解决的技术问题；

（4）申请的主题为由多个技术手段构成的技术方案，对于其中一个技术手段，所属技术领域的技术人员按照说明书记载的内容并不能实现；

（5）说明书中给出了具体的技术方案，但未给出实验证据，而该方案又必须依赖实验结果加以证实才能成立。

通常出现以上五种情形时，可能会导致公开不充分。但以上只是列举，不能覆盖所有情形。

判断说明书是否满足《专利法》第26条第3款的相关规定时，应针对权利要求书中要求保护的技术方案来进行判断。对于在权利要求书中未请求保护，仅在说明书中记载且公开不充分的技术方案，无需指出公开不充分。

创新主体在撰写说明书时，有时会引证其他文件说明发明的相关内容。《专利审查指南2010》第二部分第二章第2.2.6节中提到，应当注意的是，为了方便专利审查，也为了帮助公众更直接地理解发明或者实用新型，对于那些就满足《专利法》第26条第3款的要求而言必不可少的内容，不能采用引证其他文件的方式撰写，而应当将其具体内容写入说明书，但是这是对申请文件撰写提出的要求，当申请人采用引证撰写时，不会必然导致说明书的公开不充分。当引证文件未对出处给出明确指引或公开时间不满足要求时，则不考虑该引证文件，依据说明书中记载的其余内容进行判断，如果所属技术领域的技术人员根据说明书的描述能够实现发明或实用新型，则说明书符合《专利法》第26条第3款的规定；反之，说明书公开不充分，不符合《专利法》第26条第3款的规定。

需要注意的是，公开不充分的缺陷是不能够通过向申请文件中补加实验数据、实施例和/或补充技术特征而克服的，因为这种修改方式不符合《专利法》第33条的规定。但可以通过提供现有技术证据或通过意见陈述证明其为现有技术的方式进行澄清。

3. 法条辨析

《专利法》第26条第3款规定的说明书充分公开，有时容易与《专利法实施细则》第17条第3款规定的说明书语句清楚、《专利法》第22条第4款规定的实用性发生混淆。以下对该三个法条的区别进行解释分析。

首先，对于《专利法》第26条第3款和《专利法实施细则》第17条第3款，前者是实质审查时的驳回条款，也是无效宣告请求的法定理由之一；而后者不是实质审查时的驳回条款，也不是无效宣告请求的法定理由。这两个法条的适用会导致完全不同的案件走向。

《专利法》第26条第3款是对专利说明书的实质性要求，只有当说明书公开的内容不够清楚完整，而致使所属技术领域的技术人员不能实现该发明或者实用新型的技术方案，以解决其技术问题，并且产生预期的技术效果时，才适用公开不充分。

相比而言，《专利法实施细则》第17条第3款是对说明书撰写的形式上的要求，侧重于说明书各部分如何撰写以及表述时应注意的问题，当说明书中的不清楚之处对于理解发明内容有一定影响，但未导致本领域技术人员无法实施时，适用该法条。

对于《专利法》第26条第3款和《专利法》第22条第4款，这两个法条均是实质审查时的驳回条款，也是无效宣告请求的法定理由。但这两个法条是从不同角度对专利申请进行规范的。

公开不充分条款中的“能否实现”取决于说明书公开的程度，这种缺陷一般是撰写导致的。比如发明人、申请人有意保留技术秘密或者撰写文件时没有使用本领域规范术语等。

实用性条款中的“能否制造或者使用”取决于发明或实用新型技术方案本身，是技术方案自身存在缺陷，例如违背自然规律、利用独一无二的自然条件的产品等。

2.2 权利要求应当以说明书为依据

【案例8】二次锂离子电池或电池组、其保护电路以及电子装置［（2020）最高法知行终407号］

以两组以上不同的数值范围技术特征限定保护范围的权利要求，如果本领域技术人员通过阅读说明书可以确定各数值范围技术特征之间存在相互对应关系，能够通过有限次实验得到符合发明目的的具体实施方式，而且无须通过过度劳动，即可排除不能实现发明目的的技术方案的，应当认为该权利要求能够得到说明书支持。

以数值范围技术特征限定保护范围的权利要求，只限定了一侧端值但未限定另一侧端值的，如本领域技术人员在阅读说明书后可以直接且毫无疑义地确定另一侧端值，则应认定该权利要求能够得到说明书支持。

【案情介绍】

任某平、孙某（下称专利权人）系专利号为01141615.7、名称为“二次锂离子电池或电池组、其保护电路以及电子装置”的发明专利（以下简称涉案专利）的权利人。涉案专利申请日为2001年9月28日，应适用2000年修订的《专利法》以及2001年修订的《专利法实施细则》，授权公告日为2005年6月8日。

涉案专利授权公告权利要求书如下：

1. 提高二次锂离子电池或电池组的容量、平均工作电压和比能量的方法，其特征在于对该单体锂离子电池的充电限制电压大于4.2V，但不超过5.8V，单体锂离子电池的正、负极的配比按充电限制电压为4.2V时的理论克容量计算在1∶1.0～1∶2.5。

2. 如权利要求1所述的方法，其特征在于所述充电限制电压在4.3～5.2V。

3. 如权利要求1所述的方法，其特征在于所述充电限制电压在4.3～4.8V。

4. 如权利要求1～3中任一项所述的方法，其特征在于所述单体锂离子电池的正、负极的配比按充电限制电压为4.2V时的理论克容量计算在1∶1.15～1∶2.5。

5. 二次锂离子电池或电池组，其特征在于该单体锂离子电池的充电限制电压大于4.2V，但不超过5.8V；其单体锂离子电池的正、负极的配比按充电限制电压为4.2V时的理论克容量计算在1∶1.0～1∶2.5。

6. 如权利要求5所述的二次锂离子电池或电池组，其特征在于所述单体锂离子电池的充电限制电压在4.3～5.2V。

7. 如权利要求5所述的二次锂离子电池或电池组，其特征在于所述单体锂离子电池的充电限制电压在4.3～4.8V。

8. 如权利要求5～7中任一项所述的二次锂离子电池或电池组，其特征在于所述单体锂离子电池的正、负极的配比按充电限制电压为4.2V时的理论克容量计算在1∶1.15～1∶2.5。

9. 如权利要求5～7中任一项所述的二次锂离子电池或电池组，其特征在于单体锂离子电池首次过充保护电压大于4.35V，过充保护释放电压大于4.15V。

10. 如权利要求9所述的二次锂离子电池或电池组，其特征在于所述单体锂离子电池首次过充保护电压大于4.45V，过充保护释放电压大于4.25V。

11. 用于权利要求5～10中任一项的二次锂离子电池或电池组的保护电路，其特征在于其单体锂离子电池首次过充保护电压大于4.35V，过充保护释放电压大于4.15V。

12. 如权利要求11所述的保护电路，其特征在于其单体锂离子电池首次过充保护电压大于4.45V，过充保护释放电压大于4.25V。

13. 以二次锂离子电池或电池组为能源的电子装置，其特征在于该电子装置具有使单体锂离子电池的首次过充保护电压大于4.35V、过充保护释放电压大于4.15V的保护电路。

14. 如权利要求13所述的电子装置，其特征在于该电子装置具有使单体锂离子电池的首次过充保护电压大于4.45V、过充保护释放电压大于4.25V的保护电路。

1. 无效阶段案情简介（第39951号无效决定）

苹果电子产品商贸（北京）有限公司（下称第一无效请求人）和苹果电脑贸易（上海）有限公司（下称第二无效请求人）于2018年6月6日针对涉案专利分别向国家知识产权局提出无效宣告请求，认为权利要求1～14不符合《专利法实施细则》第20条第1款的规定，说明书不符合《专利法》第26条第3款的规定，请求宣告本专利全部无效。

2018年7月6日，第一无效请求人和第二无效请求人分别提交意见陈述书，具体内容完全相同，明确用以替换2018年6月6日提交的无效宣告请求书。

在该意见陈述书中，第一请求人和第二请求人主张权利要求1～14中部分或者全部不符合《专利法实施细则》第20条第1款、第21条第2款，《专利法》第26条第4款、第22条第2款和第3款的规定，说明书不符合《专利法》第26条第3款的规定，因此请求宣告本专利全部无效。

无效请求人主张：(1) 权利要求1、5要求保护的充电限制电压的数值范围和正负极配比的数值范围在说明书实施例中没有全面覆盖，因此权利要求1、5及引用其权利要求2~4、6~10得不到说明书的支持。(2) 权利要求9~12中首次过充保护电压和过充保护释放电压的端点值没有相应的实施例，得不到说明书的支持。(3) 权利要求13~14仅包含了与保护电路相关的首次过充保护电压和过充保护释放电压的数值范围，说明书中没有任何关于仅通过保护电路而不需要对充电限制电压和正负极配比等参数进行限定以获得提高电池性能等技术效果的记载；并且权利要求14的端点值在说明书中也没有实施例或相应记载予以支持，因此权利要求13~14得不到说明书的支持。

2018年8月1日，专利权人针对第一请求和第二请求分别提交了意见陈述书，其内容相同，反驳了第一无效请求人和第二无效请求人在无效宣告请求书中主张的理由。2018年8月31日专利权人再次针对两个无效宣告请求提交意见陈述书，进一步反驳了第一无效请求人和第二无效请求人在意见陈述书中主张的理由，并随该意见陈述书提交了权利要求书全文的修改替换页，其中修改仅涉及将权利要求11引用的权利要求编号由“权利要求5~10”修改为“权利要求5~9”。

国家知识产权局于2019年4月15日作出第39951号无效宣告请求审查决定（下称被诉决定），国家知识产权局认为：(1) 权利要求1~5中限定了充电限制电压以及正负极配比的数值范围分别为4.2~5.8V和1∶1.0~1∶2.5。根据说明书的记载可知，本专利的发明构思是通过将充电限制电压提高至4.2V以上来提高电池比能量、容量等性能，并配合正负极配比的调整来避免充电限制电压提高所带来的循环寿命降低的弊端。说明书实施例中针对充电限制电压以及正负极配比的数值范围均给出了相应的实施例。至于正负极材料本身的性能不同给电池带来的影响，应当是在本领域技术人员能够了解和把握的范畴之内。在本专利给出了上述发明构思以及实施例的基础上，权利要求1~5的保护范围是合理的。至于苹果贸易公司、苹果商贸公司提到的数值范围没有被全面覆盖的问题，国家知识产权局认为：说明书已经给出了充电限制电压在4.2~5.8V以及正负极配比在1∶1.0~1∶2.5的实施例，并且也说明了这两个参数的关系，本领域技术人员根据说明书的记载以及其掌握的普通技术知识，能够合理概括得出权利要求1～5限定的保护范围。因此，苹果贸易公司、苹果商贸公司主张的权利要求1～5的数值范围得不到说明书支持的理由不能成立。

（2）权利要求9～12均引用了权利要求5，其是在权利要求5限定了充电限制电压以及正负极配比的数值范围的基础上进一步对首次过充保护电压和过充保护释放电压进行了限定。首次过充保护电压和过充保护释放电压是电池保护电路的参数，具体含义参见被诉决定第二部分第4节（3）的内容。本领域技术人员知晓首次过充保护电压以及过充保护释放电压与电池充电限制电压存在配合关系，即首次过充保护电压应当在充电限制电压之上，否则在电池还未达到充电限制电压时保护电路就会被触发过充保护，提前动作；而过充保护释放电压如果太低，则电池被首次触发过充保护后其电压短时间内不会回落到释放电压的值，过充保护释放动作失去意义。至于首次过充保护电压和过充保护释放电压与充电限制电压的具体关系，与电池本身性质以及对电池安全性、充满程度等的平衡尺度有关。在本专利说明书记载了关于充电限制电压的数值范围、保护电路上述两个参数数值范围及其设定原因的基础上，本领域技术人员根据其掌握的普通技术知识，能够合理预测出保护电路的上述两个参数的数值范围，能够解决相应的技术问题。因此，本领域技术人员在说明书的基础上能够合理概括出权利要求9～12限定的保护范围。苹果贸易公司、苹果商贸公司主张的权利要求9～12得不到说明书支持的理由不成立。

（3）权利要求13～14要求保护以二次锂离子电池或电池组为能源的电子装置，具体限定了电子装置包括的保护电路的首次过充保护电压和过充保护释放电压的数值范围。说明书第10页最后一段到第11页第2段具体记载了相关的技术方案。根据说明书的记载可知，其是为了配合“高于本领域目前采用的电压参数”的二次锂离子电池/电池组。如被诉决定上文所述，本领域技术人员知晓保护电路与充电限制电压之间的关系。在说明书记载了上述数值范围以及其设定原因的基础上，其能够合理预测出上述两个参数能够解决相应的技术问题并实现相应的技术效果，即本领域技术人员能够合理概括出权利要求13～14的保护范围。苹果贸易公司、苹果商贸公司主张的权利要求13～14得不到说明书支持的理由不成立。

另外，鉴于权利要求13相对于证据7和公知常识的结合不具备创造性，应判予无效。最终，国家知识产权局宣告涉案发明专利部分无效，在专利权人于2018年8月31日提交的权利要求1～12、14的基础上维持有效。

2. 北京知识产权法院一审案情简介［（2019）京73行初9594号］

无效请求人不服被诉决定，于法定期限内向北京知识产权法院提起行政诉讼，其中关于《专利法》第26第4款，无效请求人意见基本和无效宣告请求中一致，请求撤销被诉决定，并责令国家知识产权局重新作出无效宣告请求审查决定。

国家知识产权局在一审中辩称：权利要求1中涉及两个数值范围，充电限制电压以及正负极配比。说明书中已经给出了涉及这两个数值范围内多个值包括端点值的实施例，也说明了这两个参数之间的关系，本领域技术人员据此能够合理概括出权利要求的保护范围。本领域技术人员在具体实施权利要求1的技术方案时，能够根据其掌握的普通技术知识和实际情况排除掉一些极端的、不能实现的技术方案。

北京知识产权法院于2020年5月29日作出的（2019）京73行初9594号行政判决认为，根据查明事实，涉案专利说明书中记载：在充电限制电压提高至4.45V以上时，循环性能较差，发明人在做了大量基础研究和理论探索后，调整了正负极材料容量配比，即将锂离子电池的正负极材料按充电限制电压为4.2V时的理论克容量计算的配比调整为1∶1.3～2.5。之后将正、负极材料容量配比调整后的单体锂离子电池，分别在充电限制电压为4.45V、4.6V、4.8V、5.0V、5.2V、5.4V、5.6V、5.8V时进行充电试验，试验结果显示，在适当的正负极材料配比下，充电限制电压为4.45V以上时，电池的比能量可以大幅度提高，而电池的循环性能基本不会受到影响。本发明优选将单体锂离子电池的正、负极的配比按充电限制电压为4.2V时理论克容量计算限制在1∶1.15～1∶2.5的范围。试验表明，当采用的工艺参数超出上述配比范围时，电池性能变差，不适合使用。

根据上述记载，涉案专利提供的提高二次锂离子电池或电池组的比能量和平均工作电压的方法中，充电限制电压提高至4.45V时，锂离子电池的正负极材料要按照充电限制电压为4.2V时的理论克容量计算的配比调整为1∶1.3～2.5，否则将会影响循环性能；而当锂离子电池的正、负极的配比超出按充电限制电压为4.2V时理论克容量计算限制在1∶1.15～1∶2.5这一范围时，电池性能变差，不适合使用。但权利要求1中限定为充电限制电压大于4.2V，但不超过5.8V，单体锂离子电池的正、负极的配比按充电限制电压为4.2V时的理论克容量计算在1∶1.0～1∶2.5，即权利要求1限定的保护范围与涉案专利说明书充分公开的范围并不一致，其中很大一部分方案已经被说明书明确排除，相比较于说明书公开的内容，权利要求 1 概括的范围过于宽泛。

国家知识产权局认为本领域技术人员在具体实施权利要求 1 的技术方案时，能够根据其掌握的普通技术知识和实际情况排除掉一些极端的、不能实现的技术方案。对此北京知识产权法院认为，当充电限制电压在 4.45V 以上时，说明书中的实施例呈现出充电限制电压越高则正负极配比也相应越高的趋势，即各实施例呈现出一定的规律性，缺少变化工艺参数对技术效果、实现发明目的的影响的实例或描述，导致本领域技术人员无法预测当充电限制电压较高而正负极配比较低时是否能够解决涉案专利的技术问题，而且，充电限制电压和正负极配比的取值正是涉案专利的发明点，不属于现有技术范畴，本领域技术人员不具备可以从权利要求的保护范围中排除不能实现的技术方案的能力。

综上，涉案专利说明书内容体现充电限制电压与单体锂离子电池的正、负极的配比必须有一定的对应关系否则不能实现涉案专利所要实现的技术效果，而权利要求 1 的限定却显示单体锂离子电池的正、负极的配比 1∶1.0～1∶2.5 对于大于 4.2V 但不超过 5.8V 的充电限制电压具有普适性。本领域技术人员并不能从说明书充分公开的内容中概括得出权利要求 1 的技术方案，故权利要求 1 得不到说明书的支持，不符合《专利法》第 26 条第 4 款的规定。同理，权利要求 5 亦得不到说明书的支持，不符合《专利法》第 26 条第 4 款的规定。

权利要求 13、14 要求保护以二次锂离子电池或电池组为能源的电子装置，具体限定了电子装置包括的保护电路的首次过充保护电压和过充保护释放电压的数值范围。根据说明书的相关记载可知，保护电路的相关参数是为适应涉案专利中较高的充电限制电压而进行的改进设计，也就是说，包含充电限制电压特征在内的技术方案为基础方案，而包含保护电路相关特征的技术方案为适应性改进方案，改进方案显然依附于该基础方案而存在，当基础方案不能由说明书公开的内容概括得出时，显然该改进方案也无法从说明书公开的内容概括得出，因此，权利要求 13、14 得不到说明书的支持。此外，权利要求 13、14 的保护电路电压参数均只限定了下限，而未限定上限，而说明书中则明确充电限制电压不能超过 5.8V，那么在该充电限制电压的基础上概括包含保护电路电压参数的技术方案时，也应具有相应的上限，尤其是在被诉决定认定涉案专利权利要求 14 具备创造性，即认可相关保护电路电压参数的设计属于涉案专利发明点的情况下，对于保护电路电压的范围选择应推定为本领域技术人员付出创造性劳动方可获得，而不能想当然地认定保护电路电压参数的上限属于本领域技术人员容易确定的范畴。从该角度来看，权利要求 13、14 的保护范围概括过于宽泛，得不到说明书支持。

综上，北京知识产权法院认为被诉决定关于《专利法》第 26 条第 4 款的认定结论有误，国家知识产权局作出被诉决定的主要证据不足、适用法律有误，依法应当予以撤销。

3. 最高人民法院二审案情简介［(2020) 最高法知行终 407 号］

专利权人不服一审判决，向最高人民法院提起上诉，请求撤销原审判决，判令国家知识产权局重新作出无效宣告请求审查决定。相关理由为：

(1) 原审判决错误地认定权利要求 1～12 得不到说明书的支持。①原审判决使用本专利说明书中位于不同位置、用于说明不同技术要旨的内容，错误地解读了说明书中的记载。具体而言，原审判决认定，当锂离子电池的正、负极的配比超出按充电限制电压为 4.2V 时的理论克容量计算限制在 1∶1.15～1∶2.5的范围时，电池性能变差、不适合使用的结论以及权利要求 1 中限定的保护范围与本专利说明书充分公开的范围并不一致均是错误的。②原审判决认定：“当充电限制电压在 4.45V 以上时……缺少变化工艺参数对技术效果、实现发明目的的影响的实例或描述……”这一认定是在未充分考虑本专利的技术背景、本专利的技术问题、解决该问题的技术手段以及说明书中记载的全部实施例的情况下作出的，存在事实认定错误。③原审判决认定“当充电限制电压在 4.45V 以上时……导致本领域技术人员无法预测当充电限制电压较高而正负极配比较低时是否能够解决本专利的技术问题。”原审判决的上述认定忽视了说明书作为专利文献重要组成部分的作用，在脱离了说明书的情况下理解权利要求的范围，认定事实错误。(2) 原审判决对于权利要求 13、14 未以说明书为依据的认定存在事实错误，基于此认定不符合《专利法》第 26 第 4 款，存在法律适用错误。原审判决基于本专利说明书中教导的“保护电路的相关参数是为了适应较高的充电限制电压而进行的改进设计”，错误地认定了“包含充电限制电压特征在内的技术方案为基础方案，而包含保护电路相关特征的技术方案为适应性改进方案，改进方案显然依附于该基础方案而存在，当基础方案不能由说明书公开的内容概括得出时，显然该改进方案也无法从说明书公开的内容概括得出”。

无效请求人辩称：(1) 原审判决关于权利要求 1～12 无法得到说明书支持的认定正确。基于本专利说明书公开的内容，对于本领域技术人员来说，“高电压，低配比”的技术方案是否可以解决本专利声称的技术问题、是否能够实现本专利的发明目的值得怀疑，尤其是在充电限制电压≥5.2V 时。此外，说明书已经明确将权利要求 1 ~ 12 保护范围中的部分技术方案排除了。(2) 原审判决关于权利要求 13 ~ 14 无法得到说明书支持的认定正确。权利要求13 ~ 14 不包含任何涉及充电限制电压和正负极配比的技术特征。本专利说明书中没有公开任何在不限制充电限制电压和正负极配比的情况下，保护电路单独就可以实现发明目的的相关内容。说明书也不包含权利要求 13 ~ 14 所保护的技术方案的端点值。进一步地，说明书中保护电路的相关参数是为了适应权利要求 1 ~ 12 中较高充电限制电压进行改进设计的。当权利要求 1 ~ 12 的基础技术方案得不到说明书的支持，权利要求 13 ~ 14 中的改进技术方案显然也无法得到说明书的支持。最后，权利要求 13 ~ 14 仅限定了下限数值，而未限定上限数值，但权利要求 1 中明确限定了充电限制电压不能超过 5.8V，相应的保护电路电压参数也应当有对应的上限数值。

最高人民法院于 2020 年 11 月 16 日作出（2020）最高法知行终 407 号行政判决，认为：

由于专利权人指出原审判决使用本专利说明书中位于不同位置、用于说明不同技术要旨的内容，错误地解读了说明书中的记载，因此，最高人民法院知识产权法庭对相关证据进行了进一步查验，查明情况如下：

国家质量监督总局于 2000 年 12 月 28 日发布的《蜂窝电话用锂离子电池总规范》（GB/T 18287—2000）第 4.6 条规定，循环寿命电池按 5.3.6 规定进行实验，循环寿命应不低于 300 次；第 5.3.6 规定：“电池循环寿命实验应在环境温度 20℃ ±5℃的条件下进行；在环境温度 0℃ ±5℃的条件下，以 1C5A 充电，当电池端电压达到充电限制电压时改为恒压充电，直到充电电流小于或等于 20mA，停止充电，搁置 0.5 ~ 1h，然后以 1C5A 电流放电至终止电压，放电结束后，搁置 0.5 ~ 1h，再进行下一个充放电循环，直至连续两次放电时间小于 36min，则认为寿命终止。电池的循环寿命应符合 4.6 规定。”

本专利说明书上标第 4 页记载：“针对本领域中普遍认为将充电限制电压提高到高于 4.2V 以后会大幅度降低电池的循环寿命这一观点，本发明人围绕提高充电限制电压、提升电池容量做了大量相关实验和研究。与上述观点截然相反，本发明人出人意料地发现，通过提高充电限制电压，并适当调整单体锂离子电池的正负极配比，可以大大提高二次锂离子电池中电极活性材料的利用率，从而提高二次锂离子电池或电池组的比能量、容量和平均工作电压，而基本不改变电池的性能，本发明正是基于上述发现而得以实现的。”

本专利说明书上标第 17 页记载：“实施例 24 ~ 28 显示采用了……材料，

仍取得与实施例1～21相似的结果。将充电限制电压提高到4.2V以上后，随着该电压提高，可提高电池容量和工作电压，重量比能量也提高了；当充电限制电压提高到4.45V以上后，随着该电压和正负极配比值的提高，可继续提高电池容量和工作电压和重量比能量……”

本专利说明书上标第4～14页记载：“发明人通过逐步提高充电限制电压，研究了充电限制电压与二次锂离子电池的电池特性的关系。例如，在试验中，在对市售二次单体锂离子电池进行检测及自制二次单体锂离子电池化成检测时，本发明人将充电限制电压的工艺参数由4.2V，提高至4.30V、4.35V、4.40V、4.45V和4.6V。结果发现，在充电限制电压为4.3V、4.35V、4.40V时，其比能量比充电限制电压为4.2V时提高了约6%～20%，电池仍然可以保护良好的循环性能，循环50次，容量保持在95%以上，循环500次，容量保持在80%以上，和充电限制电压在4.2V时的循环性能相当。然而在充电限制电压提高至4.45V以上时，比能量虽然提高了近30%，但循环性能较差，循环6次后，容量保持率仅为83.9%。”

为了找出充电限制电压提高至4.45V以上时循环性能较差的原因，本发明人在做了大量基础研究和理论探索后，调整了正负极材料容量配比，即：将锂离子电池的正负极材料按充电限制电压为4.2V时的理论克容量计算的配比调整为1:1.3～2.5。之后将正、负极材料容量配比调整后的单体锂离子电池，分别在充电限制电压为4.45V、4.6V，4.8V、5.0V、5.2V、5.4V、5.6V、5.8V时进行充电试验，优选在化成、检测时进行该充电试验。其试验结果显示，在适当的正负极材料配比下，充电限制电压为4.45V以上时，电池的比能量可以大幅提高，而电池的循环性能基本不会受到影响。

本发明提供了一种新颖的有效提高二次锂离子电池或电池组的比能量和平均工作电压的方法，在该方法中，与现有技术相反，当通过将单体锂离子电池的充电限制电压提高到大于4.2V但不超过5.8V，并且单体锂离子电池的正、负极的配比按理论克容量计算在1:1.0～1:2.5时，可以提高电极活性材料的利用效率，从而提高电池的容量、能量密度和输出电压，同时又不损害电池的使用性能。为了取得较好的效果，本发明还优选该充电限制电压在4.3～5.2V，更优选在4.3～4.8V。此外，本发明优选将单体锂离子电池的正、负极的配比按充电限制电压为4.2V时的理论克容量计算限制在1:1.15～1:2.5的范围。试验表明，当采用的工艺参数超出上述配比范围时，电池性能变差，不适合使用。当负极与正极的配比按理论克容量计算小于1.0时，电池循环寿命过分降低，当负极与正极的配比按理论克容量计算大于2.5时，电池的体积效率显著降低。另外，当提高充电限制电压超过5.8V以后，电池特性变差，不适合使用。

实施例5，按上述方法制成653466方型锂离子电池，正负极配比为1:1.45，用4.45V作为充电限制电压进行化成检测，结果显示电池容量为1365mA时，重量比能量为129W·h/kg，平均工作电压为3.85V，循环400次容量保持84.56%。

……

实施例12，按上述方法制成653466方型锂离子电池，在正极浆料中加入15%另一种含锂元素的化合物C，调整正负极比例为1:2.5，用5.80V作为充电限制电压进行化成检测，结果显示电池容量为1972mA时，重量比能量为195W·h/kg，平均工作电压为3.96V，循环400次容量保持78.82%。

本专利说明书上标第10页记载："由于本发明使用的电压参数高于本领域目前采用的电压参数，因此需要对应用了本发明方法或用于本发明的二次锂离子电池的保护电路和包括该电路的相关设备、装置进行改进。在此，不特别限定本发明用于上述二次锂离子电池或电池组的保护电路，可采用公知的结构类型，只要其首次过充保护电压大于4.35V，过充保护释放电压大于4.15V即可。并且还优选首次过充保护电压大于4.45V，过充保护释放电压大于4.25V。"

本专利说明书上标第4页记载："本发明再一个目的是以二次锂离子电池或电池组为能源的电子装置，该电子装置包括使单体锂离子电池的首次过充保护电压大于4.35V、过充保护释放电压大于4.15V的保护电路。"

本专利说明书上标第11页记载："不特别限定本发明的以二次锂离子电池或电池组为能源的电子装置，可采用公知的结构类型，只要其中该电子装置具有使单体锂离子电池的首次过充保护电压大于4.35V、过充保护释放电压大于4.15V的保护电路即可；优选的首次过充保护电压大于4.45V，过充保护释放电压大于4.25V。本发明提供的电子装置包括，例如，笔记本型电子计算机、便携电话和掌上电脑（PDA），电动自行车，电动车等。"

本案中，权利要求1包含了"充电限制电压大于4.2V，但不超过5.8V"及"正负极配比按充电限制电压为4.2V时的理论克容量计算在1:1.0～1:2.5"两组不同的数值范围技术特征。虽然权利要求1未就该两组数值范围技术特征之间的关系予以明确说明，但本领域技术人员通过阅读本专利说明书中“发明内容”部分关于实现本专利发明目的的手段系“通过提高充电限制电压，并适当调整单体锂离子电池的正、负极的配比”的记载，以及本专利说明书给出的实施例和实施例给出的“当充电限制电压提高到4.45V以上后，随着该电压和正负极配比值的提高，可继续提高电池容量、工作电压和重量比能量”启示等内容，可以明确得出权利要求1所包含的两组数值范围技术特征之间具有以下对应关系：充电限制电压提高到4.2V以上但不超过5.8V，正负极配比按充电限制电压为4.2V时的理论克容量计算限制在1∶1.0～1∶2.5，且当充电限制电压大于4.45V时正负极配比要随着充电限制电压的升高而升高。

在此基础上，本领域技术人员结合本发明申请时“电池循环300次容量保持在60%即可满足相关行业对电池循环性能的要求”的公知常识，根据本专利说明书及实施例给出的上述指引和启示，判断出符合本发明目的的具体实施方式，并在采取常规的实验手段及有限次的试验情况下便可排除不能实现本发明目的的技术方案，即无需通过过度劳动便可清楚认识到权利要求1包含的两组数值范围技术特征在上述对应关系之外的其他数值范围并非权利要求1所要保护的内容。因此，权利要求1能够得到说明书的支持。同理，权利要求5亦能够得到说明书的支持。

无效请求人以充电限制电压限定在4.45～5.8V，正负极配比限定在1∶1.0～1∶1.3的技术方案已经被说明书公开内容明确排除，本领域技术人员无法预测充电限制电压高、正负极配比低的技术方案能否解决本专利的技术问题等理由，认为权利要求1得不到说明书的支持。对此最高人民法院认为，无效请求人上述主张的前提为充电限制电压提高到4.2V以上但不超过5.8V，正负极配比按充电限制电压为4.2V时的理论克容量计算限制在1∶1.0～1∶2.5这两项数值范围所限定的范围全部都被纳入了权利要求1的保护范围。然而如本院前段所述，本领域技术人员根据本专利说明书及实施例给出的指引和启示，并结合相关公知常识，无需过度劳动即可清楚认识到权利要求1具体的保护范围，并将不能实现本专利发明目的的技术方案排除在权利要求1的保护范围之外，即不能实现本专利发明目的的技术方案并未包含在权利要求1所限定的保护范围内。所以，如无效请求人主张的技术方案确实不能解决本专利的技术问题，那么相关技术方案便未被包含在权利要求1的保护范围内，当然不能成为认定权利要求1无法得到说明书支持的理由。

权利要求14要求保护以二次锂离子电池或电池组为能源的电子装置，具体限定了该电子装置包括的保护电路的首次过充保护电压和过充保护释放电压的数值范围，但只限定了该两电压的下限值，未限定上限值。根据说明书记载的内容可知，关于包含首次过充保护电压、过充保护释放电压的保护电路及包含该保护电路的电子装置是为用于本发明所要求保护的二次锂离子电池或电池组，即包含保护电路的电子装置是为了保护本专利中具有较高充电限制电压的二次锂离子电池或电池组而进行的适应性设计。因此，上述包含保护电路的电子装置的技术方案在实施时，必须与本发明包含了充电限制电压技术特征的技术方案相适应。在本发明所要求保护的二次锂离子电池或电池组已公开充电限制电压数值范围的情况下，本领域技术人员在阅读说明书后必然能够直接确定保护电路电压参数的上限值。因此，权利要求 14 能够得到说明书的支持。原审法院就权利要求 14 得不到说明书支持的认定有误。

综上，最高人民法院认为权利要求 1 ~ 12、权利要求 14 符合《专利法》第 26 条第 4 款的规定。据此，最高人民法院判决：原审判决认定事实基本清楚，但适用法律错误，应予撤销。被诉决定结论正确，应予维持。专利权人上诉主张成立，对其上诉请求应予支持。

【焦点归纳】

本案的争议焦点为：本专利权利要求 1 ~ 12、权利要求 14 是否符合《专利法》第 26 条第 4 款的规定。具体到方案而言，主要聚焦在两个方面：以两组以上不同的数值范围技术特征所限定的权利要求包含了说明书明确排除的范围能否得到说明书支持；以数值范围技术特征限定保护范围的权利要求，只限定了一侧端值但未限定另一侧端值的，能否得到说明书的支持。

1. 以两组以上不同的数值范围技术特征所限定的权利要求包含了说明书明确排除的范围能否得到说明书支持

无效请求人认为：权利要求 1、5 要求保护的充电限制电压的数值范围和正负极配比的数值范围在说明书实施例中没有全面覆盖，说明书已经明确将权利要求保护范围中的部分技术方案排除。此外，对于本领域技术人员来说，“高电压，低配比”的技术方案是否可以解决本专利声称的技术问题、是否能够实现本专利的发明目的值得怀疑，尤其是在充电限制电压≥5.2V 时，因此权利要求 1、5 得不到说明书的支持。

专利权人认为：原审判决使用本专利说明书中位于不同位置、用于说明不同技术要旨的内容，错误地解读了说明书中的记载，并且在事实认定中未充分考虑本专利的技术背景、本专利的技术问题、解决该问题的技术手段以及说明书中记载的全部实施例，存在事实认定错误。说明书作为专利文献重要组成部分，不能在脱离说明书的情况下理解权利要求的范围。

国家知识产权局认为：本专利的发明构思是通过将充电限制电压提高至4.2V以上来提高电池比能量、容量等性能，并配合正负极配比的调整来避免充电限制电压提高所带来的循环寿命降低的弊端。说明书中已经给出了涉及这两个数值范围内多个值包括端点值的实施例，也说明了这两个参数之间的关系，本领域技术人员据此能够合理概括出权利要求的保护范围。本领域技术人员在具体实施权利要求的技术方案时，能够根据其掌握的普通技术知识和实际情况排除掉一些极端的、不能实现的技术方案。

北京知识产权法院一审认为：涉案专利说明书内容体现充电限制电压与单体锂离子电池的正、负极的配比必须有一定的对应关系否则不能实现涉案专利所要实现的技术效果，而权利要求1的限定却显示单体锂离子电池的正、负极的配比1∶1.0～1∶2.5对于大于4.2V但不超过5.8V的充电限制电压具有普适性。充电限制电压和正负极配比的取值正是涉案专利的发明点，不属于现有技术范畴，本领域技术人员不具备可以从权利要求的保护范围中排除不能实现的技术方案的能力，并不能从说明书充分公开的内容中概括得出权利要求的技术方案。

最高人民法院认为：根据说明书的记载，本领域技术人员可以确定权利要求1所包含的两组数值范围技术特征之间的关系，充电限制电压提高到4.2V以上但不超过5.8V，正负极配比按充电限制电压为4.2V时的理论克容量计算限制在1∶1.0～1∶2.5，且当充电限制电压大于4.45V时正负极配比要随着充电限制电压的升高而升高。无需通过过度劳动便可清楚认识到权利要求1包含的两组数值范围技术特征在上述对应关系之外的其他数值范围并非权利要求1所要保护的内容。因此，权利要求1能够得到说明书的支持。同理，权利要求5亦能够得到说明书的支持。无效请求人主张的技术方案确实不能解决本专利的技术问题，那么相关技术方案便未被包含在权利要求1的保护范围内，当然不能成为认定权利要求1无法得到说明书支持的理由。

2. 以数值范围技术特征限定保护范围的权利要求，只限定了一侧端值但未限定另一侧端值的，能否得到说明书的支持

无效请求人认为：权利要求13～14仅限定了下限数值，而未限定上限数值，但权利要求1中明确限定了充电限制电压不能超过5.8V，相应的保护电路电压参数也应当有对应的上限数值。

专利权人认为：权利要求13、14未以说明书为依据的认定存在事实错误，

从说明书的指导并不能得出包含保护电路相关特征的技术方案为适应性改进方案，改进方案显然应该依附于该基础方案而存在的结论。

国家知识产权局认为：本领域技术人员知晓保护电路与充电限制电压之间的关系，在说明书记载了上述数值范围以及其设定原因的基础上，其能够合理预测出上述两个参数并能够解决相应的技术问题并实现相应的技术效果。

北京知识产权法院一审认为：权利要求 13、14 的保护电路电压参数均只限定了下限，而未限定上限，而说明书中则明确充电限制电压不能超过 5.8V，那么在该充电限制电压的基础上概括包含保护电路电压参数的技术方案时，也应具有相应的上限，尤其是在被诉决定认定涉案专利权利要求 14 具备创造性，即认可相关保护电路电压参数的设计属于涉案专利发明点的情况下，对于保护电路电压的范围选择应推定为本领域技术人员付出创造性劳动方可获得，而不能想当然地认定保护电路电压参数的上限属于本领域技术人员容易确定的范畴。

最高人民法院认为：包含保护电路的电子装置是为了保护本专利中具有较高充电限制电压的二次锂离子电池或电池组而进行的适应性设计。因此，上述包含保护电路的电子装置的技术方案在实施时，必须与本发明包含了充电限制电压技术特征的技术方案相适应。在本发明所要求保护的二次锂离子电池或电池组已公开充电限制电压数值范围的情况下，本领域技术人员在阅读说明书后必然能够直接确定保护电路电压参数的上限值。

【分析借鉴】

本案涉及《专利法》第 26 条第 4 款的规定，主要在于判断权利要求能否得到说明书的支持，这是发明创造获得授权和专利权保护的基本要求之一，也是专利无效案件中频繁使用的法条之一。对于一项包含参数特征的权利要求而言，能否得到说明书的支持是一个经常遇到的问题，也是一个难点问题。本案明确了以数值范围限定保护范围的权利要求能否得到说明书支持的判断原则。

《专利法》第 26 条第 4 款规定："权利要求书应当以说明书为依据，清楚、简要地限定要求专利保护的范围。""权利要求应当以说明书为依据"即通常所说的权利要求应当得到说明书的支持。《专利审查指南 2010》对该款规定进行了进一步说明：权利要求书应当以说明书为依据，是指权利要求应当得到说明书的支持。权利要求书中的每一项权利要求所要求保护的技术方案，应当是所属技术领域的技术人员能够从说明书充分公开的内容中得到或概括得出的技术方案，并且不得超出说明书公开的范围。《专利法》规定权利要求应当得到说明书的支持，是指权利要求的技术方案应当是本领域技术人员能够从说明书充分公开的内容中得到或概括得出的技术方案，并且不得超出说明书公开的范围。其目的在于使得权利要求限定的保护范围与其说明书公开的内容相适应，也就是申请人要求得到的法律保护权益与其对社会实际所作出的技术贡献相适应，即权利要求保护范围不应当放宽到超出说明书的记载范围，也不应当缩小到由于申请人因公开其发明而损害其应当获得的权益。如果权利要求保护范围过宽，把属于现有技术中公知的技术，或者是把将来可能会有人完成的发明囊括到专利权的保护范围，必将会损害社会公众的利益；相反，如果权利要求保护范围过窄，申请人本应当受到保护的一部分发明得不到应有的保护，社会公众可以随意使用，这对申请人也不公平。该法条就是为了让申请人的利益与社会公众利益达到平衡。

1. 以两组以上不同的数值范围技术特征限定保护范围的权利要求能否得到说明书支持的判断

目前，在专利文献的权利要求中经常会遇到采用数值范围来限定某一技术特征的情形，特别是在医药化学领域专利的权利要求中，并且还可能在同一个权利要求中出现多组不同的数值范围来限定不同的技术特征。而这些不同的技术特征之间还存在某种对应关系，即不同的数值范围之间存在相互对应关系，相互之间必须要满足特定的条件才能解决本申请所要解决的技术问题，甚至在说明书中明确记载某些条件下不能解决本申请所要解决的技术问题，这种情况允许申请人依据说明书的内容，在权利要求中概括出一个合理的数值范围。基于符合发明目的的原则，在解释权利要求时只有那些能够实现发明目的和效果的技术方案才能解释并归于权利要求的保护范围中，而那些不能实现发明目的和效果的技术方案并不属于权利要求请求保护的范围。因此，在判断权利要求是否得到说明书支持时，以两组以上不同的数值范围技术特征限定保护范围的权利要求，如果本领域技术人员通过阅读说明书可以确定各数值范围技术特征之间存在相互对应关系，能够通过有限次实验得到符合发明目的的具体实施方式，而且无需通过过度劳动，即可排除不能实现发明目的的技术方案的，应当认为该权利要求能够得到说明书支持。就本案而言，权利要求 1 中限定充电限制电压提高到 4.2V 以上但不超过 5.8V，正负极配比限制在 1:1.0 ~ 1:2.5 两组不同的数值范围，根据说明书的记载可以得出且当充电限制电压大于 4.45V 时正负极配比要随着充电限制电压的升高而升高。虽然从权利要求的字面上看包含了说明书中记载的不能实现本发明目的的技术方案，但该技术方案是本领域技术人员无需经过创造性劳动就可以排除的技术方案，并不属于权利要求1所请求保护的范围，因此该权利要求能够得到说明书的支持。

2. 以数值范围技术特征限定保护范围的权利要求仅限定一侧端值能否得到说明书支持的判断

在权利要求用数值范围限定的专利中，除了上述所说的限定一个完整的数值区间范围，部分数值范围会采用“超过”“大于”或者“高于”等类似的词语仅限定一个端点值，而不对另一个端点值进行任何限定，这就形成一种看上去是开放的数值范围区间。在对这类技术特征进行权利要求解释或者进行侵权认定时，能否认为开放数值区间的数值范围可以达到无穷大或者无穷小呢？根据确定专利保护范围的解释原则，现实中一般是难以这样认定的。具体如何准确地界定这类数值范围需要根据实际应用场景进行判断。基于公平原则，在解释权利要求时要兼顾社会公众的利益，不能把不应纳入权利要求保护范围的内容解释到权利要求的范围当中。基于折衷原则，在解释权利要求时，既不能将专利权的保护范围只拘泥于权利要求书本身记载的字面含义，也不能将专利权的保护范围扩展到本领域普通技术人员需要经过创造性劳动才能想到的内容。在认定开放数值区间的具体数值范围时，需要本领域普通技术人员在阅读专利申请说明书及附图的全部内容之后，结合本领域的常规技术知识，将不需要付出创造性劳动即可确定的内容作为开放数值区间的保护范围。因此，在判断权利要求是否得到说明书支持时，以数值范围技术特征限定保护范围的权利要求，只限定了一侧端值但未限定另一侧端值的，如本领域技术人员在阅读说明书后可以直接且毫无疑义地确定另一侧端值，则应认定该权利要求能够得到说明书支持。就本案而言，包含保护电路的电子装置是为了保护本专利中具有较高充电限制电压的二次锂离子电池或电池组而进行的适应性设计，该装置的技术方案在实施时，必须与本发明包含了充电限制电压技术特征的技术方案相适应，本发明已经公开了充电限制电压的范围，而本领域技术人员应该知晓首次过充保护电压、过充保护释放电压是低于充电限制电压的，本领域技术人员必然能够毫无疑义地确定保护电路电压参数的上限值。虽然本领域技术人员能够根据说明书的记载确定保护电路电压参数的上限值，但为了将专利写得更清楚，避免不必要的争议，建议在撰写专利申请文件时最好遵循《专利审查指南2010》中的相关规定，当权利要求相对于背景技术的改进涉及数值范围时，通常应给出两端值附近（最好是两端值）的实施例，当数值范围较宽时，还应当给出至少一个中间值的实施例。

3. 准确站位本领域技术人员，合理解释权利要求的保护范围

《专利审查指南2010》中规定，本领域的普通技术人员是指一种假设的“人”，假定他知晓申请日或优先权日之前发明所属技术领域的所有普通技术知识，能够获知该领域中所有的现有技术，并且具有应用该日期之前常规实验手段的能力，但他不具备创造能力。如果所要解决的技术问题能够促使本领域的技术人员在其他技术领域寻找技术手段，他也应具有从该其他技术领域中获知该申请日或优先权日之前的相关技术、普通技术知识和常规实验手段的能力。解释权利要求应当从本领域技术人员的视角进行，因此，本领域技术人员水平的高低对权利要求保护范围的解释是至关重要的，不同的“本领域技术人员”可能会解释出不同的范围。就本案而言，从无效阶段可以看到，虽然国家知识产权局认可专利说明书中确实并未完全记载权利要求中的所有特征，但国家知识产权局认为本领域技术人员根据说明书的记载以及其掌握的普通技术知识，能够合理概括出权利要求限定的范围。可见此处国家知识产权局赋予了“本领域技术人员”较高的技术水平。而在一审阶段，虽然北京知识产权法院也认可不同数值范围，以及说明书呈现出的数值范围间存在相互关系，但并不认为本领域技术人员根据说明书的记载以及其掌握的普通技术知识就能够合理概括出权利要求限定的范围。这里，北京知识产权法院又赋予了“本领域技术人员”较低的技术水平。国家知识产权局和北京知识产权法院的分歧主要源于对“本领域技术人员”能力认定上的偏差，一个认为“本领域技术人员”有能力去概括出权利要求限定的范围，一个则认为不能。最高人民法院并不是简单地去对“本领域技术人员”的能力进行划分，而是在充分考虑相关现有技术以及说明书整体记载内容的基础上，作出了最终判决。其中，不仅包含了国家知识产权局的基本观点，并进一步进行了更为详细的论述。准确站位本领域技术人员和正确解读权利要求对于专利审查、无效、侵权认定等多个环节都至关重要。在对权利要求进行解读时，既要避免将与发明技术贡献不符的内容纳入权利要求的保护范围，又不能忽视能够从说明书和附图记载的整体技术方案中直接地、毫无疑义地确定的内容。基于本领域技术人员的视角对权利要求进行正确解读并合理界定权利要求的保护范围，不仅能够使得专利权人所获得的权益与其对现有技术的贡献一致并且很好地平衡专利权人的利益和社会公众的利益，而且也能更好地维护权利要求书作为法律文件的公示性、确定性以及稳定性，同时也有利于后续司法程序对权利要求保护范围的准确理解。

4. 无需过度劳动即可将不能实现本发明目的的技术方案排除在权利要求的保护范围之外，该技术方案不应当包含在权利要求所限定的保护范围内

专利权作为一种知识产权，通过权利要求向社会公示其保护范围，并作为侵权判定的依据。对于权利要求保护范围的确定，我国《专利法》第59条第1款给出了相关规定。《专利法》第59条第1款规定：发明或者实用新型的保护范围以其权利要求的内容为准，说明书及附图可以用于解释权利要求的内容。专利权利要求的解释事关专利权人、被控侵权人、无效请求人和社会公众的利益。另外，对权利要求的解释应当符合发明目的，专利的发明目的是要克服现有技术中存在的缺陷。在确定专利保护范围时，不应将不能实现发明目的和效果的技术方案解释到权利要求的保护范围中，特别是无需付出创造性劳动就能排除的技术方案，否则将不适当地扩大专利的保护范围，损害社会公众的利益，对社会公众不公平，也不符合鼓励发明创造、提高创新能力的《专利法》立法宗旨。因此，在确定专利权保护范围时，本领域技术人员应结合本领域的技术背景，在阅读了说明书及附图的全部内容之后，将无需过度劳动即可确定不能实现本发明目的的技术方案排除在专利权的保护范围之外。

5. 普通数值范围限定的权利要求能否得到说明书支持的判断原则

《专利法》第26条第4款规定的“权利要求应当以说明书为依据”，其是为了让专利保护范围与发明人所作的技术贡献相匹配，权利要求的内容可以是说明书中明确记载的内容，也可以是本领域技术人员根据说明书的记载可以合理预测的内容。因此，权利要求书中限定的关于数值范围的技术特征可以在说明书中公开的数值或数值范围的基础上，合理地进行概括、扩展或替代。对于包含有数值范围的权利要求能否得到说明书的支持，需要综合考虑：说明书明确记载的范围和端值；说明书中记载的技术问题及技术手段；权利要求中的数值范围是否均能解决技术问题并达到预期效果；选取的数值范围是否为相对于现有技术的改进点；本领域的普通技术知识等多种因素。如若综合以上因素，本领域技术人员能够不经过创造性劳动从说明书充分公开的内容中得到或概括得出较宽的该数值范围，且根据说明书给出的技术指导，依据本领域的知识水平，能够确认整体上该数值范围都能够解决说明书中记载的技术问题并达到预期效果，则可以认为该数值范围得到了说明书的支持。

2.3　权利要求应当清楚

【案例9】防电磁污染服［（2020）最高法知行终407号］

专利权的保护范围由权利要求来限定，如果权利要求中包括含义不确定的词语，且结合该专利的说明书、本领域公知常识以及相关的现有技术，仍不能确定权利要求中该词语的具体含义，则应认为该权利要求保护范围不清楚。

【案情介绍】

柏某清（下称专利权人）系专利号为200420091540.7、名称为“防电磁污染服”实用新型专利（以下简称涉案专利）的专利权人。涉案专利申请日为2002年5月8日，应适用2000年修订的《专利法》以及2001年修订的《专利法实施细则》，授权公告日为2006年12月20日。

涉案专利授权公告权利要求书如下：

1. 一种防电磁污染服，它包括上装和下装，其特征在于所述服装在面料里设有由导磁率高而无剩磁的金属细丝或者金属粉末构成的起屏蔽作用的金属网或膜。

本实用新型结构示意图如图2－1所示，其包含上装和下装。

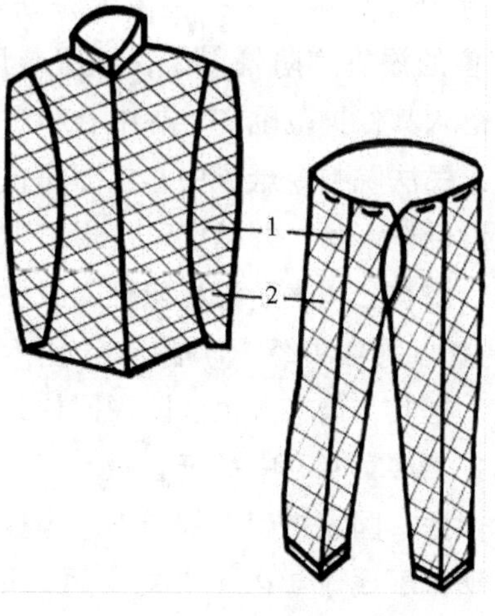

图2－1　涉案专利结构示意图

结合上述权利要求的内容，该实用新型专利保护范围的技术特征可以归纳为：A. 一种防电磁污染服，包括上装和下装；B. 服装的面料里设有起屏蔽作用的金属网或膜；C. 起屏蔽作用的金属网或膜由导磁率高而无剩磁的金属细丝或者金属粉末构成。该专利说明书载明，该专利的目的是提供一种成本低、保护范围宽和效果好的防电磁污染服。其特征在于所述服装在面料里设有导磁率高而无剩磁的金属细丝或者金属粉末构成的起屏蔽保护作用的金属网或膜。所述金属细丝可用市售5～8丝的铜丝等，所述金属粉末可用如软铁粉末等。图2-1表明，防护服是在不改变已有服装样式和面料功能的基础上，通过在面料里织进导电金属细丝或者以喷、涂、扩散、浸泡和印染等任一方式的加工方法将导电金属粉末与面料复合，构成带网眼的网状结构即可。

1. 四川省成都市中级人民法院一审案情简介［（2010）成民初字第597号］

专利权人于2010年7月19日起诉至成都市中级人民法院称，其于2000年4月24日向国家知识产权局申请了名称为“防电磁污染确保人体健康的方法”的实用新型专利。2002年5月8日以同样名称和内容再次提出申请，后以“防电磁污染服”和“防静电鞋”提出分案申请。国家知识产权局于2006年12月20日向其颁发了专利号为ZL200420091540.7的“防电磁污染服”的专利证书。因该专利系其在2000年4月24日首次提起申请后，就同样主题提起，故涉案专利的申请日为2000年4月24日。专利权人在成都难寻物品营销服务中心（以下简称难寻中心）购买了一件由上海添香实业有限公司（以下简称添香公司）生产销售的添香牌防辐射服，该服装所采用技术的技术特征与涉案专利特征相同，落入其保护范围。难寻中心和添香公司的行为侵犯了专利权人的专利权。请求人民法院判令难寻中心立即停止销售被诉侵权产品；添香公司停止生产销售被诉侵权产品，并赔偿经济损失100万元。

被告难寻中心辩称，添香公司生产销售防辐射服早于柏某清申请专利日即2002年5月8日，难寻中心系合法经销添香公司生产的防辐射服，有合法来源，其行为不构成侵权。据此，请求人民法院驳回柏某清的诉讼请求。

被告添香公司辩称：①涉案专利中关于导磁率高而无剩磁的技术特征的表述存在矛盾、缺乏科学依据，国家知识产权局不应当授予该项专利；②被控侵权产品所用金属为不锈钢，不属于导磁率高的金属，柏某清对此亦并未举证，且防辐射技术早已是公知技术，添香公司生产销售的防辐射服系使用现有技术，不构成侵权；③添香公司在涉案专利申请日前就已开始制造防辐射服，享有先用权；④柏某清的索赔金额无事实依据。据此，请求人民法院驳回柏某清的诉讼请求。

成都市中级人民法院查明：2010 年 5 月 28 日，难寻中心销售了由添香公司生产的添香牌防辐射服上装，该产品售价 490 元。其技术特征是：a. 一种防电磁污染服上装；b. 服装的面料里设有起屏蔽作用的金属防护网；c. 起屏蔽作用的金属防护网由不锈钢金属纤维构成。

成都市中级人民法院于 2011 年 2 月 18 日作出的（2010）成民初字第 597 号判决，认为：

柏某清系 ZL200420091540.7“防电磁污染服”实用新型专利权人，其专利权受法律保护。专利的授予系行政程序，不属于法院审查范围，故对添香公司关于柏某清不应被授予涉案专利的辩称，本院不予审查。添香公司生产的添香牌防辐射服上装与诉争专利的“防电磁污染服”，具有相同功能和使用目的，为相同产品。比较涉案专利与被控侵权产品的技术特征，特征 A 与特征 a 是服装所具有的共同形态；特征 b 所采用的金属网形态，属于特征 B 表明的金属网或膜的形态的一种；特征 C 表明起屏蔽作用的金属网或膜由导磁率高而无剩磁的金属细丝或者金属粉末构成，但特征 c 表明起屏蔽作用的金属防护网所用特种金属纤维系不锈钢，而根据柏某清陈述，不锈钢并不一定是导磁率高而无剩磁的金属，其中铁的含量影响导磁率的高低，故在柏某清既未明确涉案专利技术特征中导磁率高低的区分标准，亦未证明被控侵权产品所采用的不锈钢丝的导磁率已达到上述“高”限的情况下，柏某清关于技术特征 C“起屏蔽作用的金属网或膜由导磁率高而无剩磁的金属细丝或者金属粉末构成”与 c“起屏蔽作用的金属防护网由不锈钢金属纤维构成”相同的主张不能成立，故其所举证据材料不足以证明被控侵权产品落入其专利保护范围。综上，添香公司生产销售的添香牌防辐射服没有侵犯原告的实用新型专利权，难寻中心销售上述非侵权产品的行为亦未侵犯柏某清所享有的实用新型专利权。对柏某清请求判令停止侵权、赔偿经济损失的主张，本院不予支持，对被告的相反主张，本院予以支持。另，因已认定添香公司不具有侵犯柏某清专利权的行为，故本院对添香公司是否享有先用权、是否使用了现有技术及其赔偿责任问题以及双方当事人为证明上述问题所举的证据材料不再审查认定。

2. 四川省高级人民法院二审案情简介［（2011）川民终字第 391 号］

专利权人不服成都市中级人民法院判决，于 2011 年 8 月 8 日向四川省高级人民法院提起上诉称，根据现有证据能够证明被控侵权产品的特征 c“起屏蔽作用的金属防护网由不锈钢金属纤维构成”与涉案专利权利要求1中特征C“起屏蔽作用的金属网或膜由导磁率高而无剩磁的金属细丝或者金属粉末构成”相同。

难寻中心庭审中口头答辩称：难寻中心是合法经营主体，经销产品有合法来源，其合法经营行为不构成侵权。

添香公司庭审中口头答辩称：防辐射技术在1999年已大规模使用于服装，添香公司早已生产销售案涉产品，柏某清的专利技术属于已知技术，添香公司不构成侵权。

二审诉讼的举证期限内，柏某清为证明被控侵权产品的特征c“起屏蔽作用的金属防护网由不锈钢金属纤维构成”与涉案专利权利要求1中的特征C“起屏蔽作用的金属网或膜由导磁率高而无剩磁的金属细丝或者金属粉末构成”为相同特征，提交了以下证据：1. 对“对导磁率高而无剩磁”的附加说明（一）；2. 对“对导磁率高而无剩磁”的附加说明（二）；3. 对“对导磁率高而无剩磁”的附加说明（三）。柏某清认为，证据1～3可以证明以下事实：首先，要使防辐射服达到屏蔽效果，即屏蔽掉1kHz频率以下的磁场辐射波，防辐射服的金属材料的导磁率必须要高至14248以上，并且由于导磁率越高，用料也越少，因此被控侵权产品为同时达到屏蔽效果好及用料少、降低成本的效果，其所选择材料的导磁率也必定在此范围内，故被控侵权产品所选材料的导磁率必然落入了涉案专利权利要求1中导磁率高的范围内；其次，为了避免空气中的导电悬浮物不被剩磁吸引而脏污衣物，被控侵权产品必然要选用无剩磁的材料；再次，添香公司在其官方网站上也登载了其屏蔽材料应选用导磁率较高的材料。故被控侵权产品的特征c与涉案专利权利要求1中的特征C相同。

难寻中心、添香公司发表质证认为：柏某清提交的上述证据源于网络和本人的摘抄整理，对其真实性和证明力均不予认可。

四川省高级人民法院于2011年10月24日作出的（2011）川民终字第391号判决，认为：

证据1、2系柏某清摘抄整理记录，柏某清未提供相应的原始材料，且其内容仅表明当采用具有高导磁率和无剩磁的金属材料时，可使防辐射服具有防辐射效果好、不污染服装的技术效果，但这并不当然表明被控侵权产品具有此技术效果或必然采取了上述技术手段，柏某清认为被控侵权产品为达到上述技术效果，必然要选用导磁率高无剩磁的不锈钢，仅属一种推测，缺乏事实依据，故对证据 1 和 2 的真实性、合法性及证明力不予认可；证据 3 是柏某清从网页上下载的资料，鉴于网页资料修改的随意性及上传时间的不确定性等因素，其真实性难以确定，就其内容本身而言，虽然其载明添香防辐射服的屏蔽材料采用了导磁率较高的材料，但是无法证明其导磁率与涉案专利权利要求书中的导磁率属同一范围，同时证据 3 也未就该材料有无剩磁的情况进行说明，故对证据 3 的证明力不予认可。

根据《专利法》第 59 条第 1 款“发明或者实用新型专利权的保护范围以其权利要求的内容为准，说明书及附图可以用于解释权利要求的内容”的规定，涉案专利的权利要求 1 对其所要保护的“防电磁污染服”所采用的金属材料进行限定时采用了含义不确定的技术术语“导磁率高”，并且在其权利要求书的其他部分以及说明书中均未对这种金属材料导磁率的具体数值范围进行限定，也未对影响导磁率的其他参数进行限定；本案审理过程中，柏某清也未提供证据证明防辐射服的“导磁率高”在本领域中有公认的确切含义。故本领域技术人员根据涉案专利权利要求书和说明书的记载无法确定权利要求 1 中的特征 C“起屏蔽作用的金属网或膜由导磁率高而无剩磁的金属细丝或者金属粉末构成”中的高导磁率所表示的导磁率的具体数值范围。就被控侵权产品的特征 c“起屏蔽作用的金属防护网由不锈钢金属纤维构成”而言，其仅仅是表明该防辐射服采用了不锈钢金属纤维材料，并未对不锈钢金属纤维的导磁率以及有无剩磁等情况进行说明。根据柏某清在一审庭审中的陈述，不锈钢并不一定是导磁率高而无剩磁的金属，故在柏某清既未举证证明涉案专利技术特征“导磁率高”所表示的导磁率的具体数值范围，也未举证证明被控侵权产品所采用的不锈钢纤维的导磁率的数值范围属于其权利要求保护范围且该不锈钢纤维具有无剩磁的特性的情况下，柏某清关于技术特征 C“起屏蔽作用的金属网或膜由导磁率高而无剩磁的金属细丝或者金属粉末构成”与特征 c“起屏蔽作用的金属防护网由不锈钢金属纤维构成”相同的主张不能成立，故被控侵权产品未落入涉案专利权利要求 1 的保护范围。添香公司生产、销售的添香牌防辐射服及难寻中心销售的上述产品均未侵犯柏某清的实用新型专利权。

3. 最高人民法院再审案情简介［(2012) 民申字第 1544 号］

专利权人不服四川省高级人民法院二审判决，向最高人民法院申请再审。相关理由为：

(1) 关于涉案专利权利要求 1 中的“导磁率高”的理解问题。①解释权利要求时应当站在本领域普通技术人员立场上，结合工具书、教科书等公知文献以及本领域普通技术人员的通常理解进行解释。②导磁率又称为磁导率，是国际标准的电磁学技术术语，包括相对磁导率与绝对磁导率。相对磁导率是磁体在某种均匀介质中的磁感应强度与在真空中磁感应强度之比值。绝对磁导率是在磁介质所在的磁场中某点的磁感应强度与磁场强度的比值。绝对磁导率更为常用，所以绝对磁导率在多数教科书与技术资料中简称为磁导率。③导磁率是磁感应强度与磁场强度之比值，是一个与磁感应强度和磁场强度都相关联的物理量。在特定的物理条件下，导磁率是可以描述、测量出的数值，可以有大小高低之分。④相关证据可以证明高导磁率是本领域普通技术人员公知的技术常识。国际标准单位意义上的高导磁率是国际公认的表达。相关现有技术中，从 80 高斯/奥斯特、1850 高斯/奥斯特到 34×10^4 高斯/奥斯特或者 83.5×10^4 高斯/奥斯特，分别代表了高、很高、特高（极高）三个不同级别，但都属于高导磁率范围，都属于本领域普通技术人员理解的高导磁率范围内。⑤涉案专利权利要求 1 中限定了防电磁污染即防电磁辐射用途，高导磁率具有特定的具体环境，可以具体确定其含义。现实中，可以大致确定人们对各种辐射的防范需求。对于不同的防辐射环境需要，本领域普通技术人员可以先测定出辐射数值，然后选择能够实现防辐射目的的导磁率材料。涉案专利权利要求 1 中的“导磁率高”具有明确的含义。即首先确定出磁介质的导磁率数值的安全下限，然后高于这个下限数值的就是导磁率高。这个下限数值可以因使用环境不同而有所区别。

（2）被诉侵权产品中的磁介质导磁率与剩磁可以通过司法鉴定查明。在当事人未申请司法鉴定的情况下，人民法院应当行使释明权。柏某清请求依法对被诉侵权产品进行司法鉴定。防范电磁辐射的产品应当无剩磁，或者有剩磁时进行退磁处理，直至无剩磁。因此，被诉侵权产品有明显的剩磁亦不合理。

专利权人还向最高人民法院提交了以下证据：（1）《现代汉语词典》。（2）《中国大百科全书（物理学）》。（3）《静噪声滤波器用高导磁率铁粉 KIPMG270H 的磁性能》，发表于《上海钢研》2000 年第 1 期。（4）《高磁通密度、高导磁率的新软磁材料》，发表于《电子技术》1991 年第 12 期。（5）《特宽恒导磁材料的研制》，发表于《上海钢研》1979 年第 2 期。（6）《用在静止气氛中冷却制造高导磁率含铜硅钢的工艺》，发表于《钢铁研究》1980 年 Z1 期。（7）《特高初导磁率极低损耗非晶态合金的研制》，发表于《仪表材料》1985 年第 16 卷第 3 期。（8）《人体防电磁辐射的安全限值》，发表于《环境技术》1999 年第 6 期。（9）《批量生产的高磁导率铁氧体材料与磁芯》，发表于《磁性材料与器件》2002 年第 4 期。柏某清以上述证据 1、2 证明磁导率的含义，以证据 3 ~ 9 证明本领域中高磁导率系频繁使用的技术术语，本领域技术人员能够理解其含义。

最高人民法院再审审理查明，关于磁导率与导磁率的含义，证据 1 “磁导率” 词条记载：“磁体在某种均匀介质中的磁感应强度与真空中磁感应强度的比值。也叫磁导系数或导磁率。” 证据 2 “磁导率” 词条记载：“表示物质磁性的一种磁学量，是物质中磁感应强度 B 与磁场强度 H 之比，$\mu = B/H$。但通常使用物质的相对磁导率 μ_r，其定义是物质的磁导率 μ 与真空的磁导率（或称磁常数）μ_0 之比，即 $\mu_r = \mu/\mu_0$。” “B 与 H 之比的磁导率表示物质受磁（化）场 H 作用时，其中磁场相对于 H 的增加（$\mu_r > 1$）或减少（$\mu_r < 1$）的程度”。在实际应用中，磁导率还因具体条件不同而分为多种，例如起始磁导率 μ_i、微分磁导率 μ_d、最大磁导率 μ_m、复磁导率、张量磁导率等。该词条所示的“几种磁导率定义的示意图”显示磁导率并非常数。

关于高导磁率的含义，证据 3 中使用了“高导磁率铁粉”的表述。证据 4 中记载了“高导磁率的新软磁材料”“导磁率为硅钢片的 20 倍”等内容。证据 5 中记载了“在非常高的磁场下（如 100Oe）仍具有相当高的磁导率值（≥80Gs/Oe）”等内容。证据 6 中记载了“制造高导磁率含铜硅钢的工艺”“导磁率在 10 奥斯特时至少为 1850 高斯/奥斯特的生产工艺”等内容。证据 7 中有“极高的初始导磁率及较低的损耗，其最佳性能 $\mu_{0.01}$ 可达 34×10^4Gs/Oe，μ_m 达 83.5×10^4Gs/Oe”等内容。证据 8 中，记载了人体防电磁辐照的（较为客观的）安全限值，但其中并没有记载与导磁率有关的内容。证据 9 中记载了“高磁导率铁氧体材料与磁芯”、频率为 1 ~ 200kHz 下 μ 分别为 14248 ~ 7549 等内容。

最高人民法院于 2012 年 12 月 28 日作出（2012）民申字第 1544 号判决，认为：

准确界定专利权的保护范围，是认定被诉侵权技术方案是否构成侵权的前提条件。如果权利要求的撰写存在明显瑕疵，结合涉案专利说明书、本领域的公知常识以及相关现有技术等，仍然不能确定权利要求中技术术语的具体含义，无法准确确定专利权的保护范围的，则无法将被诉侵权技术方案与之进行有意义的侵权对比。因此，对于保护范围明显不清楚的专利权，不应认定被诉侵权技术方案构成侵权。

关于涉案专利权利要求 1 中的技术特征“导磁率高”。首先，根据柏某清提供的证据，虽然磁导率有时也被称为导磁率，但磁导率有绝对磁导率与相对磁导率之分，根据具体条件的不同还涉及起始磁导率 μ_i、最大磁导率 μ_m 等概念。不同概念的含义不同，计算方式也不尽相同。磁导率并非常数，磁场强度 H 发生变化时，即可观察到磁导率的变化。但是在涉案专利说明书中，既没有记载导磁率在涉案专利技术方案中是指相对磁导率还是绝对磁导率或者其他概念，也没有记载导磁率高的具体范围，亦没有记载包括磁场强度 H 等在内的计算导磁率的客观条件。本领域技术人员根据涉案专利说明书，难以确定涉案专利中所称的导磁率高的具体含义。其次，从柏某清提交的相关证据来看，虽能证明有些现有技术中确实采用了高磁导率、高导磁率等表述，但根据技术领域以及磁场强度的不同，所谓高导磁率的含义十分宽泛，从 80Gs/Oe 至 83.5×10^4Gs/Oe均被柏某清称为高导磁率。柏某清提供的证据并不能证明在涉案专利所属技术领域中，本领域技术人员对于高导磁率的含义或者范围有着相对统一的认识。最后，柏某清主张根据具体使用环境的不同，本领域技术人员可以确定具体的安全下限，从而确定所需的导磁率。该主张实际上是将能够实现防辐射目的的所有情形均纳入涉案专利权的保护范围，保护范围过于宽泛，亦缺乏事实和法律依据。

综上，根据涉案专利说明书以及柏某清提供的有关证据，本领域技术人员难以确定权利要求 1 中技术特征“导磁率高”的具体范围或者具体含义，不能准确确定权利要求 1 的保护范围，无法将被诉侵权产品与之进行有意义的侵权对比。因此，对被诉侵权产品的导磁率进行司法鉴定已无必要。二审判决认定柏某清未能举证证明被诉侵权产品落入涉案专利权的保护范围，并无不当。

【焦点归纳】

本案的争议焦点为：添香公司、难寻中心生产、销售的被控侵权产品是否侵犯了专利权人“防电磁污染服”实用新型专利权并是否就此承担停止侵权及赔偿损失的民事责任。准确界定专利权的保护范围，是认定被诉侵权技术方案是否构成侵权的前提条件，要确定添香公司、难寻中心生产、销售的被控侵权产品是否侵犯了柏某清“防电磁污染服”实用新型专利权，就要确定“防电磁污染服”实用新型专利权利要求保护范围是否清楚，具体到涉案实用新型专利中就是本领域技术人员能否确定权利要求 1 中技术特征“导磁率高”的具体范围或具体含义。

专利权人认为：涉案专利权利要求 1 中的“导磁率高”具有明确的含义。即首先确定出磁介质的导磁率数值的安全下限，然后高于这个下限数值的就是导磁率高。从难寻中心购买的由添香公司生产销售的添香牌防辐射服所采用技术的技术特征与涉案专利特征相同，落入其保护范围。难寻中心和添香公司的行为侵犯了柏某清的专利权。

难寻中心认为：难寻中心是合法经营主体，系合法经销添香公司生产的防辐射服，有合法来源，其合法经营行为不构成侵权。

添香公司认为：涉案专利中关于导磁率高而无剩磁的技术特征的表述存在矛盾、缺乏科学依据；被控侵权产品所用金属为不锈钢，不属于导磁率高的金属，柏某清对此亦并未举证；且防辐射技术早已是公知技术，在 1999 年已大规模使用于服装，添香公司早已生产销售涉案产品，添香公司生产销售的防辐射服系使用现有技术，不构成侵权；添香公司在涉案专利申请日前就已开始制造防辐射服，享有先用权。

成都市中级人民法院一审认为：涉案专利起屏蔽作用的金属网或膜由导磁率高而无剩磁的金属细丝或者金属粉末构成，但被控侵权产品起屏蔽作用的金属防护网所用特种金属纤维系不锈钢，根据专利权人陈述，不锈钢并不一定是导磁率高而无剩磁的金属，其中铁的含量影响导磁率的高低，故在专利权人既未明确涉案专利技术特征中导磁率高低的区分标准，亦未证明被控侵权产品所采用的不锈钢丝的导磁率已达到上述“高”限的情况下，专利权人关于技术特征 C“起屏蔽作用的金属网或膜由导磁率高而无剩磁的金属细丝或者金属粉末构成”与特征 c“起屏蔽作用的金属防护网由不锈钢金属纤维构成”相同的主张不能成立，其所举证据材料不足以证明被控侵权产品落入其专利保护范围。

四川省高级人民法院二审认为：涉案专利的权利要求 1 对其所要保护的“防电磁污染服”所采用的金属材料进行限定时采用了含义不确定的技术术语“导磁率高”，并且在其权利要求书的其他部分以及说明书中均未对这种金属材料导磁率的具体数值范围进行限定，也未对影响导磁率的其他参数进行限定；本案审理过程中，柏某清也未提供证据证明防辐射服的“导磁率高”在本领域中有公认的确切含义。故本领域技术人员根据涉案专利权利要求书和说明书的记载无法确定权利要求 1 中的特征 C“起屏蔽作用的金属网或膜由导磁率高而无剩磁的金属细丝或者金属粉末构成”中的高导磁率所表示的导磁率的具体数值范围。就被控侵权产品的特征 c“起屏蔽作用的金属防护网由不锈钢金属纤维构成”而言，其仅仅是表明该防辐射服采用了不锈钢金属纤维材料，并未对不锈钢金属纤维的导磁率以及有无剩磁等情况进行说明，根据柏某清在一审庭审中的陈述，不锈钢并不一定是导磁率高而无剩磁的金属，故在柏某清既未举证证明涉案专利技术特征“导磁率高”所表示的导磁率的具体数值范围，也未举证证明被控侵权产品所采用的不锈钢纤维的导磁率的数值范围属于其权利要求保护范围且该不锈钢纤维具有无剩磁的特性的情况下，柏某清关于技术特征C“起屏蔽作用的金属网或膜由导磁率高而无剩磁的金属细丝或者金属粉末构成”与特征c“起屏蔽作用的金属防护网由不锈钢金属纤维构成”相同的主张不能成立。

最高人民法院认为：根据涉案专利说明书以及专利权人提供的有关证据，本领域技术人员难以确定权利要求1中技术特征“导磁率高”的具体范围或者具体含义，不能准确确定权利要求1的保护范围，无法将被诉侵权产品与之进行有意义的侵权对比。

【分析借鉴】

随着中国社会经济的发展，我国正在从知识产权大国向知识产权强国转变，各大企业也越来越认识到知识产权保护工作的重要性。通常对技术含量较高的产品申请专利，通过专利有效保护发明创造成果。对应的专利侵权诉讼案件也越来越多，本案涉及在专利侵权诉讼中，当权利要求保护范围不清楚时如何处理。之所以会出现这个问题，主要有两方面原因，首先是我国《专利法》中实用新型专利不进行实质审查的制度，实用新型专利经过初步审查后就授予专利权。由于在实用新型专利审查过程中，并不审查权利要求是否清楚。因此，获得授权的实用新型专利仍可能存在不清楚的问题。第二个制度是专利无效程序和侵权诉讼程序的“二元制”设置。专利无效属于行政诉讼程序，应当向专利复审委员会提出，对于专利复审委员会的决定不服的，按照行政诉讼程序通过行政诉讼解决。而专利侵权诉讼由具有管辖权的各地中级人民法院审理，但审理侵权诉讼的过程中法院并不对专利是否有效的问题进行审理和判断。上述两种制度可能会导致不符合授权条件的实用新型专利授权后涉及侵权诉讼。但如果该实用新型专利存在权利要求不清楚的问题，法院在侵权对比中就难以确定其专利的保护范围。对于这一问题，本案最高人民法院明确了保护范围明显不清楚的专利权不应认定被诉侵权技术方案构成侵权的原则。这一认定，既未在侵权诉讼中审理专利是否无效的问题，又解决了专利侵权的争议。

我国《专利法》第59条第1款规定：“发明或者实用新型的保护范围以其权利要求的内容为准，说明书及附图可以用于解释权利要求的内容。”《专利法》第26条第4款规定：“权利要求书应当以说明书为依据，清楚、简要地限定要求专利保护的范围。”权利要求书应当清楚，除每项权利要求的类型应当清楚外，每项权利要求所确定的保护范围也应当清楚。《最高人民法院关于审理专利纠纷案件适用法律问题的若干规定》（法释〔2020〕19 号）第 13 条规定，发明或者实用新型专利权的保护范围以其权利要求的内容为准，说明书及附图可以用于解释权利要求的内容，是指专利权的保护范围应当以权利要求记载的全部技术特征所确定的范围为准，也包括与该技术特征相等同的特征所确定的范围。等同特征，是指与所记载的技术特征以基本相同的手段，可以实现基本相同的功能，达到基本相同的效果，并且本领域普通技术人员在被诉侵权行为发生时无需经过创造性劳动就能够联想到的特征。在专利侵权诉讼中，主要涉及以下几方面的内容：

1. 准确界定专利权的保护范围，是认定被诉侵权技术方案是否构成侵权的前提条件

在专利侵权诉讼中，法院在进行专利侵权认定时主要采用如下的审理步骤：①根据权利要求解释的法律规定、司法解释及相关原则解释权利要求，确定专利权保护范围，也就是提炼专利产品或方法的技术特征；②结合权利要求的内容，确定被诉侵权产品对应的技术特征，即提炼被控侵权产品或方法的技术特征；③将被诉侵权产品对应的技术特征和权利要求的技术特征进行一一对比，确定是否构成侵权，是否落入专利权的保护范围。

《最高人民法院关于审理侵犯专利权纠纷案件应用法律若干问题的解释》（法释〔2009〕21 号）第 3 条规定，人民法院对于权利要求，可以运用说明书及附图、权利要求书中的相关权利要求、专利审查档案进行解释。说明书对权利要求用语有特别界定的，从其特别界定。用上述方式仍不能明确权利要求含义的，可以结合教科书、工具书等公知文献以及本领域普通技术人员的通常理解进行解释。如果使用了上述全部手段，仍不能确定权利要求的保护范围，则应当认为权利要求的保护范围不清楚，此时，无法将被诉侵权技术方案与涉案专利进行有意义的侵权对比，无论被控侵权产品的技术特征具体如何，都不构成侵权。因此，认定被诉侵权技术方案是否构成侵权首先需要确定专利权的保护范围，这也是法官判定侵权与否的前提及依据，从根本上直接影响判决的结果。即准确界定专利权的保护范围，是认定被诉侵权技术方案是否构成侵权的前提条件。为此，专利权利要求保护范围的解释，也常常是原告和被告双方争辩的焦点。就本案而言，法院一审、二审和再审均认为本领域技术人员无法确定权利要求的技术特征“高导磁率”的具体含义或者范围，因此不能准确确定权利要求 1 的保护范围，无法将被诉侵权产品与之进行有意义的侵权对比，

直接作出了驳回专利权人的侵权诉讼请求的判决。

2. 权利要求清楚是准确界定专利权保护范围的基础

权利要求是否清楚，对于确定专利权保护的范围是极为重要的。如果权利要求不清楚，直接会影响专利权保护范围的确定，从而影响法院对侵权产品是否落入专利保护范围的判断。《专利法》第26条第4款规定：“权利要求书应当以说明书为依据，清楚、简要地限定要求专利保护的范围。”一方面权利要求不清楚就不能准确界定权利要求的保护范围，社会公众就不知道其实施何种行为会侵犯他人的专利权；另一方面，权利要求保护范围不清楚，在专利审查程序中也不知道如何确定权利要求所限定的技术方案是否具备创造性。在我国，专利的授予系行政程序，专利侵权纠纷是由各地具有专利案件管辖权的法院审查，而专利是否无效由专利复审委员会审查。审理专利侵权案件的法院原则上不审查专利权的效力问题，而是假定专利有效并判断被控侵权产品是否落入专利权的保护范围。这也是成都市中级人民法院认为涉案专利是否应该授予专利权不属于其审查范围，故对添香公司关于柏某清不应被授予涉案专利的辩称不予审查的原因。但是，法院虽然不能直接认定涉案专利权的效力，但在认定权利要求不清楚的情况下可以无需进行技术特征比对而直接作出驳回原告诉讼请求的判决。该做法可以提高专利侵权案件的审判效率，涉案专利已经作为指导案例进行广泛推广，后续也将有更多类似的案例，因此，专业权利要求清楚极为重要。

权利要求书应当清楚，包括每项权利要求的类型应当清楚，每项权利要求所确定的保护范围也应当清楚。权利要求的类型清楚，首先要求权利要求的主题名称应当能够清楚地表明该权利要求的类型是产品权利要求还是方法权利要求，不允许采用模糊不清的主题名称。其次，权利要求的主题名称还应当与权利要求的技术内容相适应。即产品权利要求通常应当用产品的结构特征来描述，方法权利要求通常应当用工艺过程、操作条件、步骤或者流程等技术特征来描述。但在特殊情况下，使用方法特征限定产权权利要求或使用结构特征限定方法权利要求并不必然导致权利要求保护主题与权利要求技术内容不相适应，进而导致权利要求的类型不清楚。每项权利要求所确定的保护范围应当清楚。权利要求的保护范围应当根据其所用词语的含义来理解，一般情况下，权利要求中的用词应当理解为相关技术领域通常具有的含义。如果说明书中明确记载某词具有特定的含义，并且使用了该词的权利要求的保护范围，且说明书中对该词的说明而被限定得足够清楚，这种情况应当认为权利要求是清楚的，其理解应以说明书的记载为准。

权利要求中应当尽量避免使用含义不确定的相对用语，如“厚”“薄”“强”“弱”“高温”“高压”“很宽”等，除非这种用语在特定技术领域中具有公认的确切含义，如放大器中的“高频”，又如无线电领域的“长波段”“短波段”等，这些均在其所属技术领域中具有普遍认可的范围。对于权利要求中的这些相对用语，我们要根据具体的应用场景，结合权利要求、说明书和说明书附图记载的内容，以及本领域的公知常识等综合进行判断是否会导致权利要求保护范围不清楚，避免机械性地一刀切。在侵权判定解释权利要求时，可以重点根据当事人提交的技术手册、技术词典、行业标准等证据加以认定。就本案而言，最高人民法院综合考虑了涉案专利说明书和附图、技术词典等相关的公知常识性证据、柏某清提交的有关科技文献等证据，仍然无法确定对于权利要求 1 中的“高导磁率”的具体含义或者范围，故认定不能准确确定权利要求 1 的保护范围，无法将被诉侵权产品与之进行有意义的侵权对比。

权利要求中还应当尽量避免使用可能导致权利要求保护范围不清楚的程度用词，如“约”“接近”“等”“类似物”。但是如果使用这些词是为了考虑测量误差、结构相对性的客观描述，并不会出现保护范围边界不清的情况，此时应当认为权利要求还是清楚的。

最后，判断权利要求是否清楚，应当准确站位本领域技术人员，不仅要关注技术特征本身是否清楚，还应当考虑各个技术特征之间的相互关联，将权利要求作为一个整体来考量权利要求保护范围是否清楚。

3. 权利要求存在不清楚的缺陷时如何处理

《专利法》第 26 条第 4 款规定：“权利要求书应当以说明书为依据，清楚、简要地限定要求专利保护的范围。”为了确保权利要求保护范围清楚，审查权利要求是否清楚，是发明专利申请实质审查的重要内容。在专利的审查程序中，权利要求不清楚是法定的驳回理由，也是复审无效的理由。对于发明专利而言，在授权前都需要经过实质审查，其中就包括对权利要求是否清楚进行审查，因此授权后其仍然存在权利要求不清楚的缺陷的可能性相对较小。但由于审查疏漏、法律适用错误等各种原因，部分发明专利在授权后仍然可能存在权利要求不清楚的缺陷。对于实用新型专利申请而言，由于仅进行初步审查程序而不进行实质审查，并且在初步审查中对权利要求是否清楚仅对明显实质性缺陷进行审查，因此，授权的实用新型专利，可能仍然会存在较多权利要求不清楚的情形。

在专利侵权诉讼中，法院经审理认为权利要求存在不清楚的缺陷时，通常有两种处理方式[1]。一种是通过行使释明权，引导被诉侵权人以权利要求不清楚为由，向专利复审委员会提起无效行政程序。这种方式的优点是，由于权利要求不清楚的认定具有较强的技术性，往往需要结合个案事实，基于本领域技术人员的知识水平和认知能力加以确定。而在对技术问题的认识和把握上，行政机关具有一定的优势；行政决定中的有关认定也能够帮助法院正确认定权利要求的保护范围。但这种方式的缺点也是明显的，一旦当事人启动无效程序，则需要中止案件审理，导致案件审理程序大大延长，严重影响审判效率。另一种可行的方式是，由人民法院在民事诉讼中对权利要求是否清楚进行认定，如果权利要求明显存在不清楚的缺陷，导致无法进行有意义的侵权对比时，则可以直接判定侵权主张不能成立，驳回权利人的诉讼请求。采取这种方式，优点在于能够提高审判效率，而且法院通过对权利要求是否清楚进行实质性判断，有助于整体上把握专利技术方案，对准确确定专利权利要求的保护范围和侵权判断均有所助益。但此种做法，有可能导致民事判决与无效行政决定的冲突；并且对于缺乏技术背景，对《专利法》第26条第4款的法律适用目前还不甚熟悉的法官而言，亦容易导致司法判决的不确定性。一旦滥用会对现有专利授权、无效制度带来较大冲击。因此，法院在民事诉讼中对于权利要求是否清楚的认定应当慎重，应在权利要求确实存在明显不清楚的缺陷，对侵权对比产生了难以克服的实质性影响的情形下，才考虑予以认定。如果权利要求仅仅是存在轻微瑕疵，对侵权判断没有实质性影响，或者通过权利要求解释能够确定权利要求保护范围的，则不宜认定权利要求不清楚。

在专利侵权诉讼过程中，法院在审理专利侵权纠纷遇到专利权利要求不清楚的问题时，如果是由于权利要求中使用了含义不清的用语引起的，首先需要对该用语进行解释。根据司法解释的规定，“人民法院对于权利要求，可以运用说明书及附图、权利要求书中的相关权利要求、专利审查档案进行解释。说明书对权利要求用语有特别界定的，从其特别界定。以上述方法仍不能明确权利要求含义的，可以结合工具书、教科书等公知文献以及本领域普通技术人员的通常理解进行解释”。通常情况下，经过解释以后，即使含

[1] 最高人民法院案例指导工作办公室.《柏万清诉成都难寻物品营销中心等侵害实用新型专利权纠纷案》的理解与参照［EB/OL］.（2017－12－31）［2021－05－06］. https：//ip. pkulaw. cn/ipjournal/1510174034. html.

义模糊不清的用语可能确定其含义，这种情况下法院可以据此确定专利权的保护范围。通过解释权利要求，即使权利要求存在边界不清楚的情况，但只要被控侵权产品落入专利权保护范围之内，仍应作出被控侵权产品侵权的结论，而不考虑专利是否有效的问题。但是，在个别情况下，即使经过解释之后，某些用语的含义仍是不清楚的。这种情况下，严格说来应属于专利无效的情形，但审理专利侵权诉讼的法院无权对专利的效力作出评判，只能就是否构成专利侵权作出判断，由于保护范围不清楚无法进行有效侵权对比，法院只能作出没有侵权的结论。

4. 涉案专利侵权判定对权利要求撰写的启示

权利要求是专利申请文件的核心，是确定专利保护范围的最重要文件。权利要求清楚是最基本的要求。只有保证清楚，权利要求才能准确地限定申请人所要保护的技术方案，才能使专利权人对专利权的保护范围的主张合理，也能避免专利权人对权利的过度解释，获得与自己的方案不相适配的权利；同时也可以使得公众能够准确地确定权利要求的保护范围，从而规范自己的市场行为或生产行为，避免侵犯他人的专利权。无论是在专利的授权审查过程中还是在专利的侵权判定中，权利要求不清楚，都会对申请人（专利权人）造成较大的损失。

当前在专利保护越来越受到重视的形势下，专利对文字撰写的要求越来越高，如果权利要求写得不好，比如写得不清楚，可能直接判决对方不侵权，或者专利被宣告无效，导致自己的创造性劳动得不到应有的回报。就本案而言，就是因为权利要求中记载了“导磁率高”，本领域技术人员难以确定权利要求1中技术特征“导磁率高”的具体范围或者具体含义，不能准确确定权利要求1的保护范围，无法将被诉侵权产品与之进行有意义的侵权对比，最后直接判断被控侵权产品未落入涉案专利权利要求1的保护范围。添香公司生产、销售的添香牌防辐射服及难寻中心销售的上述产品均未侵犯柏某清的实用新型专利权，后来涉案专利也因为同样的理由被判定无效。

因此，在撰写申请文件时，特别是权利要求，一定要仔细斟酌，尽量避免使用模糊不清的表述词语限定，确保权利要求本身所使用的词语的表述是清楚的、无歧义的，使得根据权利要求的字面含义即可明确其保护范围，确保权利要求保护范围清楚。另外，不要过度依赖于说明书和附图对权利要求进行解释，尽量保证权利要求本身是清楚的。当然，专利代理师也应在说明书中对权利要求中出现用语的含义进一步解释清楚，使得所属技术领域的技术人员根据说明书的描述和/或通过所属技术领域的惯用手段可以清楚地确定权利要求的唯一的保护范围，从而使得授权后的专利具有更稳固的法律地位，享受应有的价值回报。

第三章　申请文件的修改

我国法律赋予申请人修改申请文件的权利。专利申请文件在实质审查和复审程序中以及无效宣告程序中均可以进行修改，但修改的时机和内容需要满足相应要求。

《专利法》第 33 条和《专利法实施细则》第 43 条、第 51 条第 3 款、第 61 条第 1 款、第 69 条分别对申请文件的修改内容和修改范围作出了规定。之所以规定申请人可以对其申请文件进行修改，是因为：一方面，申请人将技术构思体现为具体技术方案时语言表达有时会有局限性；在撰写申请文件时，对现有技术和发明创造性的判断也难免会有所局限。因此，申请文件中难免会存在这样或那样的瑕疵或错误之处。对这些问题，都需要后续进行修正。另一方面，为了传播专利信息，便于公众理解和运用发明创造，促进发明创造成功地运用和传播，需要通过修改提高专利申请文件的准确性。

尽管可以修改，但是也需要进行一定的限制。限制的原因大致可以归纳为以下三种。

（1）防止申请人将申请时未完成的发明内容随后补入专利申请文件中以获得不当利益，保障先申请原则的实现。首先，申请日是划分现有技术界限的日子。申请人如果抢占了申请日，那么当申请日后再有人提出相同内容的申请时，基于新颖性原则，之后的申请将因不具备新颖性而不能获得专利权。即谁先抢占申请日，谁就先获得权利。其次，申请日是日后获得专利权保护的权利期限的起点，如果允许申请人通过申请日后的修改而补入申请日提交的原说明书和权利要求书中没有记载的内容，进而获得自申请日起的权利，那么这样会从根本上违背先申请制的原则，对公众是不公平的。反之，如果专利法允许申请人通过不断地修改而补入原说明书和权利要求书没有记载的内容来完善申请，那么，各个申请人的关注点将在于是否抢占更早的申请日，而不在于是否在申请日之前完成发明，这就会违背专利法鼓励发明创造的立法宗旨，不利于科技的创新和技术的进步。

（2）保障社会公众对专利信息的信赖，避免给信赖原申请文件并以此开展行动的第三人造成不必要的损害。如果允许申请人在申请日之后加入许多新的技术信息，则得到的专利授权文本是非常不确定的。而公众的预期不应也不能是个不确定的预期，如果不确定，有可能会对公众的利益造成损害。

（3）促使申请人在申请阶段充分公开其发明，保证授权程序顺利开展。专利法对申请人撰写申请文件具有指导作用。如果不对申请人在提交申请后对申请文件的修改进行必要的限制，则有可能造成申请人不重视申请文件的撰写工作，而过于依赖在审查过程中的修改，这样会造成审查进程延长，不利于授权程序顺利地开展。

总而言之，允许对申请文件修改，但不能通过修改破坏依据申请日提交的申请文件在申请日划定的申请人/第三方的权益界限，使得申请人不当获利、损害依赖于原申请文件第三方的法律安全性。归根到底，是来自于贯彻专利法制度的专利权利与公共利益的始终平衡。在本章中，将分别从实质审查和复审程序中的修改以及无效宣告程序中的修改两方面，对申请文件的修改进行诠释。

3.1 实质审查和复审程序中的修改

根据我国专利法的规定，发明专利申请需要进行实质审查，以确定其是否可以被授予专利权。在实质审查过程中，当审查员指出该申请存在不符合专利法及其实施细则有关规定的缺陷时，申请人通常会对申请文件进行修改，以克服这些缺陷。但是，申请人在修改申请文件时不能任意进行修改，对申请文件的修改需要满足《专利法》第 33 条或《专利法实施细则》第 43 条和第 51 条第 3 款的规定。

同时，根据《专利法》第 41 条，专利申请人对国务院专利行政部门驳回申请的决定不服的，可以向专利复审委员会请求复审。复审程序是对驳回决定不服而启动的救济程序，同时也是专利审批程序的延续。在复审程序中，专利申请人同样可以修改申请文件，但所作修改应当符合《专利法》第 33 条以及《专利法实施细则》第 61 条第 1 款的规定。

由此可见，实质审查程序中对修改的要求与复审程序中对修改的要求基本相同，均是在修改不得超原申请范围的基础上，针对通知书或驳回决定指出的缺陷进行修改。

《专利法》第33条和《专利法实施细则》第43条既是实质审查程序中的驳回条款，也是无效宣告程序中的无效理由，足以看出《专利法》对于修改内容的严格限定。《专利审查指南2010》在第二部分第八章第5.2.1.1节中规定："不论申请人对申请文件的修改属于主动修改还是针对通知书指出的缺陷进行的修改，都不得超出原说明书和权利要求书记载的范围。原说明书和权利要求书记载的范围包括原说明书和权利要求书文字记载的内容和根据原说明书和权利要求书文字记载的内容以及说明书附图能直接地、毫无疑义地确定的内容。"

《专利审查指南2010》在第二部分第八章第5.2.2节和第5.2.3节分别对"允许的修改"和"不允许的修改"进行了列举式规定。从申请文件修改的类型来看，一般分为对权利要求书的修改、对说明书及其摘要的修改。从申请文件修改的形式来看，分为增加、改变和删除三种修改方式。

无论属于哪种修改方式，凡是对申请文件作出超出原申请文件记载范围的修改，均是不允许的。具体地说，如果申请的内容通过增加、改变和/或删除其中的一部分，致使所属技术领域的技术人员看到的信息与原申请记载的信息不同，而且又不能从原申请记载的信息中直接地、毫无疑义地确定，那么，这种修改就是不允许的。需注意的是，本节所引用部分案例虽涉及无效宣告程序，但修改发生在实质审查和复审程序中，因此本质上还是属于实质审查和复审程序中修改。

3.1.1　技术特征的增加

"原说明书和权利要求书记载的范围"不仅包括原专利申请文件直接记载的内容，即"直接公开"的内容；也包括在考虑所属技术领域技术特点和惯常表达、所属技术领域普通技术人员的知识水平和认知能力、技术方案本身在技术上的内在必然要求等因素的情况下，所属领域普通技术人员根据原专利申请文件能够"直接地、毫无疑义地确定的内容"，即"隐含公开"的内容。

【案例10】新型硅橡胶胶管生产工艺［（2016）最高法行申1407号］

刘某平（以下简称专利权人）系专利号为200510137122.6、名称为"新型硅橡胶胶管生产工艺"的发明专利（以下简称涉案专利）的权利人。该专利申请日为2005年12月30日，授权公告日为2007年1月12日。

涉案专利原始申请文本和公开文本中的权利要求1如下：

1. 一种新型硅橡胶胶管生产工艺，其特征在于，其工艺步骤如下：

a. 在与胶管内径相适应的胶囊的表面上直接成型胶管毛坯；

b. 将成型好的胶管毛坯连同胶囊一起放入模具模腔中；

c. 合模，向胶囊内部打入内压，进行硫化；

d. 硫化完成，卸压，拔出胶囊，获得胶管。

涉案专利的授权权利要求 1 如下：

1. 一种新型硅橡胶胶管生产工艺，其特征在于，其工艺步骤如下：

a. 在与胶管内径相适应的胶囊的表面上涂上隔离剂、将胶料附着在带有隔离剂的胶囊的表面上、成型后再缠上水包布，从而直接成型胶管毛坯；

b. 将成型好的胶管毛坯连同胶囊一起放入模具模腔中；

c. 合模，向胶囊内部打入内压，进行硫化；

d. 硫化完成，卸压，拔出胶囊，获得胶管。

1. 无效阶段案情简介（第 18125 号无效决定）

福安市东风橡胶制品有限公司（以下简称无效请求人）于 2011 年 7 月 7 日向国家知识产权局专利复审委员会（以下简称专利复审委员会）提出了无效宣告请求，请求宣告本专利权利要求 1～3 无效，其理由是权利要求 1～3 不符合《专利法》第 33 条、第 26 条第 3 款、第 4 款，《专利法》第 22 条第 3 款，《专利法实施细则》第 21 条第 2 款的规定。同时提交 6 份附件作为证据，其中包括附件 4、5。

附件 4：《橡胶工业手册》，修订版第一分册"生胶与骨架材料"，谢遂志、刘登祥、周鸣峦主编，化学工业出版社，1989 年 9 月第 1 版第 1 次印刷，封面页、版权信息页、目录页、第 564～568 页复印件，共 8 页；

附件 5：《橡胶工业手册》，修订版第五分册"胶带、胶管与胶布"，李延林、吴宇方、翟祥国主编，化学工业出版社，1990 年 12 月第 1 版第 1 次印刷，封面页、版权信息页、目录页、第 364～372 页、第 391～394 页、第 409～410 页复印件，共 18 页。

其中对于不符合《专利法》第 33 条，无效请求人认为：本专利授权公告文本权利要求 1 中的步骤 a 与本专利申请公开文本相比，增加了特征"涂上隔离剂、将胶料附着在带有隔离剂的胶囊的表面上、成型后再缠上水包布"，但是该增加的特征在原说明书和权利要求书中没有文字记载，而且也不能从专利文本的原始记载中直接地、毫无疑义地确定，因此该修改超出了原始申请文件的范围，不符合《专利法》第 33 条的规定。

专利权人针对上述无效宣告请求于 2011 年 9 月 7 日提交了意见陈述书，认为：专利权人增加的技术特征包含在原技术特征范围中，而且这种包含由本领域技术人员所公知、所惯用，从原始记载中可直接获得该确定的内容，而且这种增加并没有影响本专利的授权前景，也与本专利所要解决的技术问题无关。

在口头审理过程中，专利权人当庭提交了用于证明公知常识的证据 1 的复印件，并补充说明：认可“涂上隔离剂、将胶料附着在带有隔离剂的胶囊的表面上、成型后再缠上水包布”并未文字记载在原始申请文件中，但是上述内容是包含在原始的技术内容中，这是本领域所公知、所惯用的，是可以从原始记载中直接确定的内容，并且这种增加是在公知常识的基础上作出来的，对本专利授权前景并没有实质性的改变。证据 1 和无效请求人提交的附件 5 可以用来证明上述增加的技术特征为本领域的公知常识。

证据 1：《胶管胶带加工技术》，高海龙、李成超编著，化学工业出版社，2005 年 10 月第 1 版第 1 次印刷，封面页、版权信息页、目录页、第 1 ~ 47 页复印件，共 53 页。

专利复审委员会于 2012 年 1 月 31 日作出第 18125 号无效宣告请求审查决定（以下简称被诉决定），专利复审委员会认为：涉案专利授权公告文本的权利要求 1 中步骤 a 与本专利的原始申请文件相比，增加了技术特征“涂上隔离剂、将胶料附着在带有隔离剂的胶囊的表面上、成型后再缠上水包布”。合议组经审查后认为：上述增加的技术特征并未记载在原始申请文件的说明书和权利要求书中，同时该技术特征也不能从原申请文件的说明书和权利要求书中直接地、毫无疑义地确定得出。不论增加的上述技术特征是否是本领域的公知常识，其都没有记载在原说明书和权利要求书中，也不能从原说明书和权利要求书中直接地、毫无疑义地确定得出。因为，在本领域中，虽然涂上隔离剂有利于成型后的胶管脱模，但是并不是所有的胶管成型都需要涂隔离剂，并且胶管成型后缠上水包布也不是必须的步骤。因此，增加的上述技术特征并不能从原说明书和权利要求书中直接地、毫无疑义地确定得出，这种修改超出了原说明书和权利要求书记载的范围。由于权利要求 1 不符合《专利法》第 33 条的规定，因此其从属权利要求 2 ~ 3 也不符合《专利法》第 33 条的规定。据此宣告涉案专利全部无效，对无效请求人提出的其他无效宣告理由和证据不再予以评述。

2. 北京市第一中级人民法院一审案情简介［（2012）一中知行初字第2893号］

专利权人不服被诉决定，向北京市第一中级人民法院起诉，请求撤销被诉决定，并责令国家知识产权局专利复审委员会重新作出无效宣告请求审查决定。

经审理，北京市第一中级人民法院作出（2012）一中知行初字第2893号行政判决，北京市第一中级人民法院认为：本案中，本专利授权公告文本的权利要求1中步骤a与本专利的原始申请文件相比，增加了技术特征“涂上隔离剂、将胶料附着在带有隔离剂的胶囊的表面上、成型后再缠上水包布”。鉴于各方当事人对上述技术特征为本领域的公知常识没有异议，予以支持。本专利的技术方案为一种新型硅橡胶胶管生产工艺，其发明点在于通过胶囊内部对预成型的胶管毛坯施加内压来硫化生产橡胶胶管，而非胶管毛坯的成型。根据本专利背景技术中的表述，现有的硅橡胶胶管生产工艺主要采用硬芯法和直接在模具中放料的无芯法生产工艺，而本专利通过胶囊内部对预成型的胶管毛坯施加内压来硫化生产橡胶胶管则采用可充气加压的胶囊，即软芯法生产工艺。根据《橡胶工业手册》的记载，无论是硬芯法还是软芯法，其中都包含有涂隔离剂、缠水包布的工艺流程，故技术特征“涂上隔离剂、将胶料附着在带有隔离剂的胶囊的表面上、成型后再缠上水包布”为本领域的公知常识，鉴于本领域技术人员通过阅读本专利权利要求书和说明书，并结合本领域所掌握的公知常识，可以直接地、毫无疑义地确定得出“直接成型胶管毛坯”的过程中应当“涂上隔离剂、将胶料附着在带有隔离剂的胶囊的表面上、成型后再缠上水包布”，该修改不会造成申请人将申请时未完成的发明内容随后补入专利申请文件中，从而就该部分发明内容不正当地取得先申请的利益，未违反《专利法》第33条的立法本意。综上，北京市第一中级人民法院判决撤销专利复审委员会作出的第18125号决定，责令专利复审委员会对东风橡胶公司针对本专利所提无效宣告请求重新作出决定。

3. 北京市高级人民法院二审案情简介［（2013）高行终字第2391号］

专利复审委员会、无效请求人不服北京市第一中级人民法院（2012）一中知行初字第2893号行政判决，于2013年12月5日向北京市高级人民法院提起上诉。

专利复审委员会在二审中诉称：（1）并非所有公知常识性技术特征的增

加都不会产生为申请人带来不正当利益，或影响其他社会公众利益的后果；（2）本案中关于增加的公知常识性的技术特征“涂上隔离剂、将胶料附着在带有隔离剂的胶囊的表面上、成型后再缠上水包布”不能根据原说明书和权利要求书记载的内容直接地、毫无疑义地确定。

无效请求人在二审中诉称：（1）对于本专利技术领域的技术人员来说，“涂上隔离剂、将胶料附着在带有隔离剂的胶囊的表面上、成型后再缠上水包布”这种技术手段，实际上并不适用于本专利的工艺方法；（2）在本领域中，并不是所有的胶管成型都需要涂隔离剂，并且胶管成型后缠上水包布也不是必须的步骤。

北京市高级人民法院在二审中查明：

附件 4 中记载：“硅橡胶制品硫化时，一般不使用脱模剂，应迅速装料、合模、加压，否则容易焦烧（特别是含有硫化剂 BP 和 DCBP 的胶料）。如脱模困难时，可用稀肥皂水涂于热模具表面，以使水分迅速挥发，待模具冷却后再装料，合模，加压硫化……”

附件 5 中记载：“……胶管的制造通常有硬芯法、软芯法和无芯法三种……根据工艺流程图，既有缠水包布或包铅……软芯法工艺中采用裸硫化者，无需缠（解）水包布或包（剥）铅工艺……橡胶软芯可采用普通的橡胶挤出机压出，然后经蒸汽加热硫化即可……成型后的管坯应均匀缠包水布，或采用包铅加压，并均匀整齐地盘卷在转鼓上，以供硫化……”

附件 5 中第 409 页“关于硫化压力、温度和时间”记载：“……胶管硫化时的加压，根据工艺方法主要有包水布加压、模压和介质加压等多种，其中包铅（或其他熔包材料）是较为典型的模压工艺。”

北京市高级人民法院于 2014 年 5 月 20 日作出（2013）高行终字第 2391 号行政判决，认为：

本专利授权公告文本的权利要求 1 中步骤 a 与本专利的原始申请文件相比，增加了技术特征“涂上隔离剂、将胶料附着在带有隔离剂的胶囊的表面上、成型后再缠上水包布”，并且增加的该技术特征没有在原始申请文件中有任何记载，专利权人将该技术特征增加进入专利技术方案中唯一合理理由是该技术特征系本专利申请日前的公知常识，并且该领域技术人员可以直接、毫无疑义地确定专利技术方案必须具备该技术特征。

首先，附件 4 是本专利申请日之前的教科书，根据附件 4 所记载的内容，硅橡胶制品硫化时，一般不使用脱模剂（是本专利权利要求 1 中隔离剂的另一称谓)，但是，附件5却记载了可以“涂上隔离剂”的内容。由此可见，“涂上隔离剂”并非公知常识所直接、毫无疑义确定的内容。因此，专利权人将“涂上隔离剂”增加到本专利权利要求1中显然属于修改超范围。

其次，附件5也是本专利申请日之前的教科书，根据附件5所记载的内容，胶管硫化时的加压，根据工艺方法主要有包水布加压、模压和介质加压等多种，其中包铅（或其他熔包材料）是较为典型的模压工艺。由此可见，包水布加压仅仅是其中一种加压工艺。在现有技术存在多种选择方式的情况下，专利权人将其中一种方式增加进入专利权利要求1中，也违反了先申请原则，这种修改方式明显超出了原申请文件的范围。

最后，本专利说明书明确记载，本专利的技术方案为一种新型硅橡胶胶管生产工艺，其发明点在于通过胶囊内部对预成型的胶管毛坯施加内压来硫化生产橡胶胶管。可见，本专利不同于现有技术的硬芯法、软芯法和无芯法，是一种全新的工艺。在此情况下，不能想当然将现有技术中用于硬芯法、软芯法和无芯法的工艺直接增加到本专利的技术方案中。

因此，本专利权利要求1增加了技术特征“涂上隔离剂、将胶料附着在带有隔离剂的胶囊的表面上、成型后再缠上水包布”，该修改超出原申请文件的范围，不符合《专利法》第33条的规定。判决撤销一审判决，维持复审委员会无效宣告审查决定。

4. 最高人民法院再审案情简介［(2016) 最高法行申1407号］

专利权人不服北京市高级人民法院行政判决，向最高人民法院申请再审。

专利权人在再审中诉称：

(1) 二审法院认定本专利不同于现有技术的硬芯法、软芯法和无芯法生产胶管的工艺，不能将现有技术中用于硬芯法、软芯法和无芯法的工艺直接增加到本专利的技术方案中，缺乏依据。本专利属于有芯法生产工艺的一种。现有技术中的有芯法胶管生产工艺属于本专利的背景技术，本专利工艺中未予披露而又与本专利发明要点没有冲突的背景技术中的必然工序属于本专利工艺所包含的内容。

(2) 二审法院认定“涂上隔离剂”不属于公知常识所能直接、毫无疑义确定的内容，缺乏依据。脱模剂不是隔离剂。根据《橡胶工业手册》修订版第二分册的记载，二者的作用和种类均不相同，解决的技术问题也不同。根据《橡胶工业手册》第二分册的记载，“橡胶工业中，无机润滑剂主要用于防止胶片或半成品表面的相互粘结，常用于生胶或胶料的塑炼、混炼、压片及成型等工序。因为它们有良好的隔离性能，所以又称隔离剂”，故在生胶或胶料的成型工序中使用隔离剂是一种充分必要的公知常识。《橡胶工业手册》修订版第五分册第六章“胶管生产工艺”所述的有芯法胶管生产工艺中都有在管芯上“涂隔离剂”的生产工序。本专利工艺亦属于有芯法制造胶管工艺，故“涂隔离剂”也属于本专利工艺的必要步骤。

（3）二审法院认定包水包布加压仅仅是现有技术中多种加压工艺中的一种，将其加入本专利权利要求 1 违反了先申请原则，缺乏依据。根据《橡胶工业手册》修订版第五分册的记载，胶管硫化时的加压，有包水布加压、模压和介质加压等多种。其中介质加压适用于裸硫化，而裸硫化一般用于无芯法生产工艺。因本专利属于有芯法生产工艺，故介质加压不是本专利的可选择项。该手册还记载，凡采用有芯法成型的胶管，其管芯和外包材料，均可起到模压作用，其中包铅（或其他熔包材料）是较为典型的模压工艺。这里所说的外包材料以及其他熔包材料指的是包水包布。因此，包水包布既属于包水布加压，也属于模压。故对于本领域技术人员而言，在有芯法胶管生产工艺中选择包水包布的加压方式既是一种公知常识，也是一种必然。《橡胶工业手册》修订版第五分册所载有芯法胶管生产工艺要点中都明确记载包水包布是必要的生产工序。故将包水包布这一对于有芯法生产工艺而言唯一的公知加压方式加入本专利范围中，并没有违反先申请原则。

专利复审委员会在再审中提交意见称：

（1）判断增加的技术特征是否符合《专利法》第 33 条的规定，其标准并不是所增加的技术特征是否为本领域的公知常识，而是增加的技术特征是否能从原申请文件中直接地、毫无疑义地确定。

（2）本领域中，对于利用模具成型的工艺，涂隔离剂的作用是为了在产品成型后让产品与模具或模芯分离，更好地取出产品，但是并不是所有的成型工艺均采用涂隔离剂的方法，还可以采取包覆隔离纸的方式。且若采用与所成型产品的材料不易粘结的材料来制作模具或模芯，保持模具或模芯表面的惰性，或是对于不易与模具或模芯粘结的材料，可以不采取任何措施。故涂隔离剂并不是成型胶管毛坯所必需的步骤，该特征不能从原申请文件中直接地、毫无疑义地确定。

（3）本领域中，对于胶管硫化时的加压，根据工艺方法主要有包水布加压、模压和介质加压等多种，包水布加压仅是其中一种可选工艺。

（4）根据《橡胶工业手册》修订版第二分册的记载，润滑剂、脱模剂、隔离剂含义是相近似的，润滑剂或脱模剂也可以称为隔离剂，因此专利权人关于脱模剂不是隔离剂的意见不能成立。

无效请求人在再审中辩称：

（1）由原始申请内容不能直接、毫无疑义地确定本专利必然需要涂隔离剂。根据《橡胶工业手册》修订版第二分册第二节第1段、第4段的记载，润滑剂/脱模剂中包含隔离剂，隔离剂的主要作用在于防止胶片或者半成品表面的相互粘结，常用于生胶或胶料的塑炼、混炼、压片及成型等工序。《橡胶工业手册》修订版第五分册第392页第a点公开了有芯法制造夹布胶管时，管芯表面涂抹隔离剂要均匀、适量，否则隔离效果差，造成脱模困难。由此可知，本专利权利要求1步骤a在胶囊表面涂上隔离剂，其作用是为了便于脱模，与橡胶工业中的润滑剂、脱模剂所起作用相同。但根据《橡胶工业手册》修订版第一分册第564页（六）1.（1）第2段的记载，硅橡胶制品硫化时，一般不使用脱模剂，如遇脱模困难时，可用稀肥皂水涂于热模具表面。由于脱模剂和隔离剂作用相同，都是为了脱模，因此根据上述关于"硅橡胶制品硫化时，一般不使用脱模剂"的记载，能够推断出硅橡胶制品硫化时，脱模剂或隔离剂并不是必然使用的唯一选择。

（2）由原始申请内容不能直接、毫无疑义地确定本专利必然需要采用缠水包布这种加压硫化的工艺方法。《橡胶工业手册》修订版第一分册第564页（六）第1段记载，硅橡胶硫化工艺的第一阶段，胶料在加压下或常压下进行。可见并非所有硫化均需加压，且加压硫化包括模压硫化、硫化罐直接通过蒸汽压力硫化等，缠包水布虽然是比较普遍的工艺方法，但并不是加压硫化的唯一方式。有芯法生产工艺中的加压硫化，可以采用裸硫化的方式，无需缠水包布加压或模压。《橡胶工业手册》修订版第五分册第409页至第410页记载，胶管硫化时的加压，根据工艺方法主要有包水布加压、模压和介质加压等方式。该分册第367页记载的软芯法纤维编制（或缠绕）胶管制造工艺流程中，如采用裸硫化，则无需缠水包布或包铅工艺；该分册第393页记载，软芯法制造夹布胶管时，橡胶软芯可以采用普通的橡胶挤出机压出，然后经整齐加热硫化即可。《胶管胶带加工技术》第13页和第16页的图1－8、图1－11记载，软芯法制造胶管工艺流程中用缠水包布或包铅进行加压硫化，由此也可证明，缠水包布不是本专利采用有芯法制造胶管时进行加压硫化的唯一实现方式。

（3）对原始申请文件所进行的修改是否符合《专利法》第33条的评判标准，并不是孤立地评判修改时所增加的技术特征本身是否属于本领域的公知常识，而是要判断增加的技术特征是否能够从原始申请文本中直接地、毫无疑义地确定。本案中，无论增加的技术特征是现有技术还是公知常识，它都只是多个并列选项之一，都不属于“直接地、毫无疑义地确定的内容”。专利权人在专利文件中增加的技术特征并不是所属技术领域的技术人员根据原权利要求书、说明书，以及说明书附图所记载的内容，可以直接、毫无疑义地确定的内容，所增加的内容超范围。

最高人民法院于2016年8月26日作出（2016）最高法行申1407号判决，判决认为：

关于修改内容本身是否属于公知常识，或其是否能够体现发明创造对现有技术贡献的考量，并不是判断修改是否超出原说明书和权利要求书记载范围的必经步骤。以增加技术特征的修改方式为例，只要该新增技术特征在原说明书和权利要求书记载的范围之内，无论其是否属于本领域公知常识，这一修改都符合《专利法》第33条的规定；反之，若该新增技术特征不在原说明书和权利要求书记载的范围之内，即便其是本领域公知常识，也不能认定这一修改符合《专利法》第33条的规定。

本案中，本专利原权利要求书中权利要求1中步骤a为“在与胶管内径相适应的胶囊的表面上直接成型胶管毛坯”，本专利授权公告文本的权利要求1中步骤a为“在与胶管内径相适应的胶囊的表面上涂上隔离剂、将胶料附着在带有隔离剂的胶囊的表面上、成型后再缠上水包布，从而直接成型胶管毛坯”。各方当事人关于上述修改是否符合《专利法》第33条规定的争议，主要集中在“涂上隔离剂”和“成型后再缠上水包布”两个技术特征上。

（1）关于“涂上隔离剂”的技术特征。

根据《橡胶工业手册》修订版第二分册的记载，“凡能改善聚合物（橡胶或塑料）在加工过程中的流动性和脱模性的物质，称为润滑剂或脱模剂……润滑剂通常分为无机润滑剂、有机润滑剂和高分子聚合物润滑剂三类……橡胶工业中，无机润滑剂主要用于防止胶片或半成品表面的相互粘结，常用于生胶或胶料的塑炼、混炼、压片及成型等工序。因为它们有良好的隔离性能，所以又称隔离剂。……橡胶工业中用的脱模剂的主要作用与润滑剂相似，种类也与润滑剂类似”。可见，在橡胶工业中，脱模剂与润滑剂的作用和种类是类似的，而隔离剂仅指三类润滑剂中的无机润滑剂。故对本领域普通技术人员而言，脱模剂是隔离剂的上位概念，脱模剂的外延要大于隔离剂的外延。

《橡胶工业手册》修订版第一分册记载，“硅橡胶制品硫化时，一般不使用脱模剂”。由此可知，硅橡胶制品硫化时，一般也不使用隔离剂。

因此，尽管《橡胶工业手册》修订版第五分册记载的有芯法胶管生产工艺中，均有涂隔离剂的生产工序，但鉴于该处所载有芯法胶管生产工艺仅是对胶管生产工艺的概述，而并不特别针对硅橡胶胶管的生产。故在有证据证明硅橡胶制品硫化一般不使用隔离剂的情况下，仍不能认定涂隔离剂是硅橡胶胶管生产所必需的步骤。

故对本领域技术人员而言，“涂上隔离剂”并不属于从原专利申请文件中能够确定的内容，该项修改超出了原说明书和权利要求书记载的范围，不符合《专利法》第33条的规定。

（2）关于“成型后再缠上水包布”的技术特征。

《橡胶工业手册》修订版第五分册记载，“胶管硫化时的加压，根据工艺方法主要有包水布加压、模压和介质加压等多种”。可见，包水包布加压和模压同为胶管硫化加压工艺，二者是并列关系，而非包含关系。

根据《橡胶工业手册》修订版第五分册所载胶管制造工艺流程图，至少在软芯法纤维编织（或缠绕）胶管的制造工艺流程、软芯法钢丝编织（或缠绕）胶管的制造工艺流程中，除缠水包布外，也可通过包铅加压。甚至在软芯法纤维编织（或缠绕）胶管制造工艺中，如采用裸硫化的方法，则既无需缠水包布也无需包铅。

因此，对本领域普通技术人员而言，“成型后再缠上水包布”并不属于从原专利申请文件中能够确定的内容，该项修改超出了原说明书和权利要求书记载的范围，不符合《专利法》第33条的规定。

综上，最高人民法院驳回专利权人再审申请，维持二审法院判决。

【焦点归纳】

本案的争议焦点是：本专利授权公告文本的权利要求1中步骤a与本专利的原始申请文件相比，增加的技术特征“涂上隔离剂、将胶料附着在带有隔离剂的胶囊的表面上、成型后再缠上水包布”是否符合《专利法》第33条的规定。

增加的技术特征在原始申请文件中没有明确文字记载，在案件审理过程中，各方意见聚焦于两点：（1）“涂上隔离剂”“成型后再缠上水包布”是否属于该领域技术人员根据原申请文件可以直接、毫无疑义地确定专利技术方案必须具备的技术特征；（2）补入公知常识是否给涉案专利带来不正当利益。

1. 关于“涂上隔离剂”“成型后再缠上水包布”是否属于可以直接、

毫无疑义地确定的特征

专利权人认为：（1）本专利属于有芯法生产工艺的一种。现有技术中的有芯法胶管生产工艺属于本专利的背景技术，本专利工艺中未予披露而又与本专利发明要点没有冲突的背景技术中的必然工序属于本专利工艺所包含的内容。（2）有芯法胶管生产工艺中都有在管芯上“涂隔离剂”的生产工序。本专利工艺亦属于有芯法制造胶管工艺，故“涂隔离剂”也属于本专利工艺的必要步骤。（3）根据《橡胶工业手册》修订版第五分册的记载，胶管硫化时的加压，有包水布加压、模压和介质加压等多种。其中介质加压适用于裸硫化，而裸硫化一般用于无芯法生产工艺。因本专利属于有芯法生产工艺，故介质加压不是本专利的可选择项。包水包布既属于包水布加压，也属于模压。故对于本领域技术人员而言，在有芯法胶管生产工艺中选择包水包布的加压方式既是一种公知常识，也是一种必然。《橡胶工业手册》修订版第五分册所载有芯法胶管生产工艺要点中都明确记载包水包布是必要的生产工序。

无效请求人认为：（1）由于脱模剂和隔离剂作用相同，都是为了脱模，因此根据《橡胶工业手册》修订版第一分册第564页（六）1.（1）第2段的记载关于“硅橡胶制品硫化时，一般不使用脱模剂”的记载，能够推断出硅橡胶制品硫化时，脱模剂或隔离剂并不是必然使用的唯一选择。（2）并非所有硫化均需加压。且加压硫化包括模压硫化、硫化罐直接通过蒸汽压力硫化等，缠包水布虽然是比较普遍的工艺方法，但并不是加压硫化的唯一方式。

专利复审委员会认为：（1）本领域中，对于利用模具成型的工艺，涂隔离剂的作用是为了在产品成型后让产品与模具或模芯分离，更好地取出产品，但是并不是所有的成型工艺均采用涂隔离剂的方法，还可以采取包覆隔离纸的方式。且若采用与所成型产品的材料不易粘结的材料来制作模具或模芯，保持模具或模芯表面的惰性，或是对于不易与模具或模芯粘结的材料，可以不采取任何措施。故涂隔离剂并不是成型胶管毛坯所必须的步骤，该特征不能从原申请文件直接地、毫无疑义地确定。（2）本领域中，对于胶管硫化时的加压，根据工艺方法主要有包水布加压、模压和介质加压等多种，包水布加压仅是其中一种可选的工艺。

北京市第一中级人民法院一审认为：涉案专利属于软芯法生产工艺，根据《橡胶工业手册》的记载，无论是硬芯法还是软芯法，其中都包含有涂隔离剂、缠水包布的工艺流程，故技术特征“涂上隔离剂”“成型后再缠上水包布”为本领域的公知常识，本领域技术人员通过阅读本专利权利要求书和说明书，并结合本领域所掌握的公知常识，可以直接地、毫无疑义地确定以上特征。

北京市高级人民法院二审认为：(1) 根据本专利申请日之前的教科书，附件 4 记载了硅橡胶制品硫化时一般不使用脱模剂（系本专利权利要求 1 中隔离剂的另一称谓），附件 5 记载了可以“涂上隔离剂”的内容，由此可见，“涂上隔离剂”并非公知常识所直接、毫无疑义确定的内容。(2) 根据附件 5 所记载的内容，胶管硫化时的加压，根据工艺方法主要有包水布加压、模压和介质加压等多种，可见包水布加压仅仅是其中一种加压工艺。在现有技术存在多种选择方式的情况下，专利权人将其中一种方式增加进入专利权利要求 1 中，违反了先申请原则，这种修改方式明显超出了原申请文件的范围。(3) 本专利的技术方案为一种新型硅橡胶胶管生产工艺，本专利不同于现有技术的硬芯法、软芯法和无芯法，是一种全新的工艺。在此情况下，不能想当然将现有技术中用于硬芯法、软芯法和无芯法的工艺直接增加到本专利的技术方案中。

最高人民法院再审认为：(1) 在橡胶工业中，脱模剂与润滑剂的作用和种类是类似的，而隔离剂仅指三类润滑剂中的无机润滑剂。故对本领域普通技术人员而言，脱模剂是隔离剂的上位概念，脱模剂的外延要大于隔离剂的外延。在有证据证明硅橡胶制品硫化一般不使用隔离剂的情况下，仍不能认定涂隔离剂是硅橡胶胶管生产所必需的步骤。(2) 包水包布加压和模压同为胶管硫化加压工艺，二者是并列关系，而非包含关系。根据《橡胶工业手册》修订版第五分册所载胶管制造工艺流程图，至少在软芯法纤维编织（或缠绕）胶管的制造工艺流程、软芯法钢丝编织（或缠绕）胶管的制造工艺流程中，除缠水包布外，也可通过包铅加压。甚至在软芯法纤维编织（或缠绕）胶管制造工艺中，如采用裸硫化的方法，则既无需缠水包布也无需包铅。因此，对本领域普通技术人员而言，“成型后再缠上水包布”并不属于从原专利申请文件中能够确定的内容。

2. 关于修改时补入公知常识是否会带来不正当利益

专利权人认为：补入申请日前公知的技术特征，并没有违反先申请原则。并且这种增加是在公知常识的基础上作出来的，对本专利授权前景并没有实质性的改变。

无效请求人和专利复审委员会认为：并非所有公知常识性技术特征的增加都不会产生为申请人带来不正当利益，或影响其他社会公众利益的后果。对原始申请文件所进行的修改是否符合《专利法》第 33 条的评判标准，并不是孤立地评判修改时所增加的技术特征本身是否属于本领域的公知常识，而是要判断增加的技术特征是否能够从原始申请文本中直接地、毫无疑义地确定。本案中，无论增加的技术特征是现有技术还是公知常识，它都只是多个并列选项之一，都不属于“直接地、毫无疑义地确定的内容”。

北京市第一中级人民法院一审认为：本领域技术人员通过阅读本专利权利要求书和说明书，并结合本领域所掌握的公知常识，可以直接地、毫无疑义地确定得出补入特征，该修改不会造成申请人将申请时未完成的发明内容随后补入专利申请文件中，从而就该部分发明内容不正当地取得先申请的利益，未违反《专利法》第 33 条的立法本意。

最高人民法院认为：关于修改内容本身是否属于公知常识，或其是否能够体现发明创造对现有技术贡献的考量，并不是判断修改是否超出原说明书和权利要求书记载范围的必经步骤。公知常识在《专利法》第 33 条适用过程中的主要角色和作用就是借以确定隐含公开内容的考虑因素之一。以增加技术特征的修改方式为例，只要该新增技术特征在原说明书和权利要求书记载的范围之内，无论其是否属于本领域公知常识，这一修改都符合《专利法》第 33 条之规定；反之，若该新增技术特征不在原说明书和权利要求书记载的范围之内，即便其是本领域公知常识，也不能认定这一修改符合《专利法》第 33 条之规定。

【分析借鉴】

在专利的审查程序中，申请人通常会对申请文件进行修改。我国法律对申请文件修改的内容与范围有明确的规定。《专利法》第 33 条规定：“申请人可以对其专利申请文件进行修改，但是，对发明和实用新型专利申请文件的修改不得超出原说明书和权利要求书记载的范围。”《专利法实施细则》第 43 条规定：“依照本细则第四十二条规定提出的分案申请，可以保留原申请日，享有优先权的，可以保留优先权日，但不得超出原申请记载的范围。”分案也可以看作是一种修改，即对母案的修改，这种修改也不能超出原申请文件即母案记载的范围，其法理与《专利法》第 33 条是一脉相承的。

近年来，修改超范围的判断标准一直是专利权审查、诉讼各阶段争议较多的问题。本案是增加技术特征式修改的一个典型案例，其中涉及了公知常识与超范围判断的关系，这也是申请人和社会公众在超范围判断中最容易出现误区的地方。

1. 修改超范围的对比基准

《专利审查指南2010》在第二部分第八章第5.2.1.1节中规定："不论申请人对申请文件的修改属于主动修改还是针对通知书指出的缺陷进行的修改，都不得超出原说明书和权利要求书记载的范围。原说明书和权利要求书记载的范围包括原说明书和权利要求书文字记载的内容和根据原说明书和权利要求书文字记载的内容以及说明书附图能直接地、毫无疑义地确定的内容。"

《专利审查指南2010》在第一部分第二章第8节中规定："如果申请人对申请文件进行修改时，加入了所属技术领域的技术人员不能从原说明书和权利要求书中直接地、毫无疑义地确定的内容，这样的修改被认为超出了原说明书和权利要求书记载的范围。"

可见，虽然申请人在专利申请的审查过程中有权依法对申请文件进行修改，但《专利法》第33条对申请人提交的修改文本的修改内容提出了严格的要求，即不得超出原说明书和权利要求书记载的范围。

首先，"原权利要求书和说明书"指的是申请日提交的说明书和权利要求书，不包括摘要和摘要附图。因为是否提交摘要不是确定申请日的必要条件，在申请阶段，即使申请文件没有摘要，也可以确定申请日。申请人可以事后补交摘要，也不会改变申请日，因此摘要不作为修改的基础。优先权文本、外文同族文本也不可以作为修改依据，但对于PCT申请来说，由于其国际申请日视为在中国的申请日，因此，PCT申请的原说明书和权利要求书等同于国际公布文本。

其次，"记载的范围"指的是"原说明书和权利要求书文字记载的内容"和"从文字和附图的内容中直接地、毫无疑义地确定的内容"。"原说明书和权利要求书文字记载的内容"由于有明确的文字记载作为参照很容易判断，关键"直接地、毫无疑义地确定的内容"是超范围判断中的难点。

2. 什么是"直接地、毫无疑义地确定的内容"

世界各专利大国或地区（欧洲、日本、美国）的相关法规对于"直接地、毫无疑义地确定的内容"的规定略有不同❶：

欧洲专利申诉委员会中相似的定义为"隐含公开的内容"，其含义是没有明确记载但是根据明确记载的内容能够清楚地、毫无疑义地导出的信息，同时

---

❶ 韦斌．浅谈超范围的认定与判断［J］．审查业务通讯，2013（8）：36－42.

必须考虑公知常识，以决定从文件的明确记载的内容中能够清楚地、毫无疑义地导出什么内容。

日本特许厅定义为“无需任何证明而明白的事项”，即虽然没有明确的记载，但是根据原始申请的记载，本领域技术人员按照申请时的公知常识，理解且明确是该含义，等同于该事项已经记载在原申请中。

美国的专利审查手册中定义为“被原始公开明确地、隐含地或固有地支持”，对于“隐含地”内容同样需要本领域技术人员依据其知识水平进行判断。

我国《专利法》和《专利审查指南2010》均没有对“直接地、毫无疑义地确定的内容”进行定义。《中国专利法详解》有关《专利法》第33条的部分，将“直接地、毫无疑义地确定的内容”解释为“能够明确推导出来的内容”。

“直接地、毫无疑义地确定”中的“直接”与“毫无疑义”是并列的、同时满足的两个条件，二者缺一不可。“直接地、毫无疑义地确定”是利用本领域技术人员原本知晓的本领域普通技术知识和原申请文件明确指引的现有技术，依据原申请文件本身直接地确定出其明确或隐含表达的技术信息，无需借助其他证据或手段进行加工，而不是可能的、模糊不清、模棱两可的技术信息。

在判断“直接地、毫无疑义地确定的内容”时，与本申请的技术方案理解、本领域的普通技术知识密切相关。以本案为例，多方当事人在讨论增加的技术特征是否属于“直接地、毫无疑义地确定的内容”时，均对涉案专利的背景技术、要解决的技术问题、所采取的技术方案进行分析，以及本领域普通技术知识的举证以确定根据原始技术方案能否必然得出增加的技术特征。

综上，在进行“直接地、毫无疑义地确定的内容”的判断时，首先要站在本领域技术人员的角度，具备所属领域的普通技术知识，准确把握和理解原申请文件的确切内容，必要时应结合本领域公知常识进行合理的分析；其次将修改后的权利要求作为一个整体技术方案来解读，并与原始记载的技术方案整体进行比较；最后，基于申请的技术领域、要解决的技术问题以及带来的技术效果，判断该特征是否会带来新的技术内容，从而确定其是否属于根据原说明书和权利要求书文字记载的内容以及说明书附图能直接地、毫无疑义地确定的内容。

3. 公知常识与超范围判断的关系

如前所述，“原说明书和权利要求书记载的范围”不仅包括原专利申请文件直接记载的内容，即“直接公开”的内容；也包括在考虑所属技术领域技术特点和惯常表达、所属技术领域普通技术人员的知识水平和认知能力、技术方案本身在技术上的内在必然要求等因素的情况下，所属领域普通技术人员根据原专利申请文件能够“直接地、毫无疑义地确定的内容”，即“隐含公开”的内容。

诚然，在确定隐含公开内容时可能涉及对本领域公知常识的运用，但是，不能因此将公知常识随意加入专利权利要求中，除非该领域技术人员可以直接地、毫无疑义地确定专利技术方案必须包括所述的公知常识，即公知常识的内容是专利技术方案必须具备的技术特征，并且该技术特征是专利技术方案唯一的配合方式。

本案专利权人诉称，“补入申请日前公知的技术特征，并没有违反先申请原则。并且这种增加是在公知常识的基础上作出来的，对本专利授权前景并没有实质性的改变”。这是对《专利法》第33条的曲解，《专利法》第33条的意旨在于对先申请制度的维护，而非对创造性予以评价。该条款自始至终所关切的都仅仅是修改内容与“原说明书和权利要求书记载的范围”之间的关系，而非修改内容与现有技术之间的关系。关于修改内容本身是否属于公知常识，或其是否能够体现发明创造对现有技术贡献的考量，并不是判断修改是否超出原说明书和权利要求书记载范围的必经步骤。

换言之，修改内容本身是否属于公知常识，与修改是否超范围没有直接关系；公知常识在《专利法》第33条适用过程中的主要角色和作用是籍以确定隐含公开内容的考虑因素之一。

以增加技术特征的修改方式为例，只要该新增技术特征在原说明书和权利要求书记载的范围之内，无论其是否属于本领域公知常识，这一修改都符合《专利法》第33条的规定；反之，若该新增技术特征不在原说明书和权利要求书记载的范围之内，即便其是本领域公知常识，也不能认定这一修改符合《专利法》第33条的规定。

即使根据原权利要求书和说明书记载的内容可以推断出增加的内容属于公知常识中多个并列选项的一部分，但由于存在多种可选项，该增加的修改内容也不属于“直接地、毫无疑义地确定的内容”。例如，原权利要求书和说明书中记载了“部件A和B可以采用常规方式进行连接”。根据所属技术领域的公知常识，常规的连接方式包括焊接、铆接、镶嵌、钉接和螺栓连接。申请人将原申请文件中的上述内容修改为：

（1）部件 A 和 B 可以采用常规方式进行连接，如焊接、铆接、螺栓连接。

（2）部件 A 和 B 可以采用焊接进行连接。

（3）部件 A 和 B 可以采用的连接方式为焊接、铆接、镶嵌、钉接和螺栓连接中的一种。

这些修改方式都是将原申请文件中的常规方式具体化，不论具体化为哪个方式，都是向原申请文件中引入了新的技术内容。这些内容均没有记载于原始申请文件中，也不能直接地、毫无疑义地确定，因此，这些修改方式均不允许。

需要注意的是，并非所有增加原申请的权利要求书和说明书未曾记载的公知常识均不允许。《专利审查指南 2010》第二部分第八章第 5.2.2.2 节关于背景技术的修改中规定：这种修改实际上使说明书增加了原申请的权利要求书和说明书未曾记载的内容，但由于修改仅涉及背景技术而不涉及发明本身，且增加的内容是申请日前已经公知的现有技术，因此是允许的。即只有在修改不涉及发明本身，且增加的内容是公知的现有技术时，才能修改背景技术。反之，如果增加的内容虽是公知的现有技术，却涉及发明本身，即对发明的技术问题、技术方案或技术效果产生了影响，则这种修改是不允许的。

4. 增加技术特征式修改的相关要求和判断方法

《专利审查指南 2010》在第二部分第八章第 5.2.3.1 节中对于修改过程中哪些属于“不允许的增加”进行了说明。不能允许的增加内容的修改，包括下述几种。

（1）将某些不能从原说明书（包括附图）和/或权利要求书中直接明确认定的技术特征写入权利要求和/或说明书。

（2）为使公开的发明清楚或者使权利要求完整而补入不能从原说明书（包括附图）和/或权利要求书中直接地、毫无疑义地确定的信息。

（3）增加的内容是通过测量附图得出的尺寸参数技术特征。

（4）引入原申请文件中未提及的附加组分，导致出现原申请没有的特殊效果。

（5）补入了所属技术领域的技术人员不能直接从原始申请中导出的有益效果。

（6）补入实验数据以说明发明的有益效果，和/或补入实施方式和实施例以说明在权利要求请求保护的范围内发明能够实施。

(7) 增补原说明书中未提及的附图，一般是不允许的；如果增补背景技术的附图，或者将原附图中的公知技术附图更换为最接近现有技术的附图，则应当允许。

总的来说，增加实验数据或附图一般是不允许的。增加技术问题或技术效果要进行判断：如果技术效果可以由本领域技术人员从技术方案直接地、毫无疑义地确定，例如根据申请文件记载的发明的原理、作用或功能可以没有困难地直接预期到这种效果，则允许申请人进行澄清性修改；如果所要解决的技术问题可以由本领域技术人员根据说明书记载的技术效果或技术方案直接地、毫无疑义地确定，则允许申请人进行澄清性修改。在说明书的背景技术部分增加对现有技术（包括公知常识）的描述是允许的。但是，如果增加的内容虽是现有技术，却涉及了发明本身，即对发明的技术问题、技术方案或技术效果产生了影响，则这种修改是不允许的。

以上《专利审查指南2010》中描述的种种不允许增加的情况仅仅是列举，而非穷举。也就是说，申请人在修改文本中增加的新内容可能不属于这里列举的表现形式，但仍可能超范围，对修改超范围的判断始终坚持的基本原则是修改后的内容只要没有在原申请文件中记载，且不能从原说明书和权利要求书中直接地、毫无疑义地确定，就是不符合《专利法》第33条的规定。

3.1.2 技术特征的删除

在删除式修改中，对于原申请文件将其描述为必要的技术特征或所属领域技术人员判断确定的必要技术特征，不能进行删除。对于其余技术特征的删除，需要考虑各技术特征之间的关联性，即删除该特征是否需要对其他特征进行修正以弥补这种变化。如果技术特征之间存在协同作用，删除该特征后使得其他特征所解决的技术问题、实现的技术效果发生改变，则不允许进行删除。反之，如果删除特征与其他特征之间是叠加关系或选择关系，删除特征后不会影响其他特征功能的实现，则允许进行删除。

【案例11】地面作业工具系统（系列申请复审案例合集）

【案情简介】

卡特彼勒公司（以下简称申请人）于2007年8月16日向国际局提出的

国际申请号为 PCT/US2007/018030 的 PCT 发明专利申请，优先权日为 2006 年 8 月 16 日；该 PCT 申请于 2009 年 4 月 16 日进入中国国家阶段，国家阶段申请号为 200780038558.7，发明名称为“地面作业工具系统”（以下简称母案）。

母案原始提交的国际申请的中文译文的权利要求书如下：

1. 一种地面作业工具系统，包括：

具有地面作业表面的第一元件；

具有柱的第二元件；

可转动地设置在所述第一元件和所述第二元件之间的锁，该锁包括用于容纳所述柱的槽；

其中，所述锁能够在锁定位置和未锁定位置之间转动，在所述锁定位置，所述柱不能从所述槽滑出，在所述未锁定位置，所述柱能够从所述槽滑出，并且所述第一元件能够从所述第二元件分开。

2. 根据权利要求 1 所述的地面作业工具系统，还包括设置在所述锁和所述第一元件之间的保持衬套。

3. 根据权利要求 2 所述的地面作业工具系统，其中，所述保持衬套的一部分与所述锁重叠，以可释放地将所述锁和所述保持衬套保持在一起。

4. 根据权利要求 3 所述的地面作业工具系统，其中，所述第一元件的一部分与所述保持衬套重叠，以可释放地将所述保持衬套和所述第一元件保持在一起。

5. 根据权利要求 4 所述的地面作业工具系统，其中，所述保持衬套由所述第一元件不可转动地保持。

6. 一种地面作业工具系统，包括：

具有地面作业表面和锁腔的第一元件；

可释放地保持在所述锁腔中的保持衬套；

由所述保持衬套可释放地保持的锁，所述锁能够相对于所述保持衬套转动，在所述锁中形成有第一槽。

7. 根据权利要求 6 所述的地面作业工具系统，还包括：

形成在所述第一元件中并通向所述锁腔的第二槽；

其中，所述锁能够在未锁定位置和锁定位置之间转动，在所述未锁定位置，所述第一槽和所述第二槽基本对准，在所述锁定位置，所述第一槽和所述第二槽不对准。

8. 根据权利要求7所述的地面作业工具系统，其中，所述保持衬套和所述锁中的一个包括凸片，并且所述保持衬套和所述锁中的另一个包括锁销，当所述锁转动到所述锁定位置时，所述凸片可释放地保持在所述锁销中。

母案涉及一种地面作业工具系统，其可拆卸安装于挖土机的铲斗等最易被摩擦和冲击的区域，以保护铲斗避免磨损，同时提供更加有效的挖掘。该地面作业工具系统包括三部分：具有地面作业表面和适配器容纳腔的地面作业工具40（第一元件）、具有突出部和柱的适配器100（第二元件）和可转动的锁构件20（第三元件）。地面作业工具40连接到适配器100，并且适配器的柱滑动到设置在锁20上的槽中。转动锁从而进入槽中的入口被阻塞并且柱不能滑出槽，从而使锁位于锁定位置，柱保持在锁的槽中使得地面作业工具保持到适配器。

以下为第一元件40、柱10和第三元件锁20的工作原理图，图3－1中锁处于未锁定状态，图3－2中锁处于锁定状态。

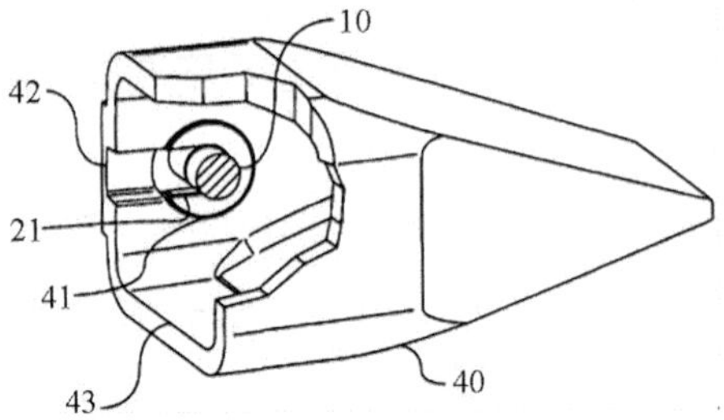

图3－1　锁处于未锁定状态

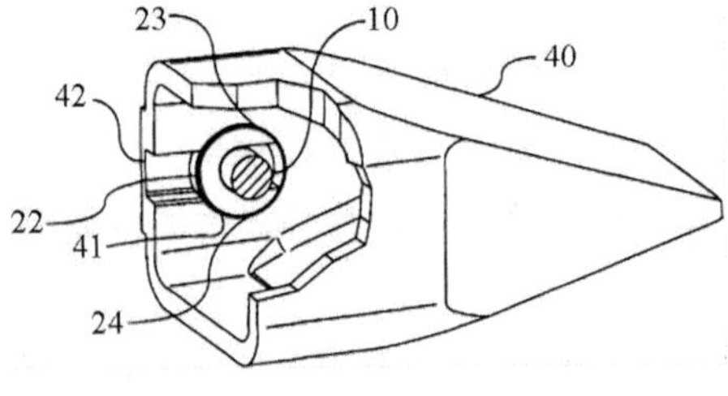

图3－2　锁处于锁定状态

在母案说明书中，对于作业工具 40（第一元件）、适配器 100（第二元件）和锁构件 20（第三元件）进行了详细描述，图 3－3、图 3－4、图 3－5 分别为作业工具 40（第一元件）、适配器 100（第二元件）和锁构件 20（第三元件）的结构示意图。

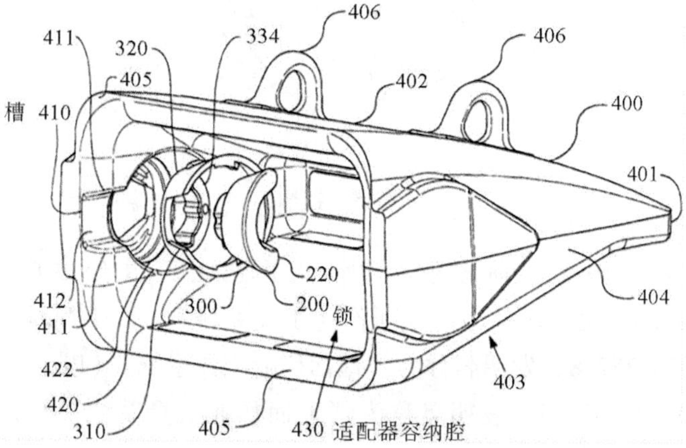

图 3－3　作业工具

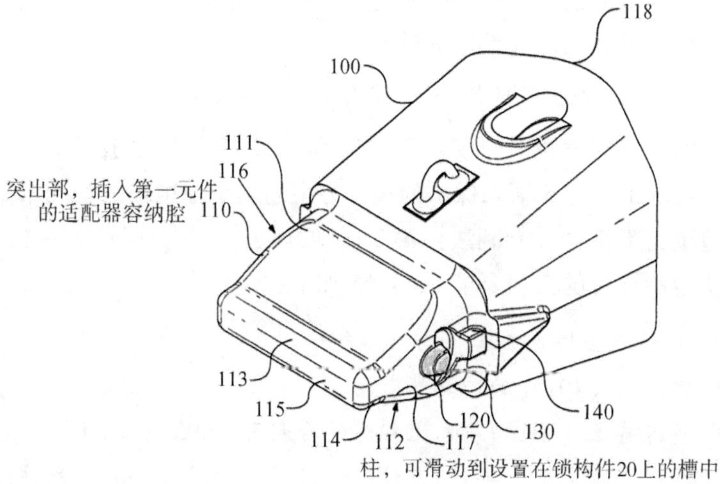

图 3－4　适配器

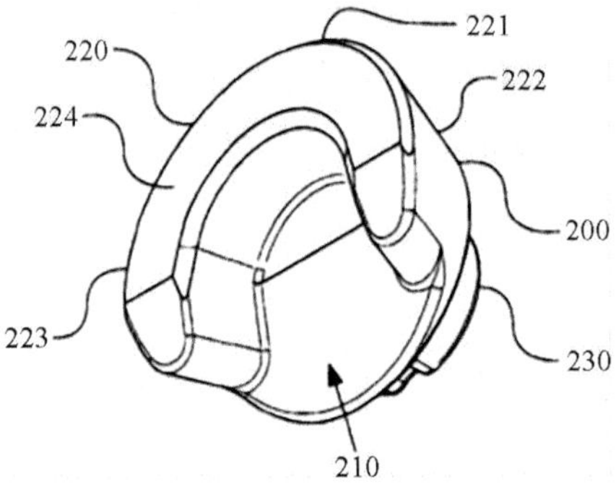

图3-5　锁构件

母案进入中国国家阶段后，申请人提出了三件分案申请：申请号201010230255.9、发明名称为“地面作业工具系统”（以下简称分案一）；申请号201010230257.8、发明名称为“地面作业工具系统”（以下简称分案二）；申请号201010230256.3、发明名称为“地面作业工具系统”（以下简称分案三）。

分案一的独立权利要求1请求保护一种地面作业工具（第一元件），分案二的独立权利要求1请求保护一种适配器（第二元件），分案三的独立权利要求1请求保护一种锁构件（第三元件）。

1. 分案一复审阶段案情简介（第72800号复审决定）

针对分案一，国家知识产权局于2013年7月25日发出驳回决定，驳回理由是：权利要求1、3、5请求保护的技术方案超出了原申请的说明书和权利要求记载的范围，不符合《专利法》第33条的规定。

驳回决定所针对的权利要求1、3、5如下：

1. 一种地面作业工具（400），包括：

限定前缘（401）的工具外表面；

与所述前缘（401）基本上相对的后表面（405）；以及

通过所述后表面（405）开放的适配器容纳腔（430），所述适配器容纳腔（430）包括：

从所述适配器容纳腔（430）凹陷的锁腔（420），所述锁腔（420）包括从所述锁腔（420）通向所述工具外表面的锁开口（421）；和

从所述适配器容纳腔（430）凹陷的槽（410），所述槽（410）的一端朝所述后表面（405）打开并且相对的另一端朝所述锁腔（420）打开。

3. 根据权利要求 1 所述的地面作业工具（400），包括上部（402）、下部（403）和在所述上部（402）和下部（403）之间延伸的相对的侧部（404），其中，所述上部（402）、下部（403）和侧部（404）形成所述工具外表面。

5. 根据权利要求 3 所述的地面作业工具（400），其中，所述锁腔（420）形成在所述侧部（404）中的一个侧部内。

国家知识产权局审查部门在驳回决定中认为：分案申请的内容不得超出原申请记载的范围，原申请记载的范围包括原申请说明书和权利要求书文字记载的内容和根据原申请说明书和权利要求书文字记载的内容以及说明书附图直接地、毫无疑义地确定的内容。而针对本案，权利要求所要求保护的技术方案是对原申请说明书和权利要求书记载内容的重新概括，因为原申请说明书和权利要求书中不仅记载了本申请权利要求中的技术特征，同时还记载了与上述技术特征具有协同作用、相互联系的其他相关技术特征，这样重新概括出来的技术方案既未记载在原申请说明书和权利要求书中，也不能由原申请说明书和权利要求书直接地、毫无疑义地确定出来，因此权利要求所要求保护的技术方案超出了原申请说明书和权利要求书记载的范围。

以权利要求 3 为例，驳回决定认为，权利要求 3 的附加技术特征“上部（402）、下部（403）和侧部（404）形成所述工具外表面”未明确记载在原申请文件中。说明书中的相应记载为“上部 402、下部 403 和侧部 404 接合到一起并形成前缘 401。上部 402、下部 403 和侧部 404 还形成内部的适配器容纳腔 430。后表面由上部 402、下部 403 和侧部 404 限定边界”。因此，权利要求 3 的附加技术特征删除了原申请中记载的部分特征，是对原申请的说明书和权利要求书记载内容的重新概括，本领域技术人员不能由原申请的说明书和权利要求书记载的内容以及说明书附图直接地、毫无疑义地确定出来。

申请人对上述驳回决定不服，于 2013 年 10 月 29 日向国家知识产权局专利复审委员会（以下简称专利复审委员会）提出了复审请求，未修改申请文件。

专利复审委员会于 2014 年 8 月 5 日作出第 72800 号复审请求审查决定，撤销驳回决定，认为：如果分案申请中所修改的内容可以从原申请文件记载的信息中直接地、毫无疑义地确定，那么这种修改是允许的。以权利要求 3 为例，原申请的说明书中记载了“末端 400 还可以包括上部 402、下部 403 和侧部 404。在图 4 所示的设计中，上部 402、下部 403 和侧部 404 接合到一起并形成前缘401。上部402、下部403和侧部404还形成内部的适配器容纳腔430。适配器容纳腔430的形状用来容纳适配器的突出部。适配器容纳腔430通过后部或后表面405展现末端400。后表面由上部402、下部403和侧部404限定边界。若干环圈406可以连接到末端的任何外表面上以便于在安装过程中提升和定位末端400”。并且，如附图4、5、9所示，环圈406可以连接到地面作业工具的任何外表面上。在其引用的权利要求1中限定了“一种地面作业工具，包括：限定前缘的工具外表面”的基础上，本领域技术人员根据以上内容可以直接地、毫无疑义地确定“上部（402）、下部（403）和侧部（404）形成所述工具外表面”。

2. 分案二复审阶段案情简介（第1F156348号复审决定）

针对分案二，国家知识产权局于2013年6月26日发出驳回决定，驳回理由是：权利要求1、2、9～11请求保护的技术方案超出了原申请的说明书和权利要求记载的范围，不符合《专利法》第33条的规定。

驳回决定所针对的权利要求1、2、9～11如下：

1. 一种用于将地面作业工具（400）连接到工作器械的适配器（100），所述适配器包括：

突出部（110），其形状能够配合到所述地面作业工具中形成的腔内，所述突出部（110）包括侧表面（117）；

柱（120），其形成在所述突出部（110）的所述侧表面（117）上，所述柱（120）包括侧表面（121）和端表面（122）；和

切口（130），其延伸到所述突出部（110）的所述侧表面（117）中并且沿周向环绕所述柱（120）的一部分。

2. 根据权利要求1所述的适配器（100），其中，所述突出部（110）还包括相对的侧表面（116）、相对的倾斜的上表面和下表面（111，112）以及连接到所述相对的倾斜的上表面和下表面（111，112）的相对的平表面（113，114），其中，所述相对的倾斜的上表面和下表面（111，112）和所述相对的平表面（113，114）在所述相对的侧表面（116，117）之间延伸。

9. 根据权利要求1所述的适配器（100），其中，所述地面作业工具包括具有C形部分（220）的可转动的锁（200），所述C形部分（220）限定槽（210），并且其中所述切口（130）的尺寸能够接收所述可转动的

锁（200）的所述C形部分（220）。

10. 根据权利要求1所述的适配器（100），还包括从所述侧表面（117）突出、靠近所述切口（130）定位且与所述柱（120）相对的横档（140）。

11. 根据权利要求10所述的适配器（100），其中，所述地面作业工具包括形成有槽（410）的侧部（404），并且其中在将所述适配器（100）连接到所述地面作业工具（400）时，所述突出部（110）的侧表面（117）上的所述横档（140）还被定位成待插入到所述槽（410）中。

国家知识产权局审查部门在驳回决定中认为：权利要求1、2、9～11的部分技术特征虽然在原申请的说明书和权利要求书中有相应的记载，但它们所构成的技术方案是在原申请的说明书和权利要求书记载的内容的基础上进行的重新概括，这种概括出来的技术方案不能由原申请的说明书和权利要求书文字记载的内容以及说明书附图直接地、毫无疑义地确定出来。

以权利要求1为例，驳回决定认为，权利要求1中仅限定"所述柱包括侧表面和端表面"，而未限定原申请的说明书中记载的侧表面和端表面形状及中心轴线和锥度的内容。权利要求1中仅限定"切口，其延伸到所述突出部的所述侧表面中并且沿周向环绕所述柱的一部分"而未限定原申请的说明书中记载的切口的位置和形状。原申请文件中的适配器还包括"与突出部相对的后部""紧挨柱并且在柱后（在后部的方向），从侧表面上方立起的横档""对称平面""对称平面和中心轴线之间的角度为接近65度至85度"等结构，而权利要求1未进行限定。因此，权利要求3的附加技术特征是对原申请的说明书和权利要求书记载内容的重新概括。

申请人对上述驳回决定不服，于2013年7月31日向专利复审委员会提出了复审请求，未修改申请文件。

专利复审委员会于2014年7月16日作出第1F156348号复审请求审查决定，撤销驳回决定，认为：如果分案申请中所修改的内容可以从原申请文件记载的信息中直接地、毫无疑义地确定，那么这种修改是允许的。以权利要求1为例，柱的侧表面和端表面采用的具体形状及中心轴线和锥度等属于实施例中列出的优选方式，不是必须记载在权利要求1中的。虽然原申请的说明书限定了切口为半环形，但是这种形状属于实施例中的优选方式，不是必须记载在权利要求1中的。原申请的说明书实施例中记载了地面作业工具系统的一种具体实施方式，限定了大量的技术特征，例如适配器包括"与突出部相对的后部"

“紧挨柱并且在柱后（在后部的方向），从侧表面上方立起的横档”“对称平面”“对称平面和中心轴线之间的角度为接近65度至85度”等。权利要求1中无需也不可能包含所有技术特征。权利要求1请求保护的技术方案是可以根据原申请的说明书和权利要求书记载的内容直接地、毫无疑义地确定的。因此，权利要求1符合《专利法实施细则》第43条第1款和《专利法》第33条的规定。

3. 分案三复审阶段案情简介（第1F156348号复审决定）

针对分案三，国家知识产权局于2013年5月29日发出驳回决定，驳回理由是：权利要求1、4、7、8、10、12请求保护的技术方案超出了原申请的说明书和权利要求记载的范围，不符合《专利法》第33条的规定。

驳回决定所针对的权利要求1、4、7、8、10、12如下：

1. 一种地面作业工具连接系统，包括：

锁（200），其能够由第一元件（40，400）的锁腔（41，420）容纳，所述锁（200）包括：

限定用于容纳第二元件的柱（10，120）的一部分的槽（210）的C形部分（220）；和

头部（230），其连接到所述C形部分（220）并且具有工具接触面（235）。

4. 根据权利要求1所述的地面作业工具连接系统，还包括具有裙部（320）的保持衬套（300），所述裙部（320）限定内表面（340），所述内表面（340）能够可转动地接收所述锁（200）的外表面（240），并且其中所述锁（200）能够相对于所述保持衬套（300）转动。

7. 根据权利要求4所述的地面作业工具连接系统，其中，

所述锁（200）具有第一锁销（231）和第二锁销（232）；

所述保持衬套（300）还包括能够选择性地接合所述第一锁销（231）或所述第二锁销（232）的挠性凸片（332）；并且

所述锁（200）具有止动凸片（234）。

8. 根据权利要求7所述的地面作业工具连接系统，其中，所述保持衬套（300）包括连接到所述裙部（320）的较窄的端部的头部（330），并且所述挠性凸片（332）和开口（331）设置在所述保持衬套（300）的所述头部（330）上。

10. 根据权利要求8所述的地面作业工具连接系统，其中，所述锁（200）的所述头部（230）包括支撑表面（236），并且所述保持衬套（300）的所述头部（330）包括能够可转动地接合所述支撑表面（236）的下表面（334）。

12. 根据权利要求8所述的地面作业工具连接系统，其中，所述保持衬套（300）的所述头部（330）包括开口（331），所述开口（331）的尺寸能够接收所述锁（200）的所述头部（230）。

国家知识产权局审查部门在驳回决定中认为：权利要求1中地面作业工具连接系统不仅包括锁，还包括地面作业工具、适配器容纳腔、锁腔、适配器等结构，仅限定包括锁的地面作业工具连接系统的技术方案既未记载在原申请说明书和权利要求书中，也不能由原申请说明书和权利要求书记载的内容直接地、毫无疑义地确定。

申请人对上述驳回决定不服，于2013年7月31日向专利复审委员会提出了复审请求，未修改申请文件。

专利复审委员会于2014年7月16日作出第1F156348号复审请求审查决定，撤销驳回决定，认为：把一个完整的系统分成多个部分来保护并不一定必然导致修改超范围。修改是否超范围的关键是判断修改后的技术方案相对于原申请文件是否有实质性的变化，是否能够由原申请文件直接地、毫无疑义地确定，而与保护范围的大小无关。即使修改后扩大了保护范围，如果修改后的技术方案是能够根据原申请文件可以直接地、毫无疑义地确定的，那么这种修改就是允许的，即没有超出原申请说明书和权利要求书记载的范围。

【焦点归纳】

涉案专利原始母案申请文件中记载了一种地面作业工具系统，该地面作业工具系统包括相互配合工作的三部分：具有地面作业表面和适配器容纳腔的地面作业工具（第一元件）、具有突出部和柱的适配器（第二元件）和可转动的锁构件（第三元件）。

母案进入中国国家阶段后，申请人提出了三件分案申请：分案申请一的独立权利要求1请求保护一种地面作业工具（第一元件），分案申请二的独立权利要求1请求保护一种适配器（第二元件），分案申请三的独立权利要求1请求保护一种锁构件（第三元件）。

三件分案在实审程序中均被以修改超范围为由驳回，国家知识产权局实审部门在驳回决定中一致认为：分案权利要求保护的方案相对于原始申请文件删除了一些技术特征，导致其请求保护的范围相对于原始记载的范围变大。分案权利要求所要求保护的技术方案是对原申请说明书和权利要求书记载内容的重新概括，原申请说明书和权利要求书中不仅记载了本申请权利要求中的技术特征，同时还记载了与上述技术特征具有协同作用、相互联系的其他相关技术特征，这样重新概括出来的技术方案既未记载在原申请说明书和权利要求书中，也不能由原申请说明书和权利要求书直接地、毫无疑义地确定出来，因此权利要求所要求保护的技术方案超出了原申请说明书和权利要求书记载的范围。

三件分案的复审程序中，复审委员会均撤销了驳回决定，复审请求审查决定认为：如果分案申请中所修改的内容可以从原申请文件记载的信息中直接地、毫无疑义地确定，那么这种修改是允许的。原申请的说明书实施例中记载了地面作业工具系统的一种具体实施方式，限定了大量的技术特征，修改后的分案权利要求中无需也不可能包含所有技术特征。把一个完整的系统分成多个部分来保护并不一定必然导致修改超范围。修改是否超范围的关键是判断修改后的技术方案相对于原申请文件是否有实质性的变化，是否能够由原申请文件直接地、毫无疑义地确定，而与保护范围的大小无关。即使修改后扩大了保护范围，如果修改后的技术方案是能够根据原申请文件可以直接地、毫无疑义地确定的，那么这种修改就是允许的，没有超出原申请说明书和权利要求书记载的范围。

【分析借鉴】

《专利审查指南 2010》在第二部分第八章第 5.2.3 节中规定：“如果申请的内容通过增加、改变和/或删除其中的一部分，致使所属技术领域的技术人员看到的信息与原申请记载的信息不同，而且又不能从原申请记载的信息中直接地、毫无疑义地确定，那么，这种修改就是不允许的。”

删除权利要求中的技术特征，或者在将原说明书中记载的技术方案补入权利要求书时删除了部分技术特征，是实审程序中常见的修改方式，也是较易引起争议的一种修改方式。以本案为例，申请人在提交分案申请时，删除了原母案申请文件记载的技术方案中的一些技术特征，导致了在实审程序和复审程序中出现关于修改是否超范围的争议。

1. 删除技术特征式修改的相关规定

《专利审查指南 2010》在第二部分第八章第 5.2.3.3 节例举了几种“不允许的删除”，其中包括：“从独立权利要求中删除在原申请中明确认定为发明的必要技术特征的那些技术特征，即删除在原说明书中始终作为发明的必要技术特征加以描述的那些技术特征；或者从权利要求中删除一个与说明书记载的技术方案有关的技术术语；或者从权利要求中删除在说明书中明确认定的关于具体应用范围的技术特征。”

对于一个技术特征，只有同时满足以下三个条件，才能视为非必要技术特征：

（1）原申请中没有明示该技术特征是必要技术特征；

（2）根据发明所要解决的技术问题，该特征并非是达到发明效果所必不可少的；

（3）将该特征删除后不必改进其他特征进行弥补，以实现未删除该特征时发明获得的技术效果。

反之，只要没有满足上述三个条件中的任一个，都可以认为该技术特征就是发明的必要技术特征。

欧洲专利审查中也存在类似的规定，《欧洲专利局审查指南》规定，本领域技术人员能够直接并毫无疑义地确认以下情形的，从权利要求中替换或删除特征不违反第123条第（2）项的规定[1]：

（1）该特征在所公开的内容中未被解释为至关重要的；

（2）从发明所解决的技术问题来看，该特征对于本发明的功能而言并非不可缺少；

（3）替换或删除不需要对其他特征进行修正以弥补这种变化。

如果删除技术方案中的必要技术特征，会使发明包含无法解决其技术问题的技术方案，而无法解决其技术问题的技术方案显然并非申请人所完成的发明创造。因此，通过删除必要技术特征而得到的技术方案包含了不属于申请文件客观表达出的发明创造，该修改必然超出原说明书和权利要求书记载的范围。如果给予保护必然会使申请人不当获利、损害依赖原申请法律安全性的第三方利益。

而对于原申请文件中包含的非必要的、原申请文件中也并未将其描述为必要的技术特征的删除不会影响发明技术问题的解决，也不会导致方案中其他特征发生变化，则可以删除。

以本案为例，涉案专利母案权利要求请求保护一种地面作业工具系统，该地面作业工具系统包括相互配合工作的三部分：地面作业工具（第一元件）、

[1] 周华．浅论删除特征式修改是否导致修改超范围的判断［J］．审查业务通讯，2017（8）：12－17.

适配器（第二元件）和锁构件（第三元件）。说明书中对整体系统进行了整体描述，同时也对三大元件的结构特征分别进行描述，本领域技术人员可以判断出，原母案申请文件中既记载了系统，也记载了三大构成元件。分案一请求保护地面作业工具，其是一个独立部件，构成实现挖掘功能的技术方案，适配器和锁构件不是该方案的必要技术特征。同样的，分案二要求保护适配器，起连接固定作用，地面作业工具和锁构件也不是其必要技术特征。分案三要求保护锁构件，起锁定功能，地面作业工具和适配器也不构成其必要技术特征。

2. 技术特征之间的关联性

在判断删除的特征并非必要技术特征后，还需要判断删除的特征与其余特征之间的关联性。原说明书和权利要求书记载的范围是由技术特征构成的技术方案，该范围的确定需要本领域技术人员根据技术特征之间的关联程度来判断。技术特征组合在一起是为了实现一定的功能，功能的独立性是判断技术特征之间关联是否紧密的标准❶。

如果本领域技术人员依据原申请文件确定某些特征之间存在一定的关联性，即某些特征之间只能以某种特定的方式组合才能解决其技术问题，实现其技术效果，则需要将这些相关联的特征及其特定的组合方式作为一个整体来看待，不能将其割裂、抽离而形成新的权利要求，否则将会导致该权利要求包括了申请文件未阐明的其他特定组合方式的技术方案，即包含了申请人未完成或者未表达出的发明，对其保护将会使得申请人不当获利，损害依赖于原申请文件的第三方的利益。

一般而言，技术特征之间的关系有三种：协同关系、叠加关系以及选择关系。如果删除的特征与其他特征之间具有协同作用、相互联系或相互支持，那么删除该特征将产生原说明书和权利要求书中没有记载的各技术特征之间新的组合，因此该修改超出了原说明书和权利要求书记载的范围是不允许的。例如权利要求请求保护一种电解质，其包含成分 A、B 和 C。其中 B 和 C 起协同作用提高电解质的高温稳定性，如果删除 C 势必会影响 B 作用的实现，因此这种修改是超范围的。

当删除的技术特征与其他技术特征彼此之间没有联系或支持，仅仅是一种简单的叠加关系，且原申请中明确指出、本领域技术人员也能够确认该特征不

❶ 秦奋. 浅议权利要求中删除技术特征是否导致修改超范围的审查［J］. 审查业务通讯，2015（8）：43－48.

是发明的必要技术特征，那么删除该特征的修改没有超出原说明书和权利要求书记载的范围是允许的。例如权利要求请求保护一种防水涂料，该涂料相对于现有技术具有优异的防水性能，其包含成分 A、B 和 C，其中 A 和 B 起提高疏水性的作用，C 为一种香料仅视情况添加以增加涂料的香味，则删除 C 不会导致修改超范围。

所删除的特征与其他特征之间具有选择关系，是指删除的特征是多个可选择替换的特征中的一个。例如，某金属材料选自铜、铁、铝或钛，铜、铁、铝和钛之间的关系就是选择关系。将具有选择关系的技术特征中的一个或多个删除，一般并不超出原说明书和权利要求书记载的范围是允许的。但对于马库什通式化合物而言，若通过删除部分并列取代基的方式将其修改为数个具体化合物，而这些化合物中有的在原说明书和权利要求书中没有明确记载，那么这种修改超出了原说明书和权利要求书记载的范围是不允许的。

通过以上分析可以发现，考虑特征之间的关联性与技术特征组合实现的功能密切相关，一般而言共同实现同一功能的技术特征之间往往是协同关系，分别实现同一功能的技术特征之间往往是选择关系，而实现不同功能的技术特征之间往往是叠加关系。

在本涉案专利的三个分案中，分案一到三分别请求保护地面作业工具、适配器和锁构件，以上三个部件虽然配合形成一个系统，但各自独立实施功能，并非密不可分。由此可知该系统中的三个部件之间属于简单叠加关系，没有产生协同作用。删除了其余两个元件的分案申请不存在修改超范围。

对于创新主体而言，除了采用删除技术特征的方式修改，也经常会对已有技术特征重新组合，即将原申请文件中同一或不同的技术方案的技术特征重新组合在一起而形成新的技术方案，例如将特定实施例中的特征抽离出来形成新的权利要求或者将特定实施例中的特征抽离出来与其他特征进行组合形成新的权利要求时，此时同样可以采用上述技术特征之间的关联性来判断是否会导致修改超范围。

3. 删除式修改超范围的判断思路

从权利要求中删除技术特征通常会导致权利要求保护范围变大，但是修改是否超范围的判断基础是“原说明书和权利要求书记载的范围”，与权利要求请求保护范围的大小无直接关联性。在确定原申请记载的范围时，应当基于本领域普通技术人员的认知水平，根据所属领域技术人员的知识和能力进行判断。

首先，需要判断删除的技术特征是否属于必要技术特征，对于原申请文件将其描述为必要的技术特征时不能进行删除。若删除的特征并未在原申请文件中被描述为不可或缺的，接下来需要考虑的是，从本申请所要解决的技术问题来看，该特征对于本发明功能的实现是否为必要的，即根据所属领域技术人员的知识和能力进行是否是必要技术特征的判断，如果删除的特征对于申请所要解决的技术问题而言是必不可少的，那么也不能进行删除。

其次，如果删除的特征并未被原申请描述为必要技术特征，也不是根据所属领域技术人员的判断确定的必要技术特征，那么接下来需要考虑各技术特征之间的关联性，即删除该特征是否需要对其他特征进行修正以弥补这种变化。如果技术特征之间存在协同作用，删除该特征后使得其他特征所解决的技术问题、实现的技术效果发生改变，则不允许进行删除。反之，如果删除特征与其他特征之间是叠加关系或选择关系，删除特征后不会影响其他特征功能的实现，则允许进行删除。

对于创新主体而言，在实审程序中为了克服权利要求书中存在的不支持、不具有新颖性/创造性等缺陷，也经常会将原说明书发明内容部分的技术方案中的技术特征，或者原说明书具体实施例的技术方案中的技术特征补入权利要求书。当将以上原说明书中记载的技术方案中的技术特征补入权利要求书时，如果将该方案中的所有技术特征一同加入，势必只能获得一个很小的保护范围；此时，可依据相同的思路判断哪些技术特征属于具有关联性的技术特征，必须将其共同补入，哪些特征属于无关联性的技术特征，不必一同补入。对于具有协同作用的技术特征，应一起进行修改补入，避免修改超范围。对于叠加关系或选择关系的技术特征可以选择不补入，以获得相对大的保护范围。

3.1.3 技术特征的改变

对于原始申请文件记载特征的解读，应从技术角度去理解发明的实质，而不是仅仅关注于文字表面。对于数值范围的修改需要考虑两方面的因素：修改的数值范围和点值在原说明书或权利要求书中有无记载；该特定数值与技术方案中其他具体技术特征之间是否彼此相互独立。

【案例 12】氨氯地平、厄贝沙坦复方制剂［（2011）知行字第 17 号］

【案情介绍】

上海家化医药科技有限公司（以下简称专利权人）系专利号为

03150996.7、名称为“氨氯地平、厄贝沙坦复方制剂”的发明专利（以下简称涉案专利）的权利人。该专利申请日为2003年9月19日，授权公告日为2006年8月23日。

涉案专利的授权权利要求书如下：

1. 一种复方制剂，其特征在于该制剂是以重量比组成为1:10～30的氨氯地平或氨氯地平生理上可接受的盐和厄贝沙坦为活性成分组成的药物组合物。

2. 根据权利要求1所述的复方制剂，其特征在于其中所述的药物组合物为各种医学上可接受的口服制剂。

3. 根据权利要求1所述的复方制剂在制备治疗轻、中度高血压药物中的应用。

4. 根据权利要求3所述的应用，其特征在于其中所述的药物适用于伴有心血管重构的高血压患者，肾性高血压、高血压伴肾功能损害或伴糖尿病肾功能损害的患者的治疗。

1. 无效阶段案情简介（第14275号无效决定）

李某（以下简称无效请求人）于2009年6月19日向国家知识产权局专利复审委员会（以下简称专利复审委员会）提出无效宣告请求，其理由是：涉案专利权利要求1～4不具备《专利法》第22条第3款规定的创造性；本专利不符合《专利法》第26条第3款的规定；权利要求1不符合《专利法实施细则》第21条第2款的规定；权利要求1～4不符合《专利法》第26条第4款的规定。

专利权人针对上述无效宣告请求在口头审理期间提交了经过修改的权利要求书，其中将授权权利要求1中的比例“1:10～30”修改为“1:30”。修改后的权利要求1为：

1. 一种复方制剂，其特征在于该制剂是以重量比组成为1:30的氨氯地平或氨氯地平生理上可接受的盐和厄贝沙坦为活性成分组成的药物组合物。

无效请求人认为：本专利原始权利要求书限定的比例为1:10～50，原始说明书并没有公开1:30的端点值。

专利复审委员会于2009年12月14日作出第14275号无效宣告请求审查

决定（以下简称被诉决定），专利复审委员会认为：专利权人的修改从连续的比例范围中选择了一个特定的比例请求保护，而原权利要求书和说明书中均未明确记载过该比例关系，也没有明确要在原有的比例范围之中进行这样的选择，尽管本专利的说明书中记载了氨氯地平 1mg/kg 与厄贝沙坦 30mg/kg 的组合，但这仅表示药物具体剂量的组合，不能反映整个比例关系。此外，本专利说明书第 10 页曾对药物具体剂量作出明确限定，“本发明可应用的氨氯地平与厄贝沙坦复方剂量范围为：氨氯地平∶厄贝沙坦 =2 ~ 10mg ∶50 ~ 300mg”，故无法确定是否任意满足 1∶30 这个比例的组合均能达到与该组合相同的效果，因此，修改后的技术方案超出原权利要求书和说明书记载的范围，也不能从原权利要求书和说明书中直接地、毫无疑义地确定，并且对该反映比例关系的技术特征进行修改也不属于无效宣告程序中允许的修改方式。因此对该修改文本不予接受，无效宣告请求审查决定依据的文本为本专利的授权公告文本。本专利授权公告的权利要求 1 ~4 得不到说明书支持，不符合《专利法》第 26 条第 4 款的规定，基于上述事实和理由宣告本发明专利权全部无效。

2. 北京市第一中级人民法院一审案情简介［（2010）一中知行初字第 1364 号］

专利权人不服被诉决定，于 2009 年 12 月 14 日向北京市第一中级人民法院起诉，请求撤销被诉决定，并责令国家知识产权局专利复审委员会重新作出无效宣告请求审查决定。

专利权人在一审中诉称：氨氯地平 1mg/kg 与厄贝沙坦 30mg/kg 的组合虽然是具体剂量的组合，但是体现的就是 1∶30 的比例关系；被诉决定认为“本专利说明书第 10 页曾对药物具体剂量作出明确限定‘本发明可应用的氨氯地平与厄贝沙坦复方剂量范围为：氨氯地平∶厄贝沙坦 =2 ~ 10mg∶50 ~ 300mg’，故无法确定是否任意满足 1∶30 这个比例的组合均能达到与该组合相同的效果”是对说明书的误解，说明书该段文字与要求两种药物成分的用量之比保持为 1∶30 没有任何矛盾，而且应当在适用这个比例关系的前提下，在氨氯地平∶厄贝沙坦 =2 ~ 10mg∶50 ~ 300mg 的范围内针对具体的患者给出两种药物的具体用量。本专利说明书第 7 页表 5 中数据部分明确记载了 1∶30 这个比例关系。在实审程序中，审查员同意原告将范围 1∶10 ~ 50 修改为 1∶10 ~ 30，说明审查员认可了具体比例 1∶30 已经在原始说明书中明确公开了。

涉案专利说明书第 7 页对于表 5 的相关记载为：

根据初试结果，将氨氯地平的最小有效量5mg/kg，和厄贝沙坦最小有效量30mg/kg作为参与组方的最大剂量，兼顾组方的方便和尽可能减少相同比例组的重复，按0.4～0.66的级差向下设定剂量组，则氨氯地平由小到大的3个剂量分别为1mg/kg、2mg/kg和5mg/kg；厄贝沙坦由小到大的3个剂量分别为10mg/kg、20mg/kg和30mg/kg，9个试验组方的构成及比例见表5。

表5　9种剂量组合及相应的计量比

氨氯地平（A）剂量/（mg/kg）	厄贝沙坦（I）剂量/（mg/kg）		
	10	20	30
1	A_1I_{10}（1∶10）	A_1I_{20}（1∶20）	A_1I_{30}（1∶30）
2	A_2I_{10}（1∶5）	A_2I_{20}（1∶10）	A_2I_{30}（1∶15）
5	A_5I_{10}（1∶2）	A_5I_{20}（1∶4）	A_5I_{30}（1∶6）

与溶剂对照组相比，用药后除A_1I_{10}组合降压作用不明显，A_2I_{10}组合和A_1I_{20}组合降压作用维持不足12小时外，其余6种组合均有显著降压作用，且降压作用维持24小时以上。

两药在组方中的剂量与各组方降压效应呈良好的量效关系。氨氯地平5mg/kg与不同剂量的厄贝沙坦组合，均有十分显著的降压作用，且持续时间大于24小时。氨氯地平2mg/kg与不同剂量的厄贝沙坦组合，在厄贝沙坦剂量≥20mg/kg均可引起对SHR的降压效应。氨氯地平1mg/kg与不同剂量的厄贝沙坦组合，仅在厄贝沙坦为30mg/kg时才呈现稳定持续的降压效应。

无效请求人在一审中辩称：本专利原始权利要求书限定的比例为1∶10～50，原始说明书并没有公开1∶30的端点值。经查，本专利原始权利要求书对此所作限定为：“2. 根据权利要求1所述的复方制剂，其特征在于其中活性成分氨氯地平和厄贝沙坦优选的重量比组成为1∶10～50。”

专利复审委员会在一审中辩称：被诉决定依据的“1∶30”限定的技术方案在原说明书和权利要求书中没有记载过，该专利说明书虽然记载了“氨氯地平1mg/kg与不同剂量的厄贝沙坦组合，仅在厄贝沙坦为30mg/kg时才呈现稳定持续的降压效应”和“本发明可应用的氨氯地平与厄贝沙坦复方剂量范围为：氨氯地平∶厄贝沙坦＝2～10mg∶50～300mg”，但二者都是具体剂量的组合，均不能证实氨氯地平与厄贝沙坦符合1∶30的比例关系的所有具体剂量的组合都能够产生相同的治疗效果。

北京市第一中级人民法院于2010年6月18日作出（2010）一中知行初字第1364号行政判决，认为：专利权人将原授权权利要求1中的比例“1∶10～30”修改为“1∶30”，而该“1∶30”的比例关系在原始权利要求书和说明书中均未明确记载（原始权利要求的范围为1∶10～50）。尽管本专利的说明书中记载了氨氯地平1mg/kg与厄贝沙坦30mg/kg的组合，该组合符合1∶30的比例关系，但这仅表示药物具体剂量的组合，而不能反映整个比例关系，无法确定是否任意满足1∶30这个比例的组合均能达到与该组合相同的效果。专利权人将原始权利要求1中的比例“1∶10～50”仅保留一个点值1∶30，且该点值1∶30并未记载在原始权利要求书和说明书中，故专利权人对该反映比例关系的技术特征的修改，超出了原权利要求书和说明书记载的范围，也不能从原权利要求书和说明书中毫无疑义地确定。

综上，北京市第一中级人民法院认为被诉决定无不妥之处。同时判定权利要求1～4得不到说明书的支持，不符合《专利法》第26条第4款的规定，维持被诉决定。

3. 北京市高级人民法院二审案情简介［（2010）高行终字第1022号］

专利权人不服北京市第一中级人民法院（2010）一中知行初字第1364号行政判决，于2010年8月11日向北京市高级人民法院提起上诉。

专利权人在二审中辩称：本专利不仅记载了“1∶30”这一比值，而且上述比值还能够从本专利记载的多处内容中直接地、毫无疑义地确定。因此对权利要求的修改完全符合《专利法》第33条的规定。修改后的本专利权利要求完全能够得到说明书的支持，本专利应当在修改后的权利要求的基础上维持有效。

北京市高级人民法院于2010年12月20日作出（2010）高行终字第1022号行政判决，认为：

专利权人在无效宣告程序的口头审理中曾提交本专利权利要求的修改文本，将本专利权利要求1中的“1∶10～30”修改为“1∶30”。这种修改没有扩大本专利的保护范围，也没有超出原权利要求书记载的范围，更没有增加未包含在本专利授权的权利要求中的技术特征。

专利复审委员会和一审法院关于原说明书中没有记载所有符合“1∶30”比例关系的氨氯地平和厄贝沙坦的组合都能达到相同的技术效果的认定，属于修改后的权利要求能否得到说明书支持的问题，即是否符合《专利法》第26

条第 4 款的问题，而非家化公司关于本专利权利要求的修改是否扩大原专利的保护范围的问题，因此被诉决定和一审判决关于涉案专利权利要求的修改不予接受认定，缺乏依据。鉴于专利复审委员会和一审法院应当根据专利权人在口头审理中所提出的修改文本对无效理由予以审查，因此，对本专利修改文本是否符合《专利法》第 26 条第 4 款的问题，不再予以审查。

综上，北京市高级人民法院认为一审判决和被诉决定认定事实不清，适用法律错误，予以纠正。

4. 最高人民法院再审案情简介［（2011）知行字第 17 号］

专利复审委员会不服北京市高级人民法院于 2010 年 12 月 20 日作出的（2010）高行终字第 1022 号行政判决，向最高人民法院申请再审。

相关理由为：《专利审查指南 2010》规定无效宣告程序中对权利要求书的修改不得超出原说明书和权利要求书记载的范围，比较对象应是原申请文本，而非原授权文本。涉案专利申请时的原始文本记载的比值范围为“1∶10～50”，授权文本中的“1∶10～30”本身就是超范围的。二审法院直接将授权文本作为比较对象是错误的。本专利授权文本中“1∶10～30”是一个技术方案，并非“并列的两种以上技术方案”，在无效阶段将其修改为“1∶30”不符合无效程序中修改方式的规定。综上，请求撤销二审判决，维持专利复审委员会第 14275 号无效宣告请求审查决定。

专利权人辩称：二审判决并未将原授权文本等同为“原说明书和权利要求书”。本专利原说明书明确有“氨氯地平 1mg/kg 与厄贝沙坦 30mg/kg 的组方因降压效果稳定持久，用药量较小，推荐为最佳剂量组合”的记载。本专利授权文本将“1∶10～50”修改为“1∶10～30”符合《专利法》及《专利审查指南 2010》的规定，未超出原说明书和权利要求书记载的范围。无效过程中将“1∶10～30”再次修改为“1∶30”同样未超出原说明书和权利要求书记载的范围。专利复审委员会将专利权人在原始申请文件中作为实施例具体说明，并明确指出其效果最佳，且明确包含在授权权利要求范围内的技术方案以不符合修改方式而拒绝给予保护，对权利人显失公平，亦有违《专利法》“保护专利权人合法权益”“鼓励发明创造”这一立法宗旨。

无效请求人提交答辩意见称：本专利授权文本中记载的比值范围为“1∶10～30”，但实际上，在原始提交的权利要求书和说明书中，从未具体公开过这一重量比，也从未记载任何剂量下的 1∶30 这一具体比值。根据说明书实施例中具体公开的“氨氯地平 1mg/kg 与厄贝沙坦 30mg/kg”的技术内容并不能概括出两者重量比为“1∶30”，这样的概括可能会包含一些未曾公开的技术方案，使得这种修改超出原始权利要求书和说明书的记载，不符合《专利法》第33条的规定。专利复审委员会及一审法院对此问题的认定正确，二审判决适用法律不当，请求予以纠正。

最高人民法院于2011年10月8日作出（2011）知行字第17号行政判决书，认为：

本专利申请时的原始文本记载的比值范围为1∶10～50，授权文本为1∶10～30，无效程序中再次修改为1∶30，所涉及的问题均是1∶30的比值是否在原说明书中有记载，这样的修改是否超出了原说明书和权利要求书记载的范围。

涉案专利说明书中有如下相关内容：说明书第三部分“试验结果”表5（第9页）：“9种剂量组合及相应的剂量比”中有涉及“（1∶30）”的内容。该部分“复方对血压的影响”中有如下描述：“氨氯地平1mg/kg与不同剂量的厄贝沙坦组合，仅在厄贝沙坦为30mg/kg时才呈现稳定持续的降压效应。”说明书第四部分“分析与结论”（第10页）中有“氨氯地平1mg/kg与厄贝沙坦30mg/kg的组方因降压效果稳定持久，用药剂量较小，故推荐为最佳剂量组合”以及“本发明可应用的氨氯地平与厄贝沙坦复方剂量范围为：氨氯地平∶厄贝沙坦＝2～10mg∶50～300mg”的内容。第10页及第11页片剂制备实施例1和实施例2分别公开了氨氯地平2.500mg与厄贝沙坦75.000mg的组合以及氨氯地平5.000mg与厄贝沙坦150.000mg的组合。

涉案专利说明书中对于实施例1和实施例2的相关记载为：

实施例1　片剂制备

成分	配比（mg）
苯磺酸氨氯地平	3.465（相当于氨氯地平2.500）
厄贝沙坦	75.000
乳糖	11.535
微晶纤维素	25.000
交联羧甲基纤维素钠	6.250
聚维酮K30	2.500
硬脂酸镁	1.250
总重（mg）	125.000

实施例 2　片剂制备

成分	配比（mg）
苯磺酸氨氯地平	6.931（相当于氨氯地平 5.000）
厄贝沙坦	150.000
乳糖	23.069
微晶纤维素	50.000
交联羧甲基纤维素钠	12.500
聚维酮 K30	5.000
硬脂酸镁	2.500
总重（mg）	250.000

根据以上事实可知，本专利说明书中明确公开了氨氯地平 1mg 与厄贝沙坦 30mg 的组合，并将氨氯地平 1mg/kg 与厄贝沙坦 30mg/kg 作为最佳剂量比，在片剂制备实施例中也有相应符合 1∶30 比例关系的组合，可见 1∶30 的比值在说明书中已经公开。对于记载有比值关系的权利要求而言，说明书中具体实施例只能记载具体的数值，而无法公开一个抽象的比值关系。而且本专利说明书中披露的是在大鼠身上进行试验所得到的结果，本专利说明书明确记载可应用的剂量范围是氨氯地平 2～10mg，厄贝沙坦 50～300mg，如果认定其披露的最佳组方仅为 1mg∶30mg 这一具体剂量而非比值，则该最佳组方根本不包含在上述可应用的范围内，显然不符合常理。对于本领域普通技术人员来说，1mg/kg和 30mg/kg 表明的是两种成分的比值而非一个固定的剂量，故本案中应认为 1∶30 的比值关系在说明书已有记载，该修改没有超出原说明书和权利要求书的范围。另外，对于是否符合该比值关系的所有技术方案均能够实现本专利发明目的，是属于权利要求是否能得到说明书的支持，即《专利法》第 26 条第 4 款的问题，不宜以该理由认定修改是否超出范围。

综上，最高人民法院认为二审判决认定修改符合《专利审查指南 2010》的规定并无不当，驳回国家知识产权局专利复审委员会的再审申请。

【焦点归纳】

本案的争议焦点是比值的修改是否符合《专利法》第 33 条的规定问题。涉案专利的原始文本中记载的比值范围为 1∶10～50，授权文本中为 1∶10～30，无效程序中再次修改为 1∶30，所涉及的问题均是 1∶30 的比值在原说明书中有无记载，这样的修改是否超出了原说明书和权利要求书记载的范围。虽然修改超范围问题在无效阶段才被提出来，但实际上该比值 1∶30 是在发明授权之前的实质审查阶段就已经引入的，其本质上属于实质审查阶段的修改超范围问题。

专利权人认为：本专利原说明书明确有“氨氯地平 1mg/kg 与厄贝沙坦 30mg/kg 的组方因降压效果稳定持久，用药量较小，推荐为最佳剂量组合”的记载，本专利说明书第 7 页表 5 中数据部分明确记载了 1∶30 这个比例关系。本专利授权文本将“1∶10～50”修改为“1∶10～30”符合《专利法》及《专利审查指南 2010》的规定，未超出原说明书和权利要求书记载的范围。无效过程中将“1∶10～30”再次修改为“1∶30”同样未超出原说明书和权利要求书记载的范围。

无效请求人认为：本专利授权文本中记载的比值范围为“1∶10～30”，但实际上，在原始提交的权利要求书和说明书中，从未具体公开过这一重量比，也从未记载任何剂量下的 1∶30 这一具体比值。根据说明书实施例中具体公开的“氨氯地平 1mg/kg 与厄贝沙坦 30mg/kg”的技术内容并不能概括出两者重量比为“1∶30”，这样的概括可能会包含一些未曾公开的技术方案，使得这种修改超出原始权利要求书和说明书的记载范围，不符合《专利法》第 33 条的规定。

专利复审委员会和北京市第一中级人民法院一审均认为：尽管本专利的说明书中记载了氨氯地平 1mg/kg 与厄贝沙坦 30mg/kg 的组合，该组合符合 1∶30 的比例关系，但这仅表示药物具体剂量的组合，而不能反映整个比例关系，无法确定是否任意满足 1∶30 这个比例的组合均能达到与该组合相同的效果。此外，本专利说明书第 10 页曾对药物具体剂量作出明确限定“本发明可应用的氨氯地平与厄贝沙坦复方剂量范围为：氨氯地平∶厄贝沙坦 = 2～10mg∶50～300mg”，故无法确定是否任意满足 1∶30 这个比例的组合均能达到与该组合相同的效果。因此，专利权人将原始权利要求 1 中的比例“1∶10～50”仅保留一个点值 1∶30，该点值 1∶30 并未记载在原始权利要求书和说明书中。

北京市高级人民法院认为：专利权人在无效宣告程序的口头审理中曾提交本专利权利要求的修改文本，将本专利权利要求 1 中的“1∶10～30”修改为“1∶30”。这种修改没有扩大本专利的保护范围，也没有超出原权利要求书记载的范围，更没有增加未包含在本专利授权的权利要求中的技术特征。专利复审委员会和一审法院关于原说明书中没有记载所有符合“1∶30”比例关系的氨氯地平和厄贝沙坦的组合都能达到相同的技术效果的认定，属于修改后的权利要求能否得到说明书支持的问题，即是否符合《专利法》第 26 条第 4 款的问题，而非专利权人关于本专利权利要求的修改是否扩大原专利的保护范围的问题。

最高人民法院终审认为：本专利说明书中明确公开了氨氯地平 1mg 与厄贝沙坦 30mg 的组合，并将氨氯地平 1mg/kg 与厄贝沙坦 30mg/kg 作为最佳剂量比，在片剂制备实施例中也有相应符合 1∶30 比例关系的组合。对于比值关系的权利要求而言，说明书中具体实施例只能记载具体的数值，而无法公开一个抽象的比值关系，而且本专利说明书中披露的是在大鼠身上进行试验所得到的结果，本专利说明书明确记载可应用的剂量范围是氨氯地平 2～10mg，厄贝沙坦 50～300mg，如果认定其披露的最佳组方仅为 1mg∶30mg 这一具体剂量而非比值，则该最佳组方根本不包含在上述可应用的范围内，显然不符合常理。对于本领域普通技术人员来说，1mg/kg 和 30mg/kg 表明的是两种成分的比值而非一个固定的剂量，故本案中应认为 1∶30 的比值关系在说明书已有记载，该修改没有超出原说明书和权利要求书的范围。另外，对于是否符合该比值关系的所有技术方案均能够实现本专利发明目的，是属于权利要求是否能得到说明书的支持，即《专利法》第 26 条第 4 款的问题，不宜以该理由认定修改是否超出范围。

【分析借鉴】

对数值范围的表述进行修改是申请人修改申请文件时经常出现的情形，尤其在医药化学领域更为常见。对于数值范围的修改，《专利审查指南 2010》中给出了基本原则，但是并没有针对具体情形进行详细的规定，而数值范围的修改是否符合专利法律法规的规范历来是审查、司法判定的焦点。

1. 原申请记载的是活性成分的具体剂量还是相对用量？

专利审查是自然科学与社会科学的结合，是通过社会科学的手段，将自然科学的发明创造权利化的过程。在审查和司法判定中重要的是从技术角度理解发明的实质，而不是仅仅关注于文字表面，造成法律适用机械化，甚至变成纯粹的文字游戏。

在本案中，专利权人将氨氯地平与厄贝沙坦的比例由 1∶10～50 修改为 1∶30。专利复审委员会和北京市第一中级人民法院均认为在原始提交的权利要求书和说明书中，从未记载过“1∶30”这一具体比值，氨氯地平 1mg/kg 与厄贝沙坦 30mg/kg 的组合仅表示药物具体剂量的组合，而不能反映整个比例关系。

要判断原申请文件记载的究竟是活性成分的具体剂量还是活性成分的比

值，可以从以下两个方面考虑：第一，原申请文件是否明示或暗示该发明技术问题的解决或技术效果的实现取决于活性成分的绝对用量或相对用量；第二，在本领域技术人员看来，发明所解决的技术问题或实现的技术效果依赖于活性成分的绝对用量还是相对用量。

首先，涉案专利说明书中表 5 测试了氨氯地平与厄贝沙坦的 9 种不同剂量组合，发现 A_1I_{30}（1∶30）的该组合即氨氯地平 1mg/kg 与厄贝沙坦 30mg/kg 的组方“因降压效果稳定持久，用药剂量较小，故推荐为最佳剂量组合”，同时在片剂制备实施例 1 和实施例 2 中也给出了符合 1∶30 比例关系的两组组合。虽然说明书中的组方均以具体剂量的形式记载活性成分的用量，但根据上述说明书记载的内容，组方的构成兼顾了“减少相同比例组的重复”，并将每种具体剂量的组方表示为 A_xI_y，而 A_xI_y 实质上是一种相对用量的表示方法，即表示两种组分的比例关系，并对不同组方的效果进行了比较，最终得出了最佳剂量组合。此外，根据说明书实施例 1 和实施例 2 的记载，其分别制备氨氯地平 2.500mg 与厄贝沙坦 75.000mg 的组合以及氨氯地平 5.000mg 与厄贝沙坦 150.000mg 的组合这两种片剂，这两个实施例中活性成分的具体剂量不同，但都满足 1∶30 的配比关系。因此，可以从原申请文件直接地确定出该比例关系。且涉案专利说明书还记载了可应用的剂量范围是氨氯地平 2～10mg，厄贝沙坦 50～300mg，如果认定其披露的最佳组方仅为 1mg∶30mg 这一具体剂量而非比值，则该最佳组方根本不包含在上述可应用的范围内，这显然不符合常理。通过对涉案专利技术方案的理解，可以推定其想要表明的是两种成分的比值而非一个固定的剂量比值。

其次，本领域公知对于药品配方而言，各成分的相对用量对于药效来说是决定性的，而各个成分的绝对重量是次要的，其需要配制药品的剂量或者药品的使用剂量决定或调整，本领域通常是用各组分的相对用量来表征各组分之间的比例关系，因此本领域技术人员在阅读原申请文件的实施例之后，根据实施例中各组分的绝对用量能够直接地、毫无疑义地确定各组分的相对用量。

基于以上两点，可以看出，涉案专利的申请人通过原申请文件所表达的发明创造在于活性成分氨氯地平与厄贝沙坦在药物中的相对用量，而不仅限于其所采用的具体剂量。

医药化学领域的技术创新具有投资大、难度大、周期长等特点，对于某一技术效果的论证需要长期实验观察和大量实验数据支撑。对于含有比值关系的权利要求而言，说明书中具体实施例只能记载具体的数值，而无法公开一个抽象的比值关系。同时对于专利申请人而言，如果仅允许其将说明书中记载的多个固定剂量补入权利要求书中，而不允许其保护推定的剂量比的话，专利权人获得的专利保护范围与其技术贡献并不相符合。

对于专利申请文件的修改是否允许，一要看是否打破权利人与社会公众之间达成的利益平衡，二要看是否有悖于先申请制。即如果允许申请人如此修改，申请人是否会获得额外的利益，是否会损害社会公众的利益？如果不允许申请人如此修改，权利人和社会公众之间的利益平衡是否能够维持？

对于本案而言，最高人民法院撤销无效决定的最主要原因在于通过对于技术方案的理解，可以推定专利权人想要表明的是 1∶30 的比值确定为最佳剂量比而非一个固定的剂量。在对该比例的修改没有超出原申请文件记载范围的情况下，如果仅仅因申请人未将这一最佳比例关系撰写成从属权利要求或在说明书中确切写明，导致在无效宣告程序中丧失权利的话，将会使专利权人对社会作出的贡献与其获得的利益明显不相对等，从而造成权利人与社会公众利益的失衡。

2. 关于数值范围的修改的相关规定和撰写建议

《专利审查指南 2010》第二部分第八章第 5. 2. 2. 1 节中对数值范围的修改作出明确规定："允许的对权利要求书的修改，包括下述各种情形：……(2) 变更独立权利要求中的技术特征，以克服原独立权利要求未以说明书为依据、未清楚地限定要求专利保护的范围或者无新颖性或创造性等缺陷。只要变更了技术特征的独立权利要求所述的技术方案未超出原说明书和权利要求书记载的范围，这种修改就应当被允许。对于含有数值范围技术特征的权利要求中数值范围的修改，只有在修改后数值范围的两个端值在原说明书和/或权利要求书中已确实记载且修改后的数值范围在原数值范围之内的前提下，才是允许的。"例如，权利要求的技术方案中，某温度为 20～90℃，如果发明专利申请的说明书或者权利要求书还记载了 20～90℃范围内的特定值 40℃、60℃和 80℃，则允许申请人将权利要求中该温度范围修改成 60～80℃或者60～90℃。

对于用实施例中特定数值作为修改后端点值的新数值范围，如果本领域技术人员从发明实施方案的整体效果出发，认定具体实施例中的特定数值与该实施例中其他具体技术特征之间的对应关系并非紧密联系且一一对应，则该修改是允许的。

由此可见，对于数值范围的修改需要考虑两方面的因素：（1）修改的数值范围和点值在原说明书或权利要求书中有无记载；（2）该特定数值与实施例中的具体技术特征之间是否彼此相互独立。如果该特定数值与实施例中的具体技术特征之间彼此相互独立，并且上述数值范围和点值在原说明书或权利要求书中均有记载，且修改也未扩大该数值范围，则对于该特定数值的修改通常认为是不超范围的；相反，如果该特定数值与实施例中的具体技术特征之间彼此紧密联系，即便上述数值范围和点值在原说明书或权利要求书中均有记载，则对于该特定数值的修改一般也会导致修改超范围。

例如，权利要求1请求保护的是通式Ⅰ化合物的制备方法，其中使用乙醇作为溶剂，反应温度为50～70℃，反应压力为2～4个大气压。说明书的实施例中记载了一种具体化合物的制备方法，其使用了乙醇作为溶剂，反应温度为60℃，反应压力为2.5个大气压。申请人将权利要求1的相应特征修改为以下几种方式之一：

（1）其中使用乙醇作为溶剂，反应温度为60～70℃，反应压力为2.5～4个大气压；

（2）其中使用乙醇作为溶剂，反应温度为50～60℃，反应压力为2～2.5个大气压；

（3）其中使用乙醇作为溶剂，反应温度为60～70℃，反应压力为2～2.5个大气压；

（4）其中使用乙醇作为溶剂，反应温度为50～60℃，反应压力为2.5～4个大气压。

通常情况下，对于化合物的制备，乙醇作为常规溶剂的使用、反应温度的高低和反应压力的大小这三个特征之间，以及它们与所制备的化合物之间的关系并不是紧密联系且一一对应的。并且，上述数值范围和点值在原说明书和权利要求书中均有记载，修改后的数值范围也在原数值范围内。因此，该案例中上述四种修改方式均是允许的。但是，如果从发明技术方案整体判断，溶剂、温度与压力彼此之间和/或它们与所制得的化合物之间关系密切，则不允许这样的修改。

可见，在数值范围修改是否超范围的判断中，正确认定特定数值与实施例中的具体技术特征之间是否紧密联系且一一对应，是判断修改是否超范围的关键。而对于以上关联性的判断则需要站位本领域技术人员，在充分理解发明技术方案的基础上进行分析。

《专利审查指南2010》第二部分第二章第2.2.6节中规定："当权利要求相对于背景技术的改进涉及数值范围时，通常应给出两端值附近（最好是两端值）的实施例，当数值范围较宽时，还应当给出至少一个中间值的实施例。”根据以上规定，为满足涉及数值范围的权利要求的撰写要求，一般情况下只要给出两个端值的实施例就可以；对于数值范围较宽的情况，可以再给出一个或几个中间值的实施例。这样撰写只是满足了支持权利要求书的最低条件，显然，从后续程序中暴露出来的修改问题可以看出，仅给出两端值的实施例是不够的，而且有些情况下即使给出少许几个中间值的实施例也可能是不够的，因为申请人在提交专利申请之前，如果对于现有技术的状况不能全面了解和规避，说明书实施例中记载的点值刚好落入对比文件的公开范围，则对后续修改依然没有起到作用。

因此，对于权利要求中涉及数值范围的案件，原始申请文件说明书中除了应给出两端值的实施例以外，还应尽量多给出几个中间点值的实施例，这样可以在一定程度上避免修改超范围的问题。同时，还应根据技术方案中技术特征的关联性，一并给出取不同中间点值时关联特征的相应限定作为以后修改的基础。只有这样，说明书中给出的实施例越多，申请人的修改选择越多，越能获得更合适的保护范围。

3. *放弃式修改*

（1）数值范围的放弃式修改

在数值范围的修改中，还有一类特殊情况，即“放弃式修改”。《专利审查指南2010》第二部分第八章5.2.3.3节中规定：如果在原说明书和权利要求书中没有记载某特征的原数值范围的其他中间数值，而鉴于对比文件公开的内容影响发明的新颖性和创造性，或者鉴于当该特征取原数值范围的某部分时发明不可能实施，申请人采用具体“放弃”的方式，从上述原数值范围中排除该部分，使得要求保护的技术方案中的数值范围从整体上看来明显不包括该部分，由于这样的修改超出了原说明书和权利要求书记载的范围，因此除非申请人能够根据申请原始记载的内容证明该特征取被“放弃”的数值时，本发明不可能实施，或者该特征取经“放弃”后的数值时，本发明具有新颖性和创造性，否则这样的修改不能被允许。例如，要求保护的技术方案中某一数值范围为 $X_1=600\sim10000$，对比文件公开的技术内容与该技术方案的区别仅在于其所述的数值范围为 $X_2=240\sim1500$，因为 X_1 与 X_2 部分重叠，故该权利要求无新颖性。申请人采用具体“放弃”的方式对 X_1 进行修改，排除 X_1 中与 X_2 相重叠的部分，即 $600\sim1500$，将要求保护的技术方案中该数值范围修改为 $X_1>1500$ 至 $X_1=10000$。如果申请人不能根据原始记载的内容和现有技术证明本发

明在 $X_1>1500$ 至 $X_1=10000$ 的数值范围相对于对比文件公开的 $X_2=240\sim1500$ 具有创造性，也不能证明 X_1 取 600 ~ 1500 时，本发明不能实施，则这样的修改不能被允许。

一般情况下，通过具体放弃式修改来排除原申请文件中没有公开的技术特征以限制权利要求的保护范围时，通常是采用否定性词语或排除的方式来放弃权利要求的部分保护范围。但是，如果能够用正面的语言来描述，则一般不允许采用具体放弃方式修改权利要求。

“放弃式修改”针对的情况是“原说明书和权利要求书中没有记载某特征的原数值范围的其他中间数值”，因此，“放弃式修改”总的来说实质上是一种不符合《专利法》第 33 条规定的修改方式。申请人在撰写申请文件时不可能事先得知所有的现有技术文献，如果不允许申请人进行这种修改的话，会使得一些有授权前景的申请因为撰写失误而失去授权机会，将会使申请人获得的权利与其对于本领域的贡献严重不对等，对申请人来说明显有失公平，不利于鼓励发明创造。因此，为了平衡申请人与公众的利益，在实质审查过程中当满足特定条件时允许申请人采用“具体放弃”式修改。根据《专利审查指南 2010》的规定，在两种情况下允许数值范围的放弃式修改：①鉴于对比文件公开的内容影响发明的新颖性和创造性，申请人能够根据申请原始记载的内容证明该特征取经“放弃”后的数值时，本发明具有新颖性和创造性；②鉴于当该特征取原数值范围的某部分时发明不可能实施，申请人能够根据申请原始记载的内容证明该特征取被“放弃”的数值时，本发明不可能实施。“具体放弃”是在平衡公众与权利人之间的利益过程中，为恰当保护权利人利益而例外允许的情形，因此，对“具体放弃”这种修改方式的适用范围应严格控制。

以第 FS3061 号复审请求审查决定为例，其涉及发明名称为“重金刚石”发明专利申请，其申请号为 98121579.3，申请人是王某平。原始提交的权利要求 1 为：

> 1. 重金刚石，是合成金刚石的一种，其特征是：它采用碳 - 13 同位素作为其主要组成元素。

国家知识产权局实审部门向申请人发出第一次审查意见通知书，指出本专利申请的权利要求 1 相对于对比文件 1（CN1052340A）不具备新颖性，不符合《专利法》第 22 条第 2 款的规定。对比文件 1 公开了一种具有很高热导率的单晶金刚石，由至少 99.2%（重量）的同位素碳 - 13 所组成。

申请人针对第一次审查意见通知书提交修改，修改后的权利要求 1 为：

1. 重金刚石，是一种合成金刚石，其特征是：它采用碳 – 13 同位素作为其主要组成元素，（鉴于对比文件 CN1052340A）碳 – 13 含量达 99.2% 以上者除外。

国家知识产权局实审部门认为上述修改超出了原说明书和权利要求书记载的范围，最终以超范围驳回。申请人不服上述驳回决定，向专利复审委员会提出复审请求，认为以上修改为放弃式修改。

国家知识产权局专利复审委员会在复审决定中认为：本申请与对比文件同属金刚石技术领域；权利要求 1 的技术方案与对比文件 1 相比，区别仅在于碳 – 13 的含量有所不同，而且该含量的区别并没有为排除了对比文件 1 的单晶金刚石以外的重金刚石（即权利要求 1 的技术方案）带来预料不到的技术效果，使之区别于现有技术（即碳 – 13 含量达 99.2% 以上的高热导率的单晶金刚石），因此，其提交的“放弃”式修改文本因修改后的权利要求不具有创造性而不被接受，驳回决定中认定的本专利申请修改不符合《专利法》第 33 条的规定是正确的。

在以上案件中，对比文件 1 公开的内容并非“偶然占先”，即使申请人通过放弃式修改使得本申请具有了新颖性，对比文件 1 也依然可以用来评述其创造性。即申请人的修改并没有使得本申请具有新颖性或创造性，因此这种放弃式修改是不允许的，不符合《专利法》第 33 条的规定。

对于数值范围技术特征权利要求的修改，首先要考察修改后的数值范围端值是否在原说明书和/或权利要求中公开，其次要考虑修改后的数值范围端值与实施例中其他具体技术特征之间是否紧密联系且一一对应，如果确实已记载了该端值，且其与实施例中其他具体技术特征之间彼此相互独立，则这种修改是允许的；如果修改后的数值范围端值没有在原说明书和/或权利要求中公开，则要考虑申请人的修改是否属于为避开现有技术或为排除不可实施的部分而作出的“放弃式修改”；但这种方式的修改，审查指南明确规定只有在修改后的权利要求具有新颖性和创造性或者取被“放弃”的数值时本发明不可能实施的前提下，才被允许。

（2）针对客体问题的放弃式修改

放弃式修改还有一种常见情形，为了克服客体问题而删除一部分技术方案而使申请获得授权。例如《专利法》第 25 条第 1 款第 3 项规定，疾病的诊断和治疗方法不能被授予专利权。疾病的诊断和治疗方法，是指以有生命的人体或者动物体为直接实施对象，进行识别、确定或消除病因或病灶的过程。

针对疾病的诊断/治疗方法进行修改时申请人常见的修改方式是，在权利要求中限定"用于非诊断目的""用于非治疗目的"以排除诊断与治疗目的，类似的限定还有"非用于人体或动物体的""用于科研、试验的""用于单纯美容的"等，这种修改方式通常对权利要求的目的、对象进行了排除，也属于一种放弃式修改。

对于该类修改，应当注意是否符合《专利法》第33条的规定。具体而言，如果原说明书只记载了用于诊断、治疗目的，提及的应用对象也仅是人体或动物体，并且原权利要求书和说明书全文都没有记载任何关于非诊断目的、非治疗目的、应用于不是人体或动物体的内容，那么可以确定申请人提出该专利申请的目的就是要请求保护一种诊断/治疗方法。此时如果允许申请人将其修改为一种非诊断/非治疗目的的方法，那么将与申请人的最初意图不一致，也将不符合《专利法》第33条的立法本意，因此超出了原说明书和权利要求书记载的范围。

如果申请人在说明书中主要记载的是诊断/治疗方法，但是在具体实施例部分或说明书其他部分描述了该方法也可以用于非诊断/非治疗目的，那么表明申请人提出了该方法也可以应用于其他用途，则申请人的修改符合《专利法》第33条的规定。

对于修改后的权利要求是否属于不授予专利权的客体，《专利审查指南2010》第二部分第一章第4.3.2节规定："对于既可能包含治疗目的，又可能包含非治疗目的的方法，应当明确说明该方法用于非治疗目的，否则不能被授予专利权。"该规定适用于方法的治疗用途与非治疗用途可区分的情形。对于诊断/治疗目的与非诊断/治疗目的不可区分的权利要求，即通过对权利要求技术方案的整体分析，能够确认权利要求方法的执行必然具有诊断/治疗性质，由于此类技术方案本身决定了只能用于诊断/治疗目的，即使在权利要求中限定了"非诊断/治疗目的"也依然无法将"诊断/治疗目的"排除，因此应当依然将权利要求认定为属于疾病诊断/治疗方法[1]。

---

[1] 陈淑珍，刘超．关于疾病的诊断和治疗方法常见修改的审查讨论［J］．审查业务通讯，2018(24)：19－23.

3.2　无效宣告程序中的修改

《专利法实施细则》第69条规定："在无效宣告请求的审查过程中，发明或者实用新型专利的专利权人可以修改其权利要求书，但是不得扩大原专利的保护范围。发明或者实用新型专利的专利权人不得修改专利说明书和附图，外观设计专利的专利权人不得修改照片、图片和简要说明。"无效宣告程序中，专利权人在面对"任何单位和个人"这样一个庞大的无效宣告请求人群体时，专利文件修改制度是专利权人对抗无效宣告请求人的重要法律武器之一。

专利文件修改制度赋予专利权人修改权，同时又要求无效阶段的修改需要满足特定条件，促进了公众与专利权人之间利益的平衡。《专利审查指南2010》第四部分第三章第4.6.1节对无效宣告程序中专利文件的修改原则进行了规定："发明或实用新型专利文件的修改仅限于权利要求书，其原则是：（1）不得改变原权利要求的主题名称。（2）与授权的权利要求相比，不得扩大原专利的保护范围。（3）不得超出原权利要求书和说明书记载的范围。（4）一般不得增加未包含在授权的权利要求中的技术特征。"可见专利权人在无效阶段的修改不仅应当符合《专利法》第33条的规定，而且在内容和范围上的修改限制更加严格于专利实审阶段的修改。一方面，为保护专利权人的发明创造和技术贡献，进而推动全社会的创新动力，应允许专利权人对专利文件进行适当修改，而不应简单将专利权无效作为对权利人撰写水平不足的惩罚。另一方面，虽然允许专利权人可以对专利文件作适当修改，但是在无效宣告程序中，基于社会公众对已授权专利文件的信赖利益，要避免专利权人利用修改机会将专利申请时未完成的技术内容补充到专利文件中。

关于无效阶段权利要求的修改方式，2010年版《专利审查指南2010》规定，无效程序中对权利要求的修改一般限于权利要求的删除、合并和技术方案的删除三种方式。2017年修订版《专利审查指南2010》对以上内容进行了修改："在满足上述修改原则的前提下，修改权利要求书的具体方式一般限于权利要求的删除、技术方案的删除、权利要求的进一步限定、明显错误的修正。"可以看到2017年修订版《专利审查指南2010》在维持原权利要求的删除、技术方案的删除的基础上，将权利要求的合并修改为权利要求的进一步限定，并增加了明显错误的修正。依据国家知识产权局关于《专利审查指南修改草案（征求意见稿）》的说明，对无效程序中权利要求书修改方式的修改目的是完善授权后专利文件修改制度，适度放开专利文件的修改方式。

对于“权利要求的删除”和“技术方案的删除”这两种修改方式，由于其修改方式较为明确、容易判断，在司法判定中争议较少。本节将选取两件典型案例分别介绍2017年修订版《专利审查指南2010》引入的“权利要求的进一步限定”和“明显错误的修正”。

3.2.1 进一步限定式修改

权利要求的进一步限定式修改需满足两个方面的要求：从修改行为上看，其需要在权利要求中补入其他权利要求中记载的一个或多个技术特征；从修改结果来看，修改后缩小了保护范围，以上两方面要求缺一不可。

【案例13】钎焊不锈钢制品的方法和由此方法获得的不锈钢钎焊制品［(2019) 最高法知行终19号］

【案情介绍】

阿尔法拉瓦尔公司（以下简称专利权人）系专利号为200680018368.4、名称为“钎焊不锈钢制品的方法和由此方法获得的不锈钢钎焊制品”的发明专利（以下简称涉案专利）的权利人。该专利申请日为2006年5月24日，优先权日为2005年5月26日，授权公告日为2010年6月16日。

涉案专利的授权权利要求1、2、18～20如下：

1. 一种钎焊不锈钢制品的方法，包含：

(i) 将铁基钎焊填料物质施加至不锈钢部件；

(ii) 任选地组装部件；

(iii) 在非氧化性气氛、还原性气氛、真空或者它们组合中，加热来自步骤(i)或(ii)的部件至至少1000℃，且在至少1000℃的温度加热该部件至少15分钟；

(iv) 提供所得的钎焊区域平均硬度小于600HV1的制品；和

(v) 任选地重复步骤(i)、步骤(ii)和步骤(iii)的一步或多步。

2. 权利要求1的方法，其中

通过该方法密封或填充大于76μm的接头、孔、间隙、裂纹或裂缝。

18. 根据权利要求1或2的方法，其中，铁基钎焊填料物质含有Si、B、P、Mn、C或者Hf的一种或者多种。

19. 根据权利要求 18 的方法，其中，铁基钎焊填料物质含有 9 -30wt% 的 Cr、5 -25wt% 的 Ni，以及 0 -25wt% 的 Si、0 -6wt% 的 B、0 -15wt% 的 P、0 -8wt% 的 Mn、0 -2wt% 的 C 和 0 -15wt% 的 Hf 中的至少一种。

20. 根据权利要求 19 的方法，其中，铁基钎焊填料物质至少包含 40wt% 的 Fe，14 -21wt% 的 Cr、5 -21wt% 的 Ni、6 -15wt% 的 Si 和 0.2 - 1.5wt% 的 B。

1. 无效阶段案情简介（第 29765 号无效决定）

SWEP 国际公司（以下简称无效请求人）于 2014 年 5 月 22 日针对涉案专利向国家知识产权局专利复审委员会（以下简称专利复审委员会）提出了无效宣告请求，其理由是涉案专利权利要求 1 ~34 不符合《专利法》第 26 条第 4 款的规定，说明书不符合《专利法》第 26 条第 3 款的规定，说明书和权利要求书不符合《专利法》第 33 条的规定，权利要求 1 ~34 不具备新颖性或创造性，不符合《专利法》第 22 条第 2、3 款的规定，请求宣告本专利全部无效。同时提交了 6 份证据，认为涉案专利权利要求 1 分别相对于证据 1 ~3 不具备新颖性，涉案专利权利要求 1 相对于证据 4 ~6 分别与公知常识的结合不具备创造性。

专利权人针对上述无效宣告请求于 2014 年 7 月 21 日提交了意见陈述书，并提交了经过修改的权利要求书，将从属权利要求 2 和 20 的附加技术特征加入到权利要求 1 中，删除权利要求 18 ~22 并调整了引用关系。修改后的权利要求 1 为：

1. 一种钎焊不锈钢制品的方法，包含：

（i）将铁基钎焊填料物质施加至不锈钢部件，其中，铁基钎焊填料物质至少包含 40wt% 的 Fe，14 -21wt% 的 Cr、5 -21wt% 的 Ni、6 -15wt% 的 Si 和 0.2 -1.5wt% 的 B；

（ii）任选地组装部件；

（iii）在非氧化性气氛、还原性气氛、真空或者它们组合中，加热来自步骤（i）或（ii）的部件至少 1000℃，且在至少 1000℃ 的温度加热该部件至少 15 分钟；

（iv）提供所得的钎焊区域平均硬度小于 600HV1 的制品；和

（v）任选地重复步骤（i）、步骤（ii）和步骤（iii）的一步或多步，其中通过该方法密封或填充大于 76μm 的接头、孔、间隙、裂纹或裂缝。

专利权人认为：新修改的权利要求 1 ~28 能够得到说明书的支持；本专利

说明书已经对发明作出充分公开，符合《专利法》第26条第3款的规定；在本专利国际公布文件具有法律效力的前提下，本申请的修改并没有超出原说明书和权利要求书记载的范围；本专利修改后的权利要求1相对于证据1～6具有新颖性和创造性，符合《专利法》第22条第2、3款的规定。

专利复审委员会于2016年8月3日作出第29765号无效宣告请求审查决定（以下简称被诉决定），专利复审委员会认为：专利权人提交的修改后的权利要求书，将原从属权利要求2和从属权利要求20的特征加入到原权利要求1中作为新的独立权利要求。由于权利要求2为权利要求1的从属权利要求，权利要求20为权利要求19的从属权利要求，权利要求19为权利要求18的从属权利要求，权利要求18为权利要求1或2的从属权利要求，即当权利要求18引用权利要求1时，权利要求20的技术方案应该包括权利要求1、18、19、20的全部技术特征，而当权利要求18引用权利要求2时，权利要求20的技术方案应当包括权利要求1、2、18、19、20的全部技术特征。鉴于专利权人仅仅将权利要求20的附加技术特征加入到权利要求1或权利要求2中，故上述修改不符合2002年《专利法实施细则》第68条以及2010年《专利审查指南2010》第四部分第三章第4.6.2节的规定，不应被接受。故无效宣告请求审查决定针对的权利要求仍然为授权公告时的权利要求1～34。本专利授权公告的权利要求1、19～22、24、28～32的技术方案没有以说明书为依据，其他权利要求均不能克服上述缺陷，故本专利权利要求1～34均不符合《专利法》第26条第4款的规定。鉴于已经得出本专利权利要求1～34不符合《专利法》第26条第4款的规定的结论，请求人提出的其他无效理由、证据及证据的使用方式不再予以评述。基于上述事实和理由宣告本发明专利权全部无效。

2. 北京知识产权法院一审案情简介［（2016）京73行初5802号］

专利权人不服被诉决定，于2016年11月10日向北京知识产权法院起诉，请求撤销被诉决定，并责令专利复审委员会重新作出无效宣告请求审查决定。专利权人在一审中诉称：（1）修改后的权利要求1没有超出原始申请的范围，也没有扩大专利权的保护范围，应予接受。无效宣告程序中权利要求的修改方式并不限于2010年《专利审查指南2010》中规定的三种方式。（2）对权利要求1的修改方式属于删除并列技术方案，应予以接受。根据权利要求的引用关系，授权权利要求20包括两个并列的技术方案，即引用权利要求1的技术方案和引用权利要求2的技术方案，原告修改后的权利要求1的技术方案实际上是授权权利要求20引用权利要求2的技术方案，删除了权利要求20引用权利要求 1 的技术方案，属于并列技术方案的删除。授权权利要求 18、19 的附加技术特征已经隐含在授权权利要求 20 中，不影响其从属的权利要求 20 的保护范围，当授权权利要求 20 包含 P、Mn、C 或 Hf 时，它们的量不限于权利要求 19 对这四种元素限定的量。因此，在将授权权利要求 20 的技术方案撰写为独立权利要求时，权利要求 18、19 的字面附加技术特征可以被省略。修改后的权利要求 1 的字面特征所限定的范围即为授权权利要求 20 的一个技术方案的全部特征所限定的范围，修改应予接受。

专利复审委员会在一审中辩称：授权权利要求 18、19 的附加技术特征限定了包含 Si、B、P、Mn、C 或 Hf 元素及其含量范围，限定的内容对权利要求 20 的保护范围有实质限定作用。因此，在将授权权利要求 20 作为新的独立权利要求时应当包含权利要求 18、19 的特征。专利权人在无效阶段修改的权利要求 1 并未包含授权权利要求 18、19 的特征，不符合 2002 年《专利法实施细则》第 68 条及 2010 年《专利审查指南 2010》的规定❶。

无效请求人在一审中辩称：授权权利要求 19 对组分的含量进行了限定，授权权利要求 20 引用权利要求 19，且其铁基钎焊填料物质包括 P、Mn、C 或 Hf 时，其保护范围应当包括权利要求 19 对这四种元素的含量限定。权利要求 20 直接引用权利要求 18，从属权利要求 20 间接引用从属权利要求 2 的技术方案提升为独立权利要求时，还应加上从属权利要求 18 和 19 的附加技术特征。

北京知识产权法院于 2019 年 2 月 25 日作出（2016）京 73 行初 5802 号行政判决，认为：

（1）本案审理涉及 2001 年《专利法》与 2009 年《专利法》之间的选择适用问题。相应地，亦涉及《专利法实施细则》的选择适用问题。《中华人民共和国立法法》（简称《立法法》）第 93 条规定："法律、行政法、地方性法规、自治条例和单行条例、规章不溯及既往，但为了更好地保护公民、法人和其他组织的权利和利益而作的特别规定除外。"根据 2009 年 10 月 1 日施行的《施行修改后的专利法的过渡办法》，申请日在 2009 年 10 月 1 日前的专利申请以及根据该专利申请授予的专利权适用 2001 年《专利法》的规定。本案属于专利权无效行政纠纷，本专利的申请日在 2009 年 10 月 1 日前，因此依据立法

❶ 本案涉及的 2002 年《专利法实施细则》第 68 条第 1 款对应于现行 2010 年《专利法实施细则》第 69 条第 1 款。

法第93条之规定，并参照上述过渡办法的相关规定，本案应审理被告作出的被诉决定是否符合2001年《专利法》及2002年《专利法实施细则》的规定。

（2）2002年《专利法实施细则》第68条规定：“在无效宣告请求的审查过程中，发明或者实用新型专利的专利权人可以修改其权利要求书，但是不得扩大原专利的保护范围。”授权权利要求20引用权利要求19，权利要求19引用权利要求18，如果专利权人以授权权利要求20引用权利要求2的技术方案作为修改后的独立权利要求的内容，则修改后的独立权利要求中还应当包括授权权利要求18、19的附加技术特征。授权权利要求18限定了铁基钎焊填料物质含有Si、B、P、Mn、C或者Hf的一种或者多种。授权权利要求19限定了铁基钎焊填料物质含有Cr、Ni、Si、B、P、Mn、C、Hf中的至少一种，并给出了每种元素的量的范围，即当铁基钎焊填料物质含有上述元素中的多种时，每种元素的量都应受到权利要求19记载的数值的限制。修改后的权利要求1虽然限定了铁基钎焊填料物质同时包含Fe、Cr、Ni、Si、B五种元素，且Cr、Ni、Si、B元素的含量范围均小于权利要求19中记载的含量范围，但修改后的权利要求1采用开放式的撰写方法，并未排除铁基钎焊填料物质可含有P、Mn、C、Hf四种元素。当铁基钎焊填料物质中含有这四种元素时，由于修改后的权利要求1对这四种元素的具体含量范围并无限定，故实际上扩大了原专利的保护范围，违反了《专利法实施细则》第68条的规定。

综上，北京知识产权法院认为被诉决定未接受专利权人对权利要求的修改，仍然针对授权公告的权利要求进行审查并无不当。基于授权公告的权利要求，涉案专利权利要求1~34均不符合2001年《专利法》第26条第4款的规定，专利权人的诉讼理由不能成立，不予支持。

3. 最高人民法院二审案情简介［（2019）最高法知行终19号］

专利权人于2019年5月向最高人民法院提起上诉，请求撤销原审判决和被诉决定，判令专利复审委员会重新作出无效宣告请求审查决定。相关理由为：

（1）在专利无效行政程序中，对权利要求的修改方式并不限于2010年《专利审查指南2010》中规定的三种方式，该指南并未完全排除存在其他修改方式的可能性。修改后的权利要求是对授权权利要求1的进一步限定，修改方式应予接受。2017年修订版《专利审查指南2010》对无效宣告程序中权利要求的修改方式进行了修改，根据该指南，权利要求修改的方式包括对权利要求的删除、技术方案的删除、权利要求的进一步限定、明显错误的修正。本案中，修改后的权利要求 1 可以视为将授权权利要求 2 和 20 的技术特征补入权利要求 1 以缩小保护范围，属于对权利要求的进一步限定，应予接受。

（2）专利权人对权利要求的修改方式属于删除并列技术方案，修改后的权利要求 1 的技术方案实际上是授权权利要求 20 引用权利要求 2 的技术方案，删除了权利要求 20 引用权利要求 1 的技术方案。授权权利要求 18、19 的字面的附加技术特征已经隐含在授权权利要求 20 中，权利要求 18 和 19 限定了铁基钎焊填料物质含有各种例举元素中的“至少一种”，并限定了具体含量，在权利要求 20 中“6－15wt% 的 Si 和 0.2－1.5wt% 的 B”是对权利要求 18“含有 Si、B”和权利要求 19“0－25wt% 的 Si”“0－6wt% 的 B”的进一步限定，即满足了“至少一种”的要求。

专利复审委员会在二审中辩称：

（1）被诉决定于 2016 年作出，不应适用 2017 年修订版《专利审查指南 2010》的相关规定。而且根据 2002 年修订的《专利法实施细则》第 68 条的规定，无论适用 2010 年或者 2017 年修订版《专利审查指南 2010》，上述修改均不得被接受。

（2）专利权人在无效宣告程序修改的权利要求 1 并未包含授权权利要求 18、19 的特征，且采用开放式撰写方式，并未排除铁基钎焊填料物质可含有 P、Mn、C、Hf 四种元素。当铁基钎焊填料物质含有上述四种元素时，由于修改后的权利要求 1 对此无限定，故实际上扩大了原专利的保护范围。

无效请求人在二审中辩称：

（1）专利权人在合并授权权利要求 2、20 时未加入权利要求 18、19 的全部附加技术特征，对权利要求的保护范围有实质影响。根据法不溯及既往原则，2017 年修订版《专利审查指南 2010》不适用于本案。

（2）本领域技术人员明确知晓“至少一种”的含义，在保护两种或多种组分时，“至少一种”所主张的组分含量需要满足权利要求中其他组分所限定的范围。

最高人民法院于 2019 年 12 月 15 日作出（2019）最高法知行终 19 号行政判决书，认为：

（1）关于修改方式。虽然被诉决定依据的 2010 年《专利审查指南 2010》规定无效宣告程序中对权利要求的修改方式一般限于对权利要求的删除、合并和技术方案的删除三种方式，但是并未完全排除存在其他修改方式的可能性。特别是，2017 年修订版《专利审查指南 2010》已经将无效宣告程序中的修改方式扩展到包括对权利要求的删除、技术方案的删除、权利要求的进一步限定、明显错误的修正四种基本修改方式。当权利要求书的修改满足未超出原说明书和权利要求书记载的范围以及未扩大原专利的保护范围两大法律标准的前提下，此种修改应被接受。本案中，专利权人的修改方式，系将从属权利要求2和权利要求20的技术特征进一步限定至授权权利要求1中，属于对权利要求的进一步限定，该修改方式应被接受。

（2）关于修改范围。专利授权后对社会公众具有公示作用，社会公众的信赖利益通常建立在保护范围最大的独立权利要求上，并据此预测和评价自身行为的合法性。本案中，专利权人将从属权利要求2、20的附加技术特征加入至授权权利要求1中，是对授权权利要求1的进一步限定，并未扩大授权权利要求1的保护范围，符合法律的规定。

综上，专利权人在无效宣告程序中对权利要求的修改方式应被接受，且修改范围未超出原专利的保护范围，该修改符合2002年《专利法实施细则》第68条之规定。据此，最高人民法院判决：撤销原审判决，撤销被诉决定，由专利复审委员会重新作出无效宣告请求审查决定。

【焦点归纳】

本案为一法律修改过渡期内的典型案件，涉及2001年《专利法》与2009年《专利法》之间的选择适用问题，相应地亦涉及《专利法实施细则》的选择适用问题，同时本案还处于《专利审查指南2010》的修改过渡时期。

本案涉及的各时间节点如下：涉案专利申请日为2006年5月24日，优先权日为2005年5月26日，授权公告日为2010年6月16日。《专利法》于2009年10月1日起施行。专利复审委员会于2016年8月3日作出无效宣告请求审查决定。2017年修订版《专利审查指南2010》于2017年4月1日起施行。北京知识产权法院于2019年2月25日作出一审判决。最高人民法院于2019年12月15日作出二审判决。

本案争议的焦点在于：专利权人在无效宣告阶段提交的权利要求书修改是否应予接受。在案件审理过程中，各方当事人对于该问题的争议点主要聚焦在两个方面：修改后的专利的保护范围是否变大；权利要求的修改方式是否被允许。

1. 修改后的专利的保护范围是否变大

专利权人认为：本案中修改后的权利要求1可以视为将授权权利要求2和20的技术特征补入权利要求1以缩小保护范围。授权权利要求18、19的字面的附加技术特征已经隐含在授权权利要求 20 中，权利要求 18 和 19 限定了铁基钎焊填料物质含有各种例举元素中的“至少一种”，并限定了具体含量，权利要求 20 中“6 – 15wt% 的 Si 和 0. 2 – 1. 5wt% 的 B”是对权利要求 18“含有 Si、B”和权利要求 19“0 – 25wt% 的 Si”“0 – 6wt% 的 B”的进一步限定，即满足了“至少一种”的要求，修改后的权利要求 1 所限定的范围即为授权权利要求 20 的一个技术方案的全部特征所限定的范围，该修改没有扩大原专利的保护范围。

无效请求人认为：专利权人在合并授权权利要求 2、20 时未加入权利要求 20 引用的在前权利要求 18、19 的全部附加技术特征，本领域技术人员明确知晓“至少一种”的含义，在保护两种或多种组分时，“至少一种”所主张的组分含量需要满足权利要求中其他组分所限定的范围，对权利要求的保护范围有实质影响。

专利复审委员会和北京知识产权法院一审均认为：专利权人在无效宣告程序修改的权利要求 1 并未包含授权权利要求 18、19 的特征，且采用开放式撰写方式，并未排除铁基钎焊填料物质可含有 P、Mn、C、Hf 四种元素。当铁基钎焊填料物质含有上述四种元素时，由于修改后的权利要求 1 对此无限定，故实际上扩大了原专利的保护范围。

根据最高人民法院的审判决定，最高人民法院认为专利无效宣告程序中，当权利要求的修改是将从属权利要求的全部或部分附加技术特征补入其所引用的独立权利要求时，判断修改后的独立权利要求是否扩大了原专利的保护范围，应以作为修改对象的原专利的独立权利要求的保护范围为基准。即，应当将修改后的独立权利要求与原专利保护范围最大的独立权利要求进行比较，而非与原专利保护范围较小的从属权利要求进行比较。这是因为，专利授权后对社会公众具有公示作用，社会公众的信赖利益通常建立在保护范围最大的独立权利要求上，并据此预测和评价自身行为的合法性。本案中，专利权人将从属权利要求 2、20 的附加技术特征加入至授权权利要求 1 中，是对授权权利要求 1 的进一步限定，并未扩大授权权利要求 1 的保护范围。

2. *权利要求的修改方式是否被允许*

专利权人认为：在专利无效行政程序中，权利要求的修改方式并不限于 2010 年《专利审查指南 2010》中规定的三种方式，该指南并未完全排除存在其他修改方式的可能性。且 2017 年修订版《专利审查指南 2010》对无效宣告程序中权利要求的修改方式进行了修改，将权利要求的合并修改为权利要求的进一步限定，本专利的修改属于对权利要求的进一步限定，应予接受。

无效请求人认为：根据法不溯及既往原则，2017 年修订版《专利审查指南 2010》不适用于本案。

专利复审委员会认为：被诉决定于 2016 年作出，不应适用 2017 年修订版《专利审查指南 2010》的相关规定。

北京知识产权法院一审认为：根据 2009 年 10 月 1 日施行的《施行修改后的专利法的过渡办法》，申请日在 2009 年 10 月 1 日前的专利申请以及根据该专利申请授予的专利权适用 2001 年《专利法》的规定。本专利的申请日在 2009 年 10 月 1 日前，应采用 2001 年《专利法》及 2002 年《专利法实施细则》进行审理。北京知识产权法院并未明确指出 2010 年《专利审查指南 2010》与 2017 年修订版《专利审查指南 2010》的适用问题，但根据其判决在适用 2001 年《专利法》的基础上，理应采用修改前的审查指南。

根据最高人民法院的审判决定，最高人民法院认为被诉决定依据的是 2010 年《专利审查指南 2010》，其虽然给出了三种修改的方式，但这仅仅规定的是“一般限于”，并未完全排除存在其他修改方式的可能性。无效宣告程序中，修改方式作为手段，应当着眼于实现对权利要求书的修改满足不得超出原说明书和权利要求书记载的范围以及不得扩大原专利的保护范围两大法律标准的立法目的，兼顾行政审查行为的效率与公平保护专利权人的贡献，而不宜对具体修改方式作出过于严格的限制，否则将使得对修改方式的限制纯粹成为对专利权人权利要求撰写不当的惩罚。特别是考虑到 2017 年修订版《专利审查指南 2010》已经对无效宣告程序中的修改方式进行了放宽，在专利权人的修改也未扩大原专利的保护范围两大法律标准的前提下，此种修改应被接受。

【分析借鉴】

我国《专利法》赋予专利权人可以在授权确权程序中对专利文件进行修改，实践中专利权人为克服专利存在的缺陷而修改权利要求也较为常见。虽然《专利法》及《专利法实施细则》对权利要求修改的时间节点、程序设计、实体要求均作出了较为具体的规定，但是在专利审查及司法实践中，对于权利要求修改方式的宽严尺度、修改是否扩大了原专利保护范围的具体认定等问题仍有模糊之处，存在不同认识。

本案是关于无效程序中权利要求修改是否超范围的典型案例，涉及无效程序中不得扩大原专利保护范围的比对基准以及权利要求的修改方式两方面问题，均是当前司法认定中的热点和难点。

1. 关于权利要求修改不得扩大原专利保护范围的比对基准

文字是表达思想的工具，作为技术方案载体的专利文献一旦用文字方式固定下来，技术方案也就确定了。但无论是语言表达的准确性，还是专利权人的认知能力都可能存在局限性，特别是对于现有技术以及发明创造存在认知局限。在专利无效程序中，这种局限性往往会使其成为无效宣告请求人的标靶。因此，《专利法》赋予专利权人可以在无效程序中对专利文件进行修改的权利。一方面，为保护专利权人的发明创造和技术贡献，进而推动全社会的创新动力，应允许专利权人对专利文件进行适当修改，而不应简单地将专利权无效作为对权利人撰写水平不足的惩罚。另一方面，虽然允许专利权人可以对专利文件作适当修改，但是在无效宣告程序中，基于社会公众对已授权专利文件的信赖利益，要避免专利权人利用修改机会将专利申请时未完成的技术内容补充到专利文件中。

2002 年《专利法实施细则》第 68 条第 1 款规定："在无效宣告请求的审查过程中，发明或者实用新型专利的专利权人可以修改其权利要求书，但是不得扩大原专利的保护范围。"同时 2010 年《专利审查指南 2010》第四部分第三章第 4. 6. 1 节也规定了在无效宣告程序中发明或实用新型专利文件的修改仅限于权利要求书，且需满足以下原则："（1）不得改变原权利要求的主题名称。（2）与授权的权利要求相比，不得扩大原专利的保护范围。（3）不得超出原权利要求书和说明书记载的范围。（4）一般不得增加未包含在授权的权利要求中的技术特征。"

以上规定中"原专利"这一表述较为笼统。如何确定比对的基准是解决修改是否超范围这一问题的前提和条件。当权利要求的修改是将从属权利要求的全部或部分附加技术特征加入其所引用的独立权利要求时，判断修改后的独立权利要求是否扩大了原专利的保护范围，究竟是以保护范围较小的从属权利要求为比对基准，还是以保护范围较大的独立权利要求为比对基准，这个问题是本案审理的关键，也是双方当事人的重要分歧点。如果以独立权利要求为比对基准，则此种修改属于进一步限定，通常不会超出原专利的保护范围；如果以从属权利要求为比对基准，则对权利要求的修改提出了极为严格的限制，并可能导致修改后的权利要求超出从属权利要求的范围。以本案为例，如果以原权利要求 1 为比对基准，则专利权人的修改属于对原权利要求 1 的进一步限定，并未扩大原权利要求 1 的保护范围。如果以权利要求 19 为比对基准，则须将权利要求 2、17、18、19 的全部技术特征限定到原权利要求 1 中才符合修改要求。

最高人民法院认为专利一旦获得授权即具有公示效力，社会公众会据此预测和评价自身行为的合法性，而其评价标准往往会建立在保护范围最大的独立权利要求上，而不是服从于某个具体从属权利要求。当权利人将从属权利要求的附加技术特征加入到独立权利要求时，由于独立权利要求增加了新的技术特征，保护范围相较于原来必定会缩小。此时，这种修改既不会损害原专利的公示效力，也不会影响社会公众基于原专利而产生的信赖利益，同时也有助于保护发明人的利益，推动全社会的创新动力。基于此，本案明确指出判断修改后的独立权利要求是否扩大了原专利的保护范围，应以作为修改对象的原专利独立权利要求的保护范围为比对基准。即，应当将修改后的独立权利要求与原专利保护范围的最大的独立权利要求进行比较，而非与原专利保护范围较小的从属权利要求进行比较。

2. 关于权利要求的修改方式

关于权利要求的修改方式，2010 年《专利审查指南 2010》规定，无效程序中对权利要求的修改一般限于权利要求的删除、合并和技术方案的删除三种方式。虽然给出了三种修改的方式，但这仅仅规定的是“一般限于”，并未完全排除存在其他修改方式的可能性。

通过以上案例我们看到无效阶段对于修改方式的严格限制给专利权人带来了诸多束缚，可能会导致专利权人无法作出相应合理的修改而面临专利权被宣告无效的风险，也导致了确权程序与诉讼程序的冗长拖延。特别是在现阶段我国很多专利申请文件撰写质量相对不高的情况下，这方面的问题更加突出，极不利于保护真正的发明创造，会大大挫伤国内申请人创新的积极性。随着中国专利制度的发展完善，社会公众的专利意识逐步增强，创新能力蒸蒸日上，公众对于放宽修改限制的呼声越来越高。为了回应这种呼声，平衡不同主体的利益诉求，2017 年修订的《专利审查指南 2010》对无效程序中权利要求的修改方式进行了相应的修订。在维持原权利要求的删除、技术方案的删除的基础上，将权利要求的合并修改为权利要求的进一步限定，并增加了明显错误的修正。显然，《专利审查指南 2010》对于修改方式的要求已呈现出由严格趋于不断宽松的趋势。对无效程序中权利要求书修改方式的修改目的是完善授权后专利文件修改制度，适度放开专利文件的修改方式。2019 年修订的《专利审查指南 2010》对于无效程序中权利要求的修改方式，与 2017 年修订的《专利审查指南 2010》保持一致。

以本案为例，专利权人对权利要求的修改，是将从属权利要求 2 和从属权利要求 20 的技术特征加入原权利要求 1 中作为新的独立权利要求。新的独立权利要求由于增加了新的技术特征，相比原权利要求 1 必然保护范围更小、限定更多，属于新指南所规定的“对权利要求的进一步限定”的修改方式。虽然这种修改方式不属于 2010 年《专利审查指南 2010》限定的三种方式，但如前所述，由于该指南并未完全排除其他修改方式，因此修改方式作为手段，应当着眼于修改的立法目的——只要这种修改没有超出原说明书和权利要求书记载的范围、没有扩大原专利的保护范围，则对其具体修改方式不应作出过于严格的限制，否则正如二审判决所言，“将使得对修改方式的限制，成为一种对专利权人权利要求撰写不当的惩罚”，使得对权利人的保护与其技术贡献不相适应，必将极大地挫伤权利人创新的动力和积极性。特别是考虑到新的指南已经逐步放宽了对权利要求的修改方式，涉案专利对权利要求的进一步限定符合当前指南修改的精神和趋势。因此，被诉决定仅仅以对权利要求的修改不符合 2010 年《专利审查指南 2010》的三种修改方式而不予接受此种修改，有违立法的精神。

3. 进一步限定式修改的含义和典型应用

修改前的“权利要求的合并”是指两项或两项以上相互无从属关系但在授权公告文本中从属于同一独立权利要求的权利要求的合并。所合并的从属权利要求的技术特征组合在一起形成新的权利要求，该新的权利要求应当包含被合并的从属权利要求中的全部技术特征。在独立权利要求未作修改的情况下，不允许对其从属权利要求进行合并式修改。修改后的“权利要求的进一步限定”是指在权利要求中补入其他权利要求中记载的一个或者多个技术特征，以缩小保护范围。

由此可见，修订前的合并式修改，专利权人必须将多项从属权利要求中的所有附加技术特征全部补入到其引用的待修改独立权利要求中，在克服有关缺陷的同时，也要引入较多的技术特征。而修改后的“权利要求的进一步限定”允许专利权人从一个或多个其他权利要求中自由选取一个或多个技术特征补入待修改权利要求中，更精确地缩小原有的权利要求的保护范围。

权利要求的进一步限定式修改需满足两个方面的要求：从修改行为上看，其需要在权利要求中补入其他权利要求中记载的一个或多个技术特征；从修改结果来看，修改后缩小了保护范围。以上两方面要求缺一不可。在实践中进一步限定式修改的典型情形包括：

(1) 将一项权利要求中的一个或多个技术特征补入到待修改的独立权利要求中。

例如，授权的权利要求书为：

“1. 一种……装置，其特征在于：A、B、C。

2. 如权利要求 1 所述的装置，其特征在于：D。

3. 如权利要求 2 所述的装置，其特征在于：E。”

修改后的权利要求书为：

“1. 一种……装置，其特征在于：A、B、C、E。

2. 如权利要求 1 所述的装置，其特征在于：D。”

(2) 将多个权利要求中的多个技术特征补入到待修改的独立权利要求中。

例如，授权的权利要求书为：

“1. 一种……装置，其特征在于：A、B、C。

2. 如权利要求 1 所述的装置，其特征在于：D、E。

3. 如权利要求 2 所述的装置，其特征在于：F、G。”

修改后的权利要求书为：

“1. 一种……装置，其特征在于：A、B、C、E、F。

2. 如权利要求 1 所述的装置，其特征在于：D。

3. 如权利要求 2 所述的装置，其特征在于：G。”

(3) 在已经对独立权利要求作出进一步限定的基础上，对该独立权利要求的从属权利要求作进一步限定。

例如，授权的权利要求书为：

“1. 一种……装置，其特征在于：A、B、C。

2. 如权利要求 1 所述的装置，其特征在于：D、E。

3. 如权利要求 2 所述的装置，其特征在于：F、G。

4. 如权利要求 2 所述的装置，其特征在于：H、I。”

修改后的权利要求书为：

“1. 一种……装置，其特征在于：A、B、C、E。

2. 如权利要求 1 所述的装置，其特征在于：D。

3. 如权利要求 2 所述的装置，其特征在于：F、G、H、I。”

一般而言，以下三种情况均明显不属于进一步限定式修改：①在未对独立权利要求进行修改的情况下，仅增加新的从属权利要求；②同一独立权利要求中分别加入不同的技术特征，形成多个新的权利要求；③对原权利要求的特征进行重新组合，增加一组或多组新的权利要求。

以下为进一步限定式修改的实际案例。百琪达智能科技（宁波）股份有限公司是专利号为201420467339.8、名称为“全自动磁场成型压机加粉装置”的实用新型专利的专利权人。该专利申请日为2014年8月19日，授权公告日为2015年1月28日。

本专利授权公告的权利要求书如下：

1. 一种全自动磁场成型压机加粉装置，包括加粉盒（1）、加粉导轨（2）及成型模具（3），其特征在于：成型模具（3）的上端面设有开口（4），并且该开口（4）与加粉导轨（2）齐平，加粉盒（1）滑动地设置于加粉导轨（2）上，加粉盒（1）的下端面设有出料口（5），并且该出料口（5）与加粉导轨（2）齐平。

2. 根据权利要求1所述的全自动磁场成型压机加粉装置，其特征在于：所述加粉盒（1）还设有喷脱模剂装置（6）和气动振动器（7），喷脱模剂装置（6）设于加粉盒（1）的前端，气动振动器（7）设于加粉盒（1）的后端。

3. 根据权利要求2所述的全自动磁场成型压机加粉装置，其特征在于：所述加粉盒（1）还设有气爪（8），气爪（8）设于加粉盒（1）的前端，并且气爪（8）位于所述喷脱模剂装置（6）之前。

4. 根据权利要求3所述的全自动磁场成型压机加粉装置，其特征在于：所述喷脱模剂装置（6）与所述气爪（8）之间还设有刮板（9），刮板（9）的下端与所述加粉导轨（2）齐平。

针对该专利，慈溪市富力达自动化设备有限公司于2019年3月15日向专利复审委员会提出无效宣告请求。专利权人于2019年4月28日针对无效宣告请求书提交了意见陈述书和修改后的权利要求书，其中将原权利要求2记载的部分技术特征“所述加粉盒还设有喷脱模剂装置，喷脱模剂装置设于加粉盒的前端”以及权利要求3、4记载的附加技术特征补充至原权利要求1作为独立权利要求1，删去原权利要求3、4，其余从属权利要求的引用关系作适应修改。修改后的权利要求书如下：

1. 一种全自动磁场成型压机加粉装置，包括加粉盒（1）、加粉导轨（2）及成型模具（3），其特征在于：成型模具（3）的上端面设有开口（4），并且该开口（4）与加粉导轨（2）齐平，加粉盒（1）滑动地设置于加粉导轨（2）上，加粉盒（1）的下端面设有出料口（5），并且该出料口（5）与加粉导轨（2）齐平；所述加粉盒（1）还设有喷脱模剂装置（6），喷脱模剂装置（6）设于加粉盒（1）的前端，所述加粉盒（1）还设有气爪（8），气爪（8）设于加粉盒（1）的前端，并且气爪（8）位于所述喷脱模剂装置（6）之前，所述喷脱模剂装置（6）与所述气爪（8）之间还设有刮板（9），刮板（9）的下端与所述加粉导轨（2）齐平。

2. 根据权利要求1所述的全自动磁场成型压机加粉装置，其特征在于：所述加粉盒（1）还设有气动振动器（7），气动振动器（7）设于加粉盒（1）的后端。

专利复审委员会认为：专利权人于2019年4月28日提交的修改权利要求书符合《专利法》及其实施细则及《专利审查指南2010》的相关规定，故合议组以该权利要求书作为审理基础。

通过以上实际案例可以看出，2017年修订版《专利审查指南2010》为专利权人的修改提供了更多选择，通过利用进一步限定式修改，专利权人可以更加灵活和精确地限缩专利权的保护范围，尽可能避免了由于撰写不当使得对现有技术有贡献的技术方案被宣告无效的情况，使得专利权人利益在专利确权和侵权纠纷中得到了更大程度的保障。

同时我们也应注意到，进一步限定式修改使得技术方案的组合出现了较大的变数，对修改的权利要求以及其余权利要求的引用关系和保护范围均会造成影响，后果的不可预期性增加。虽然修改后的专利审查指南将权利要求的进一步限定纳入了无效宣告程序中允许的修改方式，但是修改后的权利要求，依然需要依照原始申请文件所公开的内容判断是否符合《专利法》及其实施细则的其他规定，例如是否会组合产生新的技术方案而不满足《专利法》第33条的规定，是否会引起保护范围不清楚、得不到说明书支持而不满足《专利法》第26条第4款的规定等问题。这就对专利文件的撰写提出了较高的要求。对于专利申请人而言，可以在申请文件撰写过程中撰写更多的从属权利要求、将更多的技术要点写入权利要求书、构建多层次的权利要求保护梯度，在保证获得足够宽的保护范围的同时，也可以作为后续修改、维持专利权稳定性的基础。同时也建议在说明书中增加更多的实施方式或说明，避免组合后权利要求保护的技术方案得不到说明书支持或超出原说明书和权利要求书记载的范围。

有限度的修改，是无效宣告程序的定位与功能使然，归根到底是来自于贯彻专利法制度的专利权利与公共利益始终的平衡。准确理解与适用无效过程中权利要求的修改方式，能够更好地保护发明创造，彰显权利要求的公示作用，保障社会公众对专利文件的信赖，促进专利确权程序与专利侵权纠纷审理程序的高效衔接，进一步促进专利权的保护和运用。

3.2.2　明显错误的修正

【案例14】数据传输的方法、协议装置及无线通信设备［（2019）京73行初965号］

如果本领域技术人员通过阅读专利权利要求书和说明书，能够明确地认识到权利要求的技术方案无法理解或无法实施，则权利要求书中存在明显错误。在进一步阅读说明书、附图的相关内容以及权利要求书的上下文后，可以直接地、毫无疑义地得出该明显错误特征的唯一正确答案，则允许使用正确答案对明显错误进行修正。

【案情介绍】

康文森无线许可有限公司（以下简称专利权人）是专利号为00819208.1、名称为“数据传输的方法、协议装置及无线通信设备”的发明专利（以下简称涉案专利）的权利人。该专利申请日为2000年12月18日，优先权日为1999年12月31日，授权公告日为2005年3月2日。

涉案专利的授权权利要求1、3、5、7、8、10、13、14如下：

1. 一种用于在电信网络中实现更有效的数据传输的方法，它包括用于数据传输的层结构协议装置，所述协议装置至少包括上层和下层，其中所述下层（12）的目的是至少从一个或多个段（9a，9b）组成要发送到所述上层（14）的数据单元（6），其中，所述方法包括如下步骤：

检测收到的段（1a，1b）中出现的一个或多个错误（5a），

其特征在于：所述方法还包括如下步骤：

由包括一个或多个错误（5a）的一个或多个所述段（9a，9b）组成要发送到所述上层中的数据单元（6），其中

将有关所述一个或多个错误（5a）的位置的信息也发送到所述上层（14）。

3. 如权利要求1所述的方法，其中在确定的延迟内利用确认和重传在所述下层（12）中对所述错误数据单元（1a，1b）进行校正，其特征

在于：在所述下层（12）中，在准确地收到所有数据单元（1a，1b）之后，或在给定延迟内没有足够的时间通过重传来校正错误或丢失的数据单元（1a，1b）时，要发送到所述上层（14）的所述数据单元（6）由位于所述收到的数据单元（1a，1b）中的段（9a，9b）组成。

5. 如权利要求1到4中的任何一项所述的方法，其中在所述上层（14）中确定位于所述收到的数据单元中的段（9a，9b）的长度，其特征在于：所述要发送到所述上层（14）的所述错误信息包括位于所述收到的数据单元（1a，1b）中的段（9a，9b）的序列号，并且包括所述错误（5a），其中在所述上层（14）中，根据所述错误信息和所述段（9a，9b）的长度计算包含所述错误（5a）的区域（5b）。

7. 如权利要求1到4中的任何一项所述的方法，其中位于所接收的数据单元中的段（9a，9b）的大小在所述上层（14）中确定，其中所述段（9a，9b）还至少包括上协议层或标题（3）的控制信息（4），其特征在于：要发送到上层（14）的所述错误信息包括位于所接收的数据单元（1a，1b）并包括错误（5a）的段（9a，9b）的序列号，其中在所述上层（14）中，根据错误信息以及所述段（9a，9b）的大小来计算包含错误（5a）的区域（5b），并且当所述错误（5a）至少部分地位于包括所述上协议层或标题（3）的控制信息（4）的所述组成的数据单元（6）的这个部分中时，所述组成的数据单元（6）被删除。

8. 如权利要求1到4中的任何一项所述的方法，其中位于所接收的数据单元中并包括一个或多个错误的段（9a，9b）的开始点（8a）和结束（8b）在所述上层（14）中确定，其中所述段（9a，9b）还至少包括上协议层或标题（3）的控制信息（4），其特征在于：要发送到上层（14）的所述错误信息包括位于所接收的数据单元（1a，1b）具有错误（5a）的那些段（9a，9b）的序列号，其中在所述上层（14）中根据错误信息以及所述段（9a，9b）的开始点（8a）和结束（8b）来计算具有错误（5a）的区域（5b），并且当所述错误（5a）至少部分地位于包括所述上协议层或标题（3）的控制信息（4）的所述组成的数据单元（6）的这个部分中时，所述组成的数据单元（6）被删除。

10. 如权利要求1到4中的任何一项所述的方法，其中在所述下层（12）中确定所述错误的开始点（7a）和结束（7b），其中所述段（9a，9b）还至少包括上协议层或标题（3）的控制信息（4），其特征在于：所述要发送到所述上层（14）的错误信息包括所述组成的数据单元（6）的错误（5a）的所述开始点（7a）和结束（7b），并且，当所述错误（5a）至少部分地位于包括上协议层或标题（3）的控制信息（4）的所述组成的数据单元（6）中的至少一部分中时，所述组成的数据单元（6）被删除。

13. 用于数据传输的电信网络的协议装置，它的层结构协议装置至少包括上层和下层，其中所述下层（12）的目的是从包含在所述收到的数据单元（1a，1b）中的一个或多个段（9a，9b）组成要发送到上层（14）的数据单元（6），并检测在所述收到的段（1a，1b）中出现的一个或多个错误（5a），其特征在于：为了实现更有效的数据传输，所述下层（12）的目的还有从包含一个或多个错误（5a）的一个或多个段（9a，9b）组成要发送到所述上层的所述数据单元（6），并且还向所述上层（14）发送有关所述一个或多个错误（5a）的位置的信息。

14. 一种无线通信设备，它被配置为在电信网络中工作并包括用于数据传输的层结构协议装置，其协议装置包括至少上层和下层，其中所述下层（12）的目的是从包含在所述收到的数据单元（1a，1b）中的一个或多个段（9a，9b）组成要发送到上层（14）的数据单元（6），并检测在所述收到的段（1a，1b）中出现的一个或多个错误（5a），其特征在于：为了实现更有效的数据传输，所述下层（12）的目的还有从包含一个或多个错误（5a）的一个或多个段（9a，9b）中组成要发送到所述上层的所述数据单元（6），并且还向所述上层（14）发送有关所述一个或多个错误（5a）的位置的信息。

1. 无效阶段案情简介（第37005号无效决定）

华为技术有限公司和中兴通讯股份有限公司（以下合称无效请求人）分别于2018年1月10日和2018年1月29日针对涉案专利向国家知识产权局专利复审委员会（以下简称专利复审委员会）提出了无效宣告请求，其理由均是：涉案专利说明书不符合《专利法》第26条第3款的规定（涉及权利要求1～14），权利要求1～14不符合《专利法》第26条第4款、第22条第3款和《专利法实施细则》第20条第1款的规定，权利要求1、13、14不符合《专利法实施细则》第21条第2款的规定，权利要求1、13、14中缺少必要技术特征，权利要求1、2、5、6、9、13、14不符合《专利法》第22条第2款的规定。

鉴于上述两个无效宣告请求针对同一专利权且具体的无效理由及证据完全相同，因此合议组依据审查指南的相关规定对两案合并进行口头审理。

专利权人针对上述无效宣告请求于2018年3月27日、2018年5月7日以及2018年6月21日口头审理过程中三次提交权利要求书全文修改替换页，在最终确定的修改文本中，将权利要求1中的“一种用于在电信网络中实现更有效的数据传输的方法，它包括用于数据传输的层结构协议装置”修改为“一种用于在电信网络中实现更有效的数据传输的方法，所述电信网络包括用于数据传输的层结构协议装置”，删除权利要求5中缺乏引用基础的“所述”并适当调整了语序，删除了权利要求13、14中缺乏引用基础的“所述”二字；删除权利要求3中“或丢失”限定的并列技术方案，删除权利要求7、8、10中“或标题”限定的并列技术方案，将权利要求1、13、14中的特征“收到的段（1a，1b）”修改为“收到的数据单元（1a，1b）”，将权利要求7中的“其中所述段（9a，9b）还至少包括上协议层或标题（3）的控制信息（4）”修改为“其中所述段（9a，9b）还至少包括上协议层的控制信息（4）或标题（3）”，将“并且当所述错误（5a）至少部分地位于包括所述上协议层或标题（3）的控制信息（4）的所述组成的数据单元（6）的这个部分中时，所述组成的数据单元（6）被删除”修改为“并且当所述错误（5a）至少部分地位于所述组成的数据单元（6）的一部分中时，所述组成的数据单元（6）被删除，其中所述组成的数据单元（6）的所述一部分包括所述上协议层的控制信息（4）或标题（3）”，并对权利要求8、10做了对应修改。专利权人认为以上修改均属于明显错误的修正或者并列技术方案的删除，符合无效程序中权利要求修改的相关规定。

修改后的权利要求1、3、5、7、8、10、13、14的内容为：

1. 一种用于在电信网络中实现更有效的数据传输的方法，所述电信网络包括用于数据传输的层结构协议装置，所述协议装置至少包括上层和下层，其中所述下层（12）的目的是至少从一个或多个段（9a，9b）组成要发送到所述上层（14）的数据单元（6），其中，所述方法包括如下步骤：

检测收到的段（1a，1b）中出现的一个或多个错误（5a），

其特征在于：所述方法还包括如下步骤：

由包括一个或多个错误（5a）的一个或多个所述段（9a，9b）组成

要发送到所述上层中的数据单元（6），其中

将有关所述一个或多个错误（5a）的位置的信息也发送到所述上层（14）。

3. 如权利要求1所述的方法，其中在确定的延迟内利用确认和重传在所述下层（12）中对所述错误数据单元（1a，1b）进行校正，其特征在于：在所述下层（12）中，在准确地收到所有数据单元（1a，1b）之后，或在给定延迟内没有足够的时间通过重传来校正错误的数据单元（1a，1b）时，要发送到所述上层（14）的所述数据单元（6）由位于所述收到的数据单元（1a，1b）中的段（9a，9b）组成。

5. 如权利要求1到4中的任何一项所述的方法，其中在所述上层（14）中确定位于所述收到的数据单元中的段（9a，9b）的长度，其特征在于：要发送到所述上层（14）的所述错误信息包括位于所述收到的数据单元（1a，1b）中并且含有所述错误（5a）的段（9a，9b）的序列号，其中在所述上层（14）中，根据所述错误信息和所述段（9a，9b）的长度计算包含所述错误（5a）的区域（5b）。

7. 如权利要求1到4中的任何一项所述的方法，其中位于所接收的数据单元中的段（9a，9b）的大小在所述上层（14）中确定，其中所述段（9a，9b）还至少包括上协议层的控制信息（4）或标题（3），其特征在于：要发送到上层（14）的所述错误信息包括位于所接收的数据单元（1a，1b）并包括错误（5a）的段（9a，9b）的序列号，其中在所述上层（14）中，根据错误信息以及所述段（9a，9b）的大小来计算包含错误（5a）的区域（5b），并且当所述错误（5a）至少部分地位于所述组成的数据单元（6）的一部分中时，所述组成的数据单元（6）被删除，其中所述组成的数据单元（6）的所述一部分包括所述上协议层的控制信息（4）或标题（3）。

8. 如权利要求1到4中的任何一项所述的方法，其中位于所接收的数据单元中并包括一个或多个错误的段（9a，9b）的开始点（8a）和结束（8b）在所述上层（14）中确定，其中所述段（9a，9b）还至少包括上协议层的控制信息（4），其特征在于：要发送到上层（14）的所述错误信息包括位于所接收的数据单元（1a，1b）具有错误（5a）的那些段（9a，9b）的序列号，其中在所述上层（14）中根据错误信息以及所述段（9a，9b）的开始点（8a）和结束（8b）来计算具有错误（5a）的区域

(5b)，并且当所述错误（5a）至少部分地位于包括所述上协议层的控制信息（4）的所述组成的数据单元（6）的这个部分中时，所述组成的数据单元（6）被删除。

10. 如权利要求 1 到 4 中的任何一项所述的方法，其中在所述下层（12）中确定所述错误的开始点（7a）和结束（7b），其中所述段（9a，9b）还至少包括上协议层的控制信息（4），其特征在于：所述要发送到所述上层（14）的错误信息包括所述组成的数据单元（6）的错误（5a）的所述开始点（7a）和结束（7b），并且，当所述错误（5a）至少部分地位于包括上协议层的控制信息（4）的所述组成的数据单元（6）中的至少一部分中时，所述组成的数据单元（6）被删除。

13. 用于数据传输的电信网络的协议装置，它的层结构协议装置至少包括上层和下层，其中所述下层（12）的目的是从包含在收到的数据单元（1a，1b）中的一个或多个段（9a，9b）组成要发送到上层（14）的数据单元（6），并检测在所述收到的段（1a，1b）中出现的一个或多个错误（5a），其特征在于：为了实现更有效的数据传输，所述下层（12）的目的还有从包含一个或多个错误（5a）的一个或多个段（9a，9b）组成要发送到所述上层的所述数据单元（6），并且还向所述上层（14）发送有关所述一个或多个错误（5a）的位置的信息。

14. 一种无线通信设备，它被配置为在电信网络中工作并包括用于数据传输的层结构协议装置，其协议装置包括至少上层和下层，其中所述下层（12）的目的是从包含在所述收到的数据单元（1a，1b）中的一个或多个段（9a，9b）组成要发送到上层（14）的数据单元（6），并检测在所述收到的数据单元（1a，1b）中出现的一个或多个错误（5a），其特征在于：为了实现更有效的数据传输，所述下层（12）的目的还有从包含一个或多个错误（5a）的一个或多个段（9a，9b）中组成要发送到所述上层的所述数据单元（6），并且还向所述上层（14）发送有关所述一个或多个错误（5a）的位置的信息。

专利复审委员会于 2018 年 8 月 21 日作出第 37005 号无效宣告请求审查决定，认为：

(1) 在专利权人提交的最终修改文本中，将权利要求 1 中的“一种用于在电信网络中实现更有效的数据传输的方法，它包括用于数据传输的层结构协议装置”修改为“一种用于在电信网络中实现更有效的数据传输的方法，所述电信网络包括用于数据传输的层结构协议装置”，删除权利要求 5 中缺乏引用基础的“所述”并适当调整了语序，删除了权利要求 13、14 中缺乏引用基础的“所述”二字，上述修改都属于对明显错误的修正；删除权利要求 3 中“或丢失”限定的并列技术方案，删除权利要求 7、8、10 中“或标题”限定的并列技术方案，上述修改属于并列技术方案的删除；上述修改都满足《专利审查指南 2010》第四部分第三章中关于无效程序中权利要求修改的相关规定，因此对上述修改予以接受。

（2）专利权人将权利要求 1、13、14 中的特征“收到的段（1a，1b）”修改为“收到的数据单元（1a，1b）”以及权利要求 7、8、10 中的其他修改不属于明显错误的修正，因此对于上述修改合议组不予接受。发明权利要求的保护范围以其权利要求的内容为准，括号内的内容不得作为对权利要求保护范围的限定，因此不能仅依据（1a，1b）在说明书中的对应关系进行修改；其次，根据涉案专利说明书第 10 页倒数第 1 段的相关记载可知，段是不带 RLC 标题 2 的 RLC PDU（数据单元），因此数据单元限定的保护范围大于段，进而“检测收到的数据单元中出现的一个或多个错误”所限定的技术方案也大于“检测收到的段中出现的一个或多个错误”所限定的技术方案，例如检测到 RLC 标题 2 中的错误及其处理显然不包括在原专利的保护范围中，因此修改后的权利要求扩大了原专利的保护范围，与无效宣告程序中的修改原则相悖，合议组不予接受。

在上述最终确定的允许的权利要求修改的基础上，专利权人当庭重新提交了权利要求书全文修改替换页。专利权人对于“收到的段（1a，1b）”修改为“收到的数据单元（1a，1b）”不属于明显错误的修正的认定持反对意见，对于权利要求 7、8、10 中的其他修改不属于明显错误的修正的认定未表示反对。

在最终允许的权利要求修改的基础上，专利复审委员会认定权利要求 1～14 相对于无效请求人提供的证据不符合《专利法》第 22 条第 3 款的规定，合议组对于请求人提出的其他无效理由和证据组合方式不再予以评述。据此宣告发明专利权全部无效。

2. 北京知识产权法院一审案情简介［（2019）京 73 行初 965 号］

专利权人不服被诉决定，于法定期限内向北京知识产权法院起诉，请求撤销被诉决定，并责令国家知识产权局重新作出无效宣告请求审查决定。专利权人在一审中诉称：无效程序中将权利要求 1、13、14 中“收到的段（1a，1b）”修改为“收到的数据单元（1a，1b）”，该修改属于对于明显笔误的修正，应予接受。权利要求 1～14 具备创造性，被诉决定认定有误。

专利复审委员会与无效请求人在一审中均认为被诉决定认定事实清楚，适用法律正确，请求法院依法驳回专利权人的诉讼请求。

北京知识产权法院于 2019 年 2 月 25 日作出（2019）京 73 行初 965 号行政判决，认为：专利权人在无效程序中要求将权利要求 1、13、14 中的“收到的段（1a，1b）”修改为“收到的数据单元（1a，1b）”，其认为此为对于明显笔误的修正。专利权人这一主张成立的前提是本领域技术人员基于对本专利的理解通常会认为上述权利要求中的正确表述应为“数据单元（1a，1b）”，而非“段（1a，1b）”。因本专利说明书中对于“数据单元”与“段”的关系进行了界定，即段是不带 RLC 标题 2 的 RLC PDU（数据单元）（见本专利说明书第 10 页倒数第 1 段），而依据上述界定及上述权利要求中现有“收到的段（1a，1b）”这一限定，并不会使得上述权利要求的技术方案无法理解或无法实施，亦与本专利其他权利要求的理解并无冲突，也就是说，本领域技术人员并不会认为上述权利要求中的“收到的段（1a，1b）”应为“收到的数据单元（1a，1b）”，据此，专利权人有关该记载为明显笔误的主张不能成立，相应地，其有关被告应接受这一修改文本的主张不能成立。同时被诉决定对于权利要求 1～14 不具备创造性的认定正确，因此专利权人的诉讼请求缺乏事实和法律依据，本院不予支持。

【焦点归纳】

本案专利权人在无效宣告审理期间对权利要求书进行了多处修改，其中部分修改被专利复审委员会接受，部分修改未被接受。

专利复审委员会认为：

（1）将权利要求 1 中的“一种用于在电信网络中实现更有效的数据传输的方法，它包括用于数据传输的层结构协议装置”修改为“一种用于在电信网络中实现更有效的数据传输的方法，所述电信网络包括用于数据传输的层结构协议装置”，删除权利要求 5 中缺乏引用基础的“所述”并适当调整了语序，删除了权利要求 13、14 中缺乏引用基础的“所述”二字，上述修改都属于对明显错误的修正，予以接受。

（2）删除权利要求 3 中“或丢失”限定的并列技术方案，删除权利要求 7、8、10 中“或标题”限定的并列技术方案，上述修改属于并列技术方案的删除，予以接受。

（3）将权利要求 1、13、14 中的特征“收到的段（1a，1b）”修改为“收到的数据单元（1a，1b）”不属于明显错误的修正，因此对于上述修改不予接受。发明权利要求的保护范围以其权利要求的内容为准，括号内的内容不得作为对权利要求保护范围的限定，因此不能仅依据（1a，1b）在说明书中的对应关系进行修改。

对于前两点专利权人与无效请求人均无异议，对于第三点专利权人并不认同，坚持认为：将权利要求 1、13、14 中的“收到的段（1a，1b）”修改为“收到的数据单元（1a，1b）”，属于明显笔误的修正。

根据北京知识产权法院的审判决定，北京知识产权法院认为：专利权人对于明显笔误的修正这一主张成立的前提是本领域技术人员基于对本专利的理解通常会认为上述权利要求中的正确表述应为“数据单元（1a，1b）”，而非“段（1a，1b）”。因涉案专利说明书中对于“数据单元”与“段”的关系进行了界定，即段是不带 RLC 标题2 的 RLC PDU（数据单元），而依据上述界定及上述权利要求中现有“收到的段（1a，1b）”这一限定，并不会使得上述权利要求的技术方案无法理解或无法实施，亦与本专利其他权利要求的理解并无冲突，也就是说，本领域技术人员并不会认为上述权利要求中的“收到的段（1a，1b）”应为“收到的数据单元（1a，1b）”，据此，专利权人有关该记载为明显笔误的主张不能成立。

【分析借鉴】

《专利法实施细则》赋予了专利权人在无效宣告程序中修改权利要求的权利，此举是从鼓励发明创造的角度出发，防止专利权人仅仅由于权利要求撰写方面的瑕疵而损失了本应受到保护的发明创造。2017 年修订版《专利审查指南 2010》增加了无效程序中权利要求修改的“明显错误的修正”，为无效宣告中专利文件的修改和完善带来了更多的契机。

本案是无效程序中明显错误的修正的典型案例，涉及明显错误的认定和评判标准。

1. 无效程序中明显错误的修正的意义

由于语言表达的局限性以及撰写和代理水平的客观限制，权利要求书在撰写过程中难免会出现撰写错误、笔误或者表达不准确等缺陷。2010 年《专利审查指南 2010》规定，无效程序中对权利要求的修改一般限于权利要求的删除、合并和技术方案的删除三种方式。我国专利授权之后修改途径的缺乏使得专利权人明明知道自己权利要求撰写有误或者存在瑕疵等问题，却无法进行修改。在该时期也出现了众多因权利要求撰写错误而引起的专利无效、侵权纠纷的案件。

从法院的典型判例来看，2017 年修订版《专利审查指南 2010》实施之前司法界的主流观点是对于授权文本中的明显错误采取“明显错误的更正式理解”。

例如，最高人民法院在洪某诉国家知识产权局专利复审委员会及宋某根“精密旋转补偿器”实用新型专利权无效行政纠纷案［(2011) 行提字第 13 号］中，认为：“判断一项权利要求能否得到说明书的支持之前，首先需要确定权利要求所要保护的技术方案，对于权利要求中存在的明显错误，由于该错误的存在对本领域技术人员而言是如此‘明显’，即在阅读权利要求时能够立即发现其存在错误，同时，更正该错误的答案也是如此‘确定’，结合其普通技术知识和说明书能够立即得出其唯一的正确答案，所以，本领域技术人员必然以该唯一的正确解释为基准理解技术方案，明显错误的存在并不会导致权利要求的边界模糊不清。此时，在无效宣告请求的审查过程中，应当允许对授权后的专利权利要求中存在的明显错误予以正确解释，如果对明显错误进行更正性理解后的权利要求所保护的技术方案，能够从说明书充分公开的内容得到或者概括得出没有超出说明书公开的范围，则应当认定权利要求能得到说明书的支持，符合《专利法》第 26 条第 4 款的规定。”

最高人民法院在国威公司诉林芝公司“一种 PCT 发热器的导热铝管及 PCT 发热器”发明专利侵权纠纷案［(2018) 京行终 77 号］中，认为：“权利要求 2 中明显矛盾的特征可以根据说明书记载进行唯一、正确理解。”基于更正性理解后的权利要求保护范围最后判定林芝公司侵权成立。

北京市高级人民法院在株式会社钟化诉国家知识产权局专利复审委员会及叶某“层积型光电变换装置”发明专利无效行政纠纷案［(2014) 高行终字第 01811 号］中，认为：“对于权利要求中存在的撰写错误，如果本领域技术人员根据其所具有的普通技术知识在阅读权利要求后能够直接地、毫无疑义地确定某一技术特征存在错误，同时，该技术人员结合其具有的普通技术知识，在阅读说明书及附图的相关内容后能够得出唯一的正确答案，那么，本领域技术人员必然会以该唯一的正确解释来理解权利要求所要求保护的技术方案。对于存在明显撰写错误的权利要求，本领域技术人员进行更正性理解后，如果其要求保护的技术方案能够从说明书充分公开的内容得到或者概括得出，没有超出说明书公开的范围，则应当认定该权利要求得到了说明书的支持，符合《专利法》第 26 条第 4 款的规定。”

以上典型判例均体现了在专利审查指南修改之前司法界对于授权文本中的明显错误即持更正式理解的倾向。2017 年修订版《专利审查指南 2010》对于无效宣告程序中权利要求的修改方式增设了“明显错误的修正”。以上修改进一步明确了专利权人可以对权利要求中的明显错误进行修正，完善了授权后专利文件的修改制度。

允许专利权人在授权后对权利要求中的明显错误进行修正，一方面，从保护发明创造专利权，鼓励发明创造的基本原则出发，应当允许对授权后的专利权利要求中存在的明显错误予以更正，避免对专利权人撰写错误的过度惩罚。另一方面也确保了公众获得专利信息的准确性，社会公众需要一个准确的权利边界去规制自己的行为，同时社会公众只有正确把握专利权人所给出的技术信息，才能更好地运用或改进该项技术方案。

2. 明显错误的评判标准

权利要求书由语言文字构成表达要求保护的技术方案，由于语言文字的特点以及撰写人的疏忽，权利要求书的文字表达与发明的技术方案难免存在不一致的地方，这种不一致可能构成权利要求书中的明显错误。

2017 年修订版《专利审查指南 2010》在第四部分第三章第 4. 6. 2 节中，对于“权利要求的删除”“技术方案的删除”“权利要求的进一步限定”均作出了解释，但没有对“明显错误的修正”作出解释说明。在实际司法审判中，各方当事人对于什么属于权利要求中可以修正的明显错误存在争议。以本案为例，专利权人与专利复审委员会、法院对于“明显错误”的认定也存在分歧。《专利审查指南 2010》第一部分第二章在对《专利法》第 33 条的审查进行阐述时记载了：“对明显错误的更正，不能被认为超出了原说明书和权利要求书记载的范围。所谓明显错误，是指不正确的内容可以从原说明书、权利要求书的上下文中清楚地判断出来，没有作其他解释或者修改的可能。”该段记载可以借鉴来解释无效阶段修改时的“明显错误的修正”。

首先，从针对对象来看，“明显错误的修正”针对授权专利权利要求书中的技术特征表达所存在的明显错误。说明书或附图中的明显错误不属于“明显错误的修正”的对象。

其次，从判断主体来看，明显错误的判断主体应为本领域普通技术人员，明显错误的界定应当以本领域普通技术人员的认知水平为标准。本领域的普通技术人员是指一种假设的人，假定他知晓申请日或者优先权日之前发明所属技术领域所有的普通技术知识，能够获知该领域中所有的现有技术，并且具有应用该日期之前常规实验手段的能力，但他不具有创造能力。

再次，从对权利要求的影响来看，由于明显错误的存在，导致权利要求书限定的技术方案前后不一致或与说明书披露的技术方案不一致，这种不一致导致权利要求的技术方案无法理解或无法实施。以本案为例，北京知识产权法院没有将申请人的修改认定为明显错误，原因包括：本专利说明书中对于“数据单元”与“段”的关系进行了界定，即“段”是不带 RLC 标题 2 的 RLC PDU（数据单元），而依据上述界定及上述权利要求中现有“收到的段（1a，1b）”这一限定，并不会使得上述权利要求的技术方案无法理解或无法实施，亦与本专利其他权利要求的理解并无冲突。

最后，从修改方向来看，所属领域技术人员基于其所具有的普通技术知识，在阅读权利要求后能够发现其存在技术特征表达的明显错误。在进一步阅读说明书、附图的相关内容以及权利要求书的上下文后，可以直接地、毫无疑义地得出该技术特征的唯一正确答案，没有作其他解释或者修改的可能，在这种情况下该正确答案才可以被写入权利要求书。

在本案中，将权利要求 1 中的“一种用于在电信网络中实现更有效的数据传输的方法，它包括用于数据传输的层结构协议装置”修改为“一种用于在电信网络中实现更有效的数据传输的方法，所述电信网络包括用于数据传输的层结构协议装置”，删除权利要求 5 中缺乏引用基础的“所述”并适当调整了语序，删除权利要求 13、14 中缺乏引用基础的“所述”二字，以上修改均是所属领域技术人员阅读权利要求书的上下文后可以直接地、毫无疑义地确定的唯一正确答案，因此被专利复审委员会和北京知识产权法院接受。而专利权人将“收到的段（1a，1b）”修改为“收到的数据单元（1a，1b）”主要是基于括号内的标注相同，但是括号内的内容不得作为对权利要求保护范围的限定，因此不能仅依据（1a，1b）在说明书中的对应关系进行修改。且涉案专利说明书中记载了段是不带 RLC 标题 2 的 RLC PDU（数据单元），因此数据单元限定的保护范围大于段，本领域技术人员并不会认为上述权利要求中的“收到的段（1a，1b）”应为“收到的数据单元（1a，1b）”。也就是说该修改方向是不能通过原专利直接地、毫无疑义地确定出，且也不是唯一可能的正确答案，因此专利权人有关该记载为明显笔误的主张不成立。

综上，明显错误判断方法和过程包括：第一，站位本领域技术人员，阅读权利要求书，确定权利要求书的技术特征表达和方案是否前后一致；第二，进一步阅读专利说明书及附图，确定权利要求书限定的技术方案与说明书披露的技术方案是否一致；第三，看权利要求书限定的技术方案能否实现发明目的，如果本领域技术人员通过阅读专利权利要求书和说明书，能够明确地认识到权利要求的技术方案无法理解或无法实施，则权利要求书中存在明显错误；第四，再进一步阅读说明书、附图的相关内容以及权利要求书的上下文后，可以直接地、毫无疑义地得出该明显错误特征的唯一正确答案，则允许使用正确答案对明显错误进行修正。

专利文件修改制度的立法目的是赋予权利人修改专利文件的权利以完善专利文件及其保护范围，同时也限制了专利文件的修改内容以避免权利人滥用权利，从而平衡了公共利益和私人利益的关系。无效宣告中允许对明显错误进行修正，同时又对明显错误的边界进行严格把控，属于明显错误的可以修正，不属于明显错误的不能修正，不仅完善了专利保护范围，而且对于权利人和无效宣告请求人之间的利益没有构成实质性的威胁，利益的天平没有变化。对于专利申请人而言，首先在申请文件撰写过程中就应尽量杜绝明显错误的出现，对于已经发生的错误，在专利授权后的确权阶段也应把握好修改时机、合理判断修正范围并及时进行修正。

第四章　意见陈述

意见陈述是专利实质审查程序、复审程序中申请人/专利权人与审查人员沟通的重要方式之一。《专利法》第37条和第38条及《专利法实施细则》第63条和第68条涉及意见陈述相关内容。

申请人/专利权人依照《专利法》及其实施细则的有关规定，可以通过陈述意见或修改的方式克服审查意见通知书或无效请求书中指出的缺陷。而其中的“陈述意见”则为一种重要的解释说明、与审查人员进行充分沟通的方式，特别是对于克服一些理解的局限、澄清必要的事实等内容，合理的意见陈述是获得稳定的权利非常重要的一种形式。

做到准确地认定事实、及时充分地表述意见等是陈述意见时的基本要求，下面结合实际案例进行分析说明。

4.1　通过意见陈述克服创造性缺陷

【案例15】用于液体加热容器的加热器［（2017）京行终600号］

在审查意见的答辩或者无效答辩中，意见陈述至关重要，如果权利要求相比现有技术具有有益的技术效果，则应该重点进行论述，特别是一个技术特征能够解决多个技术问题，具有多重效果时。

【案情介绍】

施特里克斯公司是申请号为CN200610135704.5、名称为“用于液体加热容器的加热器”的发明专利的申请人。该专利申请日为2006年9月8日，优先权日为2005年9月9日，公开日为2007年3月14日。

1. 实质审查阶段案情简介

2011年9月26日，国家知识产权局实质审查部门驳回“用于液体加热容器的加热器”的专利申请，理由是：权利要求相对于对比文件1（FR2810526A1）、对比文件5（US4714822A）以及公知常识的结合不具备创造性，不符合《专利法》第22条第3款的规定。

驳回决定中引用的对比文件1公开了一种家用特别是用于油炸的加热器，包括：底板4，与底板4良好热接触的主热扩散部分5，与主热扩散部分5良好热接触的加热元件6，以及用于容纳温控装置10上的热传感器的检测区域。其中，该检测区域与主热扩散部分5不直接连接，并至少被沟槽12所形成的壁体包围，该壁体由主热扩散部分5面向沟槽12的壁面所形成。而且，对比文件1也同样是热传感器被设置为经过加热器测量容器中液体的温度。

驳回决定中引用的对比文件5公开了一种可自动控制平底锅加热的炊具，包括：加热平板1，下部为螺旋沟槽7的铸铁板3，沟槽7内有加热件9，中间区域11无加热件，固定在加热平板1上的支撑套管13内套有引导套管13a，套管13底部有横档17，横档17上装有与盖21相抵的弹簧19，弹簧19内装有与盖21接触的温度传感器23。温度传感器23通过双层壁26与加热平板隔热，以测量平底锅底部的温度。

2. 复审阶段案情简介（第66095号复审决定）

施特里克斯公司对驳回决定不服，于2012年1月11日向专利复审委员会提出复审请求，并提交了修改后的权利要求书，随后专利申请人在答复复审通知书时再次提交了权利要求书的修改替换文本。

修改后的权利要求1和5如下：

1. 一种包括底板下加热器的水加热容器，包括基板（2）、附设在基板（2）下侧并与基板（2）下侧良好热接触的主热扩散板（4）、与主热扩散板（4）良好热接触的加热元件（6）和用于容纳热传感器的检测区域（8），其中所述检测区域（8）与主热扩散板（4）不直接连接并至少被设置在主热扩散板与检测区域之间的一壁体部分地包围，以及其中该壁体作为单独的一部分附设到所述基板上或者通过在基板（2）面对液体的上侧形成沟槽而设置，且其中所述热传感器设置为经过加热器测量在容器中的水的温度，以用来将水加热到或保持其温度低于沸腾温度。

5. 一种包括底板下加热器的水加热容器，包括基板（2）、附设在基板（2）下侧并与基板（2）下侧良好热接触的主热扩散板（4）、与主热扩散板（4）良好热接触的加热元件（6）和用于容纳热传感器的检测区域（5），其中所述检测区域（8）包括附设在基板（2）下侧的单独的第二扩散部（14）和用于为所述第二扩散部（14）定位的一个或多个定位装置，所述定位装置包括至少部分包围所述检测区域（8）的连续壁体（12），其中该壁体作为单独的一部分附设到所述基板上或者通过在基板（2）面对液体的上侧形成沟槽而设置，且其中所述热传感器设置为经过加热器测量在容器中的水的温度，以用来将水加热到或保持其温度低于沸腾温度。

施特里克斯公司答复复审意见通知书时认为：（1）权利要求1中的壁体必须是设置在主热扩散板与检测区域之间的，对比文件1中，壁体由主热扩散部分5面向沟槽12的壁面所形成，这与本申请权利要求1中的特征不同；（2）对比文件5与对比文件1完全属于不同的技术领域，无法结合，对比文件1用来将油加热到150～210℃，对比文件5用于在平底锅中将液体加热到沸腾，对比文件1和5均为烹饪领域的文件，煮水的要求不同，温度控制也不同，因此，对比文件1和5结合不能得到修改后的权利要求1。

2014年5月7日，专利复审委员会作出第66095号复审请求审查决定（以下简称被诉决定），维持国家知识产权局于2011年9月26日对涉案申请作出的驳回决定，对权利要求1和5的创造性作出如下认定：

对比文件1公开了一种家用特别是用于油炸的加热器。权利要求1与对比文件1相比，区别技术特征为：（1）权利要求1中的壁体作为单独的一部分附设到所述基板上，或者通过在基板面对液体的上侧形成沟槽而设置；（2）权利要求1中的容器用于将水加热到或保持其温度低于沸腾温度。权利要求5与对比文件1相比，其区别特征为：（1）权利要求5中的定位装置包括至少部分包围检测区域的连续壁体，该壁体作为单独的一部分附设到所述基板上，或者通过在基板面对液体的上侧形成沟槽而设置；（2）权利要求5中的容器用于将水加热到或保持其温度低于沸腾温度。

对于权利要求1和5中的区别技术特征2，对比文件5已经公开了将液体加热到或保持其温度低于沸腾温度，而水是最常用的受加热液体，属于本领域的公知常识。

对于权利要求1中包括特征“该壁体作为单独的一部分附设到所述基板上”的技术方案，该区别技术特征已经被对比文件5中“双层壁26”所公开，因此该方案不具备创造性。对于权利要求1中包括特征“该壁体通过在基板面对液体的上侧形成沟槽而设置”的技术方案，其仅是前一技术方案的一种变形，在对比文件5公开的用于防止热传感器受到加热元件的影响的双层壁26

的基础上，本领域技术人员出于加工更容易等目的，很容易想到在基板上形成包围检测区域的沟槽，以防止热传感器受到加热元件的影响。因此，该技术方案同样不具备创造性。

对于权利要求5中包括特征“该壁体作为单独的一部分附设到所述基板上”的技术方案，区别技术特征已经也被对比文件5中“双层壁26”所公开，因此该方案不具备创造性。对于权利要求5中包括特征“该壁体通过在基板面对液体的上侧形成沟槽而设置”的技术方案，其仅是前一技术方案的一种变形，在对比文件5公开的用于防止热传感器受到加热元件的影响的双层壁26的基础上，本领域技术人员出于加工更容易等目的，很容易想到在基板上形成包围检测区域的沟槽以防止热传感器受到加热元件的影响，因此，该技术方案同样不具备创造性。

综上，权利要求1和5都不具备创造性。

3. 北京市第一中级人民法院一审案情简介［(2014) 一中行（知）初字第10267号行政判决］

施特里克斯公司不服上述复审决定，向北京市第一中级人民法院（以下简称一审法院）提起行政诉讼，施特里克斯公司诉称：(1) 被诉决定创造性评述有关公知常识举证和说理不充分；(2) 被诉决定所选取的对比文件不适当，被诉决定中认定最接近的现有技术是对比文件1，其公开了一种用于油炸的加热器，另一对比文件5公开了自动控制平底锅加热的炊具，对比文件1和5与本发明的技术领域差别很大；(3) 修改后的权利要求1相对于对比文件1、对比文件5和公知常识的结合具有创造性。权利要求1请求保护的技术方案和对比文件1相比，其区别技术特征为：①壁体作为单独的一部分附设到所述基板上或壁体作为单独的一部分通过在基板面对液体的上侧形成沟槽而设置；②容器用于将水加热或是保持其温度低于沸腾温度。而对比文件5公开的技术方案中，壁体的结构、设置方式、有益效果等都与权利要求1中公开的内容是不同的。对比文件5公开技术方案中的壁体，其结构为薄壁体，设置于铸铁板中心处，其只能起到有限的阻隔热传导作用，但是无法阻隔热扩散板（铸铁板）本身的热传导，这一点与本发明差别明显。

专利复审委员会辩称：对比文件1用于容纳温控装置10上的热传感器的检测区域与主热扩散部分5不直接连接，并至少被沟槽12所形成的壁体包围，该壁体由主热扩散部分5面向沟槽12的壁面所形成，因此该特征与权利要求1中的特征“其中所述检测区域（8）与主热扩散板（4）不直接连接并至少被设置在主热扩散板与检测区域之间的一壁体部分地包围”被对比文件1公开；本申请与对比文件1和5并非属于完全不同的技术领域，三者均属于厨房电器，且均采用电加热的方式，不存在结合的障碍。

北京市第一中级人民法院作出（2014）一中行（知）初字第10267号行政判决，驳回施特里克斯公司的诉讼请求，在判决中认为本申请与对比文件1、5均属于厨房电器，且都采用电加热的方式，属于相同的技术领域，本领域技术人员在对比文件1的基础上，容易想到结合对比文件5和本领域的公知常识，得到权利要求1和5的技术方案。因此，权利要求1和5不具备《专利法》第22条第3款规定的创造性。

4. 北京市高级人民法院二审案情简介［（2017）京行终600号行政判决］

施特里克斯公司不服一审判决，向北京市高级人民法院（以下简称二审法院）提出上诉，请求撤销一审判决和被诉决定。

二审法院作出（2017）京行终600号行政判决书，认为：本申请权利要求1请求保护一种底板下加热器的水加热容器。对比文件1公开了一种家用特别是用于油炸的加热器，对比文件5公开了一种可自动控制平底锅加热的炊具。对于一审判决认定的权利要求1与对比文件1的区别技术特征，以及权利要求5与对比文件1的区别技术特征，施特里克斯公司均不持异议，经审查予以确认。经审理，将水加热到沸腾温度或保持其温度低于沸腾温度是权利要求1与对比文件1的区别技术特征2，也是权利要求5与对比文件1的区别技术特征2。但是，将水加热到沸腾温度或保持其温度低于沸腾温度属于日常生活中的常见需求，也是煮茶、煮咖啡等行业的常规技术手段，属于本领域的公知常识。结合本申请的背景技术和发明目的，权利要求1、5实际解决的主要技术问题是隔离检测区域和热扩散区域，防止检测区域内的热传感器受到周围加热元件的影响。对比文件5的温度传感器23通过双层壁26与加热平板隔离，防止热传感器受到加热元件的影响，以精确测量平底锅底部的温度。这里的双层壁26相当于权利要求1中的壁体，且二者所起的作用相同。本申请与对比文件1、5均属于厨房电器，且都采用电加热的方式，属于相同的技术领域。在此基础上，本领域技术人员容易想到通过在基板上形成包围检测区域的沟槽，以防止热传感器受到加热元件的影响。隔离检测区域和热扩散区域之后，本申请和对比文件1的技术方案均可以比较准确地测量容器内液体的温度。虽然对比文件1、5均未公开壁体的定位功能，而本申请权利要求1、5均描述了扩散部的定位功能或定位装置，但在制造过程中对散热部位进行定位属于本领域常规技术手段，本领域技术人员亦不难设计出其他的定位方法。本领域技术人员在对比文件1的基础上，容易想到结合对比文件5和本领域的公知常识，得到权利要求1和5的技术方案。因此，权利要求1、5均不具备创造性。综上，二审法院驳回上诉，维持原判。

5. 最高人民法院再审案情简介［（2018）最高法行再131号行政判决］

施特里克斯公司不服二审判决，向最高人民法院申请再审称：

（1）本申请独立权利要求1、5均包括两个并列的技术方案（以下分别称为权利要求“1A”“1B”“5A”和“5B”），应当分别对其创造性进行认定。其中，对于涉及“沟槽”的权利要求1B和5B，二审判决未能认识到本申请中的“沟槽”同时具有热屏蔽、定位和热连接多个方面的作用，割裂地进行分析，把所谓的“公知常识”直接简单地进行叠加，得出错误结论。二审判决错误认定对比文件5公开的双壁辐射屏26相当于本申请中单独的“壁体”，未注意到不同的并列技术方案可以具有不同的创造性高度，错误认定涉及“沟槽”的权利要求的1B和5B也不具备创造性。

（2）被诉决定认定事实错误：①对比文件1中的沟槽12是两个热扩散板之间的环形间隔，没有任何实体结构，不能起到定位作用，也不会容纳待加热的液体，被诉决定认定“沟槽12为两个扩散部分进行定位”错误。②本申请中的“沟槽”是在基板的液体侧形成的能够容纳液体的环形凹陷结构，其在基板的另一侧体现为环状壁12，具有实体结构，可以用于定位热扩散板14。由此，被诉决定对独立权利要求的区别技术特征认定错误。③被诉决定错误认定对比文件5公开了独立权利要求1和5中关于液体加热温度的区别技术特征。④被诉决定错误认定对比文件5中的双壁辐射屏26相当于本申请中的壁体。对比文件5中的双壁辐射屏26设置在炊具上而不是待加热的锅具上，不能准确测量锅具内物体的温度，炊具中也没有第二扩散部分，不存在定位的问题。请求最高人民法院撤销一审、二审判决，撤销被诉决定，判令专利复审委员会重新作出复审决定。

专利复审委员会提交意见称：（1）对于权利要求1、5中的两个并列技术方案的创造性，被诉决定分别作出了认定。两种并列方案是本领域技术人员容易想到的简单变形，均不具有创造性。（2）虽然本申请中的“沟槽”具有多个功能，但是根据《专利审查指南2010》的规定，当区别技术特征能够带来多个互不关联的技术效果时，被诉决定选择与本申请要解决的技术问题相关联的技术效果，认定实际解决的技术问题，并无不当。（3）对比文件1中的沟槽 12 能够一定程度上起到防止热传感器受到周围加热元件影响的作用。对比文件 5 公开了本申请中的“壁体”。至于壁体是单独设置还是与基板一体成型，均是容易想到的。（4）对比文件 1、5 均公开了“将水加热到或保持其温度低于沸腾温度”。

最高人民法院作出（2018）最高法行再 131 号行政判决书，认为：

权利要求 1 中以“或者”的方式，限定了两个并列的技术方案权利要求 1A、权利要求 1B。包括两个并列技术方案的权利要求 1 与对比文件 1 的区别技术特征为：①权利要求 1 中的壁体作为单独的一部分附设到所述基板上（以下简称区别技术特征 1A），或者通过在基板面对液体的上侧形成沟槽而设置（以下简称区别技术特征 1B）；②权利要求 1 中的容器用于将水加热到或保持其温度低于沸腾温度（以下简称区别技术特征 2）。

首先，关于区别技术特征 1A。在认定权利要求的创造性时，区别技术特征的作用功能和技术效果是认定该权利要求实际解决的技术问题的根本依据。在认定其作用功能和技术效果时，应注意权利要求限定的技术方案是否与说明书中记载的具有特定作用功能、技术效果的技术方案具有对应性。如果二者存在实质性差异，则需要根据权利要求限定的技术方案的具体情形，相应地确定区别技术特征能够实现的作用功能、技术效果。本案中，尽管本申请说明书中记载了本申请中的壁体可以实现多种作用功能，包括：（1）作为“定位”装置，用于“使检测区域中的第二扩散部分在焊接时保持在合适的位置”；（2）“起到热屏障的作用”，以使得温度的测量更为准确；（3）在使用中将充满正被加热的液体，因此它将进一步增强检测区域与加热元件的热绝缘以及检测区域与液体之间的热连接。但根据本申请说明书的记载，本申请包括多个并列的具体实施方式，分别表现为不同的技术方案，相应地具有不同的作用功能和技术效果。在本申请中，壁体的定位功能均是与检测区域中的“第二扩散部分”相对应的。在权利要求 1A 中并未明确限定“第二扩散部分”或与“定位”有关的技术特征的情况下，不能认定权利要求 1A 中的“壁体”具有“定位”的作用功能和技术效果。同样，关于说明书中记载的“进一步增强检测区域与加热元件的热绝缘以及检测区域与液体之间的热连接”，亦是通过在基板面对液体的上侧形成“沟槽”而实现的。在权利要求 1A 中并未限定壁体为“沟槽”的情况下，亦不能认定权利要求 1A 的“壁体”具有增强热连接的作用功能和技术效果。综上，权利要求 1A 中的区别技术特征 1A 仅起到热屏障的作用，并不具有说明书中记载的“定位”以及“进一步增强检测区域与加热元件的热绝缘以及检测区域与液体之间的热连接”的作用功能和技术效果。应据此认定权利要求1A实际解决了技术问题。

在对比文件5中，双壁辐射屏26为单独的一部分，设置在热传感器23与加热元件27之间，具有热屏障的作用、功能和技术效果。本领域技术人员根据双壁辐射屏26的设置位置及其实现的作用功能和技术效果，能够很容易想到将其与对比文件1结合，在散热板11和热量分配板5之间设置壁体并起到热屏障的作用功能和技术效果，同样能够解决权利要求1A实际解决的技术问题。因此，被诉决定以及一审、二审判决认定对比文件5公开了权利要求1A的区别技术特征1A，并无不当。

关于权利要求1B的创造性，最高人民法院认为，以一项技术特征同时实现多个方面的作用功能和技术效果，是技术创新的重要方式之一。因此，如果说明书中明确记载了区别技术特征同时具有多个方面的作用功能和技术效果，那么在确定权利要求限定的技术方案实际解决的技术问题，以及其他对比文件是否公开该区别技术特征，现有技术整体上是否给出技术启示时，应当综合考虑该区别技术特征实际具有的所有作用功能和技术效果。专利复审委员会有关“当区别技术特征能够带来多个互不关联的技术效果时，被诉决定选择了与本申请声称所要解决的技术问题相关联的技术效果来认定实际解决的技术问题并无不当”的主张，割裂了区别技术特征与其实现的各个作用功能、技术效果之间的有机联系，亦与涉案专利实际作出的技术贡献和公开的技术内容明显不符，实属断章取义，既不符合事实，也没有相应的法律依据，不予支持。

本案中，将权利要求1B与对比文件1相比，权利要求1B中明确限定了区别技术特征1B“壁体通过在基板（2）面对液体的上侧形成沟槽而设置”，因此，除了屏蔽热辐射的作用之外，区别技术特征1B还具有说明书中记载的“在使用中将充满正被加热的液体……进一步增强检测区域与加热元件的热绝缘以及检测区域与液体之间的热连接”，更加准确地测量温度的作用功能和技术效果。在权利要求1B没有限定与“定位装置”或“定位”有关的技术特征的情况下，对于再审申请人有关“壁体”还具有“定位”的作用功能和技术效果的主张，不予支持。综上，在认定权利要求1B实际解决的技术问题时，应当综合考虑上述壁体具有的热屏蔽作用，以及“进一步增强检测区域与加热元件的热绝缘以及检测区域与液体之间的热连接”的作用，相应认定权利要求1B实际解决的技术问题。在两个并列的权利要求1A、1B存在实质性差异，具有不同的作用功能和技术效果的情况下，专利复审委员会以及一审判决未加区分，笼统认定权利要求 1 实际解决的技术问题是“通过隔离检测区域和热扩散区域，防止检测区域内的热传感器受到周围加热元件的影响”，认定错误，应予纠正。

本案中，不论是对比文件 1 中的沟槽 12，还是对比文件 5 中的双壁辐射屏 26，虽然都能够起到热屏障作用，但是均不能像权利要求 1B 中的沟槽那样，容纳水等被加热液体，更不可能“进一步增强检测区域与加热元件的热绝缘以及检测区域与液体之间的热连接”，以便更加精确地测量温度。由于对比文件 1、5 均未公开区别技术特征 1B，也没有给出通过设置沟槽来容纳被加热液体，在起热屏障作用的同时还能够增强被加热液体和检测区域的热连接，从两个方面来提高测量精确程度的技术启示，也没有证据证明采用区别技术特征 1B 解决以上所述两个方面的技术问题为本领域的公知常识。因此，再审申请人有关权利要求 1B 具有创造性的申请再审理由成立。被诉决定以及一审、二审判决未对权利要求 1A、1B 加以区分，认定权利要求 1B 不具有创造性，认定错误，应予纠正。

对于权利要求 5，其也包括两个并列的技术方案（权利要求 5A 和 5B），基于与权利要求 1 类似的分析，被诉决定以及一审、二审判决认定权利要求 5 不具有创造性的事实认定和法律适用均有错误，应予纠正。

【焦点归纳】

本案的焦点问题是权利要求 1、5 是否具有《专利法》第 22 条第 3 款规定的创造性，关键在于判定区别技术特征是否被对比文件 5 公开。

施特里克斯公司在复审程序中并没有提出“沟槽”具有多个方面的作用，而只是指出对比文件 1 和对比文件 5 技术领域不同，两者不能结合。在一审时，施特里克斯公司提出了新的意见认为：对比文件 5 公开技术方案中的壁体，其结构为薄壁体，设置于铸铁板中心处，其只能起到有限的阻隔热传导作用，但是无法阻隔铸铁板本身的热传导。最终在再审程序中又进一步提出：申请中的“沟槽”同时具有热屏蔽、定位和热连接多个方面的作用，不能割裂地进行分析，把所谓的“公知常识”直接简单地进行叠加，直接得出错误结论。

专利复审委员会认为：虽然本案中的“沟槽”具有多个功能，但是根据《专利审查指南 2010》的规定，当区别技术特征能够带来多个互不关联的技术效果时，被诉决定选择与本案要解决的技术问题相关联的技术效果，认定实际解决的技术问题，并无不当。具体而言，虽然对比文件 1 和 5 均没有公开该区别技术特征，但是在对比文件 5 公开用于防止热传感器受到加热元件的影响的双层壁 26 的基础上，本领域技术人员出于易于加工等目的，很容易想到在基板上形成包围检测区域的沟槽，以防止热传感器受到加热元件的影响，即起到热屏蔽作用。因此，该技术方案不具备创造性。

一审法院和二审法院均认同专利复审委员会的观点。

而最高人民法院认为：以一项技术特征同时实现多个方面的作用功能和技术效果，是技术创新的重要方式之一。因此，如果说明书中明确记载了区别技术特征同时具有多个方面的作用和技术效果，那么在确定权利要求限定的技术方案实际解决的技术问题，以及其他对比文件是否公开该区别技术特征，现有技术整体上是否给出技术启示时，应当综合考虑该区别技术特征实际具有的所有作用功能和技术效果。复审决定有关"当区别技术特征能够带来多个互不关联的技术效果时，被诉决定选择了与本案声称所要解决的技术问题相关联的技术效果来认定实际解决的技术问题并无不当"的主张，割裂了区别技术特征与其实现的各个作用功能、技术效果之间的有机联系，亦与涉案专利实际作出的技术贡献和公开的技术内容明显不符。

【分析借鉴】

本案涉及技术启示的争论。施特里克斯公司在提出复审请求时已经对对比文件 5 是否具有技术启示提出了质疑，其理由是：对比文件 5 与对比文件 1 完全属于不同的技术领域，无法结合。对比文件 1 用来将油加热到 150 ~ 210℃，对比文件 5 用于将在平底锅中的液体加热到沸腾，温度控制不同。但这些理由在复审阶段并未被认可。因此在行政诉讼一审时又进一步提出了新的意见：对比文件 5 公开技术方案中的壁体，其结构为薄壁体，设置于铸铁板中心处，其只能起到有限的阻隔热传导作用，但是无法阻隔铸铁板本身的热传导。在两审都败诉的情况下，施特里克斯公司在再审中更加具体提出涉案申请中的"沟槽"同时具有热屏蔽、定位和热连接多个方面的作用，不能割裂地进行分析，把所谓的"公知常识"直接简单地进行叠加，得出错误结论。该意见最终得到了法官的认可。可见，尽可能地深度挖掘自身技术方案相对于对比文件的区别点，并重点强调由该区别点所带来的有益效果和意想不到性，是获得创造性认可的关键，同时要及时根据审查员或法官的意见，不断有针对性地完善自身观点。总结施特里克斯公司的意见陈述就是：关于区别技术特征本申请的说明书中记载了其能起到多种作用，达到多种技术效果，而对比文件仅公开了部分作用，解决部分技术问题，因此不具有技术启示。

对于上述情况而言，对比文件是否具有技术启示存在三种观点：第一种观点认为，只有对比文件中相关技术手段也同时解决了多个技术问题并取得了多种技术效果，对比文件才具有技术启示，如果只解决部分技术问题，具有部分技术效果，那么不具有技术启示；第二种观点认为，如果对比文件解决了其中一个技术问题并取得了其中一个效果，那么其他技术问题和效果是将对比文件应用到最接近现有技术后必然可以解决和获得的，因此只要对比文件解决了其中一个技术问题并具有对应的效果那么就具有技术启示；第三种观点认为，解决的多个问题和取得的多个效果中应该具有主次之分，只要对比文件中明确声称其解决了最主要的技术问题，那么就具有技术启示，反之如果对比文件解决的是次要的技术问题，那么就不具有技术启示。本案中，最终最高人民法院认为，以一项技术特征同时实现多个方面的作用功能和技术效果，是技术创新的重要方式之一，如果说明书中明确记载了区别技术特征同时具有多个方面的作用和技术效果，那么在确定权利要求限定的技术方案实际解决的技术问题，以及其他对比文件是否公开该区别技术特征，现有技术整体上是否给出技术启示时，应当综合考虑该区别技术特征实际具有的所有作用功能和技术效果。由此可见，最高人民法院实际上认同了第一种观点。最高人民法院认为在创造性的评价上强调从整体上考虑发明所要解决的技术问题及所能实现的技术效果，更有利于保护创新。该案例也给我们在有关技术启示争论中如何进行答辩给出了答案。

如果一个技术特征能够解决多个技术问题，具有多重效果时，在意见陈述中应对此进行充分的说理，强调区别技术特征与其实现的各个功能、技术效果之间的有机联系。在撰写申请文件时也应该将技术特征所解决的全部技术问题和效果详细地记载在说明书中，以便在意见陈述时能直接引用说明书记载的内容，使审查员或者法官对这些技术效果更确信。申请人在进行相关效果的描述时，需要提供相关的完整实验数据来证实所声称的效果，避免补充提交实验数据。因为补充提交的实验数据存在不被采信的可能。补充提交的实验数据是否可以采信，或者说判断说明书文字记载的技术效果是否仅为断言，取决于该技术效果是否属于申请人在相关发明“申请日”之前的技术贡献，以及公众在获知相关发明之时是否可以确认该效果。如果原申请未记载任何有关技术效果的内容或与补充实验数据记载的效果不同，则补充实验数据通常不会被接受，除非本领域技术人员基于对现有技术的认知和了解能够合理确定。即补充实验数据能够被采信的条件是，其只能作为进一步证明专利申请文件公开的技术效果的补强性证据。否则，将导致专利申请人获得的专利权范围超过其在申请日时对现有技术作出的贡献，亦有违专利法“以公开换保护”的精神实质。例如在再审申请人贝林格尔英格海姆法玛两合公司与被申请人国家知识产权局的发明专利申请驳回复审行政纠纷案［（2018）最高法行申 3961 号］中，贝林格尔英格海姆法玛两合公司提交了补充实验数据，拟证明涉案专利申请权利要求 1 相对于对比文件 1 取得了异常强效且对 β2 肾上腺素受体具有高度选择性的技术效果，因而具备创造性。而最高人民法院则认为贝林格尔英格海姆法玛两合公司在一审、二审中提交的证据均不能证明其补充实验数据形成于优先权日之前，属于现有技术，虽然涉案专利申请说明书确实记载了“其不仅具有异常强效且就 β2 肾上腺素受体而言，具有高度选择性的特性”的技术效果，且该技术效果未在对比文件 1 中公开，但是，涉案专利申请说明书中没有关于该技术效果的任何定性或者定量的实验数据，也没有其他的内容予以印证，本领域技术人员根据涉案专利申请公开的内容以及本领域公知常识，基于其知识水平和认知能力难以在申请日之时合理确定该技术效果的客观存在。

此外，如果一个特征所取得的多重技术效果之间本应该具有互斥作用（即通常这些技术效果之间不能同时获得，具有此消彼长的关系），而正是因为采用了该特征却取得了多重效果，则应该强调该技术手段带来了预料不到的技术效果。例如对于超滤膜而言，为了提高水通量，需要降低水通过的阻力，而常规方式就是提高孔径和孔隙率，但是由于提高孔径和孔隙率之后膜的结构就会变得稀松，往往导致膜的机械强度降低。因此，通常而言水通量和机械强度是两个互斥的技术效果；但是如果采用某种技术手段之后膜的水通量提高了，并且机械强度也提升了，那么就可以着重论述该手段带来了预料不到的技术效果。

另外，现有技术的技术启示还与技术问题、改进的动机、反向启示以及技术启示是否具体和明确相关，因此除了从技术效果方面着眼来进行技术启示的意见陈述之外，还可以从以下四个方面来进行技术启示的答辩：

1. 根据现有技术是否存在相应的技术问题，判断现有技术是否存在技术启示

判断现有技术是否给出对最接近的现有技术进行改进的启示，首先应当从该最接近的现有技术出发，判断该最接近的现有技术是否存在对其进行改进的某种动机，这是本领域技术人员能否产生对该最接近的现有技术进行改进的前提。如果该最接近的现有技术不存在相应技术问题，那么就不会使本领域技术

人员产生对其进行相应改进的动机，进而，即使现有技术中存在解决该技术问题的技术手段，也不会给出将该技术手段应用于该最接近的现有技术以解决该技术问题的启示，因此在技术启示的答复中可首先从该最接近的现有技术是否存在相关发明所声称要解决的技术问题的角度进行陈述。

例如，某申请涉及一种渔业用绞机，用来在捕鱼的时候把渔网卷在绞机的卷筒上，该申请将绞机分成左绞集部和右绞集部，且左右绞集部分别单独被动力单元所传动，每一动力单元包括有动力箱、设置在动力箱内的油压马达、与油压马达联结的传动齿轮以及传动筒，传动筒具有条状齿轮，一离合器联结在动力单元的传动筒与该绞集部之间，该离合器包括有一拉杆及离合环块，离合环块内具有环状齿条，借此可使左右二绞集部可作同步或不同步的转动，进而可令网体或网纲被均匀地绞收在绞集部上，以避免网具的损坏，可提升渔业用绞机的使用功效。

现有技术中存在2篇对比文件，对比文件1公开了一种拖网绞车，是最接近的现有技术，对比文件1中的拖网绞车包括左右2个卷筒和马达、离合器、传动筒等，并且马达可以分别控制卷筒的缠绕，对比文件2公开了一种小四轮拖拉机分离式保安离合器，并且公开了上述权利要求中技术特征“离合环块内具有环状齿条；传动筒具有条状齿轮”。而通过分析对比文件1可知，对比文件1中驱动力传递圆筒的作用是直接将马达17的驱动力传递给卷轴5，它与离合器13不存在相互套合的连接关系，并且它们也不能存在相互套合的连接关系，否则，将无法实现相关工作过程，因此，对比文件1不存在“在离合器和驱动力传递圆筒之间提供连接机制，使二者能够相互套合以便配合使用”的技术问题。因此即便对比文件1公开了使离合器与传动筒套合的技术手段，但是，由于对比文件1不存在将二者套合的技术问题，本领域技术人员不会产生将该技术手段应用于对比文件1以解决上述技术问题的动机，进而也就不存在将对比文件2所公开的上述技术特征应用于对比文件1以解决“在离合器和传动筒之间提供一种连接机制，使二者能够相互套合以便配合使用”的技术问题。

2. 根据现有技术结合的必要和可能，判断现有技术是否存在技术启示

在进行技术启示的答复时，还可以从现有技术是否具有结合的必要和可能的角度进行论述。如果现有技术缺乏改进的动机，现有技术之间的结合存在障碍，即便区别技术特征属于本领域的常用技术手段，或者已经被现有技术所公开，那么也是不具有技术启示的。

例如，某申请涉及一种压力式水位测量装置，其包含压力罩、压力传感器、防水电缆和智能仪表。压力罩为空管结构，下端敞开，上端采用压力传感器封堵，压力传感器的受压部分与压力罩内部连通，压力罩与压力传感器一起构成一个下端开口的密闭容器。压力传感器连接有防水电缆，防水电缆连接智能仪表，压力罩、压力传感器和防水电缆的相对位置为压力罩在最下端。压力罩的上端用压力传感器封堵，再往上为防水电缆，当压力罩下端入水后，部分水进入压力罩内，由于压力罩的上端被压力传感器封堵，使得压力罩内部的空气无法逃逸。在压力罩内部，下端为进入的被测介质水，中间为被压缩的空气，最上端为压力传感器，被测介质水与压力传感器由压缩的空气在中间隔开；随着水深的变化，导致压力罩内部的空气的压强随之变化，变化的压强被压力传感器检测，通过防水电缆传递到智能仪表，从而得到水位值。本申请要解决的现有技术问题是被检测介质水中含有泥沙或水质较差时将影响压力传感器压力膜特性，造成压力传感器的堵塞或经常不断性飘移，致使无法得到测量数据。为此，将压力传感器封堵于压力罩内部，用气体将被测介质水和压力传感器隔离，从而避免被测介质水对压力传感器的影响。

现有技术中存在 1 篇对比文件，对比文件 1 涉及一种测量高温液体的压力变送器，其包含集气筒 8 和导压管 6，该集气筒 8 和导压管 6 为空管结构，下端敞开，上端采用隔离膜片 4 封堵，用于容纳被测介质封堵在内部的压缩空气，集气筒 8 和导压管 6 中的气体将压力传递到隔离膜片 4，再通过导压介质 11 传递到硅敏感元件 9 上去，将物理量转变成电信号，再经接线盒中信号处理电路转变成标准测量信号。随着被测介质深度的变化，集气筒 8 和导压管 6 内部的空气的压强随之变化，变化的压强被硅敏感元件 9 检测，从而得到被测液位值。对比文件 1 所要解决的技术问题是现有技术中由于测量时传感器芯体和电路外壳需要放入被测量的液体中而导致只能测量低于 80℃的液体，不能测量温度更高的液体，其采取的技术手段是将集气筒、导压管投入到被测量的液体中，通过导压装置中的气体将压力传递给位于液位上方的硅敏感元件，避免其与高温介质的直接接触。可见，对比文件 1 和涉案申请的工作原理相同，均是通过空气导压将液体液位变化所带来的压力变化转换成被压缩气体的压力变化，并且其大部分技术特征相对应，两者之间的不同在于涉案申请的压力传感器位于导压管内，测量时压力传感器浸入到被测介质内，并用防水电缆传输信号。本领域技术人员可以发现，对比文件 1 的技术方案已经能够解决涉案申请要解决的技术问题，并能达到基本相同的技术效果。在此基础上，本领域技术人员很难有动机将对比文件 1 中的压力传感器移至细长的导压管内，并在测量时将压力传感器再浸入到被测介质内，同时进一步用防水电缆传输信号，因此对比文件 1 并未给出将压力传感器移至细长的导压管内的技术启示❶。

3. 根据现有技术是否具有反向技术启示，判断现有技术是否存在技术启示

在考虑现有技术整体上是否存在技术启示时，要全面考虑现有技术总体上对发明所要解决的技术问题给出的正反两方面的技术启示。因此，在技术启示的答复中也需要考虑现有技术中是否存在“相反技术启示”，如果现有技术存在反向技术启示，那么可以针对该反向技术启示进行反驳从而肯定创造性。

例如，某申请涉及一种基于条码数据的功能逻辑跳转方法和装置。背景技术中描述在二维码中存储一个统一资源定位符（URL），通过扫码跳转到对应的网页，此二维码应用跳转功能单一，限制了二维码的应用场景和使用范围。本申请所要解决的技术问题是增强条码的跳转能力从而扩宽条码的应用场景和使用范围。为了解决上述技术问题，本申请在服务器中存储有客户端条码数据对应的功能逻辑信息，在用户扫码后将服务器端的功能逻辑信息返回给客户端执行相应的逻辑处理。而对比文件中公开了一种执行二维码动作指令的方法，其所要解决的技术问题是在移动终端如何快速便捷地执行动作指令。为了解决该问题，在二维码中存储有直接调用应用程序编程接口（API）的动作指令，移动终端只需要扫描一次二维码即可调用其中动作指令对应的 API 以执行动作指令，从而实现移动终端的相应功能。此外，在现有技术中明确记载了该方法通过只扫描一次二维码即可调用其中动作指令对应的 API 以执行动作指令，实现移动终端的相应功能，不需要与后台服务器进行交互认证，只在移动终端单侧实现执行动作指令，也不需要下载安装相应的程序才能实现，从而减少用户操作时间，减少用户使用移动终端功能的成本。

现有技术中只需要在移动终端侧扫码执行动作指令，移动终端完全不需要与后台服务器交互认证，从而能够减少服务器端与移动终端交互时间，最终获得快速便捷的执行动作指令的技术效果。因此，对比文件中解决快速便捷的执行动作指令的关键在于移动终端与后台服务器不需要交互。而本申请解决扩宽条码的应用场景和使用范围的关键在于将功能逻辑信息存储于服务器，其客户端和服务器之间需要进行相应的数据交互。由此可见，本申请与对比文件在解

❶ 杨克非．最接近的现有技术的选取［J］．审查业务通讯，2018，24（3）：10－13.

决各自技术问题时对于客户端和服务器之间是否需要数据交互采取的是完全相悖的方式。如果本领域技术人员尝试改变对比文件，在其中设置服务器处理数据并与移动终端进行数据交互，那么移动终端必然要等待服务器的响应时间以及数据的网络传输时间，这样会延长移动终端的处理时间，从而无法解决移动终端快速便捷执行动作指令的技术问题，也无法获得快速便捷执行动作指令的技术效果。即使本领域技术人员在面对需要增强二维码跳转能力的技术问题时也不会想到在对比文件中设置服务器处理数据并与移动终端进行数据交互。通过上述分析可知，现有技术中并未给出设置服务器处理数据并与移动终端进行数据交互的技术启示，其给出的是仅在移动终端处理数据避免与后台服务器交互的相反技术启示❶，在进行意见的答复时，针对上述相反技术启示进行详细的说理，则可能改变该申请是否具有创造性的结论。

4. 根据技术启示是否具体和明确，判断现有技术是否存在技术启示

在面对技术启示的争论进行意见陈述时，还可以从技术启示是否具体和明确进行争辩。在面对实际要解决的技术问题时，本领域技术人员从现有技术中可以获知的技术启示原则上应该是具体的、明确的技术手段，如果只是给出了方向上指引或者抽象的想法或者一般的研究方法，那么都不能称之为技术启示。

例如，在（2019）最高法知行终127号上诉人国家知识产权局与被上诉人伊拉兹马斯大学鹿特丹医学中心发明专利申请驳回复审行政纠纷案中，国家知识产权局上诉称，当抗体小型化和人源仅有重链的抗体已经是基因工程抗体进一步的研究方向，出于对这一研究方向的知悉和确保人体安全性等方面的考虑，本领域普通技术人员完全有动机使用人的天然V基因片段替换对比文件1中的骆驼化VH外显子，进行异源表达生产抗体，故不具有创造性。而最高人民法院二审认为，面对所要解决的客观的技术问题，本领域普通技术人员从现有技术中可以获知的启示原则上应该是具体、明确的技术手段，而不是抽象的想法或者一般的研究方向。仅仅依据研究方向的一致性和本领域的抽象、普遍需求来认定现有技术给出的启示，隐含着后见之明的危险，容易低估发明的创造性。那些表面上看似显而易见的发明事实上也可能具有创造性。发明的技术方案一旦形成，其可能经常被发现可以从某些已知事物出发，经由一系列非常简单的步骤推导出来。为避免这种后见之明，必须全面、谨慎、现实地评估，

❶ 何俊. 浅论创造性判断中相反技术教导的考量［J］. 审查业务通讯. 2018, 24 (2): 10-13.

面对本申请所要解决的问题，本领域普通技术人员基于其所认知的全部现有技术，是否能够容易地得出本申请的技术方案。

【案例16】假捻变形机［（2020）最高法知行终279号］

在创造性评判中可能会出现区别技术特征碎片化的问题，在进行创造性的答辩时，可以从技术特征是否具有关联性的角度来进行陈述，通过具有逻辑的分析来陈述特征之间的关联性，以及这些特征组合在一起所取得相比于现有技术的更有益的技术效果。

【案情介绍】

欧瑞康纺织有限及两合公司（以下简称欧瑞康公司）是专利号为CN200810175661.2、名称为“假捻变形机”的发明专利（以下简称涉案专利）的权利人。该专利申请日为2008年7月25日，授权公告日为2013年8月28日。

涉案专利的授权权利要求1如下：

1. 用于使多根复丝丝线变形的假捻变形机，具有多个输送机构（3、9、14）、一个加热装置（4）、一个冷却装置（5）、一个假捻装置（8）和一个卷绕装置（10.1），用于其中至少一根丝线（11）的抽出、拉伸、变形和卷绕，所述卷绕装置具有一个被驱动的传动辊（26），其中，在一个第一输送机构（3）和一个第二输送机构（9）之间构成一个组合的变形/拉伸区，并且在第二输送机构（9）与一个设置在卷绕装置（10.1）之前的第三输送机构（14）之间构成一个后处理区，其特征是：第一输送机构（3）和第二输送机构（9）分别构成为一个缠绕输送机构（15.1、15.2），而第三输送机构（14）构成为一个夹紧输送机构（20）。

图4-1所示为涉案专利中假捻变形机的一实施例的横断面示意图。

1. 无效阶段案情简介（第32984号无效决定）

针对涉案专利，浙江越剑智能装备股份有限公司（以下简称越剑公司）于2017年2月17日向专利复审委员会提出了无效宣告请求，其理由是：权利要求1~12不符合《专利法》第22条第2款和第3款的规定、权利要求2~8不符合《专利法》第26条第4款的规定，请求宣告本专利权利要求全部无效，同时提交了如下证据：

证据1：公开日为2007年4月5日，公开号为WO2007/036242A1的PCT

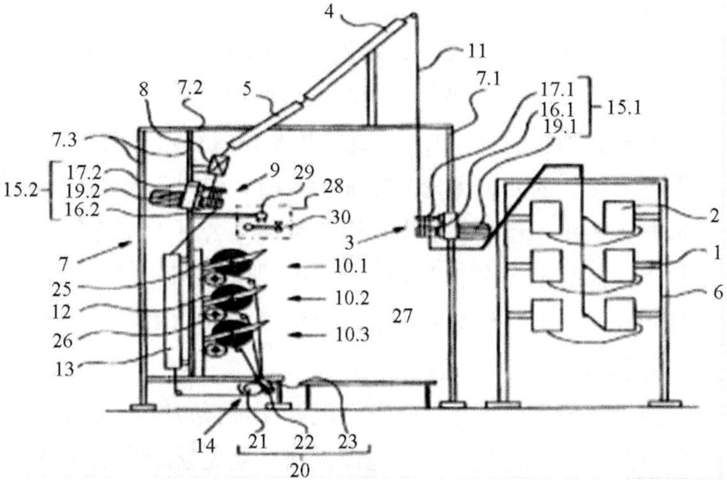

图 4－1 涉案专利中假捻变形机的一实施例的横断面示意图

专利申请公开说明书的复印件；

证据 2：公开日为 2004 年 7 月 21 日，公开号为 CN1514891A 的中国发明专利申请公开说明书复印件。

越剑公司认为：权利要求 1～12 的全部技术特征均被证据 1 所公开，因此不具备新颖性；即使权利要求 1～12 与证据 1 有细微区别，这些区别也是本领域的公知常识，因此不具备创造性；权利要求 1 与证据 2 的区别在于，权利要求 1 的第三输送机构为夹紧输送机构，而证据 2 为缠绕输送机构，但是上述区别被证据 1 所公开，因此权利要求 1 相对于证据 2 结合证据 1 不具备创造性；从属权利要求 2～12 的附加技术特征也被证据 1 或者证据 2 公开。

欧瑞康公司针对上述无效宣告请求于 2017 年 4 月 26 日提交了意见陈述书，并认为：证据 1 的附图 1 和附图 3 分别对应不同的技术方案，不能将其组合来评价本专利的新颖性；而且无论是附图 1 还是附图 3 所对应的技术方案，均没有公开权利要求 1 限定的技术特征“第一输送机构和第二输送机构分别构成为一个缠绕输送机构，而第三输送机构构成为一个夹紧输送机构”，且上述区别也并非本领域公知常识，因此，权利要求 1 具备新颖性和创造性。

专利复审委员会于 2017 年 8 月 1 日作出第 32984 号无效宣告请求审查决定（以下简称被诉决定），维持 200810175661.2 号发明专利权有效。该决定认定：证据 1 公开了一种假捻变形机，证据 1 中的“牵拉供料装置 3、拉伸输送装置9以及定形供料装置14”相当于本专利权利要求1中的“第一、第二以及第三输送机构”，“变形装置8”相当于“假捻装置”，“摩擦辊17”相当于“传动辊”，且在证据1图1和图2所示的实施例中，“牵拉供料装置3、拉伸输送装置9以及定形供料装置14”为缠绕输送机构，在图3和图4所示的实施例中，上述“牵拉供料装置3、拉伸输送装置9以及定形供料装置14”可构成所述的夹持供料装置。因此，无论是将证据1图1和图2公开的实施例与权利要求1的技术方案相比，还是将证据1图3和图4公开的实施例与权利要求1的技术方案相比，其与本专利权利要求1的区别均在于“第一输送机构（3）和第二输送机构（9）分别构成为一个缠绕输送机构（15.1、15.2），而第三输送机构（14）构成为一个夹紧输送机构（20）”。本专利通过上述区别技术特征的限定，使得丝线在后处理区基本上能够保持张力恒定，其使得对卷绕装置进行恒定的供给，从而避免对丝线造成损伤，避免卷绕装置换筒对丝线的影响以及实现换筒的半自动和自动化。而在证据1中，为了实现解决上述技术问题，所采用的手段是额外设置了气动输送装置（参见证据1中文译文说明书第2页14~27行），由此，证据1并没有公开将供料装置3和9设置为缠绕输送机构而供料装置14设置为夹持供料机构以解决上述技术问题，也没有给出相应的技术启示。而且如前所述，本专利通过上述区别技术特征的限定，取得了有益的技术效果，在没有证据证明的情况下，不宜认为上述技术特征是本领域的公知常识，因此，对于本领域技术人员而言，在证据1的基础上结合公知常识得到本专利权利要求1的技术方案并非显而易见的，权利要求1请求保护的技术方案相对于证据1结合公知常识具有突出的实质性特点和显著的进步，具备《专利法》第22条第3款规定的创造性。

证据2公开了一种假捻变形机，证据2中的“牵引输送装置10”相当于本专利权利要求1中的“第一输送装置”，“定形输送装置15”相当于“第二输送机构”，“输送装置17”相当于“第三输送机构”，“带动辊19”相当于“传动辊”，但是证据2中，输送装置10、14、15、17的结构是相同的，都是缠绕输送机构，因此，证据2没有公开本专利权利要求1的技术特征“第一输送机构（3）和第二输送机构（9）分别构成为一个缠绕输送机构（15.1、15.2），而第三输送机构（14）构成为一个夹紧输送机构（20）”。

由前述评述可知，证据1没有公开上述区别技术特征，也没有给出相应的技术启示，而且，本专利通过上述区别技术特征，解决了纱线损伤以及换筒对纱线造成不利影响的技术问题，取得了有益的技术效果，因此，对于本领域技术人员而言，在证据2的基础上结合证据1得到本专利权利要求1的技术方案并非显而易见的。权利要求1请求保护的技术方案相对于证据1结合证据2具有突出的实质性特点和显著的进步，具备《专利法》第22条第3款规定的创造性。

2. 北京知识产权法院一审案情简介［（2018）京73行初787号行政判决］

越剑公司不服上述被诉决定，向北京知识产权法院（以下简称一审法院）提起行政诉讼。越剑公司上诉称：被诉决定对于权利要求1与证据1、2的区别技术特征和所解决的技术问题认定错误，被诉决定将证据1说明书第7页第18～22行“但也有可能将供料装置3、9、14构成为所谓的夹持供料装置”中的顿号错误理解为“均是”，从而错误认定了证据1、2具体公开的技术内容，证据1、2实际上已公开“三个供料装置中，两个为缠绕输送机构而一个为夹持输送机构”的技术方案。证据1公开了三个输送装置或为缠绕输送装置，或为夹紧输送装置的方案，已经给出了可以将缠绕输送装置替换成夹紧输送装置的技术启示，本领域技术人员很容易将其中一个或者几个输送机构替换为夹紧输送机构，不需要付出创造性劳动。故权利要求1相对于证据1和公知常识的结合不具备创造性，权利要求1相对于证据2结合证据1不具备创造性。

一审法院于2019年5月24日作出的（2018）京73行初787号行政判决，认为：关于本专利与证据1的区别技术特征，证据1公开了两种实施方式，第一实施例及第二实施例。与第一实施例相比，本专利第一、第二输送机构均为缠绕机构，其起到的作用完全相同，均是在丝线的加热、冷却、假捻环节承担输送功能；从实施效果上看，二者均具备对丝线损伤较小的优点。欧瑞康公司虽强调由于本专利权利要求1限定了两种输送机构的组合，同时产生了两种较优效果——既能在前端对丝线损伤较小，又能在后端实现张力恒定易于换筒，但上述效果并非由于两种输送机构组合后产生某种协同作用而产生，而是两种输送机构各自效果的叠加，故欧瑞康公司的上述主张或发明构思并不能影响对区别技术特征的客观认定。综上分析，二者区别技术特征仅在于本专利的第三输送机构为夹紧输送装置，而证据1第一实施例的第三输送机构为缠绕输送装置结合气动输送装置。据此，国家知识产权局对上述区别技术特征的认定有误。与第二实施例相比，本专利第一输送机构和第二输送机构均为缠绕输送装置，第三输送机构为夹紧输送装置，而第二实施例的第一输送机构和第二输送机构均为夹紧输送装置，第三输送机构为夹紧输送装置与气动输送装置的组合，故国家知识产权局对此认定正确。

关于本专利与证据 2 的区别技术特征。如前所述，基于相同的理由，本专利与证据 2 的区别技术特征在于，本专利的第三输送机构为夹紧输送装置，而证据 2 为缠绕输送装置。故国家知识产权局对该区别技术特征的认定有误。

本专利实质上是结合了证据 1 第一实施例中第一、第二输送机构的优点，以及第二实施例中第三输送机构的优点所进行的简单组合，欧瑞康公司所强调的“既能在前端对丝线损伤较小，又能在后端实现张力恒定易于换筒”的有益效果，并非由于上述组合产生的某种协同作用导致，而是两种输送机构本身分别产生的技术效果叠加所组合的两部分之间既没有产生协同作用，也没有产生新的技术效果，更未产生预料不到的技术效果。此种组合并不需要创造性的劳动，不具备发明所必需的突出的实质性特点和显著的进步，故不具备创造性，被诉决定相关认定有误。同理，证据 1 第一实施例也能够对本专利与第二实施例之间的区别技术特征给出技术启示，即将第一实施例中的第一、第二输送机构，替换已省去气动输送装置的第二实施例的第一、第二输送机构，从而得到本专利。

本专利与证据 2 相比较，区别技术特征在于本专利第三输送机构为夹紧输送装置，而证据 2 为缠绕输送装置。将证据 1 第二实施例省去气动装置后，其第三输送机构为夹紧输送装置，能够对上述区别技术特征给出技术启示，故本专利相对于上述证据组合方式，亦不具备创造性。

一审法院判决：撤销国家知识产权局作出的被诉决定；国家知识产权局针对越剑公司就本专利提出的无效宣告请求重新作出审查决定。

3. 最高人民法院二审案情简介［(2020) 最高法知行终 279 号］

国家知识产权局和欧瑞康公司不服一审判决，上诉至最高人民法院知识产权法庭。欧瑞康公司上诉请求：(1) 撤销原审判决；(2) 维持国家知识产权局作出的第 32984 号无效宣告请求审查决定。欧瑞康公司主张：(1) 原审法院认定的区别技术特征有误。在划分技术方案的技术特征时，应把能够实现一种相对独立的技术功能的技术单元，即输送装置的设置作为一个技术特征。因此，本专利与对比文件的区别技术特征是输送装置的整体设置。具体而言，将本专利与证据 1 或证据 2 相比，其区别技术特征均在于：“第一输送机构和第二输送机构分别构成为一个缠绕输送机构；而第三输送机构构成为一个夹紧输送机构。”(2) 原审法院在判断本专利的创造性时适用法律有误。在现有技术当中，确实存在三组输送装置均为缠绕输送机构或均为夹紧输送机构的技术方案，但并未存在将两者相互结合，有选择地替换某一输送装置的技术启示。无论是证据 1 的第一实施例或第二实施例以及公知常识，均没有给出结合的技术启示。本专利权利要求 1 相对于证据 1 与公知常识的结合、证据 2 与证据 1 的结合具备创造性。

国家知识产权局主张：（1）被诉决定关于本专利与证据 1 区别技术特征的认定，彰显了本专利的发明构思和实质贡献——采用不同类型的输送机构配合使用，并无不当。证据 1 两种实施例给出的教导是一致的，即仅采用一种类型的输送机构。本专利对现有技术的改进点并非是针对单独一个输送机构的类型进行选择，而是要采用不同类型的输送机构配合使用。（2）原审判决没有根据现有技术合理界定本领域技术人员的能力水平，在案证据没有给出组合使用不同类型输送机构的启示。正确界定本领域技术人员的知识和能力对于创造性判断极为关键，正确的界定应当基于现有技术。根据本专利的记载，证据 1 即为本专利的背景技术，正是本专利所要改进的对象，区别技术特征是本专利的发明点。现有技术中给出的教导均为将三个输送机构设置为相同类型的输送机构，没有给出组合使用不同类型输送机构的启示。（3）证据 1 已经通过其他技术手段解决了纱线张力保持的问题，本领域技术人员没有动机采取其他解决方案。证据 1 已经认识到纱线张力保持的技术问题，但其解决方案是在最后增设了气动输送装置，本领域技术人员无法得到将两种输送装置组合使用的技术启示。二审法院经审理后于 2018 年 11 月 30 日作出（2020）最高法知行终 279 号行政判决书，判决撤销北京知识产权法院（2018）京 73 行初 787 号行政判决，驳回越剑公司的诉讼请求。

关于区别技术特征，二审法院认为：

首先，根据本专利说明书的记载，本专利相较于证据 1 的改进和完善在于：将缠绕输送机构与夹紧输送机构这两种不同类型的输送机构进行组合，构成新的丝线输送机构，实现对丝线的高质量变形和处理。具体而言，根据说明书第［0011］段记载的内容，通过将第一输送机构和第二输送机构设置成缠绕输送机构，使得丝线在变形和拉伸区中进行引导，并且不损伤地将其引导到后处理区中，再通过夹紧输送装置，使得丝线张力在后处理区能够保持恒定，在卷绕换筒过程中不会导致后处理区内的松弛。由此可见，本专利的发明构思是：通过不同类型的输送机构的组合配置，即将第一输送机构和第二输送机构设置为一个缠绕输送机构，将第三输送机构设置为一个夹紧输送机构，实现“将丝线不损伤地引导到后处理区，并保证丝线张力在后处理区能够保持恒定，在卷绕换筒过程中不松弛”的技术效果。

其次，证据1公开了一种假捻变形机，其说明书所公开的第一实施例中三个供料装置均为缠绕输送机构，第二实施例中三个供料装置均为夹紧输送机构，因此，证据1第一、第二实施例中所公开的丝线输送装置均系由单一类型输送机构组合构成，并未给出由不同类型输送机构组合配置而成的供料装置的教导，也没有公开由不同类型输送机构组合配置所能达到的技术效果，因此，在确定本专利与最接近的现有技术的区别技术特征时，应将本专利不同类型输送机构的组合配置作为一个整体予以对待。欧瑞康公司二审提交的《现代变形丝加工》一书中记载，“对丝线输送装置、丝条的接触面及包绕角等进行细致的优化，对于获得稳定的高速加工和高质产品是非常重要的”，证明组成供料装置的各个输送机构之间并非相互独立，输送机构的类型和工序配置关系等，均会对最终产品的质量以及效率产生重要影响，由此亦印证了组成本专利供料装置的各输送机构之间构成紧密的配合关系。在认定本专利与最接近的现有技术的区别技术特征时，应将本专利不同类型输送机构的组合配置作为一个整体予以对待。

综上，本专利相对于证据1的区别技术特征应为：第一输送机构和第二输送机构分别构成为一个缠绕输送机构；而第三输送机构构成为一个夹紧输送机构。另外，证据2公开了一种假捻变形机，其三个输送装置均为缠绕输送机构，基于相同的理由，本专利相对于证据2的区别技术特征亦与前述一致。

关于创造性，二审法院认为：

本专利相对于证据1的区别技术特征为：第一输送机构和第二输送机构分别构成为一个缠绕输送机构；而第三输送机构构成为一个夹紧输送机构。故本专利基于该区别技术特征所带来的技术效果确定的所要解决的技术问题是使丝线在前端损伤较小，并且在后端能够保持张力恒定易于换筒。为了解决上述技术问题，证据1采用的是额外设置气动输送装置的技术手段。证据1的第一实施例与第二实施例仅给出了用多个相同类型输送机构完成假捻的技术方案，并没有给出将不同类型的缠绕输送机构与夹紧输送机构进行组合以解决上述技术问题的技术启示，亦未给出结合或者结合所能带来的技术效果的技术启示。而且，证据1通过额外设置气动输送装置，已经解决了丝线张力恒定的技术问题，本领域技术人员在证据1的基础上，没有动机改进或采取其他技术方案。因此，本专利相对于证据1与公知常识的结合具备创造性。

关于本专利相对于证据2与证据1的结合是否具备创造性。证据2亦没有公开本专利“第一输送机构和第二输送机构分别构成为一个缠绕输送机构；而第三输送机构构成为一个夹紧输送机构”的技术特征。如前所述，证据1也没有公开前述区别技术特征或者给出结合的技术启示。而且，本专利通过采用不同类型的输送机构的结合方式，解决了纱线损伤以及保持张力恒定易于换筒的技术问题，取得了有益的技术效果。因此，本专利相对于证据2与证据1的结合亦具备创造性。

【焦点归纳】

本案的焦点问题为权利要求1与证据1或者证据2的区别技术特征该如何认定。

专利复审委员会认为：证据1和证据2与权利要求1的技术方案相比区别均在于第一输送机构（3）和第二输送机构（9）分别构成为一个缠绕输送机构（15.1、15.2），而第三输送机构（14）构成为一个夹紧输送机构（20）。

一审法院认为：与证据1的第一实施例相比，权利要求1区别技术特征仅在于，本专利的第三输送机构为夹紧输送装置，而证据1第一实施例的第三输送机构为缠绕输送装置结合气动输送装置；与证据1第二实施例相比，本专利第一输送机构和第二输送机构均为缠绕输送装置，第三输送机构为夹紧输送装置，而第二实施例第一输送机构和第二输送机构均为夹紧输送装置，第三输送机构为夹紧输送装置与气动输送装置的组合。权利要求1与证据2的区别技术特征在于，本专利的第三输送机构为夹紧输送装置，而证据2为缠绕输送装置。

二审法院认同专利复审委员会的观点，认为证据1和证据2与权利要求1的技术方案相比区别均在于：第一输送机构（3）和第二输送机构（9）分别构成为一个缠绕输送机构（15.1、15.2），而第三输送机构（14）构成为一个夹紧输送机构（20）。

【分析借鉴】

在创造性判断中，将发明与最接近的现有技术进行比较应该是在充分理解发明创造以及现有技术内容的基础上进行的。充分地理解发明创造以及了解现有技术的内容，就要求通过对现有技术的准确理解，从而找到本发明创造的发明构思。发明构思是指在发明创造的完成过程中，发明人为了解决其所面对的技术问题在追寻解决方案的过程中所提出的改进思路。为将发明构思付诸实践，需要将这种改进的思路通过选取的具体技术手段来予以实现，这些技术手段的集合就构成了发明创造的技术方案。为了实现对专利的保护，技术手段需要通过技术特征形式用文字撰写在权利要求当中。在创造性“三步法”判断过程中，第二步为“确定发明的区别技术特征和发明实际解决的技术问题”，区别技术特征的确定至关重要，在三步法中起着承上启下的作用。由于区别技术特征是通过将发明创造与现有技术作对比得到的，因此准确地确定区别技术特征才能对发明创造所作出的真正的技术贡献作出准确的认定。

1. 区别技术特征的碎片化

对于本案而言，一审法院认为第一、第二输送机构与第三输送机构各自承担不同的功能，且彼此之间为简单的机械连接，在结构、功能以及相互之间的配合关系上相对独立，并不存在不可分割的紧密联系，故在确定区别特征时，没有将三个输送机构组合成一个整体进行比较。上述一审法院认为第一、第二输送机构与第三输送机构可以拆分的错误常被称为区别技术特征的碎片化。而实际上，根据涉案利说明书背景技术的记载，“在已知的假捻变形机中，普遍使用一种类型的输送机构，用于引导和拉伸丝线。但是目前已经证明，每种类型的输送机构在丝线引导方面都有优点和缺点”，并且证据 1 的实施例中输送装置的组合形式要么都是缠绕输送装置，要么都是夹紧输送装置，也就是说在同一个实施例中输送装置类型都是相同的。因此，涉案专利相较于证据 1 的改进点在于：将缠绕输送机构与夹紧输送机构这两种不同类型的输送机构进行组合，构成新的丝线输送机构，实现对丝线的高质量变形和处理；通过将第一输送机构和第二输送机构设置成缠绕输送机构，使得丝线在变形和拉伸区中进行引导，并且不损伤地将其引导到后处理区中，再通过夹紧输送装置，使得丝线张力在后处理区能够保持恒定，在卷绕换筒过程中不会导致后处理区内的松弛。由此可见，涉案专利的发明构思是：通过不同类型的输送机构的组合配置，即将第一输送机构和第二输送机构设置为一个缠绕输送机构，将第三输送机构设置为一个夹紧输送机构，实现“将丝线不损伤地引导到后处理区，并保证丝线张力在后处理区能够保持恒定，在卷绕换筒过程中不松弛”的技术效果。因此，在确定涉案专利与最接近的现有技术所存在的区别技术特征时，应该将技术方案中所涉及的三个输送机构作为一个整体对待，而不能将其拆分。

在创造性判定中，区别技术特征碎片化常表现为以下两种形式：第一种为区别技术特征认定错误导致的技术特征碎片化；第二种为区别技术特征划分错误导致的技术特征碎片化。对于第一种情况，在将发明创造与现有技术相比较时，由于没有理解发明构思和没有考虑整体原则，导致事实认定错误，将一些没有被现有技术所公开的技术特征，认定为公开，从而导致区别技术特征碎片化。本案例也属于此种情况。第二种情况则是对于现有技术的事实认定正确，但是在划分区别技术特征时有误，将有关联关系的特征拆分认定为多个区别技术特征。区别技术特征的碎片化根源在于对技术方案中技术特征的划分和理解出现了偏差。所谓技术特征是指技术方案中能够相对独立地执行一定技术功能，并能产生相对独立的技术效果的最小技术单元。因此在划分权利要求的特征时，一般应当把执行一种相对独立的技术功能的技术单元作为一个技术特征。

2. 对创造性答复的启示

在审查阶段或者无效阶段创造性意见的答辩中，在现有技术选取并无不当的情况下可以考虑从区别技术特征认定和划分是否正确的角度来进行答辩。在进行答辩时应关注审查人员或者无效请求人是否存在技术特征碎片化的错误。

首先，应核查审查人员或者无效请求人认定的区别技术特征与其认定的对比文件所公开的技术特征是否相互关联，相互作用。其次，还需要核查审查员或者无效请求人认定的多个区别技术特征是否相互关联，相互作用。如果存在上述任意一种的情况，则可以在意见陈述中重点陈述这些技术特征之间的相互关联，以及其共同作用以解决同一个技术问题。应在考虑它们共同作用给发明方案带来的技术效果的基础上，确定发明实际解决的技术问题，而不应将关联的特征拆分后，分别各自考虑所解决的技术问题。反之，这说明不存在技术特征碎片化的错误，可以考虑从其他方面进行创造性的答辩。基于上面的分析可知，在进行答辩时的关键点就在于分析多个技术特征之间是否相互依存、不可或缺，是否共同解决某一技术问题，产生协同技术效果。具体而言可以从正反两方面来进行分析。

从正面来分析是指，考虑技术方案中技术特征之间在工作流程中的条件关系，机械结构中的配合关系或者化学反应中的依赖关系等。如果权利要求多个技术特征在工作流程中存在条件关系，并解决同一技术问题，就不能将多个技术特征进行分拆，而要将这些技术特征作为整体看待。例如，现有技术中在向数据卡写入数据的过程中，如果拔出存储卡则会导致数据丢失。针对该技术问题，提出了一种改进的技术方案，具体而言是，设置一个触摸电容传感器，该触摸电容传感器与数据卡卡座的金属屏蔽结构相连，用于通过金属屏蔽结构来感测手指触摸时候的电容变化，还设置了一个数据写入控制单元，该数据写入控制单元基于触摸电容传感器感测的电容值来判断是否发生了手指的触摸事件，如果发生了手指的触摸事件则禁止数据写入。在上述技术方案中，触摸电容传感器和数据写入控制单元明显在工作流程上存在条件关系，也就是数据写入控制单元的工作流程是基于触摸电容传感器的检测结果，基于触摸电容传感器的检测结果控制了数据写入控制单元的工作原理，因此在这种情况下触摸电容传感器和数据写入控制单元这两个模块是相关依存、相互作用的，应将这两个模块作为一个整体看待。如果权利要求多个技术特征在机械结构中存在配合关系，并解决同一技术问题，也不能将多个技术特征进行分拆，而要将这些技术特征作为整体看待。正如本案例中所述，其技术方案中第一输送机构、第二输送机构以及第三输送机构就存在相互配合的关系，因此这三个输送机构应作为一个整体考虑。权利要求多个技术特征存在化学反应中的依赖关系，并解决同一技术问题，也不能将多个技术特征进行拆分。例如，化学反应所需的温度、压强等条件，互相作用且相互依赖用以解决同一个技术问题，那么也不能将这些特征进行拆分。

从反面进行考虑是指，在考虑技术特征之间的关联性时，可以采取忽略技术特征的方法。如果忽略某个技术特征后，其他一个或者多个区别技术特征就不能实现该区别技术特征在发明创造的技术方案中应有的作用，也即体现出了技术之间的依赖性，则认为是这些技术特征是相关依存、相互作用的。

综上，在进行创造性的答辩时，可以从技术特征是否具有关联性的角度来进行陈述，但是在答辩时也不能泛泛指出应将特征进行整体考虑，而要通过具有逻辑的分析来陈述特征之间的关联性，以及这些特征组合在一起所取得相比于现有技术的更有益的技术效果。

4.2 通过意见陈述克服其他缺陷

【案例17】层积型光电变换装置［（2014）高行终字第1811号］

不支持、不清楚、缺少必要技术特征是专利申请实质审查程序中常见的非新创性缺陷，也是无效宣告程序中的常见的无效宣告理由。对于以上缺陷进行有针对性的有效意见陈述或修改，是专利授权、专利权保护的重要手段。权利要求中的技术特征和技术方案必须放在本专利的语境中进行理解。申请人/专利权人在进行澄清与解释时也不能脱离本专利的整体技术方案。

【案情简介】

株式会社钟化（以下简称专利权人）是专利号为200480001413.6、名称为“层积型光电变换装置”的发明专利（以下简称涉案专利）的权利人。该专利申请日为2004年7月15日，优先权日为2003年7月24日、2003年10月28日、2004年3月26日，进入中国国家阶段日期为2005年5月27日，授权公告日为2008年9月17日。

涉案专利的授权权利要求1如下：

1. 一种层积型光电变换装置，其特征在于，在衬底（1）上从光入射侧顺序层积一导电型层（31、51）、实质本征半导体的光电变换层（32、52）及含有反向导电型层（33、53）的多个光电变换单元（3、5），相对地配置于光入射侧的前方光电变换单元（3）内的反向导电型层（33）和邻接该前方光电变换单元（3）配置的后方光电变换单元（5）内的所述一导电型层（51）中的至少一者至少在其一部分具有硅复合层（4），所述硅复合层（4）具有20～130nm的厚度和25原子%～60原子%的氧浓度，在硅和氧的非晶质合金相中含有富硅相。

涉案专利说明书记载了要解决的技术问题是：薄膜光电变换装置通常表面上含有在绝缘性衬底上顺序层积的第一电极、一个以上半导体薄膜光电变换单元及第二电极。而且，一个薄膜光电变换单元含有由p型层、i型层和n型层形成的层状结构。在层积型光电变换装置中，现有技术为在前后两个光电变换单元之间设置TCO中间反射层，但会产生制造成本升高的问题。在基于具有中间反射层的结构形成集成型光电变换模块时，需要设置第一分离槽、第二分离槽、连接槽，但会产生泄漏电流，导致光电变换模块的特性低下的问题。而为了解决该问题设置第三分离槽又会导致生产成本和时间的增加，同时也会使中间反射层和后方光电变换模块的界面有可能因暴露于大气而污染，也会带来有效的光电变换区域的面积损耗增加的问题。

为解决该技术问题，本专利在两个光电变换单元之间设置硅复合层，取代现有技术中的中间反射层，该硅复合层可降低层积型光电变换装置的生产成本和时间，避免因设置第三分离槽造成的光电变换效率的降低。涉案专利的层积型光电变换装置结构示意图如图4-2所示。

1. 无效阶段案情简介（第19358号无效决定）

叶某（以下简称无效请求人）于2012年2月24日针对涉案专利向国家知

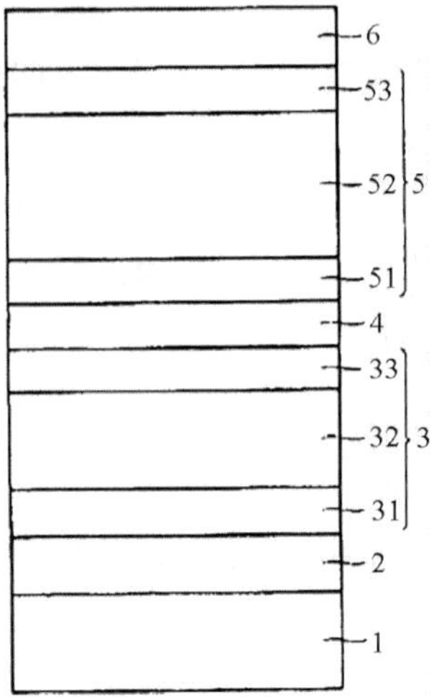

图 4-2　涉案专利的层积型光电变换装置结构示意图

识产权局专利复审委员会（以下简称专利复审委员会）提出了无效宣告请求，其理由是涉案专利权利要求 1～15 不符合《专利法》第 26 条第 3、4 款的规定，请求宣告本专利全部无效。

无效请求人认为：涉案专利权利要求 1 记载了如下的技术方案"一种层积型光电变换装置，其特征在于，在衬底上从光入射侧顺序层积一导电型层、实质本征半导体的光电变换层及含有反向导电型层的多个光电变换单元……"，其中层积型光电变换装置中，在衬底和光电变换单元之间，夹着一导电型层和实质本征半导体的光电变换层。而本专利说明书中所公开的层积型光电变换装置中在衬底与光电变换单元之间仅仅存在电极层。因此，本领域技术人员按照本专利说明书记载的内容，无法得到或者概括得出在衬底与光电变换单元之间除了电极之外还另外设置一导电型层和实质本征半导体光电变换层的技术方案，并且，本领域技术人员无法理解在衬底和光电变换单元之间设置一导电型层和实质本征半导体光电变换层能够解决本专利要解决的技术问题并获得预期的技术效果。本领域技术人员结合公知常识有理由怀疑，本专利权利要求 1 的结构无法实现光电变换，继而导致整个层积型光电变换装置不能正常工作，因此本专利说明书未能充分公开权利要求 1 的技术方案，权利要求 1 也得不到说明书的支持，不符合《专利法》第 26 条第 3、4 款的规定。从属权利要求 2～10 以及其他独立权利要求及其从属权利要求也存在同样缺陷，因此权利要求 2～15 也不符合《专利法》第 26 条第 3、4 款的规定。

针对无效宣告请求，专利权人提交了意见陈述书，其中未对专利文件进行修改，仅陈述了如下意见：

本专利权利要求1中表述的结构实质上是本专利说明书附图10表述的结构，其原因在于：

（1）本领域技术人员根据权利要求1中的记载“相对地配置于光入射侧的前方光电变换单元（3）内的反向导电型层（33）和邻接该前方光电变换单元（3）配置的后方光电变换单元（5）内的所述一导电型层（51）”可以直接地、毫无疑义地确定一导电型层、反向导电型层均为光电变换单元的一部分。

（2）根据权利要求1的记载，多个光电变换单元的附图标记分别为3、5，而一导电型层标为31、51，实质本征半导体的光电变换层标为32、52，反向导电型层标为33、53，本领域技术人员从附图标记的标注方式就能够确定，一导电型层31、实质本征半导体的光电变换层32、反向导电型层33为光电变换单元3的组成部分，一导电型层51、实质本征半导体的光电变换层52、反向导电型层53为光电变换单元5的组成部分。

（3）本领域技术人员能够直接确定光电变换单元的基本结构为一导电型层、光电变换层以及反向导电型层构成的层状结构。因此，权利要求1描述的结构中，光电变换单元3含有一导电型层31、实质本征半导体的光电变换层32、反向导电型层33，光电变换单元5含有一导电型层51、实质本征半导体的光电变换层52、反向导电型层53。该结构与说明书中的结构完全一致，因此，权利要求1～15符合《专利法》第26条第3、4款的规定。

2012年6月19日，针对专利复审委员会发出的转送文件通知书，请求人提交了意见陈述书，陈述了如下意见：（1）本专利权利要求1所要求保护的层积型光电变换装置，不同于本专利说明书附图10描述的光电变换装置，虽然本领域技术人员按照说明书发明内容部分以及权利要求1记载的内容，能够意识到权利要求1的技术方案所采用的技术手段，但是，采用该手段并不能解决本专利要解决的技术问题，权利要求1中的一导电型层和实质本征半导体光电变换层不能构成说明书中所述的“光电变换单元”，也不能实现光电变换的效果；相反，它们会阻碍所述多个光电变换单元产生的电流顺利流入电极并且被电极收集，降低光电变换装置的变换效率，因此本专利中权利要求1要求保护的层积型光电变换装置在说明书中没有充分公开。（2）权利要求1清楚地限定了一种光电变换装置，因此没有必要对权利要求1重新进行解释。

口审过程中，专利权人主张：本领域技术人员知晓在太阳能薄膜电池单元中通常的光电变换单元结构就是 PIN 结构。另外，在解释权利要求时，应当结合说明书和附图，在此基础上，本领域技术人员确定本专利权利要求 1 的技术方案即为本专利说明书附图 10 中的结构，因此权利要求 1 的技术方案在说明书中充分公开，也能够得到说明书的支持，符合《专利法》第 26 条第 3、4 款的规定。

专利复审委员会于 2012 年 9 月 27 日作出第 19358 号无效宣告请求审查决定（以下简称被诉决定），专利复审委员会认为：权利要求 1 的技术方案相对说明书的技术方案中，在层积光电变换单元前，权利要求 1 的技术方案中还层积了一导电型层、实质本征半导体层。这样的区别导致本专利权利要求 1 中的发光单元无法有效地形成常规的 PIN 结构或者 PN 结构以有效地产生光电转换，从而与说明书中实施例记载的方案有实质的不同。虽然本领域技术人员结合本专利说明书中的实施例和本领域的公知常识可能将权利要求 1 中的光电变换单元理解为包括一导电型层、实质本征半导体的光电变换层和反向导电型层，但是，在这种情况下权利要求 1 中的结构仍然是在常规的光电变换单元（即本专利说明书实施例中的变换单元，PIN 结构）外增加了一导电型层、实质本征半导体层，无法有效地进行光电转换，以解决本专利要解决的技术问题。根据权利要求 1 中的附图标记，本领域技术人员无法确定导电型层 31、实质本征半导体的光电变换层 32、反向导电型层 33 为光电变换单元 3 的组成部分，一导电型层 51、实质本征半导体的光电变换层 52、反向导电型层 53 为光电变换单元 5 的组成部分。另外，根据《专利法实施细则》的相关规定，附图标记不得解释为对权利要求保护范围的限制，专利权人的上述解释方式明显是通过对附图标记进行数字规律的解读从而限定了光电变换单元的组成部分，这是不能成立的。因此，本专利权利要求 1 的技术方案无法根据说明书得到或者概括得出，权利要求 1 不符合《专利法》第 26 条第 4 款的规定。基于与权利要求 1 相同的理由，权利要求 11 ~ 14 以及从属权利要求 2 ~ 10 也不符合《专利法》第 26 条第 4 款的规定。综上所述，本专利权利要求 1 ~ 15 不符合《专利法》第 26 条第 4 款的规定，应予全部无效。在此基础上，对于其他无效理由不再予以评述。

2. 北京市第一中级人民法院一审案情简介［（2013）一中知行初字第 1096 号］

专利权人不服被诉决定，向北京市第一中级人民法院起诉，请求撤销被诉决定，并责令专利复审委员会重新作出无效宣告请求审查决定。专利权人坚持复审无效阶段相同的理由，同时提交涉案专利的国际公开文本作为证据。

涉案专利为国际申请 PCT/JP2004/010115 进入中国国家阶段的申请。在该国际申请的国际公开文本中，权利要求 1 的相关内容中文译文为“在衬底（1）上从光入射侧顺序层积含有一导电型层（31、51）、实质本征半导体的光电变换层（32、52）及反向导电型层（33、53）的多个光电变换单元（3、5）”。

北京市第一中级人民法院作出（2013）一中知行初字第 1096 号行政判决，认可专利权人对权利要求书实际限定方案的解释，并在判决中认为：首先，根据权利要求 1 中“在衬底（1）上从光入射侧顺序层积一导电型层（31、51）、实质本征半导体的光电变换层（32、52）及含有反向导电型层（33、53）的多个光电变换单元（3、5）”的记载可知，“一导电型层（31、51）”是与“多个光电变换单元（3、5）”并列的单元结构，前者并不包含在后者内。而权利要求 1 中还记载“后方光电变换单元（5）内的所述一导电型层（51）”，这表明“一导电型层（51）”属于“后方光电变换单元（5）”，而不是并列的单元结构。由于权利要求 1 中记载的技术特征存在以上明显矛盾，本领域技术人员在阅读权利要求后能够立即发现关于光电变换单元的单元结构关系存在错误，必将进一步阅读本专利说明书及附图，并借助其中相关记载来对权利要求 1 本身作出解释。其次，本专利的“发明点”在于在两个光电变换单元之间设置硅复合层，至于该硅复合层两侧的光电变换单元，则为通常的 PIN 结构，本专利无意对现有的 PIN 结构光电变换单元作出改进。再次，对照本专利说明书中附图 10，“一导电型层（31、51）”包含在“光电变换单元（3、5）”内，“光电变换单元（3、5）”包含“一导电型层（31、51）、实质本征半导体的光电变换层（32、52）及反向导电型层（33、53）”，即该“光电变换单元（3、5）”为通常的 PIN 结构。

基于上述几点，本领域技术人员在阅读权利要求 1 中撰写的技术方案时，能够清楚准确地得出正确的解释，即将光电变换单元理解为包含一导电型层、实质本征半导体的光电变换层和反向导电型层，并认为权利要求 1 中“在衬底（1）上从光入射侧顺序层积一导电型层（31、51）、实质本征半导体的光电变换层（32、52）及含有反向导电型层（33、53）的多个光电变换单元（3、5）”的记载是撰写错误，进而会将其更正性地理解为“在衬底（1）上从光入射侧顺序层积含有一导电型层（31、51）、实质本征半导体的光电变换层（32、52）及反向导电型层（33、53）的多个光电变换单元（3、5）”，这也与说明书中公开的内容一致。

此外，在 PCT/JP2004/010115 国际公开文本中，权利要求 1 的相关内容中文译文为“在衬底（1）上从光入射侧顺序层积含有一导电型层（31、51）、实质本征半导体的光电变换层（32、52）及反向导电型层（33、53）的多个光电变换单元（3、5）”，也可印证本专利权利要求 1 存在撰写错误。

3. 北京市高级人民法院二审案情简介［（2014）高行终字第 1811 号］

无效请求人不服一审判决，向北京市高级人民法院提出上诉，请求撤销一审判决，维持第 19358 号决定。

北京市高级人民法院于 2014 年 12 月 19 日作出（2014）高行终字第 1811 号行政判决，认可专利权人对权利要求书实际限定方案的解释，并在判决中认为：尽管本专利的撰写有可能使得一般读者根据阅读习惯，误认为“一导电型层（31、51）、实质本征半导体的光电变换层（32、52）”是独立于“含有反向导电型层（33、53）的多个光电变换单元（3、5）”之外的层状结构，但是，对层状结构的理解主体是本领域的技术人员，而非不具有本领域普通技术知识的一般读者。本领域技术人员在阅读权利要求 1 中的技术方案时，能够清楚准确地得出正确的解释，即将光电变换单元理解为包含一导电型层、实质本征半导体的光电变换层和反向导电型层，并认为权利要求 1 中“在衬底（1）上从光入射侧顺序层积一导电型层（31、51）、实质本征半导体的光电变换层（32、52）及含有反向导电型层（33、53）的多个光电变换单元（3、5）”的记载是撰写错误，进而会将其更正性地理解为“在衬底（1）上从光入射侧顺序层积含有一导电型层（31、51）、实质本征半导体的光电变换层（32、52）及反向导电型层（33、53）的多个光电变换单元（3、5）”，这也与说明书中公开的内容一致。此外，权利要求的解释资料包括 PCT 专利国际公开文本，在本专利相对应的 PCT/JP2004/010115 国际公开文本中，权利要求 1 的相关内容中文译文为“在衬底（1）上从光入射侧顺序层积含有一导电型层（31、51）、实质本征半导体的光电变换层（32、52）及反向导电型层（33、53）的多个光电变换单元（3、5）”，可以印证本专利权利要求 1 存在撰写错误。在此基础上，本专利权利要求 1 记载的技术方案与说明书附图 10 中的技术方案是一致的，权利要求 1 能够得到说明书的支持。在此基础上驳回无效请求人的上诉，维持一审判决。

【焦点归纳】

本案的争议焦点是涉案专利的权利要求是否得到说明书的支持。在无效宣告审查阶段，无效请求人认为权利要求1限定的方案没有记载于涉案专利的说明书中，也不能解决涉案专利要解决的技术问题，因此得不到说明书的支持。专利权人分析了权利要求书和说明书中记载的方案后，对权利要求1记载的方案进行了澄清，且主张应当结合说明书和附图对权利要求进行解释。一审法院和二审法院最终认可了专利权人对权利要求书所作的实际限定方案的解释，在此基础上维持专利权有效。

无效请求人的主要观点认为，涉案专利权利要求1记载了如下的技术方案："一种层积型光电变换装置，其特征在于，在衬底上从光入射侧顺序层积一导电型层、实质本征半导体的光电变换层及含有反向导电型层的多个光电变换单元……"其中，层积型光电变换装置中，在衬底和光电变换单元之间，夹着一导电型层和实质本征半导体的光电变换层。而本专利说明书中所公开的层积型光电变换装置中在衬底与光电变换单元之间仅仅存在电极层。因此，本领域技术人员按照本专利说明书记载的内容，无法得到或者概括得出在衬底与光电变换单元之间除了电极之外还另外设置一导电型层和实质本征半导体光电变换层的技术方案，并且，本领域技术人员结合公知常识有理由怀疑，本专利权利要求1的结构无法实现光电变换，继而导致整个层积型光电变换装置不能正常工作，因此权利要求1得不到说明书的支持。

专利权人进行意见陈述时称：①本专利权利要求1中表述的结构实质上是本专利说明书附图10表述的结构，本领域技术人员根据权利要求1中记载的"相对地配置于光入射侧的前方光电变换单元（3）内的反向导电型层（33）和邻接该前方光电变换单元（3）配置的后方光电变换单元（5）内的所述一导电型层（51）"可以直接地、毫无疑义地确定一导电型层、反向导电型层均为光电变换单元的一部分。②本领域技术人员能够直接确定光电变换单元的基本结构为一导电型层、光电变换层以及反向导电型层构成的层状结构。因此，权利要求1描述的结构中，光电变换单元3含有一导电型层31、实质本征半导体的光电变换层32、反向导电型层33，光电变换单元5含有一导电型层51、实质本征半导体的光电变换层52、反向导电型层53，该结构与说明书中的结构完全一致。本领域技术人员知晓在太阳能薄膜电池单元中通常的光电变换单元结构就是PIN结构，另外，在解释权利要求时，应当结合说明书和附图，在此基础上，本领域技术人员确定本专利权利要求1的技术方案即为本专利说明书附图10中的结构。③本专利国际申请的国际公开文本中，权利要求1的相关内容中文译文为“在衬底（1）上从光入射侧顺序层积含有一导电型层（31、51）、实质本征半导体的光电变换层（32、52）及反向导电型层（33、53）的多个光电变换单元（3、5）”，可用以佐证。

专利复审委员会认为：权利要求1的技术方案相对说明书的技术方案中，在层积光电变换单元前，权利要求1的技术方案中还层积了一导电型层、实质本征半导体的光电变换层。这样的区别导致本专利权利要求1中的发光单元无法有效地形成常规的PIN结构或者PN结构以有效地产生光电转换，从而与说明书中实施例记载的方案有实质的不同。附图标记不得解释为对权利要求保护范围的限制，专利权人的上述解释方式明显是通过对附图标记进行数字规律的解读从而限定了光电变换单元的组成部分，这是不能成立的。

一审和二审法院均认为：权利要求1中记载的技术特征存在明显矛盾。本领域技术人员在阅读权利要求1中撰写的技术方案时，能够清楚准确地得出正确的解释，即将光电变换单元理解为包含一导电型层、实质本征半导体的光电变换层和反向导电型层，并认为权利要求1中“在衬底（1）上从光入射侧顺序层积一导电型层（31、51）、实质本征半导体的光电变换层（32、52）及含有反向导电型层（33、53）的多个光电变换单元（3、5）”的记载是撰写错误，进而会将其更正性地理解为“在衬底（1）上从光入射侧顺序层积含有一导电型层（31、51）、实质本征半导体的光电变换层（32、52）及反向导电型层（33、53）的多个光电变换单元（3、5）”，这也与说明书中公开的内容一致。此外，权利要求的解释资料包括PCT专利国际公开文本，在本专利相对应的PCT/JP2004/010115国际公开文本中，权利要求1的相关内容中文译文为“在衬底（1）上从光入射侧顺序层积含有一导电型层（31、51）、实质本征半导体的光电变换层（32、52）及反向导电型层（33、53）的多个光电变换单元（3、5）”，这可以印证本专利权利要求1存在撰写错误。

【分析借鉴】

申请人/专利权人的意见陈述在专利的实质审查阶段、复审阶段以及授权后保护阶段均具有重要作用。申请人/专利权人在提交专利申请文件确定申请日以后，对申请文件的修改将受到《专利法》33条的限制，在复审和无效阶段对申请文件修改的要求则更为苛刻。在此情况下，意见陈述是对技术方案进行解释、澄清与争辩的重要手段。

《专利审查指南2010》第二部分第八章第5.1节规定：“对专利局发出的

审查意见通知书，申请人应当在通知书指定的期限内作出答复。申请人的答复可以仅仅是意见陈述书，也可以进一步包括经修改的申请文件（替换页和/或补正书）。申请人在其答复中对审查意见通知书中的审查意见提出反对意见或者对申请文件进行修改时，应当在其意见陈述书中详细陈述其具体意见，或者对修改内容是否符合相关规定以及如何克服原申请文件存在的缺陷予以说明。”

《专利审查指南2010》第二部分第八章第6.1.1节规定：“审查员在作出驳回决定之前，应当将其经实质审查认定申请属于专利法实施细则第五十三条规定的应予驳回情形的事实、理由和证据通知申请人，并给申请人至少一次陈述意见和/或修改申请文件的机会。”

在专利的复审与无效阶段，也具有听证原则：“在作出审查决定之前，应当给予审查决定对其不利的当事人针对审查决定所依据的理由、证据和认定的事实陈述意见的机会，即审查决定对其不利的当事人已经通过通知书、转送文件或者口头审理被告知过审查决定所依据的理由、证据和认定的事实，并且具有陈述意见的机会。”

申请人/专利权人在进行意见陈述的同时也可提交证据进行证明，相关证据包括但不限于：涉案专利本身的权利要求书、说明书及附图，专利申请、复审、无效程序中的审查档案、裁判文书，同族专利、母案专利、分案专利的相关内容，公知常识、现有技术证据等。以本案为例，专利权人提交了涉案专利国际申请的相关内容中文译文作为辅证。

1. 对撰写错误的澄清与解释

在本案中授权权利要求书存在不支持缺陷的根本原因是撰写错误导致的，因此在无效程序中专利权人对权利要求限定的技术方案进行了澄清与解释。

判断一项权利要求能否得到说明书的支持，首先需要确定权利要求所保护的技术方案。在本案授权的权利要求1中，记载的方案是前后矛盾的，本领域技术人员在阅读权利要求后能够立即发现关于光电变换单元的单元结构关系存在错误，因此必将进一步阅读本专利说明书及附图，并借助其中相关记载来对权利要求1本身作出解释。

其次，根据本专利的说明书记载或其他相关证据，来确定唯一、合理的正确解释。在涉案专利的背景技术部分和发明内容部分均描述了光电变换单元具有PIN结构，同时PIN结构的光电变换单元也是本领域的公知常识。从发明要解决的技术问题和采用的技术手段来看，本发明无意对现有的PIN结构光电变换单元作出改进。基于上述几点，本领域技术人员在阅读权利要求1中撰写的技术方案时，能够清楚准确地得出正确的解释，即将光电变换单元理解为包含一导电型层、实质本征半导体的光电变换层和反向导电型层，这也与说明书中公开的内容一致。同时本专利相应的国际申请的中文译文也佐证了以上结论。

基于以上解释，一审法院和二审法院均认同了专利权人的观点，驳回无效请求人的上诉。

需要特别注意的是，在无效宣告审查程序中，专利权人还主张依据权利要求中的附图标记对光电变换单元的结构进行解释，该解释方法未被专利复审委员会以及后续的一审、二审法院认可。这是因为根据《专利法实施细则》的相关规定，附图标记不得解释为对权利要求保护范围的限制，因此通过对附图标记进行数字规律的解读从而限定光电变换单元的组成部分的解释方式，不能被认可。

2. 可接受的澄清与解释

权利要求中的特征和方案必须放在本专利的语境中进行解释。申请人/专利权人在进行澄清与解释时也不能脱离本专利的整体技术方案。

对权利要求中的特征进行澄清与解释，首先应当看该特征在该权利要求技术方案中的含义。其次，应当看该特征在权利要求书中的其他权利要求中的含义，在一般情况下，应当认为相同术语在整个权利要求书中的含义是一致的。最后，基于《专利法》第59条第1款“发明或者实用新型专利权的保护范围以其权利要求的内容为准，说明书与附图可以用于解释权利要求”，在权利要求书的保护范围无法清楚确定时，可用说明书与附图对权利要求的含义进行解释。

《最高人民法院关于审理侵犯专利权纠纷案件应用法律若干问题的解释》（法释〔2009〕21号）第3条规定了权利要求解释证据的“先内后外”规则，即对权利要求进行解释，首先可以运用说明书及附图、权利要求书中的相关权利要求、专利审查档案等“内部证据”进行解释，如果内部证据仍不能明确权利要求的含义时，才可以借助工具书、教科书等“外部证据”对权利要求进行解释。此外，该条也明确，当权利要求的用语在说明书中有特定含义时，应根据说明书的界定来解释权利要求的用语；当权利要求的用语在说明书中无特定含义时，应根据本领域普通技术人员理解的通常含义进行解释。

应当理解，上述“内部证据”或“外部证据”并非穷举，解释时也不必使用所有类型的证据。《最高人民法院关于审理侵犯专利权纠纷案件应用法律若干问题的解释（二）》第6条又进一步明确了“内部证据”的范围，从审查阶段上看，专利申请、复审、无效程序中的审查档案以及复审、无效的行政诉讼程序中的裁判文书都可以用于解释权利要求；从专利的范围来看，除了可以采用涉案专利本身的内部证据之外，与涉案专利存在分案关系的其他专利、涉案专利的同族专利的内部证据，也可以用于解释涉案专利的权利要求。

只有在满足以上解释原则的基础上，申请人/专利权人进行的合理意见陈述，才属于可接受的澄清与解释。

3. 不可接受的澄清与解释

通常情况下，不可接受的澄清与解释包括：

（1）申请人/专利权人提交的解释脱离本专利整体技术方案，或者不符合以上权利要求解释原则的；

（2）申请人/专利权人提交的意见陈述、证据记载的内容互相矛盾，或者意见陈述、证据记载的内容与本发明的技术方案存在矛盾之处，造成无法确认请求保护的技术方案的内容；

（3）申请人/专利权人提交的意见陈述、证据表明某一技术特征具有多种含义，而这些不同的含义中至少一种含义无法被确定能否实现请求保护的发明；

（4）通过提交在申请日或申请日之后公开的材料作为证据，来进行澄清解释的；

（5）通过补充实验数据来进行澄清解释，而实验数据想要证明的效果作用不属于申请日之前的技术贡献，所述领域技术人员不能根据原始申请文件记载可以直接确定的。

以上例举并非穷举，意见陈述是申请人/专利权人在专利的实质审查阶段、复审阶段以及授权后保护阶段用以对技术方案进行解释、澄清与争辩的重要手段，但意见陈述应当基于诉争发明“申请日”之前的技术贡献，且不能脱离本发明的整体技术方案。

4. 针对非新创性缺陷进行答复的相关注意事项

不支持、不清楚、缺少必要技术特征是专利申请实质审查程序中常见的非创新性缺陷，也是无效宣告程序中常见的无效宣告理由。对于以上缺陷进行有针对性的有效意见陈述或修改，是专利授权、专利权保护的重要手段。具体而言，针对以上缺陷的答复，可以参照如下步骤：

（1）认真研究审查意见或无效理由，充分理解其实质内容。

意见答复的过程实质上就是专利申请人与审查员，或者专利权人与无效请求人就专利申请与确权的相关问题进行交流的过程，充分、准确地理解对方的意见是有效沟通的基础，绝不能闭门造车一味强调自己的观点。对于审查意见或无效理由涉及多个缺陷时，应一并进行回应，以求提高沟通效率。

（2）确定应对策略和答复思路。

对于审查意见或无效理由指出的不支持、不清楚、缺少必要技术特征等缺陷，如果认同，应当进行修改或删除，以获得更加稳定的专利权。如果不认同，可以通过意见陈述的方式进行充分说理。在说理的过程中可参照上文权利要求解释证据的“先内后外”规则，即首先运用权利要求书中的相关权利要求进行解释，其次运用说明书及附图进行解释，再次可借助工具书、教科书、涉案专利的同族、分案、母案专利的相关材料进行解释和佐证。

（3）修改申请文件和撰写意见陈述。

对申请文件进行修改时，应符合《专利法》第 33 条的规定，不能超出原权利要求书和说明书记载的范围。无效宣告程序中权利要求书的具体修改方式限于权利要求的删除、技术方案的删除、权利要求的进一步限定和明显错误的修正。

在意见陈述中必须对所有缺陷进行全面公正透明答复，有理、有节，避免言辞激烈。意见陈述中措辞等应慎重，不要对保护范围作出不必要的限制性解释，以免在专利侵权诉讼中被适用禁止反悔原则。

第五章　专利权的保护

一件专利的获批授权，意味着专利权人在一定时间内拥有了专利法赋予的某些排他性权利，另一方面也意味着社会公众在该时间段内就该技术的自由实施受到了法律的限制。在专利制度运行发展的数百年间，如何合理确定专利的实际保护范围，如何合理平衡专利权人与社会公众之间的微妙关系，确保在对技术创新者给予激励的同时，促进科学技术的进步和经济社会的发展，业已成为专利制度得以不断完善发展的永恒课题。

本章就围绕专利权利要求保护范围的确定，即权利要求的解释，以及专利制度中，为了更好地保护专利权人的合法权益及避免专利权人对权利的滥用所精心设计的几项重要原则，以等同原则、禁止反悔原则、捐献原则，结合相关典型案例进行探讨，希望能为面临专利纠纷的各方人士提供些许启发。

5.1　权利要求的解释

《专利法》第 59 条规定："发明或者实用新型专利权的保护范围以其权利要求的内容为准，说明书及附图可以用于解释权利要求的内容。"

《最高人民法院关于审理专利授权确权行政案件适用法律若干问题的规定(一)》第 9 条规定："以功能或者效果限定的技术特征，是指对于结构、组分、步骤、条件等技术特征或者技术特征之间的相互关系等，仅通过其在发明创造中所起的功能或者效果进行限定的技术特征，但所属技术领域的技术人员通过阅读权利要求即可直接、明确地确定实现该功能或者效果的具体实施方式的除外。"

《最高人民法院关于审理侵犯专利权纠纷案件应用法律若干问题的解释(二)》第 5 条规定："在人民法院确定专利权的保护范围时，独立权利要求的前序部分、特征部分以及从属权利要求的引用部分、限定部分记载的技术特征均有限定作用。"

从上述法律规定和司法解释可知，发明或者实用新型专利的保护范围是由其权利要求来确定的，但由于用文字所描述的权利要求难免有局限性，有时仅从权利要求文字记载的内容，无法清楚有效地确定权利要求的实际保护范围，尤其是争议双方之间就此问题达成共识有很大难度。因此，在专利确权或侵权纠纷中，如何解释权利要求的保护范围往往成为首先要解决的问题。“功能性限定”和“权利要求主题的限定作用”尤为重要，本节将选取典型案例分别对其进行诠释。

5.1.1 功能性限定

【案例18】电子千分尺［（2016）最高法民再176号］

> 在进行侵权判定时，对于功能性限定的特征并不会将所有能够实现所述功能的实施方式都囊括入权利要求的保护范围，其实际保护的范围应该是说明书中所记载的具体实施方式以及与这些实施方式构成等同的实施方式，并且在司法实践中并不是所有的功能性描述都会被认定为功能性限定。

【案情介绍】

特莎有限公司系专利号为CN99110499.4、名称为“电子千分尺”的发明专利（以下简称涉案专利）的专利权人。该专利申请日为1996年7月16日，授权公告日为2004年9月8日。

涉案专利的授权权利要求1如下：

> 1. 具有一壳体（23）的电子千分尺，该壳体（23）至少限定一内部空间（230），其中安置有：
>
> –至少部分制有螺纹的套筒（10）；
>
> –连接于套筒（10）中的丝杆（1），它可被置于使其自身沿此电子千分尺之纵向测量轴线移动的方式相对套筒（10）转动；
>
> –电子测量系统（19、20、5），其能够测量丝杆（1）相对套筒（10）的相对转动，并能从上述测量开始确定丝杆（1）的纵向位置；
>
> 其特征在于，连接结构（30、32、34、38、46）被设置得使内部空间（230）全部成为液密封的；所述内部空间是一个或多个用于安装包括传感器（19）、刻度盘（20）及主运动部件和千分尺的螺纹部分在内的所有电子构件的空间。

说明书具体实施方式涉及的附图如图5－1和图5－2所示。说明书中相关记载摘录如下：

图 5－1 是电子千分尺的侧视图，它可测量轴 131（与千分尺丝杆 1 构成一体）的连接端 130 和测量头 2 之间的距离。被测量的距离显示在如一液晶显示屏一类的显示屏 S 上，这种显示受功能键 9 的控制，从而使此测量装置可被选择即允许选择测量绝对距离还是相对距离。通过转动测微套筒 3 或用于快速移动的测微套筒配件 4，可以使轴 131 沿纵长方向的测量轴线 *X* 移动。该丝杆的移动可通过一锁紧杆 7 被锁止在任何位置。此整个装置由合成材料制成的壳体 23 保护能防振和防水渗透。

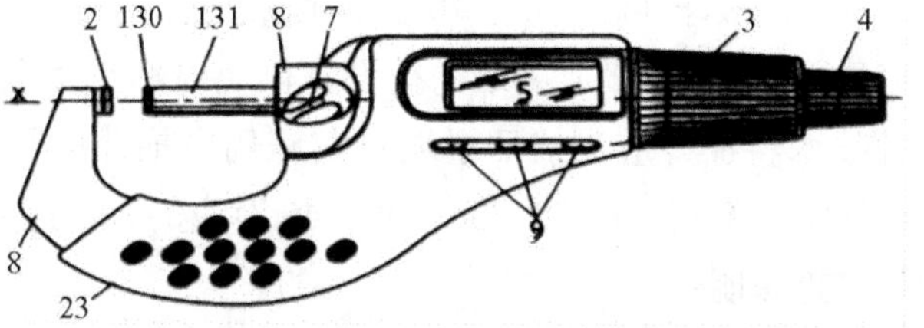

图 5－1　涉案专利电子千分尺的侧视图

图 5－2 是图 5－1 所示千分尺的剖视图，具体地展示由合成材料壳体 23 保护的千分尺构件。千分尺的壳体 23 有一个密封的内部空间 230，包括传感器 19、刻度盘 20 及主运动（部件）及千分尺的螺纹部分在内的所有电子构件均安装在其内。安装在壳体 23 内的所有构件均被保护能抵制外界的渗透。

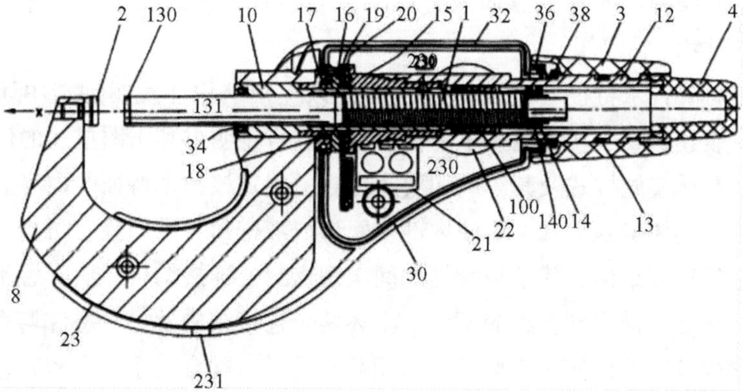

图 5－2　涉案专利电子千分尺的剖视图

1. 北京市第二中级人民法院一审案情简介［（2013）二中民初字第 11907 号］

特莎公司向北京市第二中级人民法院提起诉讼，请求判令青海量具刃具有限责任公司（以下简称青海量具刃具公司）立即停止制造、北京瑞博东方商贸有限公司和北京市哈量量具配件有限公司（以下简称哈量公司）立即停止销售型号为132－01－534、132－01－040、130－01－618的电子外径千分尺及型号335－03－820的电子三点内径千分尺。特莎公司认为型号为132－01－534、132－01－040的电子外径千分尺落入涉案专利权利要求1、2、3、10、14、15的保护范围，型号为130－01－618的电子外径千分尺落入涉案专利权利要求1、12、14、15的保护范围，型号为335－03－820的电子三点内径千分尺落入涉案专利权利要求1、2、3、10、15的保护范围。

青海量具刃具公司认为："连接结构被设置得使内部空间全部成为液密封的"属于功能性技术特征，应当按照说明书实施例中描述的具体实施方式的限定，至少应包括附图标记30、32、34、38、46对应的五个连接结构。

一审法院经审理查明：

涉案专利权利要求1应划分为如下必要技术特征：（1）壳体；（2）壳体限定的内部空间，该内部空间是一个或多个用于安装包括传感器、刻度盘及主运动部件和千分尺的螺纹部分在内的所有电子构件的空间，其中安置有套筒、丝杆和电子测量系统；（3）至少部分制有螺纹的套筒；（4）连接于套筒中的丝杆，它可被置于使其自身沿此电子千分尺之纵向测量轴线移动的方式相对套筒转动；（5）电子测量系统，其能够测量丝杆相对套筒的相对转动，并能从上述测量开始确定丝杆的纵向位置；（6）被设置得使内部空间全部成为液密封的连接结构。

对于必要技术特征（6），该技术特征以连接结构在发明创造中所产生的效果进行表述，属于功能性技术特征。应当结合说明书和附图描述的该功能或者效果的具体实施方式及其等同的实施方式，确定该技术特征的内容。根据说明书记载的具体实施方式，要使内部空间形成液密封，应当具有防止液体沿摩擦环渗透的连接结构、使轴与套筒之间实现密封的连接结构、使安置千分尺串联接口连接器的槽实现密封的塞件。上述两个连接结构及一个塞件均系具体的部件，缺少其中的任何一个部件而以相互间的紧密配合关系实现密封，均属于缺少实现密封效果所必需的结构特征，不构成与该具体实施方式等同的实施方式，不属于该功能性技术特征的内容。在壳体由两个半拉壳体构成的情况下，还需要具备使其中两个半拉壳体之上部分之间和下部分之间各自实现密封的两个连接结构。缺少该两个连接结构而以相互间的紧密配合关系实现密封，亦属于缺少实现密封效果所必需的结构特征，不构成与该具体实施方式等同的实施方式，不属于该功能性技术特征的内容。

一审法院认为：对于权利要求中以功能或者效果表述的技术特征，人民法院应当结合说明书和附图描述的该功能或者效果的具体实施方式及其等同的实施方式，确定该技术特征的内容。将四款被诉侵权产品与特莎公司主张的涉案专利权利要求进行对比，被诉侵权产品上均缺少轴与套筒之间的连接结构，型号为132－01－534、132－01－040、335－03－820的被诉侵权产品的两个半拉壳体之间使用凹凸关系配合，并用胶进行粘合，亦缺少两个半拉壳体之间的连接结构，故四款被诉侵权产品均未落入涉案专利权利要求1的保护范围。

2. 北京市高级人民法院二审案情简介［(2014) 高民终字1151号］

特莎公司不服一审判决，向北京市高级人民法院提起上诉，请求撤销一审判决，并支持其全部诉讼请求。

二审法院认为：对于权利要求中以功能或者效果表述的技术特征，应当结合说明书和附图描述的该功能或者效果的具体实施方式及其等同的实施方式，确定该技术特征的内容。判定被诉侵权技术方案是否落入专利权的保护范围，应当审查权利人主张的权利要求所记载的全部技术特征。被诉侵权技术方案包含与权利要求记载的全部技术特征相同或者等同的技术特征的，应当认定其落入专利权保护范围。

首先，关于涉案专利权利要求1中的技术特征（6）“被设置得使内部空间全部成为液密封的连接结构”是否属于功能性技术特征，权利要求中对“连接结构”并未采用形状或结构限定方式，而是将该“连接结构”限定为“被设置得使内部空间全部成为液密封”，这显然属于功能性限定方式，故一审法院认定其属于功能性技术特征是正确的。

其次，关于被诉侵权产品是否落入涉案专利权利要求1的保护范围。对于权利要求中以功能或者效果表述的技术特征，应当结合说明书和附图描述的该功能或者效果的具体实施方式及其等同的实施方式确定该技术特征的内容，故本案应结合涉案专利说明书及附图披露的具体实施方式确定权利要求1的保护范围。第一，被诉侵权产品型号为132－01－618的电子外径千分尺采用了与涉案专利权利要求1中的连接结构30、32、38、46相同的连接结构，其连接结构34采用了轴与套筒之间设置紧密配合的间隙结构，这种连接属于本领域常用的技术手段，其与涉案专利权利要求1中连接结构34采用的密封圈结构构成等同替换。第二，被诉侵权产品型号为132－01－534、132－01－040和

335－03－820 的电子外径千分尺采用了与涉案专利权利要求 1 的连接结构 38、46 相同的连接结构，同时上述被诉侵权产品的连接结构 34 采用了轴与套筒之间设置紧密配合的间隙结构，这种连接属于本领域常用的技术手段，其与涉案专利权利要求 1 中连接结构 34 采用的密封圈结构同样构成等同替换。第三，被诉侵权产品型号为 132－01－534、132－01－040 和 335－03－820 的电子外径千分尺的连接结构 30、32，采用在两个半拉壳体之间用凹凸关系配合并用胶粘合间隙的连接方式，该胶形成了胶线，这与涉案专利权利要求 1 中采用细长的纤维状的密封部件 30、32 构成的连接结构并无实质差异，二者亦构成等同替换。因此，本案四个型号的被诉侵权产品均落入了涉案专利权利要求 1 的保护范围。一审法院认定被诉侵权产品未落入涉案专利权利要求 1 的保护范围是错误的，应依法予以纠正。特莎公司有关被诉侵权产品落入其涉案专利权利要求 1 保护范围的主张具有事实和法律依据，予以支持。

3. 最高人民法院再审案情简介［（2016）最高法民再 176 号］

青海量具刃具公司不服二审判决，向最高人民法院申请再审，称：

（1）二审判决对涉案专利权利要求 1 的保护范围解释有误。涉案专利权利要求 1 中技术特征（6）“被设置得使内部空间全部成为液密封的连接结构”为功能性技术特征，依法应当根据其具体实施方式及其等同实施方式确定其保护范围。从具体实施方式看，该“连接结构”均为具体的有形密封件，且每个“连接结构”均被设置在液体可能侵入的间隙或空隙处，通过密封件的变形阻断这些液体可能侵入的间隙或空隙，该结构在密封技术中称为成型填料密封。从技术功能看，该“连接结构”的功能均是为了防止电子千分尺的间隙或空隙处的液体渗透。从技术效果看，通过同时设置这些“连接结构”使电子千分尺“内部空间全部成为液密封”。因此，技术特征（6）的具体实施方式包括五个连接结构 34、30、32、38 和 46，并且这些连接结构均为具体的有形密封件。二审判决认可了技术特征（6）连接结构为功能性技术特征，但并未考虑连接结构本身的具体实施方式，仅仅考虑了说明书及附图对于各个连接结构的密封功能的具体记载。

（2）二审判决对四个型号的被诉侵权产品的侵权认定错误。①关于连接结构 34，特莎公司已经认可该产品没有附图标记 34 对应的连接结构，且被诉侵权产品在轴和套筒之间未使用任何部件进行密封，故被诉侵权产品也不具有与连接结构 34 的具体实施方式等同的实施方式。二审法院认为四个型号的被诉侵权产品采用的轴与套筒之间设置间隙结构与权利要求 1 中连接结构 34 构成等同特征，认定错误。②关于连接结构 38，被诉侵权产品 130 - 01 - 618 除了不具备连接结构 34，还不具备连接结构 38。③关于连接结构 30、32，型号为 132 - 01 - 534、132 - 01 - 040、335 - 03 - 820 的被诉侵权产品不具有纤维状密封件 30、32，涂覆在外壳凹凸结构的表面的胶水也不构成与纤维状密封件 30、32 等同的实施方式。与专利权利要求中的纤维状密封件 30、32 相比，上述三个型号的被诉侵权产品涂覆在外壳凹凸结构的表面的胶水所能实现的功能和效果不同。纤维状密封件 30、32 的功能是防止液体从两个半拉壳体之间渗透，并可以通过挤压填充在两半拉外壳拼合形成的空槽内来实现液密封的效果。而胶水的功能是用来粘合两个半拉壳体的，并不能防止液体从两半拉壳体间的缝隙渗透进入千分尺内部，不能实现液密封的效果。此外，两者的技术手段亦不相同，连接结构 30、32 是具有特定截面形状和端部结构的纤维状密封件，而胶水则是无固定形状。二审法院认定两者等同有误。被诉侵权产品 132 - 01 - 618 与其他三个型号的被诉侵权产品不同，不具有两个半拉壳体的结构，也未涂覆胶水，更不具有容纳纤维状连接结构 30、32 的槽。二审法院认定型号 132 - 01 - 618 的电子外径千分尺采用了与 30、32 相同的连接结构有误。

综上，四个型号的被诉侵权产品均不具有技术特征（6）“被设置得使内部空间全部成为液密封的连接结构”中的连接结构 34、30 和 32 或其各自的等同实施方式，因缺少该技术特征，故未落入涉案专利权利要求 1 的保护范围，请求法院依法改判驳回特莎公司的诉讼请求。

特莎公司则辩称：

（1）关于型号为 132 - 01 - 534、132 - 01 - 040、335 - 03 - 820 的被诉侵权产品。青海量具刃具公司对该三个型号的被诉侵权产品具有关于 38、46 的特征未提出异议。该三个型号的被诉侵权产品具有和连接结构 30、32 相同的技术特征，且具备间隙密封技术特征，该特征构成与 34 等同的技术特征。

（2）关于型号为 132 - 01 - 618 的被诉侵权产品。青海量具刃具公司对该产品具有与 38、46、30、32 相同的技术特征不持异议，且其亦具有间隙密封技术特征，该特征构成与 34 等同的技术特征。

最高人民法院认为，本案的焦点问题在于：被诉侵权技术方案是否落入权利要求 1 中技术特征（6）“被设置得使内部空间全部成为液密封的连接结构”所限定的保护范围。

本案中的“被设置得使内部空间全部成为液密封的连接结构”，系通过功能或效果进行限定的功能性特征。对于功能性特征的内容，应当结合说明书和附图描述的该功能或者效果的具体实施方式及其等同的实施方式加以确定。涉案专利说明书记载“接头 34 使得防止轴 131 与套筒 10 之间的渗透成为可能”，故连接结构 34 的作用是防止液体渗透，使内部空间全部成为液密封。四个型号的被诉侵权产品在轴和套筒之间未使用任何部件。对此，特莎公司认为，被诉侵权产品是通过间隙密封实现了与专利同样的液密封。

本案的连接结构 34 在常压下通过自身弹性变形来填补间隙，四个型号的被诉侵权产品在轴与套筒之间虽有紧密配合的间隙，但因其不存在内外压差，且存在一定的泄漏量，故不能认为构成上述的间隙密封。即使这种轴与套筒之间具有紧密配合的间隙且实际上起到一定的密封效果，但该密封方式与说明书所述的连接结构 34 的技术效果仍存在较大差异，与说明书记载的具体实施方式并不等同。

因此，四个型号的被诉侵权产品未落入技术特征（6）“被设置得使内部空间全部成为液密封的连接结构”所限定的保护范围。被诉侵权技术方案已有一个技术特征与专利相应技术特征不相同也不等同，故被诉侵权技术方案未落入涉案专利权保护范围。最高人民法院认为二审判决认定青海量具刃具公司侵害特莎公司涉案专利权，适用法律有误，予以纠正。一审判决结果正确，应予维持。

【焦点归纳】

本案的焦点在于被诉侵权技术方案是否落入权利要求 1 中技术特征“被设置得使内部空间全部成为液密封的连接结构”所限定的保护范围。

特莎公司坚持认为：型号 132 - 01 - 534、132 - 01 - 040、335 - 03 - 820 的被诉侵权产品具有和连接结构 30、32 相同的技术特征，且具备间隙密封技术特征，该特征构成与 34 等同的技术特征；型号为 132 - 01 - 618 的被诉侵权产品，具有间隙密封技术特征，该特征构成与 34 等同的技术特征。

青海量具刃具公司认为：涉案专利权利要求 1 中的技术特征“被设置得使内部空间全部成为液密封的连接结构”为功能性技术特征，依法应当根据其具体实施方式及其等同实施方式确定其保护范围。从具体实施方式看，该“连接结构”均为具体的有形密封件，且每个“连接结构”均被设置在液体可能侵入的间隙或空隙处，通过密封件的变形阻断这些液体可能侵入的间隙或空隙，该结构在密封技术中称为成型填料密封。从技术功能看，这些“连接结构”的功能均是为了防止电子千分尺的间隙或空隙处的液体渗透。从技术效果看，通过同时设置这些“连接结构”使电子千分尺“内部空间全部成为液密封”。因此，技术特征的具体实施方式包括五个连接结构 34、30、32、38 和 46，并且这些连接结构均为具体的有形密封件。对于上述功能性特征，在进行特征认定时，除了考虑是否具有对应的连接结构外，还需要考虑连接结构本身的具体实施方式。

最高人民法院认为：涉案专利说明书记载“接头 34 使得防止轴 131 与套筒 10 之间的渗透成为可能”，故连接结构 34 的作用是防止液体渗透，使内部空间全部成为液密封。四个型号的被诉侵权产品在轴和套筒之间未使用任何部件。因此被诉侵权产品未落入涉案专利权利要求 1 的保护范围。

【分析借鉴】

《专利审查指南 2010》第二部分第二章 3. 2. 1 节中规定：“通常，对产品权利要求来说，应当尽量避免使用功能或者效果特征来限定发明。只有在某一技术特征无法用结构特征来限定，或者技术特征用结构特征限定不如用功能或效果特征来限定更为恰当，而且该功能或者效果能通过说明书中规定的实验或者操作或所属技术领域的惯用手段直接和肯定地验证的情况下，使用功能或者效果特征来限定发明才可能是被允许的。

对于权利要求中所包含的功能性限定的技术特征，应当理解为覆盖了所有能够实现所述功能的实施方式。对于含有功能性限定特征的权利要求，应当审查该功能性限定是否得到说明书的支持。如果权利要求中限定的功能是以说明书实施例中记载的特定方式完成的，并且所属技术领域的技术人员不能明了此功能还可以采用说明书中未提到的其他替代方式来完成，或者所属技术领域的技术人员有理由怀疑该功能性限定所包含的一种或几种方式不能解决发明或者实用新型所要解决的技术问题，并达到相同的技术效果，则权利要求中不得采用覆盖了上述其他替代方式或者不能解决发明或实用新型技术问题的方式的功能性限定。

此外，如果说明书中仅以含糊的方式描述了其他替代方式也可能适用，但对所属技术领域的技术人员来说，并不清楚这些替代方式是什么或者怎样应用这些替代方式，则权利要求中的功能性限定也是不允许的。另外，纯功能性的权利要求得不到说明书的支持，因而也是不允许的。”

《专利审查指南 2010》中规定，对于权利要求中所包含的功能性限定的技术特征，应当理解为覆盖了所有能够实现所述功能的实施方式。在专利审查实践中，通常审查员也按照该标准进行审查。如果审查员认为该功能性限定所包含的一种或几种方式不能解决发明或者实用新型所要解决的技术问题，并未达到相同的技术效果，通常会指出权利要求得不到说明书的支持。如果审查员检索到现有技术能够实现权利要求中所限定功能，通常指出权利要求不具备新颖性或创造性。但依据《最高人民法院关于审理侵犯专利权纠纷案件应用法律若干问题的解释》（法释〔2009〕21 号）第 4 条规定，对于权利要求中以功能或者效果表述的技术特征，人民法院应当结合说明书和附图描述的该功能或者效果的具体实施方式及其等同的实施方式，确定该技术特征的内容。也就是说在进行侵权判定时，对于功能性限定的特征并不会将所有能够实现所述功能的实施方式都囊括入权利要求的保护范围，其实际保护的范围应该是说明书中所记载的具体实施方式以及与这些实施方式构成等同的实施方式，与说明书所记载的实施方式不构成等同但又包含在功能性限定特征中的实施方式，就不再受到司法保护了。上述司法解释中也只是规定了要结合说明书和附图描述的该功能或者效果的具体实施方式及其等同的实施方式来确定该技术特征的内容，那么具体应该如何确定，并且是否所有的功能性描述都需要根据说明书和附图中的具体实施方式及其等同的实施方式来进行解释呢？

1. 如何根据说明书和附图对功能性特征进行解释

通常在撰写说明书时，说明书对于具体的实施方式有比较详尽的记载，但是这些记载中有实现功能的所必需的技术特征，也可能存在一些非必需的技术特征。在结合说明书和附图的描述确定功能或者效果的具体实施方式对功能性特征进行解释时，如果将具体实施方式的所有内容都纳入功能性特征所涵盖的范围，明显会将权利要求的保护范围限缩到过小的范畴，对专利权人有失公允。因此应该将功能性特征限定为说明书中为实现功能或者效果所必需的结构性或者步骤特征，也就是实现上述特征功能或者效果必不可少的技术特征。

对于本案而言，青海量具刃具公司认为“被设置得使内部空间全部成为液密封的连接结构”具体实施方式包括 34、30、32、38 和 46 五个连接结构，也就是说青海量具刃具公司认为 34、30、32、38 和 46 五个连接结构是实现上述功能所必需的技术特征。虽然最高人民法院在认定功能性特征的保护范围时没有直接对实现上述液密封功能所必需的全部技术特征进行认定，但是认为结构 34 是实现上述液密封功能所必需的一个技术特征，而基于对该特征分析认为侵权产品中对应结构与结构 34 并不相同或者等同，因此就认定了侵权产品并未落入涉案专利的保护范围。

因此对于申请文件撰写而言，对于权利要求中涉及的功能性特征，在说明书中应当构建层次化的实施例结构。在最基础的实施例中记载实现该功能所必需的技术特征，然后在后续的其他实施例中逐渐加入其他非必需的技术特征以进行扩展，以此形成多层次、立体化的保护体系，这样既能保证保护范围的稳定性和确定性，又能实现保护范围的最大化。

2. 功能性限定的例外

对于功能性限定而言，权利要求中所有功能性描述的特征是否都会被认定为功能性特征呢？答案是否定的。北京市高级人民法院出台的《专利侵权判定指南（2013）》规定："对于权利要求中以功能或者效果表述的技术特征，人民法院应当结合说明书和附图描述的该功能或者效果的具体实施方式及其等同的实施方式，确定该技术特征的内容。功能性技术特征，是指权利要求中的对产品的部件或部件之间的配合关系或者对方法的步骤采用其在发明创造中所起的作用、功能或者产生的效果来限定的技术特征。下列情形一般不宜认定为功能性技术特征：（1）以功能或效果性语言表述且已经成为所属领域普通技术人员普遍知晓的技术名词一类的技术特征，如导体、散热装置、粘结剂、放大器、变速器、滤波器等；（2）使用功能性或效果性语言表述，但同时也用相应的结构、组分、材料、步骤、条件等特征进行描述的技术特征。"上述规定在最高人民法院司法解释中对于"功能性技术特征"需要进行的限制性解释的基础上，进一步给出了"功能性技术特征"的定义，并且还排除了两种不宜认定为功能性技术特征的情形。另外，最高人民法院于 2016 年出台的《最高人民法院关于审理侵犯专利权纠纷案件应用法律若干问题的解释（二）》第 8 条也规定："功能性特征，是指对于结构、组分、步骤、条件或其之间的关系等，通过其在发明创造中所起的功能或者效果进行限定的技术特征，但本领域普通技术人员仅通过阅读权利要求即可直接、明确地确定实现上述功能或者效果的具体实施方式的除外。"

基于上述规定不难得出"功能性技术特征"主要包括以下三种例外情况：①虽然使用了功能性或效果性的描述，但是该功能性或效果性的描述在本领域具有公知的基本实现方式，已经成为本领域普通技术人员熟知、普遍知晓的技术术语，不应当认定为功能性限定，在此称之为技术术语型例外；②虽然使用了功能性或效果性的描述，但是本领域普通技术人员仅通过阅读权利要求即可直接地、明确地确定实现上述功能或者效果的具体实施方式，不应当认定为功能性限定，在此称之为权利要求明晰型例外；③虽然使用了功能性或者效果性语言来表述，但同时也用相应的结构、组分、材料步骤、条件等特征进行描述的技术特征，不应当认定为功能性限定，在此称之为混合限定型例外。以下分别解释：

（1）技术术语型例外

北京市高级人民法院《专利侵权判定指南（2013）》第16条对技术术语型例外进行了列举，如导体、散热装置、粘结剂、放大器、变速器、滤波器等。如果在权利要求中使用这些技术术语，并且这些术语在专利中含义与本领域所公知的含义相同，那么即使权利要求中这些技术特征字面上仍为功能性描述，相应的技术特征也已经转变成为所属领域普遍知悉的专业名词或技术术语，即便说明书中没有记载具体的实现方式，所属领域的技术人员对该技术术语所代表的基本结构或者基本方法步骤是公知的，那么这些特征就不应当再被认为是功能性特征。但是如果权利要求中使用的这些术语实际意思并不是本领域所公知的和普遍接受的含义，而是属于专利权人自定义的，并且在说明书中对其相应结构或者步骤进行了记载的，那么应当认定其为“功能性技术特征”。

例如，最高人民法院在梁某水与李某众、上海欧纳包装制品有限公司侵犯专利权纠纷案的再审民事裁定书中也指出：“并不是所有以功能或者效果表述的技术特征都属于功能性特征，有些使用功能性表达的概念，实际已经是成熟的技术，本领域技术人员能够明了这些概念所指的技术是如何实现的、其基本结构如何，如‘变压器’‘放大镜’‘发动机’等，因此不属于功能性特征。”

（2）权利要求明晰型例外

此种例外属于《最高人民法院关于审理侵犯专利权纠纷案件应用法律若干问题的解释（二）》中列举的情况，并且在计算机领域较为常见，例如在计算机领域，在撰写产品权利要求时通常采用如下的形式：

一种计算装置，其特征在于包括：第一模块，用于……；第二模块，用于……；第N模块，用于……。

又或者

一种计算机系统，其特征在于包括装置1，装置2……装置N，其中装置1用于执行……；装置2用于执行……；装置N用于执行……。

对于上述撰写方式而言，如果在限定装置或者模块的功能和效果时，仅通过阅读权利要求便可明确的实施方式，那么不应当认定为功能性特征。

例如，在深圳世纪光速技术有限公司与百度在线网络技术（北京）有限公司侵害发明专利权纠纷案中对于所涉“同步模块”是否是“功能性特征”的认定存在争议。在北京市高级人民法院民事判决书（2018）京民终480号中，北京市高级人民法院作出如下论述：“对于计算机领域的技术人员而言，同步模块这一表述是经常使用的表述方式，通过阅读权利要求书就可以直接、明确地确定同步模块实现……同步的实施方式……虽然对于本领域技术人员而言，通过同步模块实现保持同步的实施方式不止一种，但是上述司法解释只限定了能够直接、明确地确定具体实施方式，对于是否是唯一的实施方式并未限定。因此，同步模块的技术特征并不属于功能性特征。”也就是说，只要权利要求中“能够直接地、明确地确定具体实施方式”，而不论是否是唯一的实施方式，该技术特征就不应该被认为是功能性特征。

（3）混合限定型例外

在此种情形中，虽然使用了功能性或效果性语言来描述，但同时也用相应的结构、组分、材料、步骤、条件等特征来进行描述，属于功能和结构、组分、材料、步骤、条件的混合限定型特征，如果采用这种方式进行撰写，那么该具有功能性描述的特征也不应当被认定为功能性特征。

例如，在厦门卢卡斯汽车配件有限公司与厦门富可汽车配件有限公司侵害发明专利权纠纷中，对于权利要求中的技术特征“在所述关闭位置，安全搭扣面对所述锁定元件延伸，用于防止所述锁定元件的弹性变形，并锁定所述连接器”是否为功能性限定存在争议。最高人民法院在（2019）最高法知民终2号判决中认为，当事双方所争议的技术特征既限定了特定的方位和结构，又限定了该方位和结构的功能，且只有将该方位和结构及其所起到的功能结合起来理解，才能清晰地确定该方位和结构的具体内容，因此“方位或者结构＋功能性描述”的技术特征虽然有功能性描述，但本质上仍是方位或者结构特征，功能性描述只是为了更好地释明相应方位及其结构的作用。因此“在所述关闭位置，安全搭扣面对所述锁定元件延伸，用于防止所述锁定元件的弹性变形，并锁定所述连接器”这种混合限定型不应当被认定为功能性特征。

如果在撰写权利要求时希望以混合限定型这种方式进行撰写，可以在权利要求中加入保护的功能所必需的结构特征，并将这些结构特征与功能性描述相结合来共同进行限定，从而避免单独使用纯粹的功能或效果来限定。在这种情况下，可以避免在后期的专利维权过程中，某些特征被认定为功能性特征，从而将保护范围限缩到说明书中具体实施例的情形出现。

5.1.2 权利要求主题的限定作用

【案例19】电自动涂覆油脂的煎炸锅［（2019）最高法知行终184号］

权利要求的主题是否具有限定作用不能一概而论，而应分析权利要求主题中技术内容是否被权利要求的特征部分所覆盖，如果未覆盖，并且技术内容对权利要求产生了“实质性影响”，则权利要求的主题具有限定作用。

【案情介绍】

专利号为CN200580018875.3、名称为“自动涂覆油脂的煎炸锅”的发明专利（以下简称涉案专利）申请日为1996年7月16日，授权公告日为2004年9月8日，该专利专利权人原为塞伯股份有限公司，后变更为SEB公司。

涉案专利的授权权利要求1如下：

> 1. 一种干煎炸锅（1），该干煎炸锅包括旨在容纳待煎炸的食物的主体（2），在所述主体（2）内安装有一装置（5，6），所述装置用于通过将所述食物与油脂混合而给所述食物自动涂覆油脂膜。

涉案专利说明书第4页记载：“这里使用的术语‘干煎炸’表示一种在烹调循环期间不将食物（部分以及/或者临时）浸入油或油脂中的烹调食物的方式。相反，‘干煎炸’表示这样的烹调，其中食物虽然被烹调介质（例如油）‘弄湿’，但并不浸入或者浸泡在该介质中。”

涉案专利说明书第6页记载：“术语‘混合’涉及混合的动作，即‘混合搅拌’。在本发明的上下文中，通过结合食物和油脂，并将它们混合以给食物覆盖油脂膜，从而涂覆食物。本发明上下文中采用的混合动作优选包括翻转食物和油脂；可例如通过提起食物块并将它们翻转而进行翻转。”

说明书相关附图如图5-3和图5-4所示。

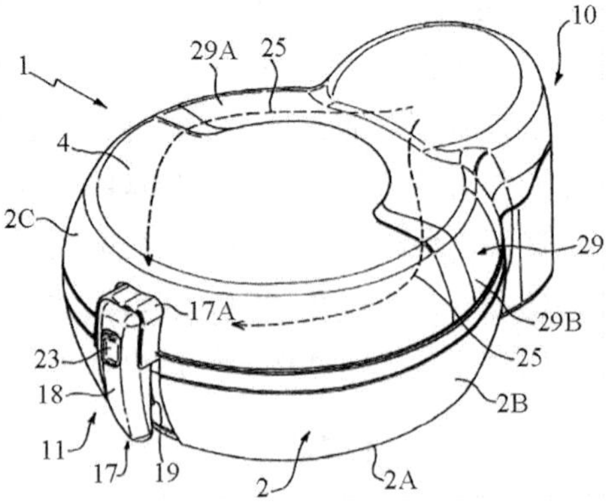

图5-3　涉案专利干煎炸锅的总体立体图

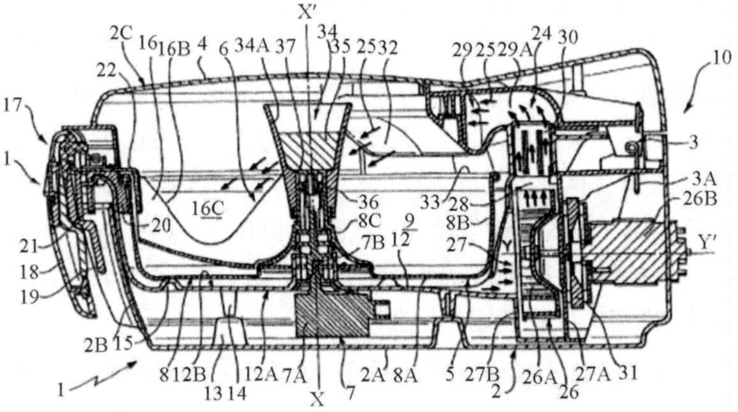

图 5-4　涉案专利干煎炸锅的侧剖视图

1. 无效阶段案情简介（第 31512 号无效决定）

金朗宝公司针对涉案专利于 2016 年 5 月 19 日向专利复审委员会提出无效宣告请求，金朗宝公司的无效宣告请求的理由包括：涉案专利权利要求 1～4、14～15、21、23、24～28、30、32～34 不具备新颖性，权利要求 1～34 不具备创造性。请求宣告涉案专利权利要求 1～34 全部无效。随同其无效宣告请求书，金朗宝公司提交了附件 2-1 作为证据：

附件 2-1（以下简称证据 2-1）：W089/10085A1 号国际专利申请文献及其全部中文译文，公开日为 1989 年 11 月 2 日。证据 2-1 公开了一种“食品（尤其是法式炸薯条）的煎炸或加热设备”，并具体公开了这些食品主要包括彼此不能粘结在一起的松散小食品，尤其是法式炸薯条、薯片、小薯球、炸丸子等相似食品。该设备由一个容器组成，食品可以通过该容器添加，至少其底部可以绕着它的中轴线转动。本发明涉及一种可以在加热或煎炸食品的自动分配设备中使用的设备，尤其是在干燥条件下煎炸或加热的法式炸薯条，即通过高温空气和/或红外线煎炸或加热食品。所述煎炸或加热设备的隔热框架（21）内安装有容器（1），容器（1）底部的中轴线相对于铅垂线倾斜布置，底部提供有粗糙面，因此在转动期间，需煎炸或加热的食品至少可以在这些粗糙面上部分翻转。容器（1）上方的钟形玻璃罩（10）内安装有电动加热措施（11）和通风装置（13），容器（1）和通风装置（12）均通过由齿轮和变速器组成的系统在电机驱动下而绕着轴线转动，在该通风装置转动期间，在空腔（15）内形成一个高温气流，该高温气流绕着需煎炸的法式薯条流动，并将法式薯条加热，以及将容器（1）的底部本身加热。

2017年2月24日，专利复审委员会作出第31512号无效宣告请求审查决定（以下简称被诉决定），宣告涉案专利权全部无效。该决定认定：涉案专利权利要求1~2、4、14~15、21~27、32~34的技术方案已被证据2-1公开，权利要求1~2、4、14~15、21~27、32~34要求保护的技术方案不具备《专利法》第22条第2款规定的新颖性，权利要求3、5~13、16~20、28~31的附加技术特征或者被证据所公开或者属于本领域的常用技术手段，因此不具备《专利法》第22条第3款规定的创造性。

2. 北京知识产权法院一审案情简介［（2017）京73行初5126号］

原告SEB公司不服被诉决定，向北京知识产权法院起诉称：

被诉决定对涉案专利的权利要求1的新颖性判断错误。（1）被诉决定在评判权利要求1的新颖性时，在证据2-1公开内容的基础上，进一步“结合证据2-10”认定权利要求1不具备新颖性，违反了单独对比原则。（2）被诉决定认定事实错误。证据2-1并未公开加入油脂这一特征，证据2-1的煎炸设备并不相当于涉案专利中的干煎炸锅，证据2-1并未公开加入油脂这一特征，因而也不存在自动涂覆油脂膜的特征。

金朗宝公司述称：（1）“干煎炸”这一用途特征对于权利要求1的锅没有限定作用，只要满足涉案专利对“干煎炸”定义的“锅”均可用于干煎炸。（2）被诉决定关于权利要求1的新颖性认定没有违反单独对比原则，新颖性的认定正确。

一审法院认为：根据查明的事实，证据2-1中公开的煎炸设备实质上也是一种可对食物进行干煎炸烹饪的装置，与涉案专利属于相同的技术领域。证据2-1中，仅有由电动加热措施（11）和通风装置（13）形成的热源，在加工食品过程中，由其产生热量，并形成热流，该热流一方面直接加热食物，另一方面也对容器底部进行加热，由此实现对食物的上、下面进行加热，因而在证据2-1公开的技术方案中，作为热源的上述结构起到了与涉案专利主加热装置相当的作用，因此，证据2-1公开了涉案专利权利要求1中的安装在主体上的主加热器装置，该主加热器装置设计成产生热流，该热流定向直接冲击至少一部分食物，所述主加热器装置提供用于烹调的热的主要部分。

证据2-1中公开了容器底部的中轴线相对于铅垂线倾斜布置，底部提供有粗糙面，因此在转动期间，需煎炸或加热的食品至少可以在这些粗糙面上部分翻转。虽然证据2-1中描述了容器底部的粗糙面在容器旋转时可用于翻转食物，但证据 2－1 中并未公开在容器中加入油脂，进而未公开能够将所述食物与油脂混合而给所述食物自动涂覆油脂膜的装置，且即使容器中存有油脂，因容器底部粗糙，油脂易存于粗糙面的缝隙中，也不可能给食物，特别是体积较大的食物自动涂覆油脂膜。因此，证据 2－1 中没有公开“在所述主体（2）内安装有一装置（5，6），所述装置用于通过将所述食物与油脂混合而给所述食物自动涂覆油脂膜”这一特征，因此，权利要求 1 相对于证据 2－1 具备新颖性，被诉决定的相关认定有误，被告应对权利要求 1 的新颖性重新进行评述。

3. 北京市高级人民法院二审案情简介［（2018）京行终 2767 号行政裁定书］

SEB 公司、专利复审委员会、金朗宝公司不服一审判决，向北京市高级人民法院提起上诉。

SEB 公司上诉称：（1）证据 2－1 的设备本质为烘烤设备，其中所称干煎炸本质为烘烤煎炸，并未记载加入油脂和具体装置，而本专利权利要求 1 的“干煎炸”在本专利说明书中有特别界定，因此，本专利权利要求 1 主题名称“干煎炸锅”是本专利权利要求 1 与证据 2－1 的区别特征。（2）本专利权利要求 1 中的“混合”应当理解为“混合搅拌”，该特征包括搅拌装置，证据 2－1 并未公开任何搅拌装置，因此，未公开该技术特征。

专利复审委员会上诉称：在煎炸食物时必然先加入油脂或在加工过程中由食物自身产生油脂，这些油脂存积在容器底部，当容器底部粗燥面旋转时，可使得食物不断向下滑动和滚动得到翻转，在获得均匀受热的同时也必然使得油脂均匀涂覆。因此，证据 2－1 的在隔热框架内安装的容器（1）和粗糙面（5）的整体装置相当于本专利权利要求 1 中的自动涂覆油脂膜装置，原审判决认定错误。

金朗宝公司上诉称：（1）本专利权利要求 1 中“在所述主体（2）内安装有一装置（5，6），所述装置用于通过将所述食物与油脂混合而给所述食物自动涂覆油脂膜”的特征为功能限定的特征，并未限定装置的具体结构。第 24293 号无效审查决定书（简称第 24293 号无效决定）中记载，SEB 公司自认为混合功能既可以通过混合搅拌来实现，也可以通过倾斜的旋转容器来实现。根据证据 2－1 的记载，在隔热框架内安装的容器（1）和粗糙面（5）转动时，可对添加于容器（1）内的食物进行翻转、搅拌，快速、均匀地煎炸食物，同时使得食物与油脂混合从而给所述食物自动涂覆油脂。由于本专利权利要求1的该技术特征为功能限定的技术特征，所以证据2－1给出一种能够实现“所述食物自动涂覆油脂膜”的技术方案，本专利权利要求1就不具有新颖性。(2）证据2－1公开了煎炸法式薯条的设备，煎炸食物需要加入油脂属于日常经验法则，并被证据2－10证明。(3）原审判决认定的“因容器底部粗糙，油脂易存于粗糙面的缝隙中，也不可能给食物，特别是体积较大的食物自动涂覆油脂膜”并非SEB公司在原审审理过程中的主张，原审判决超出诉请审理，并未给金朗宝公司陈述意见的机会，程序违法。

二审法院经审理后于2018年11月30日作出（2018）京行终2767号行政裁定书，裁定撤销原审判决，发回一审法院重审。

关于“干煎炸”的技术特征是否为证据2－1所公开，二审法院认为：

首先，“干煎炸”作为本专利权利要求1前序部分的主题名称是否对本专利权利要求1的保护范围具有限定作用。《专利法实施细则》第21条第1款规定，发明或者实用新型的独立权利要求应当包括前序部分和特征部分，前序部分写明要求保护的发明或者实用新型技术方案的主题名称和发明或者实用新型主题与最接近的现有技术共有的必要技术特征；特征部分使用“其特征是……”或者类似的用语，写明发明或者实用新型区别于最接近的现有技术的技术特征。这些特征和前序部分写明的特征合在一起，限定发明或者实用新型要求保护的范围。但前序部分的主题名称与技术特征不同，通常是对权利要求包含的全部技术特征所构成的技术方案的抽象概括，是对专利技术方案的简单命名，因此，主题名称本质上不是一个单独的技术特征，其代表的技术方案通常能够通过权利要求的全部技术特征体现，因此，当主题名称体现的技术内容能够为权利要求的其他全部必要技术特征具体指代，则该主题名称对界定权利要求的保护范围没有额外贡献，此时，在进行新颖性、创造性判断时无需额外考虑该主题名称的限定作用。而当主题名称涵盖了不能被权利要求的其他必要技术特征体现的技术内容时，主题名称中不能为其他技术特征涵盖的技术内容在确定权利要求的保护范围时具有限定作用，但是否产生实际的限定作用，还应当视该主题名称对主题具有何种限定来确定。

本案中，本专利的权利要求1为产品权利要求，其主题为“锅”，判断其主题名称“干煎炸锅”是否对本专利权利要求1产生实际的限定作用，首先应当正确理解“干煎炸”的含义。由于“干煎炸”是SEB公司在本专利文件中的自定义词汇，因此，对于“干煎炸”的理解应当使用本专利说明书中的定义。本专利说明书记载，“干煎炸”表示一种在烹调循环期间不将食物（部分以及/或者临时）浸入油或者油脂中的烹调食物的方式，即食物虽然被烹调介质（例如油）“弄湿”，但并不浸入或者浸泡在该介质中。由此可知，“干煎炸”是一种食物的烹饪方式，该烹饪方式是对使用者的要求而非对锅本身的限定，因此“干煎炸锅”的主题名称是一种使用方法的限定。对于“锅”这一产品主题，关于油与食物的接触方式的要求已经通过加入油以及涂覆油的结构特征加以体现，“干煎炸”本身对本专利权利要求1的产品结构特征没有产生实际的影响。因此，“干煎炸”的主题名称对于该产品专利要求是否具备创造性的判断不起作用。其次，即使需要考虑“干煎炸”的限定作用，由于SEB公司认可煎炸的烹饪方式必须使用油或油脂，而证据2－1公开的是一种煎炸或加热食物的设备，因此，证据2－1中煎炸的技术方案，必然隐含公开了加入油脂的技术特征。同时，由于证据2－1特别指出该设备能够在干燥条件下煎炸法式炸薯条，即通过高温空气和/或红外线煎炸食物，也即并非使用油脂等作为热传导的中间介质，而是通过热空气或红外线达到烹饪的目的。因此，本领域技术人员阅读证据2－1关于“干燥煎炸”的技术方案时，基于其关于煎炸使用油或油脂的认知，能够理解证据2－1的“干燥煎炸”即煎炸物非浸入油或油脂的煎炸，因此，证据2－1本质上也公开了一种“干煎炸”的烹饪装置。

SEB公司主张反证1－4能够证明在多份引用证据2－1作为背景技术的专利文献中，“干燥煎炸”都是指使用浸入油脂的预制食物的方式。但反证1－4在背景技术部分的描述系针对该发明的描述，并非直接针对证据2－1的描述。而且即使反证1－4的上述描述也是对证据2－1的解释，但证据2－1确实包含了煎炸对象是包含油脂的预制食物的情况，因此，反证1－4的相关描述并无不当，但该描述并不能成为对证据2－1的技术方案的限定。在证据2－1对“干燥煎炸”未进行特别限定的情况下，本领域技术人员通过阅读证据2－1难以得出证据2－1排除了在烹饪过程中加入油脂的技术方案的结论，因此，不宜认定证据2－1的技术方案仅为使用预制食品的技术方案。SEB公司的上诉理由不能成立。

关于“在所述主体（2）内安装有一装置（5，6），所述装置用于通过将所述食物与油脂混合而给所述食物自动涂覆油脂膜”的技术特征是否为证据2－1公开，二审法院认为：

如上所述，证据2－1隐含公开了在容器中加入油脂的特征，原审判决的关于“证据2－1中并未公开在容器中加入油脂，进而未公开能够将所述食物与油脂混合而给所述食物自动涂覆油脂膜的装置”的相关认定错误。

关于证据 2－1 是否公开了“将所述食物与油脂混合而给所述食物自动涂覆油脂膜”的技术特征。SEB 公司主张，本专利说明书对“混合”限定为：“‘术语’混合涉及混合的动作，即‘混合搅拌’。在本发明的上下文中，通过结合食物和油脂，并将它们混合以给食物覆盖油脂膜，从而涂覆食物。本发明上下文中采用的混合动作优选包括翻转食物和油脂；可例如通过提起食物块并将它们翻转而进行翻转。”因此，本专利权利要求 1 中的特征“混合”应当理解为包含搅拌装置的“搅拌混合”，而证据 2－1 并未公开搅拌装置，其倾斜旋转的容器也无法对食物与油脂混合搅拌。但由于本专利说明书并未进一步限定“混合搅拌”包含单独的搅拌装置，权利要求 1 也未对搅拌装置作出具体的限定，因此，本领域技术人员通过阅读说明书可以理解“搅拌”是动作，“混合”是效果，“混合搅拌”指通过外力使得被搅拌物体发生位移翻转等状态的改变最终获得“混合”的效果，这符合本领域技术人员对于“混合”通常含义的理解。SEB 公司的相关主张超出了本专利说明书的记载，缺乏事实及法律依据。证据 2－1 中的容器（1）和粗糙面（5）旋转时，带走法式薯条，当累积到一定高度时，筋条使薯条向下滑动和滚动，从而连续改变下落方向，最终能够实现均匀煎炸的效果。均匀煎炸即表明食物的各个面能够均匀涂覆油脂并受热，因此，证据 2－1 公开的技术方案中，食物在滚动和下落的过程中能够实现油脂与食物混合，并均匀涂覆油脂。原审判决关于“即使容器中存有油脂，因容器底部粗糙，油脂易存于粗糙面的缝隙中，也不可能给食物，特别是体积较大的食物自动涂覆油脂膜”的认定虽符合法定程序，但该认定系推测，能否最终实现均匀涂覆油脂膜与容器的倾斜程度、转动速度及时间、食物的形态等因素有关，但本专利权利要求 1 亦未进行相关限定，而证据 2－1 并不存在阻碍混合及自动涂覆油脂膜的技术障碍，因此，原审判决的上述认定缺乏事实依据。因此，本专利权利要求 1 的该技术特征被证据 2－1 公开，被诉决定认定正确。原审法院据此认定“权利要求 1 相对于证据 2－1 具备新颖性”错误，本院予以纠正。专利复审委员会及金朗宝公司的上诉理由成立。

4. 北京知识产权法院重审案情简介［（2019）京 73 行初 1490 号］

北京知识产权法院于 2019 年 5 月 27 日公开开庭进行了审理。因国家部委调整，由中华人民共和国国家知识产权局继续行使由原专利复审委员会行使的职权，并作为本案被告参加诉讼。本案重审阶段各方当事人争议的焦点问题为：第一，本专利权利要求 1 相对于证据 2－1 是否具备新颖性；第二，本专利其他权利要求是否具备新颖性和创造性。北京知识产权法院于2019年7月31日作出（2019）京73行初1490号行政判决书。

关于涉案专利权利要求1相对于证据2－1是否具备新颖性问题，北京知识产权法院在判决书中认为涉案专利权利要求1中的“主加热器装置”“自动涂覆油脂膜装置”等技术方案均已被证据2－1公开，权利要求1不具备《专利法》第22条第2款规定的新颖性。

关于本专利其他权利要求是否具备新颖性和创造性，北京知识产权法院在判决书中认为鉴于SEB公司在庭审中已明确表示在权利要求1不具备新颖性的前提下，仅坚持权利要求5～7、9、11、13、16～19、29及从属于上述权利要求的权利要求8、10、12具备创造性，对被诉决定针对其他权利要求的评述无异议，故本院在认定权利要求1不具备新颖性的基础上，认定本专利权利要求2、4、14、15、21～27、32～34不具备2001年《专利法》第22条第2款规定的新颖性，并且认为权利要求5～13、16～19、29的附加技术特征被证据所公开或者属于本领域的常用技术手段，因此也不具备创造性。

5. 最高人民法院二审案情简介［（2019）最高法知行终184号］

上诉人SEB公司不服重审判决，向最高人民法院知识产权法庭提起上诉，请求依法撤销原审判决以及被诉决定，判令国家知识产权局重新作出无效宣告请求审查决定。事实和理由为：

本专利权利要求1具备新颖性。首先，一审判决错误认定证据2－1公开了本专利权利要求1“自动涂覆油膜装置”特征：①证据2－1公开的内容无法直接地、毫无疑义地确定其公开的设备在煎炸过程中加入油脂；②证据2－1在具体的混合方式上为滚动混合，不同于本专利的混合搅拌；③证据2－1倾斜容器底部系锯齿状粗糙面，该设备构造本身不能给食物涂覆油脂来实现干煎炸。其次，相对于证据2－1，本专利权利要求1具备“干煎炸锅”区别技术特征：①原审判决以“干煎炸”对产品没有结构影响为由认定“干煎炸”在新颖性和创造性评价中不予考虑，没有法律依据；②“干煎炸”对产品主题具有影响；③证据2－1设备在干燥条件下煎炸，本质是“高温热空气装置”与“滚动落下食物装置”配合，对预制食品进行高温烘烤，与本专利“热流装置”和“自动涂覆油膜装置”配合实现用少量油对新鲜食物进行的干煎炸存在本质区别，证据2－1没有公开“干煎炸锅”。综上，权利要求1相对证据2－1具备新颖性。此外，对比文件也没有公开上述区别特征，权利要求1相对于被诉决定中现有技术组合具备突出的实质性特点，具备创造性。在权利要求1具备新颖性以及创造性的情形下，其他所有权利要求也应或进一步具备新颖性和创造性。据此，请求依法撤销原审判决和被诉决定，重新作出决定。

最高人民法院于2019年11月26日作出（2019）最高法知行终184号行政判决书，认同重审法院的观点，认为本专利权利要求1的技术方案已被证据2－1公开，且二者属于相同的技术领域，能够解决相同的技术问题，并达到相同的技术效果，因此，本专利权利要求1要求保护的技术方案不具备2001年《专利法》第22条第2款规定的新颖性，并且权利要求5～7、9、11、13、16～19、29及从属于上述权利要求的权利要求8、10、12均不具备《专利法》第22条第3款规定创造性。SEB公司的上诉主张缺乏事实及法律依据，其上诉请求均不予支持。原审判决认定事实清楚，适用法律及判决结论正确，依法应予维持。

【焦点归纳】

本案争议的焦点在于权利要求1主题中“干煎炸锅”是否具有限定作用。

专利复审委员会认为：在本专利权利要求1的技术方案中，通过在干煎炸锅中设置给食物自动涂覆油脂膜的装置，并设置能够产生直接冲击至少部分食物的主加热器装置，整体上实现了“干煎炸”的烹调方式。由此可见，“干煎炸”并非仅仅是少油煎炸的含义，其作为本专利独立权利要求1的主题名称与其特征部分限定的自动涂覆油脂膜的装置以及能够产生直接冲击至少部分食物的主加热器装置一起限定了一种区别于现有技术中各种声称少油煎炸锅的新颖的煎炸锅以及相应的煎炸方法。

SEB公司认为相对于证据2－1，本专利权利要求1具备“干煎炸锅”区别技术特征，证据2－1设备在干燥条件下煎炸，本质是“高温热空气装置”与“滚动落下食物装置”配合，对预制食品进行高温烘烤，与本专利“热流装置”和“自动涂覆油膜装置”配合实现用少量油对新鲜食物进行的干煎炸存在本质区别，证据2－1没有公开“干煎炸锅”。

金朗宝公司认为“干煎炸”这一用途特征对于权利要求1的锅没有限定作用，只要满足涉案专利对“干煎炸”定义的“锅”均可用于干煎炸。

一审法院认为证据2－1中公开的煎炸设备实质上也是一种可对食物进行干煎炸烹饪的装置，与涉案专利属于相同的技术领域，但是证据2－1中没有公开“在所述主体（2）内安装有一装置（5，6），所述装置用于通过将所述食物与油脂混合而给所述食物自动涂覆油脂膜”这一特征，因此，权利要求1相对于证据2－1具备新颖性。

二审法院认为：《专利法实施细则》第21条第1款规定，发明或者实用新型的独立权利要求应当包括前序部分和特征部分，前序部分写明要求保护的发明或者实用新型技术方案的主题名称和发明或者实用新型主题与最接近的现有技术共有的必要技术特征；特征部分使用"其特征是……"或者类似的用语，写明发明或者实用新型区别于最接近的现有技术的技术特征。这些特征和前序部分写明的特征合在一起，限定发明或者实用新型要求保护的范围。但前序部分的主题名称与技术特征不同，通常是对权利要求包含的全部技术特征所构成的技术方案的抽象概括，是对专利技术方案的简单命名，因此，主题名称本质上不是一个单独的技术特征，其代表的技术方案通常能够通过权利要求的全部技术特征体现，因此，当主题名称体现的技术内容能够为权利要求的其他全部必要技术特征具体指代，则该主题名称对界定权利要求的保护范围没有额外贡献，此时，在进行新颖性、创造性判断时无需额外考虑该主题名称的限定作用。而当主题名称涵盖了不能被权利要求的其他必要技术特征体现的技术内容时，主题名称中不能为其他技术特征涵盖的技术内容在确定权利要求的保护范围时具有限定作用，但是否产生实际的限定作用，还应当视该主题名称对主题具有何种限定。

本案中，本专利的权利要求1为产品权利要求，其主题为"锅"，判断其主题名称"干煎炸锅"是否对本专利权利要求1产生实际的限定作用，首先应当正确理解"干煎炸"的含义。由于"干煎炸"是SEB公司在本专利文件中的自定义词汇，因此，对于"干煎炸"的理解应当使用本专利说明书中的定义。本专利说明书中记载，"干煎炸"表示一种在烹调循环期间不将食物（部分以及/或者临时）浸入油或者油脂中的烹调食物的方式，即食物虽然被烹调介质（例如油）"弄湿"，但并不浸入或者浸泡在该介质中。由此可知，"干煎炸"是一种食物的烹饪方式，该烹饪方式是对使用者的要求而非对锅本身的限定，因此"干煎炸锅"的主题名称是一种使用方法的限定。对于"锅"这一产品主题，关于油与食物的接触方式的要求已经通过加入油以及涂覆油的结构特征加以体现，"干煎炸"本身对本专利权利要求1的产品结构特征没有产生实际的影响。因此，"干煎炸"的主题名称对于该产品权利要求是否具备创造性的判断不起作用。

其次，即使需要考虑"干煎炸"的限定作用，由于SEB公司认可煎炸的烹饪方式必须使用油或油脂，而证据2-1公开的是一种煎炸或加热食物的设备，因此，证据2-1中煎炸的技术方案，必然隐含公开了加入油脂的技术特征。同时，由于证据 2－1 特别指出该设备能够在干燥条件下煎炸法式炸薯条，即通过高温空气和/或红外线煎炸食物，也即并非使用油脂等作为热传导的中间介质，而是通过热空气或红外线达到烹饪的目的。因此，本领域技术人员阅读证据 2－1 关于“干燥煎炸”的技术方案时，基于其关于煎炸使用油或油脂的认知，能够理解证据 2－1 的“干燥煎炸”即煎炸物是非浸入油或油脂的煎炸，因此，证据 2－1 本质上也公开了一种“干煎炸”的烹饪装置。

重审法院认为“干煎炸”是一种食物的烹饪方式，该烹饪方式是对使用者的要求而非对锅本身的限定，例如烹饪者可以选择加入油脂的量。对于“锅”这一产品主题，“干煎炸锅”主题名称已经通过加入油、涂覆油和加热装置的结构特征加以体现，“干煎炸”本身对本专利权利要求 1 的产品结构特征没有产生实际的影响。故“干煎炸锅”主题名称对于本专利权利要求是否具备新颖性和创造性的判断不起作用。

最高人民法院认为：证据 2－1 中公开的在干燥条件下对法式薯条等食物进行煎炸加工过程中，并不将食物浸入油或油脂中，明显排除了浸入煎炸的可能，否则条件“干燥”失去其应有意义，且证据 2－1 公开的煎炸方式较适合于加工不能粘结在一起的松散小食品等，并取得了煎炸均匀性和煎炸速度的良好结果。基于以上加热方式、实现效果等因素考虑，证据 2－1 中公开的煎炸设备实质上也是一种可对食物进行干煎炸烹饪的装置，与本专利属于相同的技术领域，因此证据 2－1 公开了“干煎炸锅”技术特征。

【分析借鉴】

在专利侵权判断的技术特征对比或者创新性判断的技术特征对比中，如果其他技术特征都相同，只存在主题名称中的技术内容的差异时，主题名称对权利要求的保护范围是否具有限定作用就会对侵权判断或者创新性判断产生关键性影响。主题名称对权利要求保护范围是否具有限定作用不能一概而论，最终体现在主题名称中的技术内容是否对权利要求所要保护的主题的具有实质性的影响。

1. 如何判断主题名称是否具有限定作用

《专利侵权判定指南（2013）》中对主题名称的定义是：“主题名称是对权利要求包含的全部技术特征所构成的技术方案的抽象概括，是对专利技术方案的简单命名，其代表的技术方案需要通过权利要求的全部技术特征来体现。”因此，主题名称本质上不是一个单独的技术特征，其代表的技术方案通常能够通过权利要求的全部技术特征体现。如果主题名称体现的技术内容能够为权利要求的其他全部必要技术特征具体指代，则该主题名称对界定权利要求的保护范围没有额外贡献，此时，在进行新颖性判断、创造性判断、侵权判断时无须额外考虑该主题名称的限定作用。而当主题名称涵盖了不能被权利要求的其他必要技术特征体现的技术内容时，主题名称中这些不能为其他技术特征涵盖的技术内容在确定权利要求的保护范围时可能具有限定作用。判断主题名称是否具有限定作用可分为如下三个步骤：

（1）对权利要求的主题进行技术内容的提炼。

权利要求的主题中除了技术内容之外，还可能包括商业宣传用语等非技术性的内容，这就需要首先将这些非技术性的内容排除，在排除后的内容中提取出结构、形状、参数、用途等技术内容。例如，对于一种新型的用于钢水浇铸的模具，由于“新型”属于商业宣传用语，因此经过提取可以得到对该技术主题“模具”的限定内容只包括“用于钢水浇铸”这一用途限定。

（2）将提炼后的技术内容与权利要求特征部分的技术特征进行对比。

将提炼后的技术内容与权利要求特征部分的技术特征进行对比，目的在于去除一些已经被特征部分所覆盖的技术内容，以确定还需要考虑哪些技术内容以及不需要考虑哪些技术内容。如果提炼后技术内容已经被特征部分所全部覆盖，那么该主题不具有限定作用，如果提炼后技术内容还有未被特征部分所覆盖的技术内容，那么该主题可能具有限定作用。

（3）判断未覆盖的技术内容是否产生“实质性影响”。

在上一步确定未覆盖的技术内容之后，并不能确定主题就具有限定作用，还需要判断未覆盖的技术内容是否对权利要求产生了“实质性影响”。“实质性影响”可以分为内部影响和外部影响。内部影响是指主题名称中包括的技术内容对权利要求所要保护的主题本身及其内部进行限定，主要包括对技术主题的结构、组成、形状、性质、参数等方面的限定，如果这些限定特征是对权利要求所要保护的主题本身或其内部的限定，就当然能对主题本身产生实质性影响，构成权利要求所要保护的内容之一。外部影响是指主题名称对与权利要求所要保护的主题密切相关的外部因素进行限定，具体实现方式主要体现在对技术主题的用途、功能、方法、使用环境等方面的限定。一般来说，这些外部限定特征并不具有可执行性，不能单独构成技术特征。在判断其实际限定作用时，应当考虑这些限定词语是否隐含了要求保护的主题必然具有某种特定结构和/或组成，或者是否体现了该技术方案的发明目的、发明点等基本发明构思。外部限定特征实现了以上实质性影响时，主题名称就对权利要求所要保护的主题本身产生了实际限定作用，构成权利要求的内容[1]。

具体到本案中，涉案专利的权利要求1为产品权利要求，由于权利要求中并没有商业宣传等修饰性用语，因此通过提取权利要求1中技术内容可知，权利要求只包括技术内容“干煎炸”。判断其主题名称“干煎炸锅”是否对涉案专利权利要求1产生实际的限定作用，首先应当正确理解“干煎炸”的含义。由于“干煎炸”是SEB公司在涉案专利文件中的自定义词汇，因此，对于“干煎炸”的理解应当使用涉案专利说明书中的定义。涉案专利说明书中记载，“干煎炸”表示一种在烹调循环期间不将食物（部分以及/或者临时）浸入油或者油脂中的烹调食物的方式，即食物虽然被烹调介质（例如油）“弄湿”，但并不浸入或者浸泡在该介质中。由此可知，“干煎炸”是一种食物的烹饪方式，属于前述的外部影响。该烹饪方式是对使用者的要求而非对锅本身的限定，因此“干煎炸锅”的主题名称是一种使用方法的限定，对于“锅”这一产品主题，关于油与食物的接触方式的要求已经通过加入油以及涂覆油的结构特征加以体现，“干煎炸”这一对使用者的要求并不隐含或者直接决定了锅需要具有某种结构，因此对涉案专利权利要求1的产品结构特征没有产生实际的影响。由此可见，“干煎炸”的主题名称对于该产品权利要求是否具备创造性的判断不起作用。

另外对于本案而言，即使需要考虑“干煎炸”的限定作用，由于SEB公司认可煎炸的烹饪方式必须使用油或油脂，而证据2－1公开的是一种煎炸或加热食物的设备，因此，证据2－1中煎炸的技术方案，必然隐含公开了加入油脂的技术特征。同时，由于证据2－1特别指出该设备能够在干燥条件下煎炸法式炸薯条，即通过高温空气和/或红外线煎炸食物，也即并非使用油脂等作为热传导的中间介质，而是通过热空气或红外线达到烹饪的目的。因此，本领域技术人员阅读证据2－1关于“干燥煎炸”的技术方案时，基于其关于煎炸使用油或油脂的认知，能够理解证据2－1的“干燥煎炸”即煎炸物非浸入油或油脂的煎炸，因此，证据2－1本质上也公开了一种“干煎炸”的烹饪装置。

2. 对申请文件撰写的启示

权利要求由主题名称和多个技术特征所构成，在主题名称和技术特征的共同作用下决定了权利要求的保护范围，因此权利要求的主题名称的确定和撰写

[1] 李劼．主题名称对专利权利要求保护范围的限定作用［D］．重庆：西南政法大学，2019.

也是权利要求撰写时的重点之一。在撰写权利要求时，通常基于“产业链原则”来确定权利要求的主题，即沿产业链的上游至下游从最小的保护单元开始布局。

通过上面的分析可知，在撰写权利要求主题时，可以通过内部影响或者外部影响的方式来对权利要求的技术主题进行限定。在通过结构限定特征、组成限定特征、形状限定特征、性质限定特征、参数限定特征等内部影响方式对权利要求的主题进行撰写时，如果这些特征并没有被权利要求特征部分的技术特征所囊括，那么必然会对权利要求的保护范围产生影响，因而缩小权利要求的保护范围，因此在使用这些特征对主题进行限定时应特别慎重。如果希望采用这种方式对权利要求的主题进行限定，首先应做到这些限定对于本领域技术人员是清楚明确的，如果这些限定含义并不是公知的，那么在说明书中必须要进行解释和说明，否则可能会造成权利要求的保护范围无法确定，从而无法进行侵权判定或者创新性的判断。但是更为稳妥的做法是，在权利要求的特征部分利用结构特征、组成特征、形状特征、性质特征、参数特征进行限定，而非主题中，例如对于一种主题为“一种逐次逐段发光的光缆线”的权利要求，逐次逐段发光是对光缆线结构限定，推荐的撰写方式是将逐次逐段发光的相关的结构特征在权利要求的特征部分进行限定，从而将主题撰写为更为简洁和明确的“一种光缆线”。

如果通过用途、功能、方法、使用环境等外部影响对权利要求的主题进行撰写，由于这些限定并不会必然具有限定作用，所以采用这种方式对权利要求的主题进行撰写时应注意以下几个方面：

（1）已知产品的新用途能获得授权的原因是主题名称中的用途能够产生所属领域的技术人员意想不到的技术效果，因此，在确定包括新用途的主题的权利要求的保护范围时，该新用途必然对权利要求的保护范围具有实质性的限定作用。

（2）对于在主题名称中使用用途限定的新产品的权利要求，也应确定主题的用途是否隐含了要求新产品必然具有某种特定的结构或者组成。

（3）在通过方法对产品权利要求的主题进行限定时，应确保当主题名称中限定的方法必然会使产品具有不同于其他产品的特定结构和/或组成。

综上，专利申请人和专利代理人都应该充分重视权利要求主题的撰写，不要随意在主题中添加限制性内容，以避免权利要求保护范围的限缩，造成专利权的丧失或者权益无法维护。

5.2 等同原则

《最高人民法院关于审理专利纠纷案件适用法律问题的若干规定》第13条规定："专利法第五十九条第一款所称的"发明或者实用新型专利权的保护范围以其权利要求的内容为准，说明书及附图可以用于解释权利要求的内容"，是指专利权的保护范围应当以权利要求记载的全部技术特征所确定的范围为准，也包括与该技术特征相等同的特征所确定的范围。

等同特征，是指与所记载的技术特征以基本相同的手段，实现基本相同的功能，达到基本相同的效果，并且本领域普通技术人员在被诉侵权行为发生时无需经过创造性劳动就能够联想到的特征。"

在专利制度发展进程中，权利要求的实际保护范围逐渐从与权利要求文字记载的内容相同的范围扩展到包含了与权利要求相关特征等同的技术特征所构成的范围，这主要是出于更合理地为专利权人提供专利保护的考量。等同特征概念的引入，避免了他人通过对专利技术方案中某些特征的简单替换而绕开专利约束的问题。

【案例20】动态物理屏蔽净化器、制止方法及专用夹具［（2016）最高法民再85号］

> 判断被诉侵权的技术方案与专利技术方案是否"等同"是专利侵权判定的难点，其中以判断功能性特征、数值范围、方法步骤等是否等同尤为常见，在实践中应严格依据等同特征的"三基本一无需"四个要件进行判断。

【案情介绍】

胡某志于2008年5月4日向国家知识产权局提出名称为"动态物理屏蔽净化器、制止方法及专用夹具"的发明专利申请，该申请的授权公告日2010年2月24日，专利号为CN200810067071.8（以下简称涉案专利）。2013年1月5日，胡某志将上述专利转让给深圳厨之道环保高科有限公司（以下简称厨之道公司）并办理了变更登记。

涉案专利的授权权利要求1如下：

> 1. 一种动态物理屏蔽净化器，其特征在于：包括中心盘和数根圆形辐条，所述辐条一端呈径向辐射地固接在所述中心盘上，设置在同一平

面内的辐条的直径与辐条的根数的积的值满足大于等于46，小于等于460，计算时，辐条的直径以毫米为单位，且辐条的直径大于或等于0.3mm。

图5-5是涉案专利一种实施例的平面结构示意图，新型动态物理屏蔽净化器1，包括带轴孔11的中心盘12，所述中心盘12可用1~3mm厚的不锈钢板冲压而成，中心盘12的圆周可设一圈边，以增强中心盘12的强度。在所述中心盘12的正面用激光焊接的方法，焊接有150根直径为1mm的呈径向辐射布置的金属辐条13。

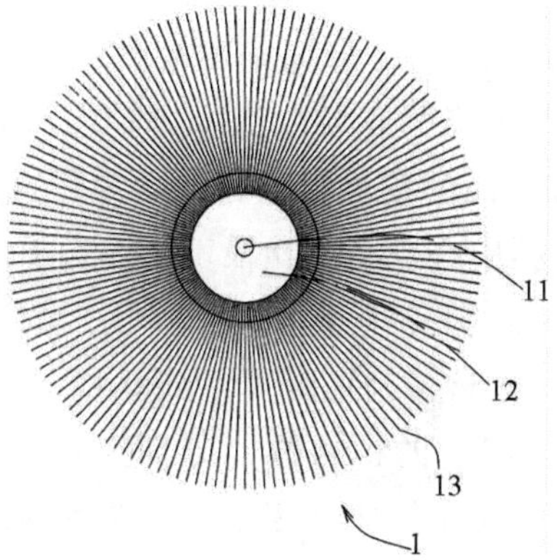

图5-5　涉案专利净化器的平面结构示意图

1. 重庆市第一中级人民法院一审案情简介［（2014）渝一中法民初字第00542号］

厨之道公司发现重庆市创新油烟净化设备有限公司（以下简称创新公司）未经专利权人许可公开生产、销售仿冒专利的侵权产品。厨之道公司认为创新公司销售的产品已经落入厨之道公司发明专利的权利保护范围，构成侵权，应承担侵权责任，将创新公司诉至重庆市第一中级人民法院。

创新公司一审抗辩称：创新公司未侵犯厨之道公司的专利权，创新公司制造的机械离心式油雾净化机是创新公司法定代表人的专利产品。创新公司为证明其不构成专利侵权还提交了专利名称为“动态离心式净化盘”，专利号为ZL201020153526.0以及专利名称为“机械离心式油污净化机”，专利号为ZL201320215250.8的两份实用新型专利证书，上述两个专利的申请日均在涉案专利申请日之后。创新公司生产的产品并未落入厨之道公司的专利权保护范围。

创新公司于2015年1月4日向一审法院提出鉴定申请，根据双方当事人的共同选定，一审法院依法委托重庆市科协科技服务中心司法鉴定所作鉴定。鉴定机构得出的鉴定意见为：在油烟净化的过程中，创新公司产品采用六边形辐条和厨之道公司专利采用圆形辐条是基本相同的手段、实现基本相同的功能，但效果不相同。对六边形辐条是否比圆形辐条的油烟净化效果好，本领域的普通技术人员无需经过创造性劳动是联想不到的。

一审法院查明事实认定厨之道公司专利的保护范围是其独立权利要求记载的全部必要技术特征，即：一种动态物理屏蔽净化器，其特征在于，包括中心盘和数根圆形辐条，所述辐条一端呈径向辐射地固接在所述中心盘上，设置在同一平面内的辐条的直径与辐条的根数的积的值满足大于等于46，小于等于460，计算时，辐条的直径以毫米为单位，且辐条的直径大于或等于0.3mm。将被控侵权产品的技术特征和涉案专利的全部必要技术特征进行比对，被控侵权产品包括中心盘和140根正六边形辐条，所述辐条一端呈径向辐射地固接在所述中心盘上，设置在同一平面内的正六边形辐条的外接圆和内切圆直径均大于0.3mm（分别是1.65mm和1.49mm），外接圆和内切圆直径与辐条的根数（140）的积的值（分别为231和208.6）满足大于等于46，小于等于460。两者不同之处在于：涉案专利的技术特征辐条的横截面为圆形，而被控侵权产品辐条的横截面为正六边形，其他技术特征相同。厨之道公司认为：辐条采用圆形和六边形的技术特征构成等同，被控侵权产品落入了厨之道公司的专利保护范围，鉴定结论不应该被采信。创新公司认为：前述两种技术特征既不相同也不等同，被控侵权产品未落入厨之道公司涉案专利的保护范围。

一审法院于2016年3月24日作出（2014）渝一中法民初字第00542号民事判决，一审法院认为：

根据《专利法》第59条第1款规定，发明或者实用新型专利权的保护范围以其权利要求的内容为准，说明书及附图可以用于解释权利要求的内容。本案中，厨之道公司的独立权利要求明确载明辐条为圆形辐条，在说明书中也明确“本发明与圆形板状净化器相比，由于本发明辐条是圆形的，故其正面和侧面均为曲面，不存在圆形板状净化器的阻风等问题，故其净化率高”，因此，辐条采用圆形是厨之道公司专利的必要技术特征，与被控侵权产品采用正六边形的辐条和圆形辐条的技术特征并不相同，而以上不相同的两个技术特征是否构成等同的技术特征是认定被控侵权产品是否落入厨之道公司专利权保护范围的关键。

专利法所称的“发明或者实用新型专利权的保护范围以其权利要求的内容为准，说明书及附图可以用于解释权利要求”，是指专利权的保护范围应当以权利要求书中明确记载的必要技术特征所确定的范围为准，也包括与该必要技术特征相等同的特征所确定的范围。等同特征是指与所记载的技术特征以基本相同的手段，实现基本相同的功能，达到基本相同的效果，并且本领域的普通技术人员无需经过创造性劳动就能够联想到的特征。《最高人民法院关于审理侵犯专利权纠纷案件应用法律若干问题的解释》（法释〔2009〕21 号）第 7 条规定：人民法院判定被诉侵权技术方案是否落入专利权的保护范围，应当审查权利人主张的权利要求所记载的全部技术特征。被诉侵权技术方案包含与权利要求记载的全部技术特征相同或者等同的技术特征的，人民法院应当认定其落入专利权的保护范围；被诉侵权技术方案的技术特征与权利要求记载的全部技术特征相比，缺少权利要求记载的一个以上的技术特征，或者有一个以上技术特征不相同也不等同的，人民法院应当认定其没有落入专利权的保护范围。

本案中，鉴定机构根据油烟净化原理的分析，将工作状况相同、辐条横截面相同、辐条材料相同和辐条数量相同的条件下，影响油烟净化效果的三种情况进行对比分析后认为六边形辐条比圆形辐条对油烟的附着效果好，对六边形辐条是否比圆形辐条的油烟净化效果好而言，本领域的普通技术人员无需经过创造性劳动是联想不到的。一般情况下普通技术人员会认为六边形辐条和圆形辐条的油烟净化效果没有差异。水平较高的技术人员或研发团队通过实验对比或实践应用反馈，才能知晓六边形辐条比圆形辐条的油烟净化效果好。因此，被控侵权产品采用六边形辐条和厨之道公司专利采用圆形辐条是基本相同的手段，实现基本相同的功能，但效果并不相同，并且本领域的普通技术人员无需经过创造性劳动是联想不到的。厨之道公司对鉴定报告有异议但没有举示相反证据，一审法院对鉴定报告予以采信。根据鉴定报告的结论，采用正六边形的辐条和圆形辐条的效果并不相同，并且本领域的普通技术人员无需经过创造性劳动是联想不到的。因此一审法院认定这两项技术特征不是等同的技术特征，被控侵权产品既未全面覆盖专利独立权利要求中记载的全部必要技术特征，又不构成等同特征，因此厨之道公司申请一审法院证据保全的被控侵权产品未落入厨之道公司专利的保护范围，创新公司生产销售该产品不构成专利侵权。

2. 重庆市高级人民法院二审案情简介［(2016) 渝民终365号］

一审法院宣判后，厨之道公司不服原审判决，向重庆市高级人民法院（以下简称二审法院）提起上诉称：一审法院判决依据的事实错误，请求撤销重庆市第一中级人民法院（2014）渝一中法民初字第00542号民事判决，并作出改判；本案一、二审诉讼费包括鉴定费由创新公司承担。其理由如下：

判决的理由错误导致判决结论错误。一审法院认为被控侵权产品技术特征未全面覆盖专利独立权利要求中记载的全部必要技术特征。厨之道公司认为圆形辐条与六边形辐条从形状上近似于等同的形状，被控侵权产品与厨之道公司的产品采用了基本相同的手段，实现基本相同的功能，无论产生的效果是否一样，被控侵权产品都落入厨之道公司的专利保护范围。而且创新公司只是简单地更换了一个相似的配件，技术特征还是相似的，其他技术特征也等同，所以被控侵权产品的技术特征完全相同或等同于厨之道公司的专利独立权利要求，已经构成了侵权。

被上诉人创新公司未向二审法院提交答辩状，但在庭审时答辩：一审法院认定事实清楚，适用法律正确，要求依法驳回上诉，维持原判。

关于被控侵权产品是否落入涉案专利的保护范围的问题，二审法院认为：被控侵权产品采用六边形辐条和厨之道公司专利采用圆形辐条是基本相同的手段，实现基本相同的功能，但效果并不相同，并且本领域的普通技术人员无需经过创造性劳动是联想不到的。一审法院认定这两项技术特征不是等同的技术特征，被控侵权产品未落入厨之道公司专利的保护范围，创新公司生产销售该产品不构成专利侵权正确，本院予以维持。

3. 最高人民法院再审案情简介［(2016) 最高法民再85号］

厨之道公司不服二审判决，向最高人民法院申请再审，并于再审开庭时提交了公证书，该公证书对创新公司的网页进行了公证保全，用以证明创新公司没有停止侵权以及其产品工作原理与厨之道公司专利一致。

创新公司提交意见称，涉案专利限定了辐条为圆形，明确排除了对其他形状辐条的保护，被诉侵权产品与涉案专利既不相同也不等同，厨之道公司没有提交其遭受损失和创新公司获利的证据，实际上没有任何损失。二审判决认定事实清楚、适用法律正确，请最高人民法院予以维持。

最高人民法院再审认为，本案争议焦点问题为：一审证据保全的被诉侵权产品是否落入涉案专利的保护范围。

关于一审证据保全的被诉侵权产品是否落入涉案专利的保护范围，最高人民法院认为：本案中，根据一、二审法院查明的事实，以及再审开庭调查的情况，双方均同意被诉侵权产品和涉案专利的不同之处在于涉案专利的技术特征辐条的横截面为圆形，而被控侵权产品辐条的横截面为正六边形，其他特征均相同。鉴定意见记载："六边形辐条比圆形辐条对油烟的附着效果好，因此可以判断六边形辐条比圆形辐条的油烟净化效果好。对六边形辐条是否比圆形辐条的油烟净化效果好，本领域的普通技术人员无需经过创造性劳动是联想不到的。一般情况下普通技术人员会认为六边形辐条和圆形辐条的油烟净化效果没有差异。水平较高的技术人员或研发团队通过实验对比或实践应用反馈，才能知晓六边形辐条比圆形辐条的油烟净化效果好。"一、二审法院据此认定圆形辐条和正六边形辐条不构成等同。对此，本院认为，网盘在工作时通过高速旋转的辐条拦截油烟中的液体和固体颗粒同时允许气体通过，在高速旋转的工况下，影响网盘拦截效率和通气效果的主要因素是辐条在网盘上的密度和辐条的直径，涉案专利权利要求 1 所限定的技术特征"设置在同一平面内的辐条的直径与辐条的根数的积的值满足大于等于46，小于等于460"及"辐条的直径以毫米为单位，且辐条的直径大于或等于 0. 3mm"即是对该主要影响因素的限定。因此，根据对发明技术方案、技术问题和技术效果的整体判断，辐条横截面积的形状不会产生较大差异。

创新公司主张权利要求 1 限定了辐条为圆形，明确排除了对其他形状辐条的保护。对此，本院认为，尽管涉案专利权利要求 1 限定辐条为圆形，但本领域普通技术人员可以预期其他类圆辐条在高速旋转拦截时也能产生与涉案专利类似的效果。涉案专利的说明书已经载明："本发明与圆形板状净化器相比，由于本发明辐条是圆形的，故其正面和侧面均为曲面，不存在圆形板状净化器的阻风等问题，故其净化率高。"由此可见，涉案专利采用圆形辐条是为了解决板状辐条的风阻问题，本领域普通技术人员可以预期其他类圆辐条相对于板状辐条也能解决相同的技术问题，因此，不宜将其他类圆辐条排除在涉案专利的保护范围之外。创新公司的主张不予支持。

【焦点归纳】

本案争议的焦点在于，被控侵权产品中的横截面为正六边形的辐条是否与涉案专利中圆形辐条等同。

厨之道公司认为圆形辐条与六边形辐条从形状上近似于等同的形状，被控侵权产品与厨之道公司的产品采用了基本相同的手段，实现基本相同的功能，无论产生的效果是否一样，被控侵权产品都落入厨之道公司的专利保护范围。而且创新公司只是简单地更换了一个相似的配件，技术特征还是相似的，其他技术特征也等同，所以被控侵权产品的技术特征完全相同或等同于厨之道公司的专利独立权利要求，已经构成了侵权。

创新公司认为涉案专利限定了辐条为圆形，明确排除了对其他形状辐条的保护，被诉侵权产品与涉案专利既不相同也不等同。

一审、二审法院根据重庆科学技术咨询中心司法鉴定所出具的鉴定报告结论，认为被控侵权产品采用六边形辐条和厨之道公司专利采用圆形辐条是基本相同的手段，实现基本相同的功能，但效果并不相同，六边形辐条比圆形辐条对油烟的附着效果好，对六边形辐条是否比圆形辐条的油烟净化效果好而本领域的普通技术人员无需经过创造性劳动是联想不到的。一般情况下普通技术人员会认为六边形辐条和圆形辐条的油烟净化效果没有差异。水平较高的技术人员或研发团队通过实验对比或实践应用反馈，才能知晓六边形辐条比圆形辐条的油烟净化效果好。六边形辐条与圆形辐条不构成等同的技术特征，被控侵权产品未落入厨之道公司专利的保护范围，创新公司生产销售该产品不构成专利侵权。

而最高人民法院则认为尽管涉案权利要求 1 限定辐条为圆形辐条，但本领域普通技术人员可以预期其他类辐条在高速旋转拦截时也能产生与涉案专利类似的效果。因此被控侵权产品落入本涉案专利的保护范围。

【分析借鉴】

判断被诉侵权的技术方案与专利技术方案是否“相同”是专利侵权判定的难点。根据专利侵权判定中技术特征的对比结论是相同还是近似通常将侵权分为相同侵权和等同侵权。相同侵权判定时要求专利技术特征与被诉侵权物的技术特征表现得完全一样，因为是通过对比技术特征的文字性描述，所以又被称为字面侵权。如果指被诉侵权的产品或方法虽然没有直接落入专利权利要求的字面含义所描述的保护范围，但是与专利权利要求所描述的方案实质等同则称为等同侵权。

1. 技术特征等同的要件

《最高人民法院关于审理侵犯专利权纠纷案件应用法律若干问题的解释》［法释〔2009〕21 号］第 7 条规定，通过定义等同特征，规定了等同原则的判定标准即“三基本一无需”。根据最高人民法院的阐释和司法实践的总结，基本相同的手段是指在被诉侵权行为发生时专利所属技术领域的惯常替换手段或工作原理基本相同的手段；基本相同的功能，是指被诉侵权技术方案中的替换手段所起的作用与专利对应技术特征在专利技术方案中所起的作用基本相同；基本相同的效果是指被诉侵权技术方案中的替换手段所达到的效果与权利要求对应技术特征的技术效果无实质性差异；无需经过创造性劳动就能够想到，是指对所属技术领域的普通技术人员而言，被诉侵权技术方案中替换手段与权利要求对应技术特征相互替换是显而易见的。该四要件既各具独立意义，相互之间又联系紧密形成一个整体，认定等同该四要件缺一不可。

（1）手段基本相同

从司法解释的条文看，“基本相同的手段”指的是被控侵权物的某一技术特征在实现专利相应技术特征的功能、效果时，所采用的手段基本相同。技术特征是指在权利要求所限定的技术方案中，能够相对独立地执行一定的技术功能，并能产生相对独立的技术效果的最小技术单元。在产品技术方案中，该技术单元一般是产品的部件和/或部件之间的连接关系。在方法技术方案中，该技术单元一般是方法步骤或者步骤之间的关系。技术特征是四要件中唯一一个客观要件，在手段上的区别往往体现在使用不同构件或缺少某一构件，构件的数量、位置、组织方式、运动方式存在不同，步骤增减或顺序调换等具体的实施方式方面。判断手段是否基本相同必须占位本领域普通技术人员，确定各该区别是否属于常规的替换方式或原理基本相同的技术手段。

（2）功能基本相同

当被控侵权技术特征和专利技术特征系为基本相同的目的而设置时，二者功能基本相同；当二者功能具有较大差别，或者被控侵权技术特征不能完成专利技术特征的功能时，等同不成立。一般而言功能基本相同的判断依据是作用，即通过判断对应技术特征所起到的作用是否基本相同，来判断功能是否基本相同。

（3）效果基本相同

判断效果是否基本相同，即对两种不同技术手段对各自功能的完成效果进行评价。一般情况下，只有在功能基本相同的前提下才涉及效果的比对；若两项技术特征功能不同，对效果的比对就无从谈起。若将专利技术手段对特定功能完成的效果设定为A，被控侵权技术手段的完成效果设定为B，则在B = A、B≈A、B = A + C（即B在实现A的同时还有其他有益效果）的情形下可以认定效果相同或基本相同❶。

（4）一无需

“本领域普通技术人员无需创造性劳动即可联想得到”是指所采用替换手段对所属领域普通技术人员“显而易见”，所以该要件也被称作“显而易见性”要件。在判断是否经过创造性劳动才能联想得到时可以考虑以下因素：两技术特征是否属于同一或相近的技术类别，技术类别是对技术特点和性质分类的重要依据，通过缩小比较的范围从而作出准确的对比；两技术特征所利用的工作原理是否相同，工作原理是技术特征的本质体现，是技术对比的基础；两技术特征之间是否存在简单的直接替换关系，即两技术特征之间的替换是否需对其他部分作出重新设计，但要注意简单的尺寸和接口位置的调整不属于重新设计。如果本领域的普通技术人员能够轻易完成这种替换，则应属显而易见，进而构成等同侵权；反之，则为非显而易见的替换，不构成等同侵权。

对于本案而言，双方当事人均同意被诉侵权产品和涉案专利的不同之处在于：涉案专利的技术特征辐条的横截面为圆形，而被控侵权产品辐条的横截面为正六边形。被控侵权产品采用六边形辐条和涉案专利采用圆形辐条是基本相同的手段，实现基本相同的功能。因此判断是否等同的关键在于判断效果是否基本相同，以及是否无需创造性劳动即可联想得到。涉案专利的说明书记载了“本发明与圆形板状净化器相比，由于本发明辐条是圆形的，故其正面和侧面均为曲面，不存在圆形板状净化器的阻风等问题，故其净化率高”，由此可见，涉案专利采用圆形辐条是为了解决板状辐条的风阻问题。然而对于本领域普通技术人员而言，完全可以预期其他类圆辐条相对于板状辐条也能解决相同的技术问题，即便其他类圆辐条在效果上可能存在一些差异，也就是说采用截面为正六边形的辐条对圆形辐条进行替换是无需付出创造性劳动即可联想得到的，因此两者等同。最高人民法院曾在宁波市东方机芯总厂诉江阴金铃五金制品有限公司侵犯专利权纠纷提审案中指出：在判定等同侵权时，对被控侵权方案的效果与专利的效果进行比较是必要的，但比较二者的效果时，不应强调它们之间完全相等，只要基本相同即可。有时专利的效果要比被控侵权产品和方法的效果稍好，有时也可能是稍差，只要效果基本相同，均不影响对侵犯专利权行为的判断❷。

❶ 张书青．专利侵权等同判定的原则与规则［J］．电子知识产权，2016（12）：69－78.

❷ 最高人民法院民事判决书（2001）民三提字第1号．

另外在侵权判定中，进行等同判定时经常涉及以下三种情况：

（1）功能性特征等同

功能性特征本质也是技术特征，这些技术特征被限定用来达到一定的功能或者效果。功能性特征相比较于一般的技术特征，因为功能或效果的外在表示使得其更容易感知和比较，通过对比各部分之间的联系，就可以清晰明了地展现技术特征的内容。

在陈某弟与浙江乐雪儿家居用品有限公司、何某华及第三人温某丹侵害发明专利权纠纷案[1]中，可否依据权利要求中的功能性描述来确定是否应用等同原则？被告乐雪儿公司在一审中抗辩，保温层是功能性技术特征，而被诉侵权物中相应位置是半片空心薄棉，明显不具有保温层的技术特征。一审法院认为涉案专利仅对功能进行限定，未对保温层的材质等进行限定，故应当从功能上来分析，二审法院持相似观点，认为被诉侵权物中的空心棉起到了一定的保温作用，对应着涉案专利中的保温层，应当适用等同原则。

在最高人民法院的再审中，乐雪儿公司认为被诉侵权物中使用半块空心薄棉与涉案专利中记载的保温层不属于相同或等同的特征，一审法院不当扩大了该功能限定的技术特征的保护范围。根据专利权利要求书的记载，保温层的结构很好地实现了保温这一功能，实现了完全连接和隔离，实现了保温的功能，同时也可以延长使用寿命，避免灌入开水时过烫。而被诉侵权产品在内外层之间仅使用薄空心棉软垫，并未完全覆盖并将内外层隔开，不可能有像涉案专利保温层那样的保温效果，仅仅是为了增加手持热水袋的舒适感。最高人民法院认为，根据权利要求的记载，保温层在整个技术方案中属于功能性限定的技术特征。从说明书及附图可知，通过人工保温棉等相关材料的绝缘层，将内外层完全覆盖并分离，达到保温和绝热防烫的效果，而被诉侵权产品在同样的情形下使用空心棉软垫。保温的原理是通过物理手段隔离热对流和热传导，这是设置保温层的目的，也是保温层功能的体现，因此保温层的材料与被诉侵权产品使用的材料相同，仅仅在覆盖面存在一定的差异，但是都掩盖不了两种设置都是为了减少热传导和热对流的。虽然存在效果差异，但是这种差异对于保温原理来说，是非实质性的。

（2）数值或数值范围的等同

一些特殊的技术特征是通过数值或数值范围来表示的，一方面是技术方面

[1] 最高人民法院民事判决书（2013）民提字第225号.

的因素，另一方面是可以进行较为清晰的量化。数值的限定作用虽然能够将技术特征区分开来，但是数值的改变是相对容易的，即在已有的数值基础上，可以轻易进行改变，如果被诉侵权人在阅读专利公示材料，通过将没有特别限定的数值改变，将会轻易窃取专利权人的合法权益。一般而言数值或数值范围不应该被认定构成等同，但如果能够证明被诉侵权技术方案的数值在技术效果上与权利要求所记载的数值或者数值范围无实质上差异等，应该认定构成等同。

在湖南科力远新能源股份有限公司、爱蓝天高新技术材料有限公司侵犯发明专利权纠纷一案[1]中，涉及数值范围存在一个数量级时是否可以认定为数字等同的问题。在该案中，区别技术特征是两个参数，本底真空度和工作真空度，被控侵权技术方案记载的是 2×10^{-2}Pa、（2.0～2.5） $\times10^{-1}$Pa，而专利权利要求记载的是（1.1～4.7） $\times10^{-3}$Pa、（2.7～4.7） $\times10^{-2}$Pa，两者之间的差别是一个数量级，是否可以认定为等同呢？

一审法院认为，参数的高低将直接影响产品的质量，低压会使产品质量更好，当然这对设备的要求就更高了。被诉侵权人采用的数值实质上是一种改劣，改劣的手段导致改劣的效果，且这种改劣对于本领域普通技术人员来说是无需创造性劳动就可以实现的，所以应适用等同原则。二审法院认为，数值范围的差异在本案中是明显的，不可否认的，但是根据现有的技术对真空度的划分，两者均是高真空，因此可以认定两者的手段基本相同，产品质量存在一定的差异并不影响等同原则的适用，故二审法院支持一审法院的观点。最高人民法院再审中认为，相差一个数量级的差异，明显不构成等同，而且本案涉及的领域，均要求沉积薄膜的空间要有一定的真空度，而且在整个生产流程中，数值的大小十分重要，属于重要的工艺参数。低真空确实能够提高产品质量，但是对抽真空动力源、设备的承压能力等提出了更高的要求，并且需要更长的操作时间，因此不能认为效果相等同。另外，真空值的范围是经过反复试验得出的，对整个制作工艺流程有重大影响，相差一个数量级，从整体技术方案的角度来看，两者之间存在数值差异不能适用等同原则。

（3）方法步骤的等同

方法发明是指发明的最终表现形态为一种实现某种技术效果的程序或步骤，如制造某一产品的化学方法、物理方法、生物学方法和机械方法等。在方法技术方案中，技术特征一般表现为方法步骤或者步骤之间的关系。方法步骤

---

[1] 江苏省高级人民法院民事判决书（2011）苏知民再终字第0001号.

作为技术特征的表现形式，其具有同数值一样的确定性，难以存在等同原则的适用空间。关于方法步骤的等同判断，如果方法步骤对专利本身有明显的限定作用，那么步骤本身及步骤之间的关系可以适用等同原则，如果没有明确说明，应当结合其他各方面，如技术方案的整体效果、说明书和附图中描述的各步骤之间的关系等进行综合判断。

例如，在上述的陈某弟案中，被诉侵权方法的步骤是6、7、8、10，专利中的步骤是7、6、11、10，在内容上两者相同，这种顺序上的差异是否可以适用等同原则呢？一审法院和二审法院均认为，以上四个步骤的不同，对技术特征的效果不会产生实质差别，故不支持乐雪儿公司的抗辩。最高人民法院再审时分析涉案专利中每个争议步骤在整个加工生产过程中所起的作用，步骤6是为了热粘合热水袋口部与螺纹塞座复合层，步骤7是进行袋体修边，步骤10是将密封垫片和螺纹塞盖互相装配后旋入螺纹塞座中，步骤11是进行充气试压检验。步骤6和步骤7的调换在最终的技术特征效果上并没有明显的差异，是等同技术特征。步骤10和步骤11，被诉侵权方法采用先充气试压检验，后将密封垫片和螺纹塞盖互相装配后旋入螺纹塞座的步骤，乐雪儿公司认为被诉侵权技术方案的步骤可以节省时间，同时也可以保证质量。最高人民法院认为，对热水袋进行充气试压检验，需要通过热水袋的口部进行，因此专利方法步骤将会延长操作时间，使整个流程效率低下，被诉侵权方法的步骤无论对操作时间还是对质量都有很大的帮助，这种差异是实质性的，故不构成等同技术特征[1]。

2. 对申请文件撰写的启示

在申请文件撰写过程中，权利要求应做到合理布局，充分考量技术特征的拆分合并，尽量列举明显的等同要素，充分考量产品部件位置改变、数量改变，可采用合理上位概括、多层次列举，尽可能将潜在的侵权方案纳入权利要求的保护范围之中。

在撰写有数值范围的权利要求时，重点需要考虑在保证权利要求新颖性和创造性的前提下，所概括的数值范围是否已经最大化地保护了权利要求，在独立权利要求中可以采用尽量大的数值范围，同时可以在从属权利要求中采用更小的范围来限定出优先的技术方案，从而形成尽量大的保护范围。如果跳出所概括的数值范围还存在可以解决专利申请所要解决的技术问题以实现同样的发明目的的技术方案，则还需要将该数值范围加以保护。另外，为了避免出现权

[1] 侯磊．论专利侵权中等同原则的判定与限制［D］．南昌：南昌大学，2019.

利要求不支持的问题，还需要注意说明书中是否列举了足够多的实施例以支持权利要求中的数值范围。

在撰写方法权利要求时，应尽量避免限定方法步骤的特定顺序（除非必须以特定顺序实现），对于多种不同顺序都可以实施的技术方案可以通过以下两种方式来撰写：第一种是在权利要求中直接限定步骤的可交换性；第二种是通过不同权利要求来撰写不同的实施顺序，在说明书中也需要撰写多实施例来证明顺序的多样性。例如，对于一种用户的消费数据进行挖掘的方法，包括步骤A、步骤B、步骤C、步骤D。其中步骤B和步骤C的顺序可以交换，这时在撰写权利要求时可以采用下面两种方式进行撰写：

方式一：

独立权利要求1：

一种用户的消费数据进行挖掘的方法，其特征在于包括如下的步骤：

步骤A……；

步骤B……；

步骤C……；

步骤D……。

其中，步骤B和C顺序可交换。

方式二：

独立权利要求1：

一种用户的消费数据进行挖掘的方法，其特征在于包括如下的步骤：

步骤A……；

步骤B……；

步骤C……；

步骤D……。

独立权利要求2：

一种用户的消费数据进行挖掘的方法，其特征在于包括如下的步骤：

步骤A……；

步骤C……；

步骤B……；

步骤D……。

在撰写功能性特征权利要求时，权利要求应尽可能概括拟保护的全部技术方案和可能的变形方案，这样处理不仅有利于直接适用全面覆盖原则对专利权进行保护，避免适用等同原则保护的不确定性，而且也有利于在很大程度上排除适用等同原则的障碍。

另外，在撰写说明书时，在背景技术部分的现有技术中介绍或者陈述现有技术的缺陷（如否定某些技术方案）时也需要谨慎。通常为突出发明创造的创新性，申请人需要在说明书的背景技术中描述现有技术的缺陷，以突出发明创造的发明点。从新颖性和创造性角度而言，这样更能将本申请和现有技术区分开，更有利于说服审查员接受发明所作出的智慧贡献。但从等同原则的适用角度而言，以上的描述实际上是在限缩专利等同原则的适用范围。司法实践中，通常对被诉侵权技术方案属于说明书中明确排除的技术方案，或者属于背景技术中的技术方案，权利人主张构成等同侵权的，不予支持。

5.3　禁止反悔原则

《最高人民法院关于审理侵犯专利权纠纷案件应用法律若干问题的解释》（法释〔2009〕21号）第6条规定："专利申请人、专利权人在专利授权或者无效宣告程序中，通过对权利要求、说明书的修改或者意见陈述而放弃的技术方案，权利人在侵犯专利权纠纷案件中又将其纳入专利权保护范围的，人民法院不予支持。"

等同原则的引入，极大地强化了专利权的保护效果，但专利权人在专利确权和专利侵权纠纷过程中有时会对等同原则进行某些不适当的滥用。例如在专利确权过程中为了保证自己的专利被裁定为具备创造性，而对权利要求中某一特征进行限缩性解释，但在随后的侵权纠纷中却又想要对该特征适用等同原则，以获得较大的保护范围。任由专利权人的这种做法可能会造成有失公平的情形，因此专利制度中引入了禁止反悔原则，作为对专利权人适用等同原则的一种制衡。

【案例21】汽车地桩锁［（2009）民申字第239号］

在专利授权或者无效程序中，如果专利申请人或专利权人通过意见陈述限缩权利要求的保护范围，导致部分方案的放弃，并且该意见陈述的结果导致了获得专利授权或维持专利权有效，那么该意见陈述就适用禁止反悔原则。

【案情介绍】

沈某衡系专利号为CN00263355.8、名称为"汽车地桩锁"的实用新型专利（以下简称涉案专利）的专利权人。该专利申请日为2000年12月18日，授权公告日为2001年11月21日。

涉案专利的授权权利要求1如下：

1. 一种汽车地桩锁，其特征在于：它由底座（1）、芯轴（2）、活动桩（3）和锁具（4）构成，所述底座（1）固定在地面上，所述活动桩（3）通过芯轴（2）与底座（1）相连，活动桩设有供锁具（4）插入的孔。

图5-6是涉案专利汽车地桩锁第一实施方式的两只活动桩升起的正视图，图5-7是本实用新型汽车地桩锁第一实施方式的两只活动桩降落后的正视图。当汽车停妥后，车主用手向上扶起左、右两只活动桩，将主要由锁头6与锁栓部件7组成的锁具4插入活动桩顶端的通孔，使锁头6停留在通孔内，锁栓部件7停留在盲孔内，车主旋转钥匙，带动锁栓部件7的内轴的径向槽子挂住定位销，抽回钥匙，锁具4无法退出，两活动桩的顶端不能分离，从而挡住汽车的去路。开启汽车地桩锁的方法是：车主将钥匙5插入锁头6旋转90度后，抽出锁具4，用手将左、右两只活动桩推回地面，让汽车从开启状态下的汽车地桩锁上面驶过。

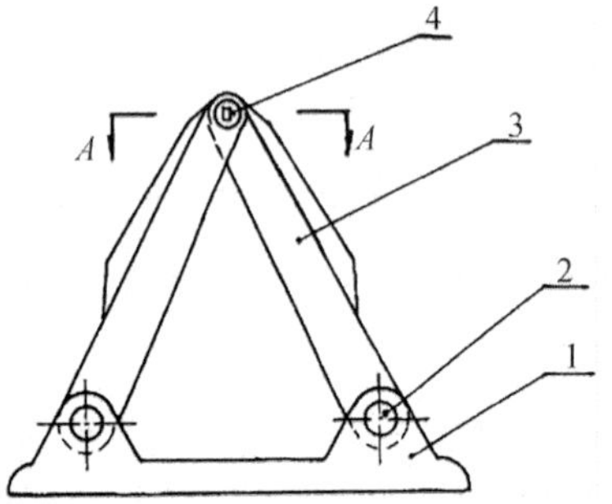

图5-6　第一实施例活动桩升起正视图

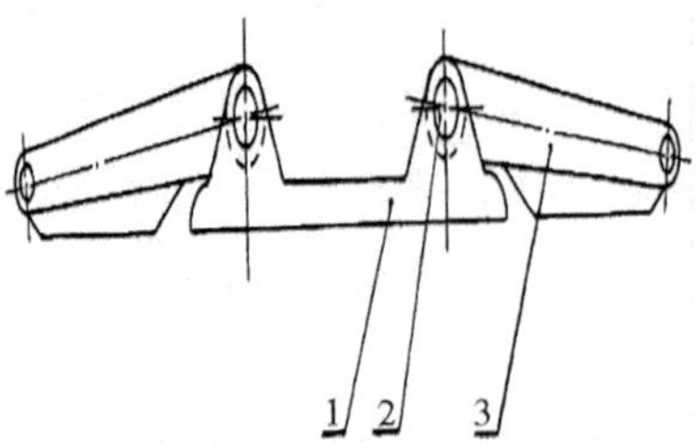

图5-7　第一实施例活动桩降落后正视图

图 5－8 是涉案专利汽车地桩锁第二实施方式的活动桩升起的正视图，是活动桩 3 上升后形成的闭锁状态；第一与第二实施例的结构原理、使用方法和采用的锁具基本相同，不同之处在于：数量为若干个的活动桩在闭锁状态时为单独竖立的，因此供锁头 6 插入的通孔设在底座 1 的外端，供锁栓部件 7 插入的盲孔设在活动桩 3 的底端，所以需要使用若干个锁具 4 分别插入各个活动桩 3 与底座 1 的连接部，将活动桩闭锁。

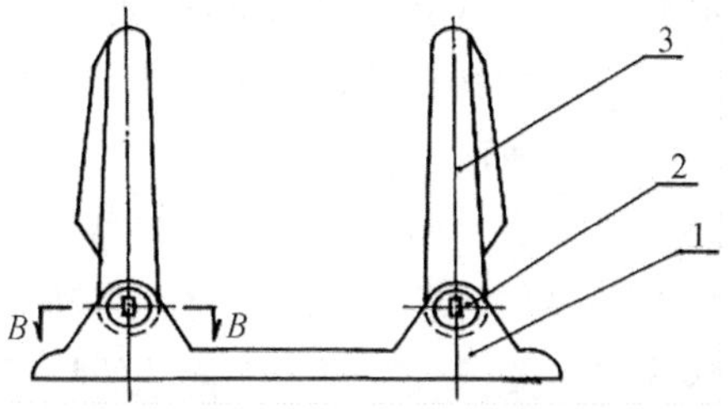

图 5－8　第二实施例活动桩升起正视图

图 5－9 是涉案专利汽车地桩锁第三实施方式的两只活动桩升起的正视图，图示的是活动桩 3 升起后形成的闭锁状态时用普通挂锁 9 取代锁具 4 的结构位置。第三实施例也与第一实施例基本相同，不同之处在于：两只活动桩 3 的顶端各设有一空心孔，用普通挂锁 9 作锁具 4，当汽车停妥后，车主用手向上升起左、右两只活动桩 3，使两只活动桩的顶端的空心孔汇合在同一轴线上，将挂锁 9 的锁环 10 穿过两个空心孔，将其相互锁住。

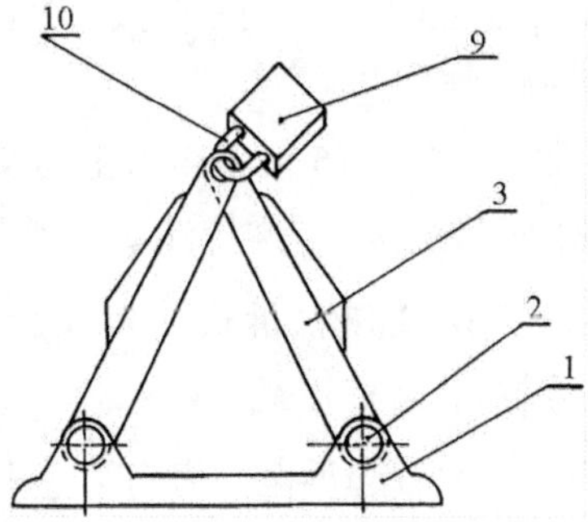

图 5－9　第三实施例活动桩升起正视图

1. 无效阶段案情简介

上海川阳工程机械有限公司（以下简称无效请求人）于 2003 年 3 月 19 日

针对涉案专利向专利复审委员会提出了无效宣告请求，其理由是涉案专利权利要求 1 相对于专利文献 CN99248224.0（下称证据 1）不具备《专利法》第 22 条第 2 款规定的新颖性，相对于专利文献 CN99248279.8（下称证据 2）不具备第 22 条第 3 款规定的创造性。

专利复审委员会于 2004 年 3 月 22 日作出第 WX6101 号无效宣告请求审查决定（以下简称第 6101 号决定），专利复审委员会认为：无效请求人所提供的证据 1 公开了本专利权利要求 1 的全部技术特征，因此权利要求 1 不具备《专利法》第 22 条第 2 款规定的新颖性，涉案专利的权利要求 1 无效，在权利要求 2、3、4 的基础上维持专利权继续有效。

专利权人不服上述无效决定，向北京市第一中级人民法院提起行政诉讼，在行政起诉状中对涉案专利权利要求 1 中的底座、芯轴、活动桩和锁具四个技术特征作出了具体结构描述。关于权利要求 1 记载的特征“活动桩设有供锁具插入的孔”，专利权人解释该特征的具体的含义是：锁具不是永久固定在孔中，而是根据使用状态呈现两种连接关系，即锁定时位于活动桩的孔中，打开时从孔中取出，与活动桩的孔分离。

北京市第一中级人民法院于 2004 年 11 月 29 日以（2004）中行初字第 754 号行政判决撤销第 6101 号决定，该行政判决认为证据 1 并没有公开权利要求 1 中特征“活动桩设有供锁具插入的孔”，判令专利复审委员会重新就涉案专利作出无效宣告请求审查决定。

专利复审委员会不服，向北京市高级人民法院提起上诉。

北京市高级人民法院于 2005 年 4 月 15 日以（2005）高行终字第 37 号行政判决驳回上诉，维持原判。

专利复审委员会于 2006 年 3 月 15 日重新作出第 WX8127 号无效宣告请求审查决定（以下简称第 8127 号决定），维持涉案专利权有效。

2. 上海市第一中级人民法院侵权诉讼一审案情简介［（2006）沪一中民五（知）初字第 281 号］

专利权人于 2006 年 9 月 26 日起诉至上海市第一中级人民法院称，上海盛懋交通设施工程有限公司（以下简称盛懋公司）生产、销售的汽车车位锁的结构特征覆盖了涉案专利的必要技术特征，落入了涉案专利权的保护范围，盛懋公司的行为已构成侵权。

盛懋公司认为被控侵权产品锁具的锁定方式不同，权利要求 1 是用锁具将两个活动桩的顶端进行锁定，而被控侵权产品是将“∧”形右杆底端与底座右端进行锁定。

一审法院于2007年3月20日作出（2006）沪一中民五（知）初字第281号民事判决。判决被控侵权产品不侵权，专利权的诉讼请求不予支持。一审法院认为：

发明或者实用新型专利权的保护范围以其权利要求的内容为准，说明书及附图可以用于解释权利要求。专利权人在专利权授权审查程序、专利权无效宣告审查程序和随后的司法审查程序中对有关技术特征进行的说明，以及专利复审委员会和相应司法审查中法院的认定，也是解释专利权利要求的重要依据。

被控侵权产品系一种汽车地桩锁，该地桩锁的底座固定在地面上，中间有凹槽，底座右端有一固定的锁具，底座左端通过芯轴连接一个“∧”形活动杆，该活动杆左、右杆的上端连接，通过折叠，右杆可以嵌入左杆内，右杆的底端有一通孔，在底座右端锁具锁定的锁舌插入该孔内，使右杆与底座相连，从而构成三角形的装置。关于该技术特征，根据涉案专利的权利要求、北京市第一中级人民法院（2004）一中行初字第754号行政判决和北京市高级人民法院（2005）高行终字第37号行政判决、专利复审委员会作出的第8127号决定等文件，以及专利权人在相应程序中的陈述，权利要求1中记载的“活动桩设有供锁具插入的孔”的含义，是指“锁具不是永久固定在孔中，而是根据使用状态呈现两种连接关系，即锁定时位于活动桩的孔中，打开时从孔中取出，与活动桩分离”。而被控侵权产品的锁具是固定在底座上的，在锁具锁定时锁舌插入“∧”形杆上的孔内，使右杆与底座相连。故被控侵权产品的该技术特征与“活动桩设有供锁具插入的孔”是不相同的。

即使上述技术特征等同能够成立，由于专利权人在向北京市第一中级人民法院提起行政诉讼的诉状中陈述，“活动桩设有供锁具插入的孔”的含义，是指“锁具不是永久固定在孔中，而是根据使用状态呈现两种连接关系，即锁定时位于活动桩的孔中，打开时，从孔中取出，与活动桩的孔分离”，专利权人的该陈述也得到了北京市第一中级人民法院、北京市高级人民法院以及专利复审委员会的确认，从而认为涉案专利权利要求1有新颖性和创造性，被维持有效，因此，根据禁止反悔原则，沈某衡亦不能以等同为由主张专利侵权成立。由于上述技术特征既不相同，也不能主张等同，故被控侵权产品的技术特征未覆盖权利要求1记载的全部技术特征，未落入涉案专利权的保护范围。

3. 上海市高级人民法院侵权诉讼二审案情简介［(2007) 沪高民三(知) 终字第51号］

专利权人不服一审判决，向上海市高级人民法院提出上诉，请求撤销一审判决。其上诉理由主要是：

(1) 一审判决认定被控侵权产品“底端有一固定的锁具”与事实不符，被控侵权产品的锁具并不是“固定”在底座上，而是装在底座右端的通孔中，锁具与锁栓可以在该孔中前、后移动，其锁栓可插入或者退出活动杆的对应孔；被控侵权产品的锁具根本没有所谓的“锁舌”，而是与涉案专利一样，也是由锁头和锁栓一体构成，当锁闭地桩锁时，其锁栓直接插入活动杆的孔中，使活动杆与底座相连，退出时，锁栓与活动杆的孔相分离；被控侵权产品也不存在所谓“∧”形活动杆，一审判决认定“被控侵权产品在锁具锁定时锁舌插入‘∧’形杆上的孔内”明显错误。

(2) 本案并不存在专利权人“反悔”的情形，一审判决以禁止反悔原则为由剥夺专利权人主张等同侵权的权利也无法律依据。

二审法院于2007年6月4日以(2007)沪高民三(知)终字第51号民事判决驳回上诉，维持原判。二审法院认为：

尽管涉案专利权利要求1并未经过修改，但专利权人在行政诉讼中的陈述，北京市第一中级人民法院、北京市高级人民法院在相应行政判决中的认定以及专利复审委员会重新作出的8127号决定，均已经从锁具与活动桩的结构位置关系等方面对“活动桩设有供锁具插入的孔”技术特征进行了限定，因此，对“活动桩设有供锁具插入的孔”技术特征应作相应限制性的解释。另外，专利权人在相关程序中的陈述不仅可以在相同侵权判定时用于解释权利要求，以确定是否存在相同侵权，而且还可以在等同侵权判定时根据沈某衡的限制性陈述适用禁止反悔原则，阻止等同侵权的认定。

经查，被控侵权产品的锁具是固定在底座上的，在锁具锁定时锁舌插入“∧”形杆上的孔内，使右杆与底座相连，故被控侵权产品的该技术特征与权利要求1中记载的“活动桩设有供锁具插入的孔”不相同，被控侵权产品的技术特征未覆盖权利要求1记载的全部技术特征。所谓锁栓、锁舌，只是表述不同而已，所指的是同一部件。被控侵权产品的锁具主要由锁头与锁栓(锁舌)两部分组成，该锁具整体嵌入底座一侧的孔内，固定在底座上。锁定地桩锁时，仅锁栓(锁舌)插入“∧”形杆上一侧的孔内，使其与底座相连。因此，使用地桩锁时，仅由锁栓(锁舌)作轴向移动，并非整个锁具位置的移动。锁栓（锁舌）仅作轴向移动的事实，并不能否定该锁具固定在底座上的事实。因此，一审判决关于被控侵权产品“在锁具锁定时锁舌插入‘∧’形杆上的孔内”的认定，也无不当。

关于禁止反悔原则，二审法院认为，一审判决的有关表述是：“……即使上述技术特征等同能够成立……，根据禁止反悔原则，原告亦不能以等同为由主张专利侵权成立。”根据上述表述以及一审判决的整体情况来看，一审判决只是表述了一种假设的存在及其法律后果，并不存在对本案适用等同原则，以及以“禁止反悔原则”来剥夺上诉人有关权利的情况。况且，法院在认定等同侵权时，也应该依职权根据案件事实审查是否适用禁止反悔原则，将等同侵权限定在恰当的范围内。

4. 最高人民法院侵权诉讼再审案情简介［（2009）民申字第239号］

专利权人于2009年1月9日向最高人民法院申请再审。最高人民法院于2009年8月25日作出（2009）民申字第239号裁定书，在裁定书中认为：

（1）关于被控侵权产品是否具有与权利要求1中的“活动桩”相同或者等同的技术特征，根据涉案专利的说明书及附图，涉案专利中的活动桩为可活动地固定在底座上的一字形零件，申请再审人在专利行政诉讼的起诉状中，亦认为活动桩的具体结构是“一个呈一字形的零件”。因此，权利要求1中的“活动桩”应当解释为可活动地固定在底座上的一字形零件。被控侵权产品包括两个一字形的活动杆，左活动杆的一端通过芯轴可转动地固定在底座上，右活动杆虽然没有直接连接在底座上，而是与左活动杆的另一端活动连接，但是转动右活动杆可将其完全纳入左活动杆的凹槽中，此时左、右活动杆整体呈一字形，并可以芯轴为中心在底座上转动。被控侵权产品中的左、右活动杆均为可活动地固定在底座上的一字形零件，与权利要求1中的“活动桩”属于相同的技术特征。

（2）关于被控侵权产品是否具有与权利要求1中的“活动桩设有供锁具插入的孔”相同或者等同的技术特征，根据第37号行政判决以及第8127号决定中有关涉案专利新颖性、创造性的认定，涉案专利与现有技术的区别在于，涉案专利的锁具在锁定时是整体插入到活动桩上的孔中，开启时整体从活动桩上的孔中拔出，不需要其他的紧固件将锁具与活动桩或者底座连接；而现有技术仅有锁舌插入锁板上设置的孔中，并且需要有紧固件将车位锁固定。由于存在上述区别，第8127号决定认定现有技术没有公开权利要求1中的“活动桩设有供锁具插入的孔”的技术特征，也没有给出这样的技术启示，因此，涉案专利相对于现有技术具有新颖性和创造性，涉案专利权被维持有效。结合涉案专利相对于现有技术的上述区别以及申请再审人在专利行政诉讼程序中对权利要求所作的解释，权利要求 1 中的“活动桩设有供锁具插入的孔”应当解释为：地桩锁的锁具不是永久固定在活动桩的孔中。锁具锁定时，锁具整体位于活动桩上的孔中，锁具开启时，可将锁具从活动桩上的孔中整体取出。涉案专利由于将锁具整体插入或者取出，使得锁具独立于活动桩以及底座，具有不需要其他紧固件将锁具与活动桩或者底座连接，易于更换锁具的技术效果。将被控侵权产品与权利要求 1 相比较，被控侵权产品的右活动杆上虽同样设有孔，但在锁具锁定时，仅锁具的锁舌伸入右活动杆上的孔中，锁具开启时，也只有锁舌从孔中退出，无论在开启还是锁定时，被控侵权产品的锁具始终固定在底座上。虽然被控侵权产品与涉案专利均实现了将活动桩（杆）固定在底座上的功能，但是，被控侵权产品中活动杆上的孔不能供锁具整体插入或取出，并且被控侵权产品中锁具被固定在底座上，也无法实现易于更换锁具的有益效果，因此，被控侵权产品与涉案专利采取的技术手段具有实质性的区别，被控侵权产品不具有与权利要求 1 中的“活动桩设有供锁具插入的孔”相同或等同的技术特征，没有落入涉案专利权的保护范围。

(3) 关于二审法院适用禁止反悔原则是否存在错误，禁止反悔原则是对认定等同侵权的限制。现行法律以及司法解释对人民法院是否可以主动适用等同原则未作规定，为了维持专利权人与被控侵权人以及社会公众之间的利益平衡，亦不应对人民法院主动适用禁止反悔原则予以限制。因此，在认定是否构成等同侵权时，即使被控侵权人没有主张适用禁止反悔原则，人民法院也可以根据业已查明的事实，通过适用禁止反悔原则对等同范围予以必要的限制，以合理地确定专利权的保护范围。

因此，二审法院对禁止反悔原则的适用并无不当，二审判决虽有部分事实认定不当，但判决结果正确，应予维持，驳回专利权人的再审申请。

【焦点归纳】

本案的争议焦点在于，关于被控侵权产品是否具有与权利要求 1 中的“活动桩设有供锁具插入的孔”相同或者等同的技术特征，专利权人在行政诉讼中对“活动桩设有供锁具插入的孔”所作的意见陈述是否适用禁止反悔原则。

专利权人认为，对“活动桩设有供锁具插入的孔”所作的陈述，只是为了澄清、解释锁具与活动桩的两种连接关系，没有对独立权利要求进行狭义或狭窄的解释，也没有增加、减少或者变更独立权利要求的必要技术特征。相关解释并没有形成维持专利权有效的条件，对专利权的有效性没有起到作用，因此在本案中不存在适用禁止反悔原则的情形和条件。被控侵权方没有提供专利权人在无效程序及专利行政诉讼程序中作出承诺、认可和放弃的任何证据，也没有提出以禁止反悔原则作为抗辩理由的主张，二审法院主动适用禁止反悔原则缺乏法律依据。

被控侵权方认为，专利权人在其与案外人的纠纷中，曾在专利无效宣告请求程序以及随后进行的专利行政诉讼程序中对专利产品进行了说明和解释，这些说明和解释应当构成解释权利要求的重要依据。

最高人民法院认为，结合涉案专利相对于现有技术的上述区别以及专利权人在专利行政诉讼程序中对权利要求所作的解释，权利要求 1 中的“活动桩设有供锁具插入的孔”应当解释为：地桩锁的锁具不是永久固定在活动桩的孔中，锁具锁定时，锁具整体位于活动桩上的孔中，锁具开启时，可将锁具从活动桩上的孔中整体取出。该特征具有不需要其他紧固件将锁具与活动桩或者底座连接，易于更换锁具的技术效果。虽然被控侵权产品与涉案专利均实现了将活动桩（杆）固定在底座上的功能，但是，被控侵权产品中活动杆上的孔不能供锁具整体插入或取出，并且被控侵权产品中锁具被固定在底座上，也无法实现易于更换锁具的有益效果，因此，被控侵权产品与涉案专利采取的技术手段具有实质性的区别，被控侵权产品不具有与权利要求 1 中的“活动桩设有供锁具插入的孔”相同或等同的技术特征，没有落入涉案专利权的保护范围。禁止反悔原则是对认定等同侵权的限制；在认定是否构成等同侵权时，即使被控侵权人没有主张适用禁止反悔原则，人民法院也可以根据业已查明的事实，通过适用禁止反悔原则对等同范围予以必要的限制，以合理地确定专利权的保护范围。

【分析借鉴】

《专利法》第 59 条规定，发明或者实用新型专利权的保护范围以其权利要求的内容为准，说明书及附图可以用于解释权利要求的内容，根据该法条可以确定权利要求所限定的保护范围。而在专利侵权判定中，为了给专利权人提供更加公平、充分的保护，引入了等同原则，等同原则将专利权的保护范围扩展到授权权利要求的字面含义之外，也就是说专利权实际要保护的范围是权利要求限定的范围和等同范围的并集。但是在进行专利侵权判定时又需要使权利要求的保护范围具有足够的确定性，为了避免专利权人在侵权诉讼中对权利要求作出与行政授权和确权程序中不一致的解释，防止专利权人两头得利，又进一步引入了禁止反悔原则。禁止反悔原则维持了专利权人与被诉侵权人以及社会公众之间的利益平衡，是对等同原则的必要限制，是对《专利法》第59条的一种补充。通过适用“禁止反悔原则”对“等同范围”予以必要的限制，可以合理地确定专利权的保护范围。

具体而言，禁止反悔是指在专利授权或者无效程序中，专利申请人或专利权人通过对权利要求、说明书的限缩性修改或者意见陈述的方式放弃的保护范围，在侵犯专利权诉讼中确定是否构成等同侵权时，禁止权利人将已放弃的内容重新纳入专利权的保护范围。《最高人民法院关于审理侵犯专利权纠纷案件应用法律若干问题的解释》（法释〔2009〕21号）第6条规定：“专利申请人、专利权人在专利授权或者无效宣告程序中，通过对权利要求、说明书的修改或者意见陈述而放弃的技术方案，权利人在侵犯专利权纠纷案件中又将其纳入专利权保护范围的，人民法院不予支持。”从上述规定可以看出，禁止反悔不仅适用于对权利要求书和说明书的修改，还适用于意见陈述。引起禁止反悔的意见陈述包括专利申请人在实质审查过程中的意见陈述，也包括在专利授权后的无效宣告程序中的意见陈述。

1. 意见陈述导致禁止反悔的适用条件

虽然现行法律或司法解释还没有明确规定，专利权人在专利申请审查程序和无效宣告程序中对权利要求所作的意见陈述，符合什么条件才能导致禁止反悔的适用，但通过上述司法解释不难得出只有意见陈述明确地放弃或限制权利要求中的内容时，才导致禁止反悔。具体而言，如果意见陈述满足下列两个条件就会导致禁止反悔。

第一，在意见陈述的限定不超范围的前提下，意见陈述限缩了原权利要求的保护范围。正是由于专利权人限缩了原权利要求的保护范围，才可能导致某部分范围被放弃。

第二，专利权人陈述的目的是获得专利授权或维持专利权有效。申请人或者专利权人在不超出原始记载范围的情况下作出陈述并不直接导致对技术方案的放弃，而是要判断已经作出的限缩性陈述与授权或者维持专利权有效之间是否有实质性联系，只有当这种放弃行为与专利授权或维持专利权有效有关，则构成了专利权有效的基础，对专利权有效起了作用，在专利侵权诉讼中才不能反悔。

就本案而言，由于专利权人不服专利复审委员会作出的无效决定，并在行政诉讼的一审中对权利要求1中“活动桩设有供锁具插入的孔”的含义作出明确的解释，即：锁具不是永久固定在孔中的，而是根据使用状态呈现两种连接关系，锁定时位于活动桩的孔中，打开时从孔中取出，与活动桩的孔分离。据此，专利复审委员会认为在锁闭地桩锁时，权利要求1的活动桩上所设置的孔可供锁具整体插入以达到锁闭地桩锁的目的，开启地桩锁时可将锁具全部取出，活动桩上也无需设置附加的固定装置来固定锁具，因而本专利相对于现有技术具有实质性特点和进步，因此权利要求1具有创造性，维持其专利权有效。由此可见，专利复审委员会是在基于专利权人对“活动桩设有供锁具插入的孔”所作解释的基础之上认定了权利要求1具有创造性的结论。由此可见，本案中专利权人的意见陈述限缩了原权利要求的保护范围，并且其目的是维持专利权有效，因此导致了禁止反悔的适用。

2. 对意见陈述的启示

《最高人民法院关于审理侵犯专利权纠纷案件应用法律若干问题的解释》（法释〔2009〕21号）第3条规定：“人民法院对于权利要求，可以运用说明书及附图、权利要求书中的相关权利要求、专利审查档案进行解释。说明书中对权利要求用语有特别界定的，从其特别界定。”《最高人民法院关于审理侵犯专利权纠纷案件应用法律若干问题的解释（二）》第6条第2款规定：“专利审查档案，包括专利审查、复审、无效程序中专利申请人或者专利权人提交的书面材料，国务院专利行政部门及其专利复审委员会制作的审查意见通知书、会晤记录、口头审理记录、生效的专利复审请求审查决定书和专利权无效宣告请求审查决定书等。”侵权程序中，禁止反悔原则适用的依据是专利申请人、专利权人在专利授权或无效宣告程序中对权利要求、说明书的修改或者意见陈述，这些修改或意见陈述记载在专利审查档案中。在对权利要求进行解释时，一般来说，专利审查档案作为内部证据，其地位应优先于公知常识和本领域技术人员的通常认知，但是，由于禁止反悔原则导致了专利权人对其专利权的自我划界，因此，应处于在对权利要求进行解释时优先级最高的地位，一旦存在技术方案放弃的情形，则不应再纳入专利权保护范围之内。因此，需要高度重视在专利授权或无效宣告程序中对权利要求、说明书的修改或者意见陈述，甚至还要注意意见陈述中的措辞方式，以避免或减少禁止反悔原则的适用所带来的不利后果。虽然禁止反悔原则是专利侵权诉讼中的一项重要原则，但是并不是申请人的意见陈述不可以获得纠正的机会，如果申请人的意见陈述对于本领或技术人员来说明显存在错误，则申请人可以提交新的意见陈述以更正在前错误的意见陈述，这种情况并不属于禁止反悔原则所规定的情况。如果此种情况下不允许申请人对意见陈述进行修正，则明显对申请人的合理权益的损害。

对于审查阶段而言，审查阶段的意见陈述大体可以分为两种情况：第一种是克服不清楚、不支持等法条审查意见进行答复时的意见陈述；第二种是克服新颖性、创造性法条审查意见时的意见陈述。对于第一种情况而言，对于这类意见陈述总的原则是“以克服缺陷为目的，宁少说，勿多言”。也就是说，只要足以克服审查员指出的缺陷即可，不要进行画蛇添足式的陈述，更不要对审查意见中未涉及的技术特征、技术方案或权利要求进行陈述。例如审查员指出了某术语不清楚，如果该术语是申请人自定义的术语并且在说明书中有相关的解释，那么在意见陈述中根据说明书的内容对该术语进行解释并且对权利要求进行相应的修改即可；如果该术语在本领域本来就具有公知的定义，那么告知审查员该术语在本领域的公知定义即可，切勿再对该术语进行其他限制性的解释，或者使用其他非必要的技术特征对术语进行限定。对于第二种情况而言，如果审查员接受了部分权利要求的新颖性和创造性，而申请人也希望将这部分权利要求限定到独立权利要求，这种情况下就尽量不要再作实质性陈述，而仅进行形式上的陈述即可，例如审查员在意见通知书中认可了从属权利要求的创造性，申请人也接受审查员的评述，那么申请人将从属权利要求合并到独立权利要求即可，不用再过多地进行其他陈述，以免“言多必失”。

无效请求的提出大多与专利侵权诉讼相关联，无效请求人提出无效请求的目的在于无效专利侵权相关专利的权利要求，即便在不能无效专利的情况下，也希望专利权人能够对专利中的技术特征作出解释，以跟无效请求涉及的现有技术相区分，从而对专利的保护范围进行实质性的限缩，为后续专利侵权诉讼活动进行不侵权抗辩作铺垫。因此，在无效程序中，专利权人不仅要考虑争取到最大的保护范围，以维护自身的合法权益，还需要高度重视对权利要求中的技术特征进行澄清和解释，在口审以及无效答辩的意见陈述中都应该谨慎，不要进行非必要限缩性解释限定，以避免侵权诉讼中禁止反悔原则的适用，而对后续专利权人的维权带来不利的影响。

此外，《最高人民法院关于审理侵犯专利权纠纷案件应用法律若干问题的解释（二）》第 6 条第 1 款规定：“人民法院可以运用与涉案专利存在分案申请关系的其他专利及其专利审查档案、生效的专利授权确权裁判文书解释涉案专利的权利要求。”上述规定对解释权利要求所需参考的证据进一步进行扩大，因此上述专利审查档案也可能在涉案专利的侵权诉讼中产生禁止反悔原则的适用。由此可见，除了需要重视所涉及专利的意见陈述之外，还需要考虑同族专利申请的意见陈述，在同族的多个专利中，应保证意见陈述的一致性，避免出现互相矛盾的情况。

【案例22】一种防治钙质缺损的药物及其制备方法［（2009）民提字第20号］

禁止反悔原则的适用范围不仅限于针对新颖性或创造性而进行的修改，为满足除新颖性和创造性以外其他专利授权条件而修改权利要求也会导致禁止反悔原则的适用。

【案情介绍】

孔某平系专利号为CN95117811.3、名称为“一种防治钙质缺损的药物及其制备方法”的发明专利（以下简称涉案专利）的专利权人。该专利申请日为1995年12月5日，授权公告日为2001年1月10日。

涉案专利申请日提交的权利要求1和2如下：

1. 一种防治钙质缺损的药物，其特征在于：它是由下述重量配比的原料制成的药剂：

可溶性钙剂 4~8份

葡萄糖酸锌 0.1~0.4份

谷氨酰胺或谷氨酸 0.8~1.2份。

2. 如权利要求1所述的一种防治钙质缺损的药物，其特征在于所述的可溶性钙剂是葡萄糖酸钙、氯化钙、乳酸钙、碳酸钙或活性钙。

涉案专利的授权权利要求1如下：

1. 一种防治钙质缺损的药物，其特征在于：它是由下述重量配比的原料制成的药剂：

活性钙 4~8份

葡萄糖酸锌 0.1~0.4份

谷氨酰胺或谷氨酸 0.8~1.2份。

涉案专利说明书第11~12页具体实施例记载如下：

实施例1

选用下列药物成分及其重量比

葡萄糖酸钙 5份

葡萄糖酸锌　0.3 份

谷氨酸　0.8 份

实施例 2

选用下列药物成分及其重量比：

活性钙　6 份

硫酸锌　0.4 份

谷氨酸胺　1 份。

澳诺制药有限公司（以下简称澳诺公司）于 2003 年 2 月 19 日就“一种防止或治疗钙质缺损的口服溶液及其制备方法”，向国家知识产权局申请了发明专利，专利号为 ZL03104587.1（简称 587 号专利）。该专利的原始权利要求 1 如下：

1. 一种防止或治疗钙质缺损的口服溶液，其特征在于它是由下述重量比计的配方和原料制成的制剂：

可溶性钙剂　4～9 份

葡萄糖酸锌　0.1～0.4 份

盐酸赖氨酸　0.8～1.2 份

口服液中，水与药物的重量比为 100:4～12，可溶性钙剂是指葡萄糖酸钙、乳酸钙。

专利权人与澳诺公司于 2006 年 4 月 3 日签订“专利实施许可合同书”，该合同约定：专利权人将涉案专利许可澳诺公司独占实施，授权期限同专利期限，无地域和使用方式限制，如发生第三方实施对本专利的侵权行为，由被许可方独立向侵权行为人提起诉讼，相关法律后果（利益或损失）均由被许可方承担。

1. 石家庄市中级人民法院一审案情简介［(2006) 石民五初字第 00169 号］

澳诺公司于 2006 年 11 月 25 日起诉至河北省石家庄市中级人民法院称，湖北午时药业股份有限公司（以下简称午时药业公司）生产并在河北等地广泛销售其产品新钙特牌“葡萄糖酸钙锌口服溶液”，该“葡萄糖酸钙锌口服溶液”产品说明书载明的成分为：每 10mL 含葡萄糖酸钙 600mg、葡萄糖酸锌 30mg、盐酸赖氨酸 100mg，国家食品药品监督管理局药品注册批件（批件号：2005S009711）中对该产品的规格也标明为：每 10mL 含葡萄糖酸钙 0.6g、葡萄糖酸锌0.03g和盐酸赖氨酸0.1g。因此上述产品落入了涉案专利的保护范围，午时药业公司的行为已构成侵权。

为判断午时药业公司生产的“葡萄糖酸钙锌口服溶液”技术特征是否落入澳诺公司所主张的专利权保护范围，一审法院委托了北京紫图知识产权鉴定中心进行了技术鉴定。该机构作出的鉴定报告认为：午时药业公司产品含有葡萄糖酸钙，而涉案专利是活性钙，活性钙与葡萄糖酸钙同样都是可食用的能被人体吸收的钙剂，作为补钙药剂的原料两者是等同的，可供任意选择的；午时药业公司产品为盐酸赖氨酸，涉案专利为谷氨酰胺或谷氨酸，盐酸赖氨酸与专利的谷氨酸是不同的氨基酸，具有不同的营养价值，但在防治钙质缺损的药物中两者是与钙剂配伍使用，且均实现促进钙吸收的功能和效果，所以二者等同；除上述特征等同外，午时药业公司产品与涉案专利两者用途相同，其余原料相同，均为葡萄糖酸锌，各种原料的用量比例相同。鉴定结论为：湖北午时药业股份有限公司生产的“新钙特牌”葡萄糖酸钙锌口服溶液药品与涉案专利的技术方案相等同。

午时药业公司认为，国家知识产权局第一次审查意见通知书中，审查员认为，该权利要求书中使用的上位概念“可溶性钙剂”包括各种可溶性的含钙物质，它概括了一个较宽的保护范围，而申请人仅对其中的“葡萄糖酸钙”和“活性钙”提供了配制药物的实施例，对于其他的可溶性钙剂没有提供配方和效果实施例，所属技术领域的技术人员难于预见其他的可溶性钙剂按本发明进行配方是否也能在人体中发挥相同的作用，权利要求在实质上得不到说明书的支持，应当对其进行修改。申请人根据审查员的要求，对权利要求书进行了修改，将“可溶性钙剂”修改为“活性钙”，该修改适用于禁止反悔原则，也就是说申请的修改导致实际上放弃了“葡萄糖酸钙”的技术方案。另外，被诉侵权产品与587号专利相同，而该专利既然得到授权，说明是有创造性的，并不是涉案专利的等同替换。

一审法院于2007年3月6日作出（2006）石民五初字第00169号民事判决，一审法院认为，只有为了使专利授权机关认定其申请专利具有新颖性或创造性而进行的修改或意见陈述，才产生禁止反悔的效果，并非专利申请过程中关于权利要求的所有修改或意见陈述都会导致禁止反悔原则的适用。本案专利权人在专利申请过程中根据专利审查员的意见对权利要求书进行了修改，将独立权利要求中的“可溶性钙剂”修改为“活性钙”，并非是为了使其专利申请因此修改而具有新颖性或创造性，而是为了使其权利要求得到说明书的支持，故此修改不产生禁止反悔的效果。只要被控侵权产品侵犯了他人在先专利，即构成侵权，午时药业公司辩称其产品特征与587号专利相同，不构成对涉案专利侵权的主张不能成立。

2. 河北省高级人民法院二审案情简介［(2007) 冀民三终字第23号］

午时药业不服一审判决向河北省高级人民法院提起上诉，上诉主要称：

(1) 原判决关于本案不适用禁止反悔原则的理由，违反了我国专利审判中一贯奉行的关于禁止反悔原则的适用标准。

(2) 即使不考虑适用禁止反悔原则，被控侵权药品的“葡萄糖酸钙”“盐酸赖氨酸”分别与涉案专利中的活性组分“活性钙”“谷氨酰胺或谷氨酸”相比，两者既不相同也不等同。

(3) 原判决所依据的鉴定结论，明显依据不足，与案件事实不符，同时也存在程序不当的问题，为此上诉人申请重新鉴定。

二审法院于2007年12月17日作出（2007）冀民三终字第23号民事判决：驳回上诉，维持一审判决。二审法院认为：涉案专利的申请人对权利要求书进行的修改只是为了使其权利要求得到说明书的支持，并非因此而使其申请的专利具有了新颖性或创造性，故此修改不产生禁止反悔的效果。涉案专利在其说明书中对“葡萄糖酸钙”提供了配制药物的实施例，所属技术领域的技术人员对“葡萄糖酸钙”和“活性钙”按该发明进行配制均能在人体中发挥相同的作用是显而易见的，说明活性钙与葡萄糖酸钙在用作补钙药物的制药原料方面不存在实质性差别，两者可以等同替换。且本案一审法院委托专业机构所作鉴定结论，也认为“活性钙”与“葡萄糖酸钙”、“谷氨酸或谷氨酰胺”与“盐酸赖氨酸”均构成等同。

3. 最高人民法院再审案情简介［(2009) 民提字第20号］

午时药业公司不服二审判决，向最高人民法院申请再审，理由如下：

(1) 涉案专利权利要求1作为一项封闭式的组合物权利要求，已经用封闭式方式限定了其所包含的组分种类和范围，而被诉侵权产品则含有超出权利要求1封闭范围的其他多种组分，足以证明被诉侵权产品没有落入涉案专利权利要求1的保护范围。

(2) 专利权人在涉案专利的审批程序中，将使用葡萄糖酸钙作为钙质组分的组合物技术方案从公开的权利要求中予以删除，该行为对涉案专利产生禁止反悔的法律后果，一、二审判决认定使用葡萄糖酸钙作为钙质组分的被诉侵权产品落入涉案专利权利要求 1 的保护范围，明显违反禁止反悔原则。

（3）由于涉案专利权利要求 1 所限定的“活性钙”组分与被诉侵权产品所使用的“葡萄糖酸钙”组分具有截然相反的水溶物理属性，所以在用作制备以水为溶解介质的口服溶液类药物的原料方面，两者具有本质区别，完全不属于可以等同替换的技术手段。

（4）由于被申请人已在申请 587 号专利的过程中，通过对比试验证明，被诉侵权产品所使用的“盐酸赖氨酸”组分在用作补钙药物的制备原料方面，与涉案专利权利要求 1 所限定的“谷氨酰胺或谷氨酸”组分相比，在技术效果上具有显著区别，因此，无论从尊重客观事实的角度，还是从禁止被申请人反悔以体现公平合理原则的角度，在本案中均不应认定两组分构成等同。

澳诺公司辩称：

（1）涉案专利权利要求 1 并非封闭式表达方式，并且无论权利要求 1 是否为封闭式表达方式，被诉侵权产品均落入其保护范围。

（2）涉案专利在审批过程中并未针对新颖性和创造性进行修改，也没有明确放弃或者删除哪些内容，专利权人将“可溶性钙剂”修改为“活性钙”是一种澄清性修改，修改后的活性钙是指离子形式的钙，也称钙离子，属于具有生理活性的钙，包括了含葡萄糖酸钙在内的所有组分钙，该修改不适用禁止反悔原则。

（3）并不否认“盐酸赖氨酸相对于谷氨酰胺或谷氨酸能够显著增加葡萄糖酸钙的溶解度和理化性质的稳定性”，但 587 号专利是在涉案专利的基础上的选择发明，二者是包容的关系，侵犯 587 号专利必然侵犯涉案专利。

最高人民法院于 2010 年 3 月 23 日作出（2009）民提字第 20 号判决：撤销河北省石家庄市中级人民法院（2006）石民五初字第 00169 号民事判决和河北省高级人民法院（2007）冀民三终字第 23 号民事判决；驳回澳诺（中国）制药有限公司的诉讼请求。最高人民法院认为：

（1）关于权利要求 1 中记载的“活性钙”是否包含了“葡萄糖酸钙”的问题。涉案专利申请公开文本权利要求 2 以及说明书第 2 页明确记载，可溶性钙剂是“葡萄糖酸钙、氯化钙、乳酸钙、碳酸钙或活性钙”。可见，在专利申请公开文本中，葡萄糖酸钙与活性钙是并列的两种可溶性钙剂，葡萄糖酸钙并非活性钙的一种。此外，涉案专利申请公开文本说明书实施例 1 记载了以葡萄糖酸钙作为原料的技术方案，实施例 2 记载了以活性钙作为原料的技术方案，进一步说明了葡萄糖酸钙与活性钙是并列的特定钙原料，葡萄糖酸钙并非活性钙的一种。澳诺公司辩称，专利申请人在涉案专利的审批过程中，将“可溶性钙剂”修改为“活性钙”属于一种澄清性修改，修改后的活性钙包括了含葡萄糖酸钙在内的所有组分钙。然而，从涉案专利审批文档中可以看出，专利申请人进行上述修改是针对国家知识产权局认为涉案专利申请公开文本权利要求中“可溶性钙剂”保护范围过宽，在实质上得不到说明书支持的审查意见而进行的，同时，专利申请人在修改时的意见陈述中，并未说明活性钙包括了葡萄糖酸钙，故被申请人认为涉案专利中的活性钙包含葡萄糖酸钙的主张不能成立。

（2）关于活性钙与葡萄糖酸钙是否等同的问题。正如上述问题（1）中对“活性钙”是否包含了“葡萄糖酸钙”所阐述的那样，专利权人在专利授权程序中对权利要求 1 所进行的修改，放弃了包含“葡萄糖酸钙”技术特征的技术方案。根据禁止反悔原则，专利申请人或者专利权人在专利授权或者无效宣告程序中，通过对权利要求、说明书的修改或者意见陈述而放弃的技术方案，在专利侵权纠纷中不能将其纳入专利权的保护范围。因此，涉案专利权的保护范围不应包括“葡萄糖酸钙”技术特征的技术方案。被诉侵权产品的相应技术特征为葡萄糖酸钙，属于专利权人在专利授权程序中放弃的技术方案，不应当认为其与权利要求 1 中记载的“活性钙”技术特征等同而将其纳入专利权的保护范围。原审判决对禁止反悔原则理解有误，将二者认定为等同特征不当。

（3）关于谷氨酰胺或谷氨酸与盐酸赖氨酸是否等同问题。587 号专利权人在该专利审批过程中提供的意见陈述中称，在葡萄糖酸锌溶液中加入盐酸赖氨酸，与加入谷氨酰胺或谷氨酸的配方相比，前者使葡萄糖酸钙口服液在理化性质上有意料之外的效果，在葡萄糖酸钙的溶解度和稳定性等方面都有显著的进步，并提供了相应的实验数据证明其上述主张。国家知识产权局也据此申辩主张授予了 587 号专利权。由于 587 号专利的权利要求 1 与涉案专利权利要求 1 的主要区别，就在于将涉案专利权利要求 1 记载的“谷氨酸或谷氨酰胺”变更为“盐酸赖氨酸”，可见，从专利法意义上讲，“谷氨酸或谷氨酰胺”与“盐酸赖氨酸”这两个技术特征，对于制造葡萄糖酸锌溶液来说，二者存在着实质性差异，二者不应当属于等同的技术特征。

鉴于被诉侵权产品的“葡萄糖酸钙”和“盐酸赖氨酸”两项技术特征与涉案专利权利要求 1 记载的相应技术特征“活性钙”和“谷氨酸或谷氨酰胺”既不相同也不等同，被诉侵权产品没有落入专利权的保护范围，因此，午时药业公司、王某社生产和销售被诉侵权产品的行为不构成侵犯专利权。

【焦点归纳】

本案的争议焦点在于活性钙与葡萄糖酸钙是否等同的问题，而判断活性钙与葡萄糖酸钙是否等同则首先要厘清本案是否适用于禁止反悔原则。

午时药业公司认为，专利权人在涉案专利的审批程序中，将使用葡萄糖酸钙作为钙质组分的组合物技术方案从公开的权利要求中予以删除，该行为对涉案专利产生禁止反悔的法律后果。

澳诺公司认为，涉案专利在审批过程中并未针对新颖性和创造性进行修改，也没有明确放弃或者删除哪些内容，专利权人将“可溶性钙剂”修改为“活性钙”是一种澄清性修改，修改后的活性钙是指离子形式的钙，也称钙离子，属于具有生理活性的钙，包括了含葡萄糖酸钙在内的所有组分钙，该修改不适用禁止反悔原则。也就是说，澳诺公司认为：首先，禁止反悔原则针对情况是修改权利要求以克服对新颖性和创造性缺陷，而本案不属于此种情况；其次，专利权人在专利审查过程中修改是一种澄清性修改。因此不适用禁止反悔原则。

最高人民法院则认为，专利权人在专利授权程序中对权利要求 1 所进行的修改，放弃了包含“葡萄糖酸钙”技术特征的技术方案。根据禁止反悔原则，专利申请人或者专利权人在专利授权或者无效宣告程序中，通过对权利要求、说明书的修改或者意见陈述而放弃的技术方案，在专利侵权纠纷中不能将其纳入专利权的保护范围。因此，涉案专利权的保护范围不应包括“葡萄糖酸钙”技术特征的技术方案。被诉侵权产品的相应技术特征为葡萄糖酸钙，属于专利权人在专利授权程序中放弃的技术方案，不应当认为其与权利要求 1 中记载的“活性钙”技术特征等同而将其纳入专利权的保护范围。

【分析借鉴】

禁止反悔，是指在专利授权或者无效程序中，专利申请人或专利权人通过对权利要求、说明书的限缩性修改或者意见陈述的方式放弃的保护范围，在侵犯专利权诉讼中确定是否构成等同侵权时，禁止权利人将已放弃的内容重新纳入专利权的保护范围。厘清在何种情况下对权利要求进行修改会导致禁止反悔原则的适用以及对权利要求的修改需要注意哪些问题十分必要。

申请人或者专利权人在专利审查或者无效阶段，可以对权利要求进行修改，修改的类型大致包括以下三种情况：第一是为了克服不清楚、不支持、缺乏必要技术特征而进行的修改；第二是为了规避现有技术而进行的修改；第三是独立权利要求被宣告无效，从属权利要求维持有效。因此下面分别以上述三种情况展开讨论。

1. 为了克服不清楚、不支持、缺乏必要技术特征而进行的修改

在专利审查或者无效过程中，申请人或者专利权人依据审查员的审查意见通知书或者无效请求人的无效理由中指出的不清楚、不支持、缺乏必要技术特征等缺陷对权利要求进行修改。对于此种修改，通常都是对权利要求中已有特征的进一步限定。因此容易造成禁止反悔的适用。对于本案而言，本案就属于此种情况，涉案专利的说明书中明确记载了“可溶性钙剂可选用葡萄糖酸钙、氯化钙、乳酸钙、碳酸钙或活性钙”，并且对于本领域技术人员而言“可溶性钙”是“活性钙”的上位概念。在国家知识产权局第一次审查意见通知书中，审查员认为涉及专利的权利要求书中使用的上位概念“可溶性钙剂”包括各种可溶性的含钙物质，它概括了一个较宽的保护范围，而申请人仅对其中的“葡萄糖酸钙”和“活性钙”提供了配制药物的实施例，对于其他的可溶性钙剂没有提供配方和效果实施例，所属技术领域的技术人员难以预见其他的可溶性钙剂按本发明进行配方是否也能在人体中发挥相同的作用，权利要求实质上得不到说明书的支持，应当对其进行修改。申请人根据审查员的要求，对权利要求书进行了修改，将“可溶性钙剂”修改为“活性钙”，但是却没有将说明书中与“活性钙”相并列的其他特征加入权利要求中，则可以确定申请人放弃了其他并列特征所对应的技术方案，即申请人的此种修改方式实际上已经默认了将“可溶性钙”其他下位概念的技术方案进行放弃。因此，在专利授权或无效的阶段，将上位技术特征修改为下位技术特征时，应尽可能地将说明书或者权利要求中记载的与下位概念相并列的特征补入权利要求中，如果修改后并列特征都体现在权利要求中，则一般不应当推定专利权人、申请人放弃了所述上位特征和下位特征之间的所有可能方案，以此避免适用禁止反悔原则。

2. 为了规避现有技术而进行修改

在专利审查或者无效过程中，当权利要求相对于现有技术不具有新颖性或者创造性时，为了规避现有技术，申请人或者专利权人可以对权利要求进行修改或意见陈述，并希望以此得到授权或者维持权利要求有效。在此种情况下应当以现有技术为参照，并根据专利权人的真实意思表示确定技术方案的放弃范围。申请人或者专利权人的修改导致权利要求的保护范围避开了现有技术所涉

及的技术方案，则申请人或者专利权人的修改行为实际上认可了现有技术的技术方案具有对权利要求当前的保护范围进行对抗的效果，即现有技术的技术方案及该方案的等同实施方式具有对抗权利要求的新颖性和创造性的效果，因此申请人或者专利权人的修改行为明示了放弃现有技术的技术方案及该方案的等同范围。如果申请人对权利要求进行了修改，但是该修改并不是为了对现有技术进行规避，审查员进行授权行为也不是依据该修改而导致，那么该修改就不适用禁止反悔原则。

3. 在无效程序中独立权利要求被宣告无效，从属权利要求维持有效

禁止反悔原则通常适用于专利权人通过修改或意见陈述而自我放弃技术方案的情形，独立权利要求被宣告无效而在其从属权利要求的基础上维持专利权有效，由于权利要求书中每项权利要求都应该是独立完整的，从属权利要求所要求保护的范围也并不会因为独立权利要求无效而产生变化，如果专利权人未曾作出自我放弃，则不宜仅因此即对该从属权利要求适用禁止反悔原则并限制等同侵权原则的适用。

由此可见，在专利撰写阶段，应注意权利要求的布局方式；在专利授权、确权程序中，对权利要求的修改和意见陈述务必小心谨慎；在撰写从属权利要求时可以优先采用增加附加技术特征的方式，而非采用进一步限定的方式。并且为了在确权阶段修改的空间更大，可以考虑在从属权利要求的撰写时尽量覆盖说明书中全部的并列技术方案。避免造成虽然获得了专利权，但是却得不到保护的尴尬境地。

5.4　捐献原则

《最高人民法院关于审理侵犯专利权纠纷案件应用法律若干问题的解释》（法释〔2009〕21 号）第 5 条规定："对于仅在说明书或者附图中描述而在权利要求中未记载的技术方案，权利人在侵犯专利权纠纷案件中将其纳入专利权保护范围的，人民法院不予支持。"

捐献原则是为了制衡等同原则而引入的另一原则，同时该原则的引入还有另一方面的考量，那就是增强专利权利要求书的公示性。

【案例 23】布塑热水袋的加工方法［（2013）民提字第 225 号］

如果本领域技术人员通过阅读说明书可以理解披露但未要求保护的技

术方案是被专利权人作为权利要求中技术特征的另一种选择而被特定化，则这种技术方案就视为捐献给社会。

【案情介绍】

陈某弟（下称专利权人）于2006年2月24日向国家知识产权局申请了一项名称为“布塑热水袋的加工方法”的发明专利，2010年2月17日获得专利权，专利号为200610049700.5。

涉案专利的授权权利要求为：

1. 布塑热水袋的加工方法，布塑热水袋由袋体、袋口和袋塞所组成，所述的袋体有内层、外层和保温层，在袋体的边缘有粘合边，所述的袋塞是螺纹塞座和螺纹塞盖，螺纹塞座的外壁有复合层，螺纹塞盖有密封垫片，袋塞中的螺纹塞座是聚丙烯材料，复合层是聚氯乙烯材料，密封垫片是硅胶材料所制成，其特征在于：

第一步：首先取内层、保温层以及外层材料；

第二步：将内层、保温层、外层依次层叠，成为组合层；

第三步：将两层组合层对应重叠，采用高频热合机按照热水袋的形状对两层组合层边缘进行高频热粘合；

第四步：对高频热粘合的热水袋进行分只裁剪；

第五步：取聚丙烯材料注塑螺纹塞座，再把螺纹塞座作为嵌件放入模具，另外取聚氯乙烯材料在螺纹塞座外二次注塑复合层；

第六步：将有复合层的螺纹塞座安入袋口内，与内层接触，采用高频热合机对热水袋口部与螺纹塞座复合层进行热粘合；

第七步：对热水袋袋体进行修边；

第八步：取塑料材料注制螺纹塞盖；

第九步：取硅胶材料注制密封垫片；

第十步：将密封垫片和螺纹塞盖互相装配后旋入螺纹塞座中；

第十一步：充气试压检验，向热水袋充入压缩空气进行耐压试验；

第十二步：包装。

说明书附图如图5－10所示。

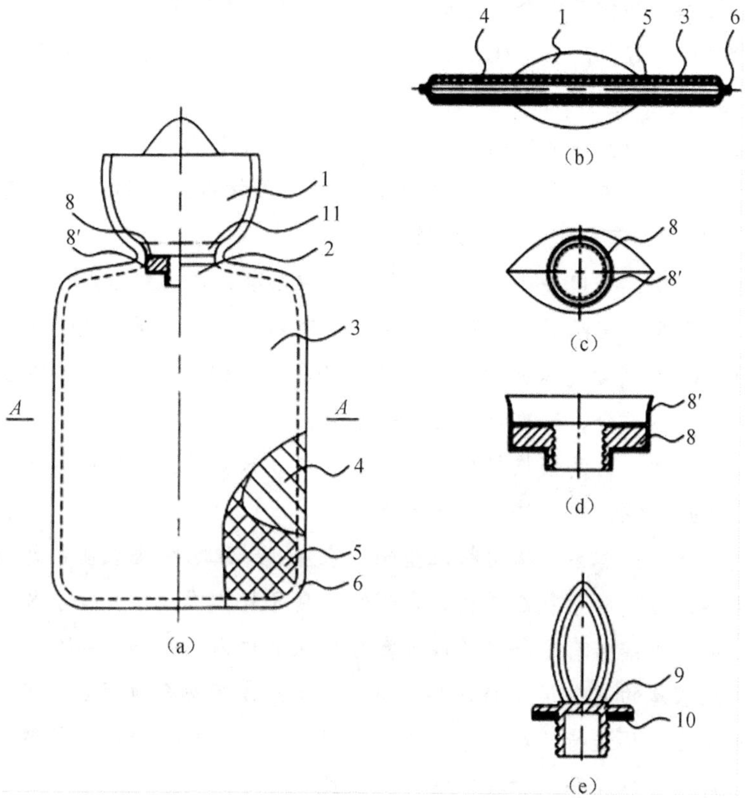

图5－10　ZL200610049700.5 说明书附图

说明书具体实施方式如下：

本发明涉及布塑热水袋以及加工方法，其布塑热水袋是由袋体、袋口1和袋塞2所组成，如图5－12（a）－（e）所示，袋体有内层4、外层3和保温层5三层所构成，在袋体的边缘有粘合边6，所述的袋塞是螺纹塞座8和螺纹塞盖9所组成，其主要的技术特征在于螺纹塞座8的外壁有复合层8′，如图5－12（a）、图5－12（d）所示，螺纹塞盖9有密封垫片10，如图5－12（e）所示。所述的内层4是采用聚氯乙烯薄膜或者其他同类材料制造，外层采用涤纶布复膜等材料，强度高，又可印制各种图案花纹，使热水袋外形很漂亮。而内层4与外层3之间安装保温层5，如人造保温棉等各种有关材料，提高热水袋保温性能，慢慢散热降温，延长使用时间，又克服灌入热水开始过烫现象。其袋塞2中的螺纹塞座8是聚丙烯材料所制成，复合层8′可以是聚氯乙烯材料所制造，聚氯乙烯材料才可以与袋体内层相互热合，密封垫片10可以是硅胶等材料所制成，硅胶材料耐热性能好，不易老化，提高使用寿命。整个热水袋无不良气味，使用安全。

本发明布塑热水袋的加工方法，其特征在于：

第一步：首先取内层、保温层以及外层材料，各材料可以是大面积（大片）的，可制造多只热水袋；

第二步：将内层、保温层、外层依次层叠，成为组合层；

第三步：将两层组合层对应重叠，即内层4与内层4叠在中心，如图5-10（b）所示，采用高频热合机按照热水袋的形状对两层组合层边缘进行高频热粘合，一次热合几只热水袋；

第四步：对高频热粘合的热水袋进行分只裁剪；由于高频机一次热粘合多只热水袋，所以将每一只剪开。

第五步：取聚丙烯材料注塑螺纹塞座8，再把螺纹塞座8作为嵌件放入模具，另外取聚氯乙烯材料在螺纹塞座8外二次注塑复合层8′；

第六步：将有复合层的螺纹塞座安入袋口内，如图5-10（a）所示，使螺纹塞座的复合层8′与内层4接触，采用高频热合机对热水袋口部与螺纹塞座复合层进行热粘合；复合层的聚氯乙烯材料与内层也是聚氯乙烯薄膜材料进行热粘合，粘接可靠，有压痕11。

第七步：再对热水袋袋体进行修边；

第八步：取塑料材料注制螺纹塞盖9；

第九步：取硅胶材料注制密封垫片10；硅胶材料热胀冷缩小，作为垫片使用寿命长。

第十步：将密封垫片10和螺纹塞盖9互相装配后旋入螺纹塞座8中；但也可以试压后旋入塞盖。

第十一步：充气试压检验，向热水袋中充入压缩空气进行耐压试验；耐压试验的压力一般为0.5kg/cm^2，或者略大于该压力。

第十二步：包装，成品储运。

（为表述方便，以下对上述步骤用对应的阿拉伯数字表示。）

1. 辽宁省沈阳市中级人民法院一审案情简介［（2010）沈中民四初字第389号］

2010年9月17日，专利权人以浙江乐雪儿家居用品有限公司（以下称被诉侵权人）生产、销售的布塑热水袋侵犯了其“布塑热水袋的加工方法”发明专利权为由，向辽宁省沈阳市中级人民法院提起诉讼，请求判令：被诉侵权人立即停止制造、销售侵权产品，并销毁侵权产品及模具；被诉侵权人赔偿专利权人经济损失100万元。

一审庭审中，被诉侵权人确认其生产、销售的热水袋均按照其提交法庭的“热水袋生产工艺说明”制造。被诉侵权人自述被诉侵权方法第1～4步、第11步与涉案专利权利要求1的第1～4步、第12步相同，被诉侵权方法第6、7、8、10步分别与涉案专利权利要求1的第7、6、11、10步相同，被诉侵权方法不包括涉案专利权利要求1的第5、8、9步。

被诉侵权人主张涉案专利权利要求中的保温层是功能性描述，被诉侵权方法中在内层和外层之间夹放的是半片空心薄棉，不具备保温层的技术特征。一审法院认为，涉案专利权利要求并未对保温层的材质、大小进行限定，故对被诉侵权人的上述抗辩不予支持。

被诉侵权人主张被诉侵权方法第6、7、8、10步分别与涉案专利权利要求1的第7、6、11、10步的内容相同，但顺序不同，因而未落入涉案专利权保护范围。一审法院认为，对于上述四个步骤，按照被诉侵权方法的顺序与按照涉案专利权利要求的顺序进行加工，其技术特征及技术效果并无实质区别，故对被诉侵权人的上述抗辩不予支持。

被诉侵权人主张被诉侵权方法不包括涉案专利权利要求1的第5、8、9步。经审查，涉案专利权利要求1的第5、8、9步分别是螺纹塞座、螺纹塞盖及密封垫片的加工方法。被诉侵权产品的上述三个部件与依照涉案专利方法直接获得的产品对应部件结构及材质相同。被诉侵权人虽主张与上述三个部件相对应的产品组件系从外部购买，但对于购买的细节，被诉侵权人自述是由其提供样品，由供货方按照样品的材质、结构生产，按照订货数量供货，至于样品来源及供货方的生产工艺方法被诉侵权人拒绝说明和举证。一审法院认为，被诉侵权人提交的购销合同签订时间晚于被诉侵权产品出厂时间，且被诉侵权人未能证明其真实性及履行情况，对上述三个部件的加工方法亦未进行说明及举证，故对其关于被诉侵权方法缺少涉案专利权利要求1第5、8、9步的抗辩主张不予支持。

综上，辽宁省沈阳市中级人民法院作出（2010）沈中民四初字第389号一审判决，认为：被诉侵权方法所具备的技术特征完全覆盖了涉案专利权利要求的全部必要技术特征。被诉侵权人使用涉案专利方法进行生产，并销售依照涉案专利方法直接获得的产品，侵犯了涉案专利权，应承担停止侵权、赔偿损失的法律责任。

2. 辽宁省高级人民法院二审案情简介［（2011）辽民三终字第27号］

被诉侵权人不服一审判决，向辽宁省高级人民法院提出上诉。

二审法院认为：一审法院要求被诉侵权人对螺纹塞座、螺纹塞盖、垫片三个部件的加工方法承担举证责任不妥。被诉侵权人自认被诉侵权产品中的螺纹塞座系由聚丙烯材料注塑而成，其复合层（聚氯乙烯材料）通过注塑成型在螺纹塞座的表面；螺纹塞盖、垫片分别为塑料材料、硅胶材料注制而成。因此，上述三个部件的加工方法与涉案专利权利要求1第5、8、9步相同。即使上述部件是由被诉侵权人提供样品委托其他加工方进行加工，其亦应对该加工行为承担法律责任。因此，二审法院对被诉侵权人提出的被诉侵权方法缺少涉案专利权利要求1第5、8、9步的上诉主张，不予支持。

被诉侵权方法的第6、7步和第8、10步虽然分别与涉案专利权利要求1第6、7步和第10、11步顺序不同，但其技术特征和技术效果无实质区别。

涉案专利权利要求未对保温层的材质、大小进行限定，被诉侵权方法中的空心棉起到一定的保温作用，相当于涉案专利权利要求中1中的保温层。

因此，对被诉侵权人提出的被诉侵权方法与涉案专利权利要求1的第6、7步及第10、11步的顺序相反，缺少涉案专利权利要求1记载的保温层的上诉主张，二审法院不予支持。

综上，辽宁省高级人民法院作出（2011）辽民三终字第27号二审判决，认为：被诉侵权方法所具备的技术特征完全覆盖了涉案专利的全部必要技术特征，被诉侵权人的行为侵犯了涉案专利权。

3. 最高人民法院再审案情简介［（2013）民提字第225号］

被诉侵权人不服二审判决，向最高人民法院申请再审，称：被诉侵权方法没有落入涉案专利权利要求1的保护范围，不构成侵权。具体理由为：

（1）被诉侵权方法不包括涉案专利权利要求1的第5、8、9步，即加工螺纹塞座、螺纹塞盖和密封垫片的步骤。被诉侵权人生产的热水袋中的上述三个部件均是合法外购取得，外购部件的加工方法是注塑。被诉侵权人没有义务知晓样品的加工方法，一审、二审法院认定被诉侵权人对上述三个部件的加工方法承担举证责任，并进一步推定被诉侵权人采用了与涉案专利相同的方法，是错误的。

（2）被诉侵权方法与涉案专利权利要求 1 的第 6、7 步和第 10、11 步的步骤顺序相反，这种步骤顺序的改变产生了不同的技术效果。第 6、7 步的改变可以节省后一加工工序中被加工产品所占用的空间，提高加工效率，并使产品能够直接进入检测工序。第 10、11 步的改变使得在充气前无需将塞盖安装好后再取下来进行充气检测，节省了时间，并保证了检测质量。由于涉案专利请求保护的是产品的加工方法，而方法权利要求的步骤本身和步骤之间的顺序均应对专利权的保护范围起到限定作用，且在涉案专利说明书中记载了将第 10、11 步互换的步骤顺序，根据捐献原则，该说明书中记载的另一步骤顺序不应当纳入涉案专利权的保护范围，故被诉侵权方法在步骤上的改变没有落入涉案专利权的保护范围。

（3）被诉侵权方法中的空心棉软垫与涉案专利中记载的保温层不属于相同或等同的技术特征，一审法院扩大解释了该功能性限定技术特征的保护范围。从涉案专利说明书中关于保温层的描述和附图中公开的内容来看，该保温层位于外层和内层之间，其四个边缘与外层、内层完全连接，将外层和内层完全覆盖并隔离开，以提高保温性能，慢慢散热降温，延长使用时间以及克服灌入热水开始过烫现象。被诉侵权产品的外层和内层之间设有的薄空心棉软垫的用途是增加手持热水袋的舒适感，仅设置在外层和内层的中间部分，上下边缘与外层、内层相隔有一定的距离，未如涉案专利一样完全覆盖并将外层和内层隔开，因而不可能具有涉案专利保温层所产生的技术效果。

综上，被诉侵权人请求撤销一审、二审判决，改判驳回专利权人的诉讼请求或将本案发回重审。

专利权人辩称：

（1）方法发明的步骤顺序是否对权利要求有限定作用，应当结合说明书和附图的记载来判定。如果说明书和附图明确记载不按照步骤顺序亦可达到发明所声称的技术效果，或者结合本领域技术人员的公知常识能够推导出即使不按照顺序或者某几步不按照顺序也能达到发明所声称的技术效果，则方法发明的步骤顺序不构成对权利要求的限制。涉案专利说明书记载的第 10、11 步的顺序可以调换的内容表明，该两个步骤可以不按照严格的顺序进行操作，涉案专利权利要求中步骤顺序的标号仅是为了叙述简洁和清晰的需要。捐献原则仅适用于只在说明书中描述而未记载在权利要求中的技术方案。本案中，权利要求 1 并未排除说明书中记载的技术方案，故捐献原则不适用于本案。涉案专利权利要求 1 的第 6、7 步和第 10、11 步的步骤顺序并未对权利要求 1 构成限定；且依据等同原则，将涉案专利的第6、7步互换和第10、11步互换后的技术特征与互换前没有实质区别，构成等同侵权。

（2）被诉侵权人提交的购销合同签订时间晚于被诉侵权产品出厂时间，且被诉侵权人未能证明其真实性及履行情况。对涉案专利权利要求1第5、8、9步所涉及的三个部件的加工方法被诉侵权人未进行说明及举证。此外，即使这些零部件来自第三方，但被诉侵权人利用该零部件进行了进一步的制造，并将制造获得的侵权产品进行了使用和销售，也构成侵权。

（3）被诉侵权产品的空心薄棉软垫具备涉案专利所描述的保温效果，与涉案专利的保温层为等同的技术特征。

综上，专利权人请求最高人民法院驳回被诉侵权人的再审请求。

最高人民法院经审理查明：原一审、二审判决认定的事实基本属实。另查明，涉案专利说明书第2页记载："本热水袋的袋体由3层材料所构成，因为有了保温层，使袋中热量缓慢下降，开始时避免过热，保温时间长，提高了使用效果。"在该页具体实施方式部分记载："而内层4与外层3之间安装保温层5，如人造保温棉等各种有关材料，提高热水袋保温性能，慢慢散热降温，延长使用时间，又克服灌入热水开始过烫现象。"第3页记载："第十步：将密封垫片10和螺纹塞盖9互相装配后旋入螺纹塞座8中；但也可以试压后旋入塞盖。第十一步：充气试压检验，向热水袋中充入压缩空气进行耐压试验；耐压试验的压力一般为$0.5kg/cm^2$，或者略大于该压力。"被诉侵权人承认被诉侵权产品中的螺纹塞座、螺纹塞盖、垫片的材质与涉案专利相应部件的材质相同，也是注塑成型；其中螺纹塞座虽是二次成型，但与涉案专利的加工方式不同，涉案专利是在两台机器上进行的二次注塑，但现在绝大多数是在同一台机器上完成的。

最高人民法院指出，本案争议的焦点是，被诉侵权产品的加工方法是否落入涉案专利权的保护范围。

被诉侵权人与专利权人对于被诉侵权方法和涉案专利方法的争议主要集中在权利要求1第5、8、9步，第6、7步，第10、11步和保温层技术特征问题。

（1）关于第5、8、9步争议问题

被诉侵权人主张被诉侵权产品的螺纹塞座、螺纹塞盖及垫片均是其提供样品委托案外人加工订购取得，被诉侵权人没有义务对外购部件的加工方法承担举证责任，被诉侵权方法缺少涉案专利权利要求1的第5、8、9步。最高人民法院认为，被诉侵权人认可外购部件的材质、结构与依照涉案专利权利要求 1 第 5、8、9 步的加工方法所直接获得的部件的材质、结构相同，并认可外购部件的加工工艺是注塑，且螺纹塞座也是二次注塑成型。由此，能够判定上述部件的加工方法与涉案专利权利要求 1 第 5、8、9 步的加工方法相同。虽然被诉侵权人主张螺纹塞座绝大多数是在同一台机器上完成的，与涉案专利的加工方式不同，但涉案专利权利要求 1 的第 5 步并未限定二次注塑的加工方式，二次注塑是否在同一台机器上完成不构成对该步骤的限定条件，故被诉侵权人的上述主张不能成立。据此，本争议的关键转为被诉侵权人是否实施了第 5、8、9 步，即被诉侵权方法是否缺少第 5、8、9 步问题。最高人民法院认为，按照被诉侵权人的陈述，上述部件虽不是其自行加工，但系其提供样品在案外人处定做的，也即这些部件是案外人按照被诉侵权人的要求进行加工制作的，故被诉侵权人对由此产生的法律后果应当承担相应的法律责任。因此，被诉侵权人主张被诉侵权方法缺少第 5、8、9 步，没有事实和法律依据，不予支持。

（2）关于步骤互换是否构成等同侵权问题

方法发明专利的权利要求是包括有时间过程的活动，如制造方法、使用方法、通信方法、处理方法等权利要求。涉及产品制造方法的发明专利通常是通过方法步骤的组合以及一定的步骤顺序来实现的。方法专利的步骤顺序是否对专利权的保护范围起到限定作用，从而导致在步骤互换中限制等同原则的适用，关键要看这些步骤是否必须以特定的顺序实施以及这种互换是否会带来技术功能或者技术效果上的实质性差异。

具体到本案中，涉案专利权利要求 1 的第 6 步是对热水袋口部与螺纹塞座复合层进行热粘合的步骤；第 7 步是对热水袋袋体进行修边的步骤。被诉侵权方法采取的步骤是先对热水袋袋体进行修边，而后对热水袋口部与螺纹塞座复合层进行热粘合。被诉侵权人主张按此步骤加工可以节省后续步骤中被加工产品所占用的空间，利于快速加工和提高加工精度，并能够使产品直接进入检测工序。

最高人民法院认为，从此前的被诉侵权方法加工步骤来看，其已在第 4 步中对高频热粘合后的热水袋进行了裁剪，此时修边的主要目的是使热水袋好看，接近成品，其减少空间的作用非常有限，而且多余边角料的存在不会干扰塞座的粘合，对塞座粘合不会产生实质性影响，因而这两个步骤的实施不具有先后顺序的唯一对应性，先修边还是先进行热粘合对于整个技术方案的实现没有实质性影响，且这两个步骤的互换在技术功能和技术效果上也没有产生实质性的差异，故被诉侵权方法调换后的步骤与涉案专利权利要求 1 的第 6、7 步属于相等同的技术特征。

涉案专利权利要求 1 的第 10 步是将密封垫片和螺纹塞盖互相装配后旋入螺纹塞座中；第 11 步是充气试压检验。被诉侵权方法采用的是先充气试压检验，后将密封垫片和螺纹塞盖互相装配后旋入螺纹塞座的步骤。被诉侵权人主张这种步骤互换所带来的效果是，不需要将螺纹塞座安装好后再取下来进行充气检测，因而可以节省时间，保证检测质量。

最高人民法院认为，对热水袋进行充气试压检验，需要通过热水袋的口部进行。按照涉案专利权利要求 1 的第 10、11 步的步骤进行操作，在进行充气试压检验前，必须要从螺纹塞座中旋下螺纹塞盖后方能进行，与被诉侵权方法所采取的先试压检验后再装配螺纹塞盖的步骤相比，这种操作步骤实质上是增加了充气试压检验的操作环节，导致操作时间延长，效率降低。故将第 10、11 步的步骤调换后，确实产生了如被诉侵权人主张的减少操作环节、节约时间、提高效率的技术效果，因此这种步骤互换所产生的技术效果上的差异是实质性的，调换后的步骤与涉案专利权利要求 1 的第 10、11 步不构成等同技术特征。

专利权人主张，涉案专利说明书已经记载了步骤 10、11 的顺序可以调换，权利要求 1 并未排除说明书中记载的这一技术方案，因此调换步骤的技术方案应当纳入涉案专利权的保护范围，对本案不应适用捐献原则。

最高人民法院认为，准确确定专利权的保护范围不仅是为专利权人提供有效法律保护的需要，也是尊重权利要求的公示和划界作用，维护社会公众信赖利益的需要。在权利要求解释中确立捐献原则，就是对专利的保护功能和公示功能进行利益衡量的结果。该规则的含义是，对于在专利说明书中记载而未反映在权利要求中的技术方案，不能包括在权利要求的保护范围之内。对于在说明书中披露而未写入权利要求的技术方案，如果不适用捐献原则，虽然对专利权人的保护是较为充分的，但这一方面会给专利申请人规避对较宽范围的权利要求的审查提供便利，另一方面会降低权利要求的划界作用，使专利权保护范围的确定成为一件过于灵活和不确定的事情，增加了公众预测专利权保护范围的难度，不利于专利公示作用的发挥以及公众利益的维护。

因此，《最高人民法院关于审理侵犯专利权纠纷案件应用法律若干问题的解释》（法释〔2009〕21 号）在第 5 条中规定：“对于仅在说明书或者附图中描述而在权利要求中未记载的技术方案，权利人在侵犯专利权纠纷案件中将其纳入专利权保护范围的，人民法院不予支持。”该司法解释从 2010 年 1 月 1 日起施行，本案被诉侵权行为发生在 2010 年 9 月，故该解释的上述规定能够适用于本案。

按照上述条文的规定，如果本领域技术人员通过阅读说明书可以理解披露但未要求保护的技术方案是被专利权人作为权利要求中技术特征的另一种选择而被特定化，则这种技术方案就视为捐献给社会。本案中的情形正是如此。涉案专利说明书在第 3 页中明确记载了第 10、11 步的步骤可以调换，而这一调换后的步骤并未体现在权利要求中，因此调换后的步骤不能纳入涉案专利权的保护范围，被诉侵权人关于第 10、11 步的步骤调换方案应适用捐献原则的主张依法有据，应予以支持。

（3）关于“空心棉软垫”与“保温层”是否构成等同问题。

根据涉案专利权利要求 1 的记载，保温层属于功能性限定的技术特征。《最高人民法院关于审理侵犯专利权纠纷案件应用法律若干问题的解释》（法释〔2009〕21 号）第 4 条规定：“对于权利要求中以功能或者效果表述的技术特征，人民法院应当结合说明书和附图描述的该功能或者效果的具体实施方式及其等同的实施方式，确定该技术特征的内容。”

依照涉案专利方法所生产的热水袋共计有三层，即内层、外层和保温层。根据涉案专利说明书中关于保温层的描述及附图中公开的内容来看，该保温层由人造保温棉等各种有关材料制作，位于内层和外层之间，将内层、外层完全覆盖并隔离开，可以达到如下技术效果：提高保温性能，慢慢散热降温，延长使用时间；克服灌入热水开始过烫现象。

被诉侵权产品中的空心棉软垫，在宽度上与内层、外层同宽，并与内层、外层左右两侧边缘相连接；在长度上相当于内层、外层的一半。被诉侵权人主张半块空心棉软垫的设置是为了增强手持热水袋的手感，不具有涉案专利保温层的功能和效果。

最高人民法院认为，保温的主要原理是物理隔离减弱热对流和热传导。涉案专利设置保温层的目的就是通过控制内外层之间空气的热对流，阻断内外层之间因物理接触而产生的热传导来实现保温和防烫的效果。被诉侵权产品所设置的半块空心棉软垫在材质上与涉案专利保温层相同，在结构上也设置于内层和外层之间，在大小上虽然没有完全覆盖内层和外层，但其设置方式实质上起到了减弱热对流和热传导的作用，也能够实现保温和防烫的技术效果。虽然半块空心棉的保温和防烫效果与整块空心棉的效果会稍有差异，但本领域技术人员基于对保温原理的认识，能够判断二者的差异是非实质性的，因此“空心棉软垫”与“保温层”构成等同。

综上，最高人民法院作出（2013）民提字第225号终审判决，认为：被诉侵权产品的加工方法与涉案专利方法既不相同也不等同，没有落入涉案专利权的保护范围。被诉侵权人生产被诉侵权产品的方法没有侵犯涉案专利权，原一审、二审判决适用法律不当，判决结果错误，应予纠正。

【焦点归纳】

本案是适用捐献原则的典型案例，2010年1月1日起施行的《最高人民法院关于审理侵犯专利权纠纷案件应用法律若干问题的解释》（法释〔2009〕21号）在我国初步确立了捐献原则，但是在司法实践中，对于捐献原则的适用前提不明确、被捐献的技术方案内容不清晰等，不同法院对个案的专利侵权裁判还存在标准不统一的情形。

本案争议的焦点在于，被诉侵权产品的加工方法是否落入涉案专利权的保护范围。在案件审理过程中，双方当事人对于该问题的争议点主要聚焦在等同技术特征的判断和捐献原则的适用。

1. 等同技术特征的判断

本案涉及方法发明专利侵权判断中等同原则的适用问题。等同原则是指被诉侵权行为客体虽然没有落入权利要求字面含义的范围，但如果其与权利要求中记载的技术特征之间的差别是非实质性的，则仍然构成侵犯专利权的行为。

（1）被诉侵权方法的步骤是否与涉案专利权利要求1的第6、7步构成等同技术特征

涉案专利权利要求1的第6步是对热水袋口部与螺纹塞座复合层进行热粘合的步骤；第7步是对热水袋袋体进行修边的步骤。被诉侵权方法采取的步骤是先对热水袋袋体进行修边，而后对热水袋口部与螺纹塞座复合层进行热粘合。

被诉侵权人主张，被诉侵权方法与涉案专利权利要求1的第6、7步的步骤顺序相反，这种步骤顺序的改变产生了不同的技术效果。第6、7步的改变可以节省后续步骤中被加工产品所占用的空间，利于快速加工和提高加工精度，并能够使产品直接进入检测工序。

专利权人主张，涉案专利权利要求1的第6、7步的步骤顺序并未对权利要求1构成限定；且依据等同原则，将涉案专利的第6、7步互换后的技术特征与互换前没有实质区别，构成等同侵权。

最高人民法院认为，从被诉侵权方法此前的加工步骤来看，其已在第 4 步中对高频热粘合后的热水袋进行了裁剪，此时修边的主要目的是使热水袋好看，接近成品，其减少空间的作用非常有限，而且多余边角料的存在不会干扰塞座的粘合，对塞座粘合不会产生实质性影响，因而这两个步骤的实施不具有先后顺序的唯一对应性，先修边还是先进行热粘合对于整个技术方案的实现没有实质性影响，且这两个步骤的互换在技术功能和技术效果上也没有产生实质性的差异，故被诉侵权方法调换后的步骤与涉案专利权利要求 1 的第 6、7 步属于相等同的技术特征。

（2）被诉侵权方法的步骤是否与涉案专利权利要求 1 的第 10、11 步构成等同技术特征

涉案专利权利要求 1 的第 10 步是将密封垫片和螺纹塞盖互相装配后旋入螺纹塞座中；第 11 步是充气试压检验。被诉侵权方法采用的是先充气试压检验，后将密封垫片和螺纹塞盖互相装配后旋入螺纹塞座的步骤。

被诉侵权人主张，被诉侵权方法与涉案专利权利要求 1 的第 10、11 步的步骤顺序相反，这种步骤顺序的改变产生了不同的技术效果。第 10、11 步互换所带来的效果是，不需要将螺纹塞座安装好后再取下来进行充气检测，因而可以节省时间，保证检测质量。

专利权人主张，涉案专利权利要求 1 的第 10、11 步的步骤顺序并未对权利要求 1 构成限定；且依据等同原则，将涉案专利的第 10、11 步互换后的技术特征与互换前没有实质区别，构成等同侵权。

最高人民法院认为，对热水袋进行充气试压检验，需要通过热水袋的口部进行。按照涉案专利权利要求 1 的第 10、11 步的步骤进行操作，在进行充气试压检验前，必须要从螺纹塞座中旋下螺纹塞盖后方能进行，与被诉侵权方法所采取的先试压检验后再装配螺纹塞盖的步骤相比，这种操作步骤实质上是增加了充气试压检验的操作环节，导致操作时间延长，效率降低。故将第 10、11 步的步骤调换后，确实产生了如被诉侵权人主张的减少操作环节、节约时间、提高效率的技术效果，因此这种步骤互换所产生的技术效果上的差异是实质性的，调换后的步骤与涉案专利权利要求 1 的第 10、11 步不构成等同技术特征。

（3）被诉侵权产品中的“空心棉软垫”是否与涉案专利权利要求中的“保温层”构成等同技术特征

依照涉案专利方法所生产的热水袋共计有三层，即内层、外层和保温层。

根据涉案专利说明书中关于保温层的描述及附图中公开的内容来看，该保温层由人造保温棉等各种有关材料制作，位于内层和外层之间，将内层、外层完全覆盖并隔离开，可以达到如下技术效果：提高保温性能，慢慢散热降温，延长使用时间；克服灌入热水开始过烫现象。

被诉侵权产品中的空心棉软垫，在宽度上与内层、外层同宽，并与内层、外层左右两侧边缘相连接；在长度上相当于内层、外层的一半。

专利权人主张，被诉侵权产品的空心棉软垫具备涉案专利所描述的保温效果，与涉案专利的保温层为等同的技术特征。

被诉侵权人主张，半块空心棉软垫的设置是为了增强手持热水袋的手感，不具有涉案专利保温层的功能和效果。

最高人民法院认为，保温的主要原理是物理隔离减弱热对流和热传导。涉案专利设置保温层的目的就是通过控制内外层之间空气的热对流，阻断内外层之间因物理接触而产生的热传导来实现保温和防烫的效果。被诉侵权产品所设置的半块空心棉软垫在材质上与涉案专利保温层相同，在结构上也设置于内层和外层之间，在大小上虽然没有完全覆盖内层和外层，但其设置方式实质上起到了减弱热对流和热传导的作用，也能够实现保温和防烫的技术效果。虽然半块空心棉的保温和防烫效果与整块空心棉的效果会稍有差异，但本领域技术人员基于对保温原理的认识，能够判断二者的差异是非实质性的，因此“空心棉软垫”与“保温层”构成等同。

2. 在本案中捐献原则是否适用

本案专利说明书已经记载了步骤 10、11 的顺序可以调换，被诉侵权人调换步骤的行为是否依然落入本案专利权的保护范围的问题，涉及在等同侵权判断中捐献原则的适用问题。

被诉侵权人主张，被诉侵权方法与涉案专利权利要求 1 的第 10、11 步的步骤顺序相反，这种步骤顺序的改变产生了不同的技术效果：使得在充气前无需将塞盖安装好后再取下来进行充气检测，节省了时间，并保证了检测质量。由于涉案专利请求保护的是产品的加工方法，而方法权利要求的步骤本身和步骤之间的顺序均应对专利权的保护范围起到限定作用，且在涉案专利说明书中记载了将第 10、11 步互换的步骤顺序，根据捐献原则，该说明书中记载的另一步骤顺序不应当纳入涉案专利权的保护范围，故被诉侵权方法在步骤上的改变没有落入涉案专利权的保护范围。

专利权人主张，方法发明的步骤顺序是否对权利要求有限定作用，应当结合说明书和附图的记载来判定。如果说明书和附图明确记载不按照步骤顺序亦可达到发明所声称的技术效果，或者结合本领域技术人员的公知常识能够推导出即使不按照顺序或者某几步不按照顺序也能达到发明所声称的技术效果，则方法发明的步骤顺序不构成对权利要求的限制。涉案专利说明书记载的第10、11步的顺序可以调换的内容表明，该两个步骤可以不按照严格的顺序进行操作，涉案专利权利要求中步骤顺序的标号仅是为了叙述简洁和清晰的需要。捐献原则仅适用于只在说明书中描述而未记载在权利要求中的技术方案。本案中，权利要求1并未排除说明书中记载的技术方案，故捐献原则不适用于本案。

最高人民法院认为，准确确定专利权的保护范围不仅是为专利权人提供有效法律保护的需要，也是尊重权利要求的公示和划界作用，维护社会公众信赖利益的需要。在权利要求解释中确立捐献原则，就是对专利的保护功能和公示功能进行利益衡量的结果。该规则的含义是，对于在专利说明书中记载而未反映在权利要求中的技术方案，不能包括在权利要求的保护范围之内。对于在说明书中披露而未写入权利要求的技术方案，如果不适用捐献原则，虽然对专利权人的保护是较为充分的，但这一方面会给专利申请人规避较宽范围的权利要求的审查提供便利，另一方面会降低权利要求的划界作用，使专利权保护范围的确定成为一件过于灵活和不确定的事情，增加了公众预测专利权保护范围的难度，不利于专利公示作用的发挥以及公众利益的维护。

按照法律条文的规定，如果本领域技术人员通过阅读说明书可以理解，披露但未要求保护的技术方案是被专利权人作为权利要求中技术特征的另一种选择而被特定化，则这种技术方案就视为捐献给社会。本案中的情形正是如此。涉案专利说明书在第3页中明确记载了第10、11步的步骤可以调换，而这一调换后的步骤并未体现在权利要求中，因此调换后的步骤不能纳入涉案专利权的保护范围，被诉侵权人关于第10、11步的步骤调换方案应适用捐献原则的主张依法有据，最高人民法院予以支持。

【分析借鉴】

专利侵权判定的基本规则是全面覆盖原则。专利技术方案的信息由描述该信息的基本技术特征表现，如某专利产品的保护范围由技术特征A+B+C组成，通常情况下，被诉侵权的产品，其技术信息也必须包括A+B+C这三个技术特征，如此，被诉侵权产品就构成了侵权。然而，实践中常见的涉嫌侵权方式是，被告非实质性地替换某个或者某些技术特征。如将专利技术特征的B

替换为B′，将专利技术特征的C替换C′，但达到了与专利技术相同的效果。按照全面覆盖原则，专利权人就无法禁止被告的行为。这样对专利权人的保护非常不利。为此，在《专利法》在实践中发展并形成了等同原则，作为对全面覆盖原则的补充。在1853年的Winans与Denmead案中，确定了等同原则的基础。之后，美国最高法院在Graver Tsank & Mfg公司与Linde Air Products公司案中，明确了等同原则是“以基本相同的方式、实现基本相同的功能、产生基本相同的效果”。这一制度纠正了全面覆盖原则过于倾向专利信息公开一端的弊端。我国在司法实践中也吸收了等同原则。

然而，等同原则的适用同样带来了问题。对于何为等同特征，不同的法官存在不同的看法。特别是对于那些在说明书中描述但没有记载在权利要求书中的技术特征。按照通常的理解，权利要求书是确定权利保护范围的依据，说明书是用来说明专利技术信息的实施例的，权利要求书是对说明书的概括，说明书中没有的技术特征，权利要求书是不能纳入保护范围的。但是，相反，如果说明书中有描述，但是权利要求书中没有记载该如何处理？如果专利权人以等同原则把那些没有记载在权利要求书但在说明书中描述的技术信息纳入保护范围，又会影响到专利的公开功能。为了确保专利的公开功能，也为了把等同原则限制在一定的范围内，美国最高法院在1881年的Miller与Brass公司案中，确立了捐献原则。

捐献原则也为我国的司法实践所接受。2001年，北京市高级人民法院就在《专利侵权判定若干问题的意见（试行）》中引入了该原则。2010年1月1日起施行的《最高人民法院关于审理侵犯专利权纠纷案件应用法律若干问题的解释》（法释〔2009〕21号）正式将捐献原则引入我国。之所以引入该原则，主要是考虑到以下情形：申请人为了容易通过审查，采用保护范围比较窄的权利要求，而说明书又对其进行扩张性解释。在侵权诉讼中，又主张说明书所扩张的部分属于等同特征，从而不适当地扩大了专利权的保护范围。实际上，这是一种“两头得利”的行为。这与专利制度的不仅要保护专利权人的利益，同时也要维护权利要求的公示作用的基本理论是相矛盾的。

捐献原则的确立，有利于维护权利要求的公示作用，平衡专利权人与社会公众的利益关系。捐献原则排除保护的技术方案是，普通技术人员在阅读说明书后可以确定权利人已经或者应当知道该技术方案可以获得保护但没有要求保护。对社会公众而言，捐献规则可以坚定其对专利授权文本的依赖，确保其充分实施专利技术或者避免侵权，从而促进社会生产的有序进行。对专利权人而言，可以促使其在撰写专利文本时吸取教训，更加慎重严谨，从而使专利保护范围更加明确，避免诉讼。

1. 对方法权利要求撰写的启示

本案的权利要求1明确限定了步骤10和步骤11的先后顺序，说明书记载的步骤10和步骤11调换顺序的技术方案未在权利要求1中得到保护，导致申请人丧失了权利。

通常情况下，方法权利要求包括有时间过程要素的活动时，必须考虑各步骤之间的先后关系。最高人民法院认为，对于未限定步骤顺序的方法权利要求，“应当结合说明书和附图、审查档案、权利要求记载的整体技术方案以及各个步骤之间的逻辑关系，从本领域普通技术人员的角度出发确定各步骤是否应当按照特定的顺序实施”。这种判断方式实际上是折衷原则的体现。根据《专利法》第59条的规定，发明或者实用新型专利权的保护范围以其权利要求的内容为准，说明书及附图可以解释权利要求的内容。可见，由于权利要求的解释存在不确定性，专利权人和社会公众对专利权的保护范围没有一致的认知，必须在侵权诉讼阶段借助于说明书和附图来解释权利要求。

本案权利要求1明确限定了各步骤的先后顺序，从权利要求解读来看仅涵盖各步骤依次实施的技术方案，但最高人民法院依据等同原则认定被诉侵权方法调换后的步骤与涉案专利权利要求1的第6、7步属于等同的技术特征。可见，对于限定步骤顺序的权利要求，虽然其字面保护范围是清楚的，但其实际保护范围仍然存在不确定性。

如果权利要求能够涵盖发明的核心技术方案，则通常无需依靠等同原则获得保护，因为权利要求已经具有明确的保护范围。具体而言，在撰写独立权利要求时，根据《专利法实施细则》第20条第2款的规定，只需记载解决技术问题的必要技术特征即可。本案中，根据说明书中的记载，其所要解决的技术问题是现有布塑热水袋的袋口与塞座的密封连接性能差；现有技术中对产品不进行充气耐压试验，合格率低。

为了解决上述技术问题，说明书中记载的关键技术手段如下：第五步，取聚丙烯材料注塑螺纹塞座，再把螺纹塞座作为嵌件放入模具，另外取聚氯乙烯材料在螺纹塞座外二次注塑复合层；第六步，将有复合层的螺纹塞座安入袋口内，与内层接触，采用高频热合机对热水袋口部与螺纹塞座复合层进行热粘合；第十一步，充气试压检验，向热水袋中充气进行防漏耐压试验。

根据以上分析，可按以下方式撰写方法权利要求：

1. 一种布塑热水袋的加工方法，布塑热水袋包括袋体、袋口和袋塞，袋塞包括塞座，加工方法包括如下步骤：将具有复合层的塞座安入袋口内，然后将袋口与塞座复合层进行热粘合。

2. 一种布塑热水袋的加工方法，布塑热水袋包括袋体、袋口和袋塞，袋塞包括塞座，加工方法包括如下步骤：将塞座安入袋口；然后向热水袋中充入气体进行耐压检验。

这两个权利要求并不涉及“对热水袋袋体进行修边”“将密封垫片和螺纹塞盖互相装配后旋入螺纹塞座中”等与解决的技术问题无关的技术特征，能够对发明构思进行有效保护，在侵权判定中不涉及等同原则。因此，在确保权利要求撰写质量的情况下，只写入包含关键技术手段的特征，就可以获得清楚、简明的保护边界，对专利权人和社会公众都更加有利❶。

虽然在大多数情况下，提高撰写水平可以避免等同原则带来的不确定性，但仍存在这样一种可能，即构成必要技术特征的几个步骤中，有两个以上的步骤可以交换顺序，且技术方案仍能够实施。这种情况下应当如何撰写申请文件？这隐含了等同原则和捐献原则同时存在时何者优先的问题。假设步骤10与步骤11顺序的改变未在技术效果上产生实质性差异，则应当根据等同原则判定侵权，还是应当依据捐献原则判定不侵权？

我国目前的法律法规中并未明确规定等同原则与捐献原则同时存在时的处理方法，在学界也有不同的观点。在本案最高人民法院的判决中，先对被诉侵权方法的步骤是否与涉案专利权利要求1的第6、7、10、11步构成等同技术特征进行了裁定，然后再判定了涉案专利说明书中记载的第10、11步顺序可调换的方案是否适用捐献原则，但仍没有明确说明等同原则与捐献原则是否存在适用的先后顺序。

因此，在撰写方法权利要求时，为了避免等同原则与捐献原则适用中可能发生的争议，在说明书中记载步骤顺序不同但技术效果基本一致的实施例是必要的。同时，这些步骤顺序不同的技术方案须写入权利要求中，以免由于捐献原则导致仅记载在说明书中的技术方案无法受到保护。

通常情况下，对于方法类发明而言，发明人在技术交底书中给出的是具有详细流程的具体实施例。在撰写申请文件时，应基于技术方案实际解决的技术

---

❶ 梁腾飞．从实际案例看方法权利要求的撰写和审查［J］．科技经济导刊，2019（29）：125－127，194．

问题从具体实施例中提炼出必要技术特征，并考虑这些构成必要技术特征的步骤是否有交换顺序的可能性。当构成必要技术特征的步骤存在交换顺序的可能性时，首先要在说明书中记载不同步骤顺序的实施例，分别说明其技术效果；其次要在权利要求中明确指出哪些步骤可以交换顺序，以保护不同顺序的技术方案。

2. 对申请文件撰写的启示

对于普通申请文件整体的撰写策略而言，基于捐献原则，如果专利权人在专利说明书中公开了某个实施方式，但在专利申请时或在其审批过程中没有将其纳入权利要求的保护范围，则该实施方案被视为捐献给了公众。当专利申请被授权后，专利权人在主张专利权时不得试图通过等同原则将其重新纳入权利要求的保护范围。

例如，在权利要求中仅限定某一部件 A，而在说明书中还描述了也可以用部件 A′，但权利要求中并未主张对部件 A′的保护，那么包括部件 A′的技术方案被视为捐献给了公众。

在撰写说明书时，对于具体实施方式，尤其涉及本发明的发明点，需要多提供几种不同的表达方式，以使得需要利用说明书解释权利要求时从多个角度看技术点的时候都是清楚的，然后需要撰写能够覆盖所有实施方式的概括性的独立权利要求。

同时，考虑到无效阶段对于权利要求修改的要求，只能是权利要求的删除、技术方案的删除、权利要求的合并，并不能够将说明书记载的方案再行补入到权利要求书中。因此，在撰写之时需要特别注意对应于说明书实施例的尽可能多的方案已经记载在形成层次的从属权利要求书中。使得权利要求全面覆盖说明书中所记载的各种方案，以避免使得说明书中披露的却未记载在权利要求书中的方案被捐献掉。

另外，作为考虑该原则之下的一个应对策略，在一件申请获得授权之前，应核查说明书中披露的方案是否完全被保护在权利要求书中，如果有在说明书中披露而未记载在权利要求中的技术方案，则可以考虑基于该母案提交分案申请进行保护，但这种策略需考虑到关于提交分案期限的规定。

上文是对普通申请文件的建议撰写方式，适用于无法保证该申请的独立权利要求具备新颖性和创造性的情况。除此以外，还有一种撰写方式，如果在撰写之前对现有技术进行了充分的检索，在保证该申请的独立权利要求具备新颖性和创造性的情况下，可以在说明书中尽量少写入具体的实施方式，或者尽量用概括性的语言来描述其他实施方式。该方式可以在专利申请前进行专利查新检索来实现。

按照上述策略，申请人可以采取以下做法：①将包括部件 A 和部件 A′的技术方案分别记载于权利要求书中主张保护；②在权利要求书中仅主张对包括部件 A 的技术方案的保护时，在说明书中避免对部件 A′的特征描述；③在权利要求书中仅主张对包括部件 A 的技术方案的保护，同时在说明书中出现了对部件 A′的特征描述的情况下，在该申请授权之前提交分案，分案的权利要求主张对包括部件 A′的技术方案的保护❶。

❶ 肖瑜．从侵权角度考虑说明书的撰写策略［J］．中小企业管理与科技（上旬刊），2019（2）：95－96.